高等职业教育制药类专业教材

U0605970

"十二五"职业教育国家规划教材
经全国职业教育教材审定委员会审定

现代生物制药技术

第三版

王玉亭　方春生　主编

化学工业出版社

·北京·

内 容 简 介

本书内容遵循理论知识"必需、够用、适度拓展"的原则，结合产业化特征，从生物提取、天然活性成分、生化反应、酶工程与固定化技术、免疫与细胞工程技术、基因工程技术等现代生物技术领域，介绍生物制药的技术来源、原料加工制备的主要工艺原理，侧重于基本概念、工艺特征和实操技能，在介绍传统、成熟的技术流程的同时，适当介绍生物技术、生化工程等的最新进展和在药物制备中的应用，体现生物制药的新知识、新工艺、新方法和新技术。

本书可作为高职高专院校生物技术类、药品生产技术、生物制药技术等专业学生使用的生物制药课程教材，也可作为从事相关专业教学与科研技术人员的参考书。

图书在版编目（CIP）数据

现代生物制药技术 / 王玉亭，方春生主编. -- 3 版.
北京 ：化学工业出版社，2025．2. --（"十二五"职业
教育国家规划教材）. -- ISBN 978-7-122-47191-8

Ⅰ. TQ464

中国国家版本馆 CIP 数据核字第 2025JE0324 号

责任编辑：王 芳 蔡洪伟 于 卉
文字编辑：孙云艳 丁 宁 朱 允
责任校对：刘曦阳
装帧设计：关 飞

出版发行：化学工业出版社
　　　　　（北京市东城区青年湖南街 13 号 邮政编码 100011）
印　　装：河北延风印务有限公司
787mm×1092mm　1/16　印张 20¼　字数 453 千字
2025 年 2 月北京第 3 版第 1 次印刷

购书咨询：010-64518888　　　　售后服务：010-64518899
网　　址：http://www.cip.com.cn
凡购买本书，如有缺损质量问题，本社销售中心负责调换。

定　价：49.00 元　　　　　　　版权所有　违者必究

编写人员名单

主　　编　王玉亭　广东食品药品职业学院

　　　　　方春生　广东食品药品职业学院

副 主 编　潘　莹　滨州职业学院

　　　　　韩　勇　山西药科职业学院

　　　　　曹卫忠　天津渤海职业技术学院

　　　　　黄慧清　广东食品药品职业学院

参编人员（按姓氏笔画排序）

　　　　　李　翔　湖南环境生物职业技术学院

　　　　　吴月华　江西省医药技师学院

　　　　　余永红　广东食品药品职业学院

　　　　　陈玉玉　齐鲁制药有限公司

　　　　　郑　言　河南应用技术职业学院

　　　　　赵永梅　河南应用技术职业学院

　　　　　徐单单　广东食品药品职业学院

　　　　　程似锦　长江职业学院

主　　审　严林俊　南通科技职业学院

　　　　　张　君　湖南科技职业学院

前言

《现代生物制药技术》（第三版）是一本适合高等职业院校生物技术类、生物制药技术、药品生产技术等专业学生的教材，第一版教材自 2010 年 5 月出版以来，多次修订再版，得到了使用学校的认可与好评，曾获评"十二五"职业教育国家规划教材、2016 年度中国石油和化学工业优秀出版物奖教材奖一等奖。

本教材是结合教学方法改革、创新教材形态、动态反映岗位新需求、提高教学灵活性和实用性、体现产业发展前沿和趋势的一种新形态教材。主要的特点包括以下几个方面：

1. 创新教材内容结构

本书分为基本概念、生物提取制药、天然活性成分、生化反应制药、酶工程与固定化技术制药、免疫与细胞工程技术制药和基因工程技术制药等 7 个模块，每个模块下包含相对独立的学习项目，并以"主题＋问题"的形式设计教学内容。在每个模块中，均先回顾和讲授相应的生物技术基础，再介绍相关的制药工艺；在每个学习项目展开之前，先明确"学习目标"，提出知识、能力和素质要求，归纳"技能要点"，设置"课前引导"；每个学习主题均配有"课堂互动"，引导激发师生的课堂教学互动，并穿插有"知识链接"和"技能拓展"，注意吸纳当前生物制药技术发展的内涵与外延，拓展学生学习视野；以每个学习项目为单位，设计"课后复习"，引导学生复习总结学习内容、强化知识和技能要点的训练。

2. 校企合作开发

教材引用企业实际岗位工作内容，从生产实际出发设置"实操训练""技能拓展"，保证教材内容与企业生产实践相结合，实现教学与工作岗位无缝衔接。

3. 发挥课程思政育人功能

教材结合专业领域、具体教学内容有机融入爱岗敬业、科技创新、生态文明等思政元素。在学生学习专业知识的同时，润物无声，涵养道德情操，提升综合素质。

4. 立体化教学服务

教材配有电子课件、习题答案等教学资源。下载地址：http://www.cip.com.cn。

感谢广东美莳美刻健康管理有限公司、广州安基利生物科技有限公司等多家企业提供了实训案例和技术支撑。同时，教材在编写过程中参考了相关书籍、文献资料，在此向相关作者表示由衷的感谢！

因时间仓促，编者水平有限，书中难免存在不足之处，敬请批评指正。

王玉亭

2024 年 9 月

目 录

课后复习答案

模块一 基本概念

项目1 认识生物技术

 学习目标

【知识要求】	掌握	现代生物技术的基本概念与内涵
	熟悉	现代生物技术的发展趋势
	了解	现代生物技术的发展历史
【能力要求】	知悉	现代生物技术的内涵和发展特征
	知晓	现代生物技术的发展趋势
【素质要求】	具备	现代生物技术的专业基础知识
	能够	不断学习、增强生物技术产业发展中的专业技能和创新思维能力

 技能要点

广义上，生物技术是运用现代生物科学、工程学和其他基础学科的知识，对生物进行控制和改造或模拟生物及其功能，用来发展商业性加工、产品生产和社会服务的新兴技术领域；狭义上，生物技术是利用生物体（包括微生物、动物、植物）或者其组成部分（包括器官、组织、细胞或细胞器等）发展新产品或新工艺的一种技术体系。现代生物技术，包括基因工程、细胞工程、酶工程、发酵工程、生化分离工程、蛋白质工程、天然生物材料加工和分子诊断等技术内容。生物技术在农牧业、医药卫生、食品、化工及环保等领域中有着广泛的应用。

 课前引导

☆ 你了解生物技术吗？你是怎样定义生物技术的？

☆ 说说看，生物技术都包括哪些内容？

☆ 从古至今，生物技术都经历了哪些发展变化？未来又有着怎样的发展趋势？

问题 1　怎样定义生物技术？

直接或间接地利用生物体的机能来生产物质，称为生物技术（biotechnology）。这是一门应用生物科学和工程学的原理来加工生物材料，或利用生物及其制备物作为加工原料，以提供所需商品和社会服务的综合性科学技术，也可以称为生物工程（bioengineering）、生物工艺学，是生命科学与工程技术的结合。

问题 2　如何理解生物技术？

广义上，生物技术是运用现代生物科学、工程学和其他基础学科的知识，对生物进行控制和改造或模拟生物及其功能，用来发展商业性加工、产品生产和社会服务的新兴技术领域。

狭义上，生物技术是利用生物体（包括微生物、动物、植物）或者其组成部分（包括器官、组织、细胞或细胞器等）发展新产品或新工艺的一种技术体系。

生物技术是一门应用学科，与众多的基础学科，如微生物学、遗传学、分子生物学、细胞生物学、生物化学、化学、物理学、数学等有着密切的关系，依赖于化学工程学、电子学、计算机科学、材料科学和发酵工程学的发展，反映出基础学科研究的新成果，体现着工程学科所开拓出来的新技术和新工艺。

生物技术已经深入到分子、亚细胞、细胞、组织和个体等不同层次，越来越深刻地揭示了生物结构和功能的关系，可以对生物体进行不同层次的设计、控制、改造或模拟，提高生产能力。例如，基因重组技术为创造生物新物种和新品系提供了可行的技术手段，通过发酵培养、酶反应等工程技术可以实现大规模的商品化生产（图 1-1）。

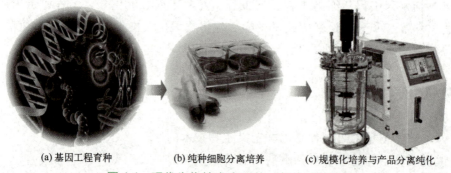

(a) 基因工程育种　　　　(b) 纯种细胞分离培养　　　　(c) 规模化培养与产品分离纯化

图 1-1　现代生物技术产品的一般生产流程

生物技术能帮助人们更好地了解生物、了解环境、了解我们自己，从而提供更好的社会服务。这种服务的概念很宽，包括消除水和空气污染、改善生态环境、防治疾病、提高健康水平等，这些都是生物技术的社会服务。

 课堂互动

我们常说的"食养"，即食疗养生，指用食物来影响机体各方面的功能。想一想：为什么大蒜又被称为天然抗生素？

 知识链接

生物技术小知识

试管动物 指将体外受精后的受精卵移植到受体动物体内后所产生的后代。

胚胎分割 使用显微操作将胚胎进行分割的一种技术，可以使胚胎数量成倍增加，培育出具有相同遗传特性的同卵孪生动物，这有利于良种扩群，为药学、医学、生物学研究和生产提供理想的优质动物。这一技术已经在绵羊、牛、小鼠、猪等动物上获得成功，并用于畜牧业生产。

单细胞蛋白 指从酵母或细菌等微生物菌体中获得的蛋白质，其氨基酸组成与动物蛋白质相当。生产原料的来源极为广泛，包括糖质原料、石油化工原料、氢气或碳酸气，以及植物原料等。单细胞蛋白可应用于饲料业和食品加工业。

学习主题 2 生物技术的内涵

？ 问题 1 生物技术涵盖了哪些技术领域？

1986 年 3 月，我国启动了"国家高技术研究发展计划"（863 计划），将生物和医药技术领域作为中国科技发展的重点，其中生物技术共包括基因工程、细胞工程、酶工程、发酵工程四个方面；随后，又增加了生化工程和蛋白质工程。在 2018 年发布的《中国制造 2025》中，生物医药被作为大力推动的重点发展领域之一，重点发展全新结构蛋白及多肽药物、新型疫苗、创新中药等，实现诱导多能干细胞等技术的突破和应用。

一般认为，生物技术包括四个方面：

① 基因工程，涉及一切生物类型里共有的遗传物质——核酸的分离、提取、体外剪切、排接重组以及扩增与表达等技术方法；

② 细胞工程，包括一切生物类型的基本单位——细胞（有时也包括器官或组织）的离体培养、繁殖、再生、融合，以及细胞核、细胞质乃至染色体与细胞器（如线粒体、叶绿体等）的移植与构建等操作技术；

③ 酶工程，指利用生物体内酶所具有的特异催化功能，借助固定化技术、生物反应器和生物传感器等新技术、新装置，高效、优质地生产特定产品的工艺技术；

④ 发酵工程，即微生物工程，即给微生物提供最适宜的发酵条件，生产特定产品的工艺技术。

❓ 问题 2　生物技术的各领域之间呈现着怎样的相互关系？

生物技术的各领域是完整、统一的，既互为独立的技术体系，又彼此间相互渗透、密切相关。

各类生物都具有在生长、发育与繁殖过程中进行物质合成、降解和转化的能力（新陈代谢）。不管是低等的细菌、真菌等微生物，还是高等的动物、植物，其新陈代谢过程就如同一个效率极高的反应器，体内的代谢反应在各种生物催化剂——酶的催化下有条不紊地进行。酶的催化特性取决于酶的特异结构与功能，由特定的遗传基因所决定。

可以认为，基因工程、细胞工程是生物技术的核心基础。通过基因工程和细胞工程技术，能创造许多具有特异功能或多种功能的"工程菌株"或"工程细胞株"，这些菌株或细胞株可通过酶工程或发酵工程进行规模化生产，发挥出更大的经济效益。酶工程和发酵工程是生物技术产业化的关键环节。

❓ 问题 3　基因工程如何影响现代生物技术的发展？

随着基因操作技术手段的开发成熟与推广应用，基因工程技术已经深深地渗入到社会生活的各个领域，表现为医药新药开发、诊断治疗手段和医学材料的创新。

重组 DNA 技术是现代生物技术的核心，其在医药科学领域中的应用已经取得了重大突破，使新药研发的途径发生了根本性转变，对癌症、获得性免疫缺陷综合征（AIDS）、遗传病等传统医药尚不能有效治疗的一些疾病，提供了诊断、治疗和预防的新有效手段。现今，基因工程药物研究进入快速发展时代，基因药物的概念不仅包括表达药用成分，还包括基因治疗产品、分子诊断试剂等，并由此衍生出基因组学、生物芯片等生物信息学和胚胎干细胞工程，等等。基因工程为现代生物技术带来新的内涵和经济效益，也为未来的医药和医疗手段带来新的发展契机和希望。

例如，在新型冠状病毒感染疫情期间，从诊断筛查、疫情溯源到药物治疗、疫苗预防，都是以基因诊断为核心技术手段，用基因重组技术开发各种新型疫苗，通过规模化培养来实现工业生产，满足全国乃至全球的抗疫需求。

由此可见，现代生物技术，除传统的生物技术内涵之外，天然生物材料加工技术、分子诊断技术、基因工程药物开发、个体化基因治疗、新型医学材料等都极大地丰富了生物技术的外延，并呈现出愈来愈高的核心技术地位的趋势。

> **课堂互动**
>
> 　　近二十年来，生物技术突飞猛进的发展，给医药健康领域带来了极大的突破。近年的新型冠状病毒感染疫情中，一些治疗病毒感染的"小分子"药物纷纷上市。想一想：这是哪一类技术在医疗领域中的应用？

知识链接

"克隆先驱"童第周

　　1996 年，用成年羊细胞 DNA 克隆的多莉羊轰动世界，但事实上，早在 1963 年，我国就首次向国内外报道了鱼类的核移植研究。1980 年，童第周等人获得了具有"发育全能性"的克隆鱼，这是世界上报道的首例发育成熟异种间胚胎细胞克隆动物；次年，我国用成年鲫鱼肾脏细胞克隆出一条鱼，比多莉羊的出现早了 15 年。

　　2002 年，为纪念童第周诞辰 100 周年，中国科学院院长路甬祥写下"克隆先驱"，作为对其一生的评价。

课后复习

1. 填空

（1）从狭义上看，生物技术是利用_____或者_____发展新产品或新工艺的一种技术体系。

（2）现代生物技术诞生的标志是_____。

2. 选择

（1）有关生物技术的描述，正确的是_____。

A. 这是一门独立于微生物学、生物化学等基础学科的工程技术应用学科

B. 这是与遗传学、分子生物学、细胞生物学等基础学科相同的前沿技术学科

C. 仅限于微生物学、遗传学、分子生物学、细胞生物学、生物化学等生物基础学科

D. 既反映了基础学科研究的成果，又体现着工程学科的新技术和新工艺

（2）人们开始用生物发酵技术来制备药物的标志是_____。

A. 1928 年发现青霉素　　　　　　　B. 1943 年实现工业化生产青霉素

C. 1959 年酶法生产葡萄糖　　　　　D. 1969 年连续化生产氨基酸

（3）世界上最早的具有"发育全能性"的克隆动物是_____。

A. 羊　　　　　　B. 牛　　　　　　C. 鱼　　　　　　D. 小白鼠

（4）我国的作物育种细胞技术一直处于世界先进行列，特别是_____为世界所公认，例如小麦、水稻、烟草等作物新品种种植面积已达数百万亩。

A. 利用多倍体的花粉培养育种技术　　B. 利用单倍体的花粉培养育种技术

C. 利用多倍体的嫁接培养育种技术　　D. 利用单倍体的嫁接培养育种技术

3. **判断**

（1）生物技术产品的产业化发展不需要化学工程、机电工程等现代工程技术的深度参与。

（2）生物技术可以用来进行各种非生物材料的加工，以提供新材料和新元件。

4. **简述**

（1）你如何理解生物技术是一门综合性应用学科？

（2）为什么从某种意义上说，基因工程和细胞工程是生物技术的核心基础？

项目2　理解生物制药技术

 学习目标

【知识要求】　掌握　生物药物的概念
　　　　　　　熟悉　生物制药技术的本质特征
　　　　　　　了解　生物制药技术的发展历史
【能力要求】　理解　生物制药技术与现代生物技术的实质联系
　　　　　　　知晓　生物制药技术的发展历史
【素质要求】　能够　深入理解生物制药技术的原理和技术体系
　　　　　　　具备　参与生物药物研发、生产的基本知识与技能和跨学科沟通与
　　　　　　　　　　协作的基本能力

 技能要点

　　生物制药技术是生物药物的生产技术。广义的生物药物包括从动物、植物、微生物等生物体中制取的各种天然生物活性物质，以及人工合成或半合成的天然物质类似物。现代生物药物既包括传统意义的生化药物、发酵药物、疫苗和血液制品，还包括近年来快速发展的天然药物、基因工程药物，以及基因治疗产品、分子诊断试剂等。生物反应是生物制药技术的核心。围绕生物反应，生物制药技术体系分为：需要有胞内生化代谢参与的生化反应和不需要有胞内生化代谢反应参与的生化提取。

 课前引导

☆ 什么是生物药物？你是怎样理解生物制药技术的？
☆ 生物制药技术的核心特征是什么？
☆ 生物制药技术仅是近代才出现的吗？

问题 1　什么是生物药物?

生物药物指利用生物体、生物组织或其成分,综合应用生物学、生物化学、微生物学、免疫学、生物化工技术和药学原理与方法进行加工、制造而成的一大类用于预防、诊断、治疗的药物,包括从动物、植物、微生物等生物体中制取的各种天然生物活性物质,以及人工合成或半合成的天然物质类似物。

抗生素、生化药物与生物制品都属于生物药物的范畴。抗生素是微生物的次级代谢产物,是一类利用发酵工程等技术生产的、主要用于治疗感染性疾病的药物;生化药物指一类从生物体中分离纯化所得的、具有调节人体生理功能、能达到预防和治疗疾病目的的物质;生物制品是一类利用病原生物体及其代谢产物,依据免疫学原理制成的预防、诊断和治疗免疫性疾病的产品,包括从人血浆中获得的血液制品。

近年来,随着基因工程技术、细胞工程技术、单克隆抗体技术、微电子技术、光电技术等的发展,生物药物的内涵也在变化。例如:利用基因工程技术、细胞工程技术制成的药物,被称为生物技术药物或基因工程药物;从天然生物材料中获取的活性成分经开发所得的药物,被称为天然药物;在疾病预防、疗效和预后判断、治疗药物筛选检测、健康状况评价以及遗传性预测等领域,诊断试剂发挥着越来越大的作用。

总之,现代生物技术发展下的生物药物,既包括传统意义上的生化药物、发酵药物、疫苗和血液制品,还包括现代技术条件下产生的天然药物、基因工程药物,以及包括基因治疗产品、分子诊断试剂在内的各类新型诊断试剂等。

 问题 2　什么是生物制药技术?

生物制药技术是以生物体为主体,应用生物技术手段,生产加工药物的工程技术,是同生物技术发展相对应的、多学科相互渗透与集合的综合技术体系。

一般认为,生物制药技术包括基因工程技术、细胞工程技术、发酵工程技术、酶工程技术,可以用不同的方法进行分类,例如:依据药物材料来源的不同,可分成基于天然材料的动植物制药、微生物制药、海洋生物制药,以及需要人工设计改造的细胞工程制药、组织工程制药等;依据药物化学性质的不同,可分成生化药物和生物制品,包括氨基酸药物、多肽药物、酶类药物、疫苗和血液制品等;也可以依据药物治疗对象的不同进行分类。无论哪种生物制药技术,都是围绕生物体来进行的,其核心特征是生物反应。

问题3 如何理解生物制药技术体系？

生物反应是指细胞内的一系列生化代谢反应（包括使用生物酶进行的生化单元反应）和细胞内生化物质的提取分离过程。如果把前者称为生物反应、后者称为生化提取，则复杂的生物制药技术体系可以用两条反应主线进行描述（图1-2）：

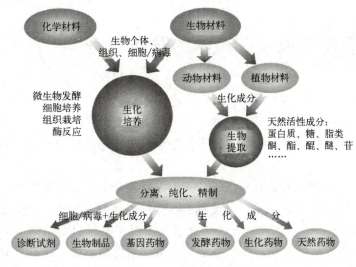

图1-2 生物制药技术体系

一条是将化学材料和生物材料，通过微生物发酵、细胞培养、组织栽培及酶反应等一系列细胞内的生化代谢反应后，获得生物药物的原料。包括分子诊断试剂在内，基因药物制备技术的实质，就是将经过上游基因操作技术获得的可表达新产物的微生物、动植物细胞或组织进行培养/发酵，来获得可用于原料药的产品，属于生化培养的范畴。

另一条是将动物、植物等生物材料，不经过细胞内的生化代谢反应，而是通过分离组织或细胞内的生化成分而获得生物药物的原料。传统的生化分离技术产品、血液制品和天然活性成分产品，尽管其材料来源和药物性质、作用机理都不相同，但都具有相同的生物提取技术特征。

由上述两条反应主线获得的初级产物，都需要经过下游的生物化工过程进行分离、纯化和精制，才能获得由细胞/病毒、生化成分或其混合物组成的用于制备各种生物药物的原料产品，这些原料产品再经过制剂工程的加工，获得各类生物药物制剂，包括传统的生化药物、发酵药物、基因药物等。如疫苗、抗体等免疫类药物，这里称之为生物制品。由天然生物材料的活性成分开发的药物，利用免疫技术、酶工程技术与基因工程技术开发的各类诊断试剂，分别作为天然药物和诊断药物，列入生物药物的范畴。

学好本课程，必须正确理解生物制药技术的内涵，全面了解生物制药的技术体系，完整地把握生物制药领域的各种技术特征。

课堂互动

在现代医药的开发中，人们越来越关注中草药的作用。屠呦呦凭借青蒿素的发现，获得了诺贝尔生理学或医学奖。想一想：青蒿素属于哪种类型的药物？

学习主题 2　生物制药技术的发展

❓ 问题 1　我国开始应用生物药物

人类应用生物药物的历史由来已久，我国人民很早就开始使用生物药物。

公元前 597 年就有"麴（qū）"（类似植物淀粉酶制剂）的使用；公元 4 世纪便有用海藻酒治疗"瘿（yǐng）病"（地方性甲状腺肿）的记载。11 世纪沈括所著的《良方》中，记载有用秋石治病的事例。秋石是从人尿中沉淀出的物质。这是最早从尿中分离类固醇激素的方法记载，比西方在 20 世纪 30 年代创立的方法早了 900 多年。"种牛痘"的方法在 10 世纪时就在我国民间广为流行，而直到 1796 年，英国人琴纳才使用同样的方法。

❓ 问题 2　生物制药技术经历了怎样的发展变化？

生物制药技术发展到今天，大体上经历了三代变化：

第一代，从远古到 20 世纪中叶，使用天然活性物质加工的制剂。由于有效成分不明确，且多数来自动物脏器，又称为脏器制剂，如胎盘制剂、眼制剂、骨制剂，以及胰酶、胃酶、肝注射液等。这些产品未经分离、纯化，制造工艺简便，有一定疗效，至今还在很多地方有使用。

第二代，指近代利用生化技术从生物材料中分离、纯化获得的具有针对性治疗作用的生物活性物质。20 世纪 20 年代后，人们逐渐了解了动物脏器的有效成分，纯化胰岛素、甲状腺素、各种必需氨基酸、各种必需脂肪酸、各种维生素开始用于临床。后来，相继发现和提纯了肾上腺皮质激素和脑垂体激素，逐步建立了狂犬病、黄热病、乙型脑炎、斑疹伤寒等疫苗的技术。40～50 年代，开始用发酵法生产氨基酸药物、抗生素药物，成功研制了脊髓灰质炎、麻疹、腮腺炎等新疫苗。60 年代以后，由于生物体分离、纯化酶制剂的技术日趋成熟，各种酶类药物得到应用，尿激酶、链激酶、溶菌酶、激肽释放酶等相继成为具有独特疗效的药物。发酵工程、酶工程、生化工程、疫苗制备等技术逐渐成熟，形成了目前普遍使用的生物制药技术体系。

第三代，大约从 20 世纪 80 年代开始，一方面，随着生物技术的发展，生物化学和分子生物学的最新研究成果日益渗透到生物学的各个领域，并应用到微生物发酵、动植物细胞培养、基因操作、干细胞与组织的全能性培育等，使得生物技术产生巨大变革，生物研究进入了基因工程、蛋白质工程和动植物克隆的时代。另一方面，化学工程、光电学和微电子学等工程技术也获得长足发展，与传统的生物技术紧密结合。发酵/培养工艺控制、提取分离纯化、检测分析诊断、细胞融合改造等新工艺新技术相继出现，推动抗生素、生化药物、中草药这类传统生物药物体系发生改变。无论是药物的原料来源还是药物的化学性质都发生了很大变化，产生了许多新的技术产品。

例如，运用基因工程技术，只需要培养重组大肠埃希菌，即可获得以往只能从动物原料中获得的人生长激素；利用重组酵母菌，可以大规模生产核酸疫苗；将植物细胞进行发酵培养，可以获取更多的天然植物活性成分；通过转基因技术，可以使牛、羊等家畜变成"制药工厂"；还有运用转基因和细胞工程技术制备小分子多肽药物和 mRNA 疫苗等。

 问题 3　现代生物技术怎样影响药物的研发？

基因组研究推进了重大疾病的治疗和特效药物的开发。

现今，分子生物学已经从研究单个基因发展到研究基因组的结构与功能。在完成了 λ 噬菌体、乙型肝炎病毒、人类免疫缺陷病毒（HIV）及大肠杆菌等基因组全序列测定后，1990 年，人类基因组计划启动，这是生命科学领域有史以来最庞大的全球性研究计划。

在完成大量的基因组测序工作之后，人们又转入功能基因组的研究，围绕重要功能基因的分离、克隆、调控等，在国际上展开了日趋激烈的竞争。功能基因组学已经衍生出了许多新的分支学科，如药物基因组学、病理基因组学等。药物基因组学是利用基因组学和生物信息研究获得的有关患者和疾病的详细信息，针对某种疾病的特定人群，建立特定的诊断方法，设计开发最有效的药物，使疾病的治疗更有效、更安全。

自 1998 年起，我国先后在国家人类基因组南方和北方研究中心及上海、北京等多家研究机构开展了人类新基因和重大疾病相关基因的克隆鉴定，发现了一批高血压、细胞凋亡、胚胎期中枢神经发育等相关基因，为特效药物开发和特异性治疗提供了新的有效途径。

此外，单克隆抗体制备技术、反义 RNA 技术、基因表达调控技术及细胞信号转导的研究等，也是生物新药开发的前沿技术领域。而新型膜分离材料、新型化工分离工艺在发酵/培养液的产物分离、天然活性成分提取方面的应用，以及基因工程技术引导下的天然生物材料发酵/培养技术等，则是当前生物制药技术的开发重点。

 问题 4　我国生物制药技术呈现怎样的发展趋势？

2021 年 3 月，我国政府正式发布了《中华人民共和国国民经济和社会发展第十四个五年规划和 2035 年远景目标纲要》（简称"十四五"规划），将生物医药等列入国家战略性需求导向，将生命健康、生物育种等作为具有前瞻性、战略性的前沿领域，从国家急迫需要和长远需求出发，攻关新发突发传染病和生物安全风险防控领域的关键核心技术，聚焦包括生物技术在内的战略性新兴产业。

2022 年 5 月，在《"十四五"生物经济发展规划》（以下简称《规划》）中，提出推动生物技术和信息技术融合创新，加快发展生物医药、生物育种、生物材料、生物能源等产业，做大做强生物经济。这份《规划》，将生命科学和生物技术的发展进步作为生物经济的动力，以广泛深度融合医药、健康、农业、林业、能源、环保、材料等产业为特征。

我国生物制药技术的发展将集中在以下几个方面：

① 疫苗与诊断试剂　以提高重大传染病预防能力为目标，重点开发基因工程疫苗和单克隆抗体、诊断试剂，加快预防性疫苗、治疗性疫苗的研制和产业化发展，形成一批临床治疗癌症及其他疾病的新药、新型病原体诊断试剂并实现产业化。

② 创新药物　提高自主创新能力，大力推动具有自主知识产权和广阔市场前景的生物药物和小分子药物的开发和产业化，重点集中在活性蛋白质与多肽类药物、靶向药物方面。基因药物和天然药物是关注的热点，如干扰素、生长激素、反义 RNA 药物等抗肿瘤靶向药物等。

③ 微生物制造工艺　以新型生物反应过程为核心，加快微生物制造技术的改造。例如，采用基因工程/细胞工程技术和发酵工程技术相互结合的方法，选育优良菌种，改进抗生素生产工艺；应用微生物转化法与酶固定化技术，发展氨基酸工业和开发甾体激素制备工艺；提高纤维素酶、半纤维素酶、生物色素、生物香料等生物医药相关产品的规模化生产和应用水平。

④ 天然药物制备技术的开发　充分结合细胞工程、发酵工程和生化分离工程的最新进展，发挥我国中草药资源优势和中医药的独特理论与技术，应用植物细胞的培养和分离技术，获得天然材料中的有效活性成分，开发新型天然药物。

⑤ 生物基材料　推进淀粉基可生物降解塑料、糖工程产品和新型炭质吸附材料的关键技术突破和产业化示范，加快规模化发展，并由此推动药物生产新工艺的开发，降低生产成本。

⑥ 生物医学工程　加快发展生物医学材料、生物人工器官、临床诊断治疗设备，加强自主创新，在一批关键技术或部件上实现重点突破，实现产业化。

> **🔄 课堂互动**
>
> 　　2019 年末 2020 年初暴发的新型冠状病毒感染疫情，使得新冠疫苗的研发备受关注。我国政府迅速组织力量，研发多种技术路线的新冠病毒疫苗，最大程度地保护人民群众的健康。想一想：你能否说出几种当时国际上流行的新冠疫苗技术路线？

知识链接

医学生物技术的前沿热点

基因疗法和细胞疗法　在血液学、免疫学和代谢性疾病方面，已经有两种基因疗法 luxturna（用于治疗遗传性失明）和 zolgensma（用于治疗脊髓性肌萎缩）获得美国食品药品管理局（FDA）批准；在细胞疗法方面，两种嵌合抗原受体 T 细胞（CAR-T 细胞）疗法产品已获得 FDA 审批，分别是用于非霍奇金淋巴瘤的 lisocabtagene maraleucel 和用于多发性骨髓瘤的 idecabtagene vicleucel。

基因编辑　CRISPR 原指细菌的一种适应性免疫防御机制，现被开发为一种基因编辑技术，用来删除、添加、激活或抑制其他生物体的目标基因，是一种可用于细胞治疗和药物筛选的治疗方式。2016 年报道，基于 CRISPR 技术的单碱基编辑器（ABE），能在不依赖 DNA 双链断裂的情况下，实现对单个碱基的定向修改，降低潜在风险。但随后也有报道认为单碱基编辑会由于脱靶而诱导产生大量的基因突变。2019 年 10 月，先导编辑（prime editing）技术出现，可通过 ABE 蛋白突变体来减少脱靶效应，扩展基因组编辑的范围和能力，纠正约 89% 的已知致病性人类遗传变异，推动了 CRISPR 临床应用。

干细胞疗法　诱导多能干细胞（iPSC）解除了细胞来源的限制，是细胞治疗领域的热点，现已应用于黄斑变性、脊髓损伤、帕金森病、角膜疾病等适应证的临床治疗。例如：2019 年 9 月，日本将 iPSC 制成角膜，移植到视力衰退的女性患者体内；2019 年 12 月，美国宣布开展一项使用患者来源 iPSC 替代组织的新型临床试验。继 2009 年"柏林患者"（一名白血病患者在骨髓移植后，发现体内的 HIV 被清除）报道之后，2019 年 3 月，又一名英国的 HIV 阳性患者在接受干细胞移植后，体内霍奇金淋巴瘤缓解，并发现 HIV 被清除，这表明通过干细胞移植治愈 HIV 的方法可能很快就会出现。在我国，已经允许在特定情况（包括临床试验中）下进行干细胞注射，主要用于皮肤美容，但尚未允许作为医疗行为的干细胞注射。

课后复习

1. 填空

（1）生物制药技术的核心特征是_____反应。

（2）_____是利用生物体、生物组织或其成分，综合应用生物学、生物化学、微生物学、免疫学、生物化工技术和药学原理与方法进行加工、制造而成的一类用于预防、诊断、治疗疾病的药物。

（3）从广义上说，从动物、植物、微生物等生物体中制取的各种天然_____物质，以及人工合成或半合成的这类物质的类似物，都属于生物药物。

（4）从天然生物材料中获取的活性成分经开发所得的药物，被称为_____。

2. **选择**

（1）以下不属于生物药物的范畴的是_____。

A. 抗生素　　　　　B. 生化药物　　　　　C. 血液制品　　　　　D. 退烧药

（2）将动物、植物等生物材料，不经过细胞内的生化代谢反应，而是通过分离组织或细胞内的生化物质而获得生物药物的原料，这样的技术路线可称为_____。

A. 发酵培养　　　　B. 基因重组　　　　　C. 生化提取　　　　　D. 化学合成

3. **判断**

（1）通过生物反应获得的初级产物，经过制剂加工后，可获得生化药物、发酵药物等。

（2）疫苗、抗体等生物制品可以称为免疫药物，不属于生物药物。

4. **简述**

（1）生物制药技术的核心特征是什么？

（2）如何理解现代生物技术发展下的生物制药技术体系？

（3）为什么说生物化工过程是各类生物药物规模化制备所必需的生产过程？

项目3 生物药物的来源与分类

 学习目标

【知识要求】 掌握 生物药物的原料来源
　　　　　　 熟悉 生物药物的分类
　　　　　　 了解 不同分类下的生物药物特征
【能力要求】 理解 不同来源的生物药物原料特性
　　　　　　 知晓 不同来源生物药物的临床应用
【素质要求】 能够 认识生物药物的原料来源与分类
　　　　　　 具备 持续学习、参与生物药物研发和生产的基本知识与技能

 技能要点

　　由于生物药物的原料来源不同、药物的化学性质和临床应用不同、制药技术的不同，生物药物的分类方法也不同。通常是从原料来源、化学结构和特性、临床用途几个方面进行分类。

　　生物药物的原料来源主要有：人体组织、动植物体、微生物体、化学材料及上述材料的综合运用。许多现代生物药物都是由几种原料来源相结合产生的。

✈ 课前引导

☆ 生物药物有哪些分类方式？
☆ 你能举出哪几种不同分类下的生物药物？
☆ 你能否举例说明不同分类的生物药物的临床应用？

问题 1　什么是动物来源的生物药物？

动物来源的生物药物指由动物体的各种组织、脏器制备的药物。

动物原料来源丰富，价格低廉，可以批量生产。但由于不同动物种属间的差异性，其药物产品需要经过严格的药理毒性实验，才能投入临床应用。我国的家畜（猪、马、牛、羊等）、家禽（鸡、鸭等）和海洋生物资源丰富，有着较为悠久的开发历史，民间也有很多的传统应用。

其中，人血液制品、胎盘制品和尿液制品等是来源于人体组织提供的原料，品种多、疗效好，无副作用。由于人体组织材料受到法律或伦理方面的制约，难以实现批量生产，只能依赖于生物制药技术，由其他原料获得。

问题 2　什么是植物来源的生物药物？

植物来源的生物药物指由植物材料制备的药物，传统中药大多属于这一类原料。

我国药用植物的资源极为丰富。过去在研究药用植物时，往往忽视了其所含有的生化成分，把植物中的生物大分子物质当作杂质除去而未能利用。近年来，对药用植物中的蛋白质、多糖、脂类和核酸类等生物大分子的研究和利用已引起重视，出现了许多新的生物药物资源。

问题 3　什么是微生物来源的生物药物？

微生物来源的生物药物指通过微生物发酵等代谢反应制备的药物，包括抗生素、氨基酸、核酸及其降解物、酶和辅酶、多肽、蛋白质、糖、脂类、维生素、激素及有机酸等。利用微生物代谢反应，还可以获得传统化学工艺无法合成的药物前体，以及获得重组工程菌，生产基因工程药物。

微生物及其代谢资源丰富，开发潜力巨大。微生物繁殖快、产量高，易于廉价培养，不受原料运输、储存和资源供应等因素的影响，便于大规模工业生产。

问题 4　什么是化学合成的生物药物？

化学合成的生物药物指应用化学反应方法获得的药物。

用化学合成的方法，可以获得诸如氨基酸、多肽、核酸及其降解物和衍生物、维生素和某些激素等这一类小分子的生物药物；随着蛋白质结构学的发展，通过分子结构的解析来改造生物大分子以获得药物活性，或者通过修饰来改变其特性，已经成为药物开发的前沿热点。

 问题 5　什么是现代生物技术产品？

现代生物技术的发展，已经形成多种技术学科的综合应用，其产品也是由几种原料来源结合而成。例如：胚胎干细胞技术，通过克隆、培养人体组织，用于医学研究和药物生产；有些氨基酸、维生素 C 需要将化学合成反应与微生物发酵反应相结合；重组活性多肽、活性蛋白质类药物、基因工程疫苗、单克隆抗体及多种细胞生长因子，其材料来源可以是扩增的组织/细胞、工程菌等；利用转基因动、植物个体来制备生物药物；利用蛋白质工程技术改造天然蛋白质；等等。

> 🔁 **课堂互动**
>
> 新型冠状病毒感染疫情期间，部分中成药发挥了较大的抗疫作用。从药物来源上看，想一想：板蓝根冲剂、连花清瘟胶囊属于哪一类的药物？

 知识链接

> **基因治疗药物**
>
> **RNA 干扰药物**　随着 RNA 干扰（RNAi）疗法在罕见病治疗方面取得进展，两种 RNAi 药物于 2022 年上市，分别是用于遗传性甲状腺素转运蛋白淀粉样变性病（hATTR）的 onpattro 和用于治疗急性肝卟啉症的 givlaari。其中，patisiran（onpattro）是 FDA 批准的首款采用 RNAi 疗法的药物，也是唯一一款获得批准用于该病症的治疗药物。另有一种可防止肝脏中 PCSK9 蛋白产生的药物 inclisiran 正在研发中，可用于治疗遗传性高胆固醇血症。
>
> hATTR 作为一种罕见且进展迅速的致命性遗传疾病，除了周围神经病变，还会导致行走能力下降，无法独立行走和心脏功能下降等。onpattro 是一种靶向甲状腺素转运蛋白（transthyretin，TTR）的干扰小 RNA（siRNA）疗法药物，siRNA 包裹在脂质纳米颗粒中，可以通过沉默一部分参与致病的 RNA，干扰异常形式 TTR 的 RNA 产生，减少周围神经中淀粉样沉积物的积累，帮助患者改善症状且控制病情。
>
> **靶向治疗药物**　在肿瘤治疗研究中，伴随下一代测序技术的使用，人们越来越多地将癌症视为基因组疾病而非基于组织的疾病，由此推动了高度靶向小分子药物的开发。如用于治疗表达 NTRK 基因融合的肿瘤药物 larotrectinib（vitrakvi）、用于治疗血小板衍生的生长因子受体 α（PDGFRA）外显子 18 突变的胃肠道间质瘤的药物 avapritinib。
>
> 2020 年 1 月，FDA 批准了 avapritinib 用于治疗无法通过手术切除或转移性胃肠道间质瘤（GIST）成年患者的药物。GIST 是胃肠道肿瘤的一种，常见于胃或小肠，携带 PDGFRA 外显子 18 突变。该药物是一种激酶抑制剂，通过抑制激酶而阻止癌细胞的生长。

问题 1　如何理解氨基酸类药物?

氨基酸类药物包括天然氨基酸、氨基酸混合物和氨基酸衍生物,现已有百种之多,其剂型有单一氨基酸制剂和复方氨基酸制剂两类,主要品种有谷氨酸、蛋氨酸、赖氨酸、天冬氨酸、精氨酸、半胱氨酸、苯丙氨酸、苏氨酸和色氨酸等。其中谷氨酸的产量最大,约占氨基酸总产量的 80%,其次为赖氨酸和蛋氨酸。氨基酸除用于医药外,还用于食品、饲料及化学工业。

问题 2　怎样认识多肽和蛋白质类药物?

多肽对机体生理功能的调节起非常重要的作用。目前,已发现和分离出 100 多种存在于人体的肽,多是从内分泌腺、组织器官和体液中分离出来的,几乎都用于新药的开发。

多肽类药物可分为:多肽激素,如垂体激素、甲状腺素、胸腺素等;多肽类细胞生长因子,如表皮生长因子、转移因子、新生血管抑制因子等;含多肽成分的其他生化药物,如胎盘提取物、肝水解物等。多肽还用于医用蛋白质芯片(肽芯片)的开发,此类芯片的开发引发了医学临床检测的技术革命。

蛋白质类药物有单纯蛋白质与结合蛋白质。单纯蛋白质有人血清白蛋白、丙种球蛋白、纤维蛋白、抗血友病球蛋白、鱼精蛋白、胰岛素、生长素、催乳素、明胶等;结合蛋白质包括糖蛋白、色蛋白等,主要有胃膜素、促黄体素释放激素、促卵泡激素、促甲状腺激素、干扰素等。

细胞生长因子指在体内对组织细胞的生长有调节作用,并在靶细胞上具有特异受体的一类物质,如神经生长因子、表皮生长因子、血小板生长因子等。

问题 3　如何理解酶类药物?

早期的酶类药物主要用于治疗消化道疾病。随着分离、提取工艺的改进和酶品种的增多,现在已经被广泛用于疾病的诊断和治疗。

根据其药理功能的不同,酶类药物又分为不同的类别。

例如:促进消化的胃蛋白酶、胰酶、纤维素酶;用于消炎的溶菌酶、糜蛋白酶、菠萝蛋白酶;可用于心血管病治疗的尿激酶、链激酶;抗肿瘤的谷氨酰胺酶、酪氨酸酶;

还有如辅酶Ⅰ、辅酶Ⅱ、细胞色素 C 等辅酶类，以及超氧化物歧化酶、青霉素酶等。

 问题 4 什么是核酸及其降解物、衍生物？

核酸类药物指具有药用价值的核酸、核苷酸、核苷或碱基，以及其类似物、衍生物或这些类似物、衍生物的聚合物。

例如：从猪、牛肝中提取的 RNA 制品，常用于治疗慢性肝炎、肝硬化和改善肝癌症状；从小牛胸腺或鱼精中提取的 DNA 制剂，可用于治疗精神发育迟缓、虚弱和抗辐射；而 6-巯基嘌呤、6-硫代鸟嘌呤、2-脱氧核苷、呋喃氟尿嘧啶、阿糖腺苷、阿糖胞苷、5-氟胞苷等，可用于肿瘤治疗和抗病毒。

 问题 5 什么是糖类药物？

这类药物以多糖为主，其特点是具有多糖结构，多个单糖通过糖苷键相互连接。

多糖的种类繁多，药理功能各异，广泛存在于动物、植物、微生物和海洋生物中，在抗凝血、降血脂、抗病毒、抗肿瘤、增强免疫功能与抗衰老等方面有较强的药理作用。

例如：胎盘脂多糖是一种促 β-淋巴细胞分裂剂，能增强免疫力；取自海洋生物的刺参多糖有抗肿瘤、抗病毒和促进细胞吞噬的作用；壳多糖（几丁质）及其降解产物脱乙酰甲壳素、D-氨基葡萄糖等具有提高机体的非特异性免疫功能、抗肿瘤、治疗胃溃疡及抗凝血作用等，并能制造人造皮肤、手术缝合线等医学材料和缓释药物的辅料等。来源于许多真菌的多糖也具有抗肿瘤、增强免疫功能和抗辐射作用，这些常见的多糖有银耳多糖、香菇多糖、蘑菇多糖、灵芝多糖、人参多糖和黄芪多糖等。

 问题 6 如何理解脂类药物？

脂类药物包括许多非水溶性的、可溶于有机溶剂的小分子生理活性物质，可分为磷脂类、不饱和脂肪酸类、胆酸类、固醇类和卟啉类。

例如：脑磷脂、卵磷脂多用于肝病、冠状动脉粥样硬化心脏病（冠心病）、神经衰弱等的治疗；油酸、亚麻酸、花生四烯酸等必需脂肪酸常常有降血脂、降血压和抗脂肪肝的作用；前列腺素是一类含五元环的不饱和脂肪酸，重要的天然前列腺素有 PGE1、PGE2、PGF2α 和 PGI2，其中 PGE1、PGE2、PGF2α 已经成功用于催产和中期引产，PGI2 则在抗血栓和防止动脉粥样硬化方面有较好的应用前景。

 问题 7 怎样理解生物制品？

生物制品指从微生物、原虫、人体或动物材料直接制备或用现代生物技术等方法制成，作为预防、治疗、诊断特定传染病或其他疾病的一类制剂。

传统上，生物制品主要指各类疫苗、类毒素，特异性免疫球蛋白等血液制品也包括在其中。随着生物技术的发展，免疫诊断试剂、基因重组疫苗、由血液中分离的各种细胞因子等也都被列入生物制品的范畴。

按照制造原料的不同，习惯上又常将疫苗分为细菌性菌苗（如卡介苗、霍乱菌苗、百日咳菌苗、鼠疫菌苗等）和病毒性疫苗（如乙肝疫苗、流感疫苗、乙型脑炎疫苗、狂犬疫苗、斑疹伤寒疫苗等）。

近年来，非典型肺炎、甲型 H5N1 流感、甲型 H1N1 流感等高致病性传染病对社会生活和健康构成了严重威胁，新型疫苗的开发被寄予了厚望。与此同时，相关的诊断试剂成为了生物制品开发中最为活跃的领域。有关疾病诊断、病原体鉴别、机体代谢分析等各种单克隆抗体诊断试剂大量上市，成为生物制品的重要组成。

 课堂互动

菌菇是常见的食品，常常被用作保健食品。想一想：为什么菌菇的营养价值比较高？

 技能拓展

"生物反应器"生产药用蛋白质

应用转基因动物/乳腺生物反应器生产药用蛋白质是药物生产的一种全新模式，其投资成本低、药物开发周期短、经济效益高，将成为 21 世纪最具有经济利润的新型医药产业。上海交通大学医学遗传研究所创立了以"整合胚移植"为基础的转基因家畜研制的新技术路线，应用这一技术，成功地研制和培育出我国首例乳汁中含人凝血因子Ⅸ的转基因山羊（图 1-3）和携带人血清白蛋白基因的转基因试管牛，为建立"动物药厂"迈出了重大的一步。我国在人凝血因子Ⅸ和人血清白蛋白的转基因动物/乳腺生物反应器制备领域，居国际领先水平。

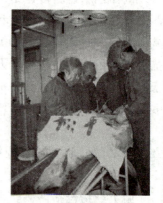

图 1-3 转基因山羊实验

学习主题 3　按临床用途分类

? 问题 1　如何理解治疗药物的概念？

治疗性生物药物的种类很多，通常按照药理作用分为：内分泌障碍治疗药物（如胰岛素、生长素、甲状腺素），中枢神经系统药物（如人工牛黄），血液和造血药物（如血红素、肝素、尿激酶、凝血因子），呼吸系统药物（如前列腺素、肾上腺素、蛇胆），心血管系统药物（如激肽释放酶），消化系统药物（如胰酶、胃蛋白酶），抗病毒药物（如阿糖腺苷、异丙肌苷、干扰素），抗肿瘤药物（如天冬酰胺酶、香菇多糖 PSK、白介素-2、干扰素、粒细胞集落刺激因子），抗辐射药物（如超氧化物歧化酶），计划生育用药（如前列腺素及其类似物）和生物制品（如各种人血免疫球蛋白）。

? 问题 2　怎样看待预防药物？

以预防为主是我国医疗卫生工作的一项重要方针。对于许多疾病，尤其是传染病（如细菌性和病毒性传染病），预防比治疗更为重要。如近年来出现的甲型 H5N1 流感和甲型 H1N1 流感，具有强变异性和高传染性，使用预防性疫苗是目前控制病毒传播的最主要方式。常见的预防药物有疫苗、类毒素和冠心病防治药物等。

? 问题 3　体外诊断试剂指的是什么？

近年来，体外诊断试剂获得了快速发展。目前的大多数体外诊断试剂都被列入药品管辖的范畴。体外诊断试剂是生物药物的又一个突出而独特的临床用途，具有速度快、灵敏度高、特异性强的特点，使用途径主要有体内（注射）和体外（试管）两种。现已成功使用的有免疫诊断试剂、单克隆抗体诊断试剂、酶诊断试剂、放射诊断试剂、分子诊断试剂等。

? 问题 4　其他生物医药用品指的是什么？

包括生化试剂、生物医学材料、保健品、化妆品和日用化工材料等。

> **↻ 课堂互动**
>
> 我们生活中常与各种药物接触。想一想：能够鼻腔给药的第四针新冠加强针疫苗属于哪一种药物呢？

✎ 课后复习 ━━━━━

1. 填空
(1) 微生物来源的药物是指通过微生物发酵等_____反应制备的药物。
(2) 用天然氨基酸、氨基酸混合物和氨基酸衍生物等制备的药物称为_____。
(3) 使用预防性_____是目前控制病毒传播的最主要方式。

2. 选择

（1）糖类药物的特点是具有（　　）。

A. 肽链结构　　　　B. 多糖结构　　　　C. 核苷结构　　　　D. 醇基和羧基结构

（2）按照制造原料的不同，疫苗又分为（　　）。

A. 细菌性菌苗和病毒性疫苗　　　　　　B. 类毒素和免疫球蛋白

C. 基因重组疫苗和细胞因子　　　　　　D. 预防性疫苗和诊断试剂

3. 判断

（1）早期的酶类药物主要用于疾病的诊断和治疗。

（2）多肽激素，如垂体激素、甲状腺素、胸腺素等都属于糖类药物。

4. 简述

（1）生物药物原料的来源有哪些？

（2）为什么说现代生物药物往往是几种原料来源的相互结合？

（3）按照化学特性区分，氨基酸类药物可分为哪几类？按照药物剂型区分，则又分为哪几类？

模块二　生物提取制药

项目1　生化分离——破碎与机械分离

 学习目标

【知识要求】	掌握	细胞破碎、过滤分离、膜分离及离心分离的基本概念
	熟悉	细胞破碎、过滤分离、膜分离及离心分离的一般工艺流程
	了解	细胞破碎、过滤分离、膜分离及离心分离的工艺原理与影响因素
【能力要求】	理解	细胞破碎、过滤分离、膜分离及离心分离的工艺原理
	懂得	细胞破碎、过滤分离、膜分离及离心分离的一般操作
【素质要求】	能够	理解物理和化学机理，了解相关机械设备的工作原理
	具备	相关机械设备的基本操作与维护能力、团队协作与持续学习能力

 技能要点

现代生物制药技术中，生物体/细胞内活性物质的提取分离是一个重要的组成部分，是获取药物成分的关键工序。这些活性物质都是由细胞分泌产生的，多数活性物质存在于细胞内，需要破碎细胞使其释放出来。分散于细胞液中的活性成分或呈颗粒状态，或呈溶解状态。可依据这些成分的理化性质，采用不同方法分离。对于密度、颗粒不同的非均相体系，通常使用机械分离方式，主要有过滤分离、膜分离、离心沉降等方法。

 课前引导

☆ 生化分离都有哪些技术手段？
☆ 为什么要进行细胞破碎？细胞破碎是不是必需的？
☆ 提取分离活性物质，依据的是哪些因素？
☆ 机械分离有哪些主要方法？

问题 1　如何理解生化分离的概念?

生化分离，是指采用适宜的提取、分离、纯化技术，将活性物质从复杂的生物材料（细胞）中提取、分离出来，获得高纯度活性成分的过程。生化分离是生物制药技术体系中的重要环节。

习惯上，"生化分离"指的是生化分离工程，是生化工程学中描述生物产品分离过程原理和方法的一个术语，又称为生物技术下游加工过程。这里侧重的是组成生化药物成分的蛋白质、核酸、糖类、脂类等的分离工艺，关注工艺方法和技术特征，与侧重于工程学内容的"生化分离"不同，也不仅局限于发酵液/培养液的分离。

在进行生化分离时，操作对象一般是包括细胞、细胞代谢产物、残存营养物、惰性组分等组成的混合体系。如果想从这些混合液中得到目的组分，就需要利用混合体系中目的组分与共存杂质之间的性质差异，选择合适的方法进行分离。

按照技术原理的不同，生化分离可分为机械分离与传质分离两大类：对于含复杂组分的非均相液体物料，由于体系中各组分的密度差异较大，可采用过滤、沉降、膜分离等机械分离方式，其特点是混合体系的各相之间不发生物质的传递；对于复杂组分的均相体系，由于各组分之间的密度比较接近，需要采用传质分离方式，其特点是混合体系的各相之间发生了物质的传递。

　问题 2　怎样认识生化分离工艺流程?

产生在细胞内的各类活性物质，最终都存在于微生物发酵液、动植物细胞培养液、酶代谢反应液或各种组织材料提取液中。这类具有生物活性的物质，往往对热、酸、碱、重金属及 pH 变化和各种理化因素比较敏感，分离过程中必须注意保护其生物活性。不同的生物体、不同的组织细胞，活性物质的组成、含量都不相同，在液体中的含量通常都不高、性质也不稳定，且含有较多相近性质的杂质。从药物制备的角度看，这类活性物质的提取、分离和纯化的要求不同、工艺方法不同，技术路线复杂。因此，必须明确目的产品的形式和稳定性，选择合适的提取方法、安排合理的分离步骤、兼顾高产率与低成本的操作。在生物技术产品的工程生产成本中，用于这部分的成本占 70%左右。

一般来说，生化分离遵循图 2-1 所示的基本工艺框架。

这里着重介绍较为成熟且适用于产业化、规模化生产的生化分离单元操作技术。

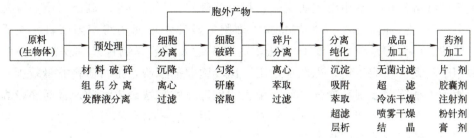

图 2-1 生化分离技术的一般过程和阶段单元操作

 课堂互动

从本质上看，生化反应可以看作是生物体内的化学反应。想一想：生化反应与化学反应有哪些不同？

学习主题 2 细胞破碎的机制与方法

？ 问题 1 为什么要进行细胞破碎？

细胞内的新陈代谢产物，是各种活性物质的来源。分泌于细胞外的活性物质，可通过分离细胞后获得粗品；分泌于细胞内的活性物质，则需要破碎细胞，使其释放出来，且不丢失生物活性，再进行提取、分离和纯化后才能获得。

细胞破碎是指用物理方法、化学方法或生物方法破坏细胞壁或细胞膜，使胞内产物得到最大程度释放的操作过程。通过细胞破碎，可以释放出细胞内的代谢产物，但不是破碎的程度越大越好，应依据破碎的目的和细胞类型，来确定细胞的破碎程度。细胞破碎的程度常用破碎率（被破碎细胞数量与原始细胞数量的百分比）来评价，可通过显微计数法或间接计数法（如测定细胞破碎后释放的内含物量）来获得评价数据。

？ 问题 2 细胞破碎都有哪些方法？

细胞破碎设备

细胞破碎前，待处理材料通常需要视情况进行预处理，例如：动物材料要去除结缔组织和血污等；植物种子需要除壳；微生物材料可能要先将菌体和发酵液分离等。细胞破碎的方法主要有三大类：物理法、化学法、生物法。

物理法是通过各种物理因素使细胞破碎。常用的方法有研磨法、珠磨法、匀浆法、冻融法、超声波法、高压均质法及渗透压法等。其中：研磨、超声波等方法常用于实验室、小规模制备使用，使用组织研磨仪、超声波破碎仪等；匀浆、高压均质等方法常用于动物组织/细胞、酵母菌、大肠埃希菌等细胞的破碎，可使用组织匀浆机、高压均质机等；珠磨法可认为是放大了的研磨法，适用于绝大多数真菌菌丝和藻类等细胞的破碎，常用于较大规模的生产；冻融法适用于比较脆弱的细胞，蛋白质释放量较少；渗透压法适用于无细胞壁或细胞壁强度较弱细胞的破碎。物理法破碎细胞通常需要较高的能量，易产生高温和高剪切力，使活性物质变性失活；破碎对象不是专一的，会产生分布较广的碎片，给后续分离带来困难。

化学法是用某些化学试剂溶解细胞壁或抽提细胞中某些组分，改变细胞壁或膜的通透性，使细胞内含物有选择性地渗透出来，达到破碎细胞的效果。常使用的化学试剂有稀酸、稀碱、有机溶剂和表面活性剂等。酸碱可以用来调节溶液的 pH 值，改变胞壁与胞膜蛋白质的电荷性质，进而改变胞壁与胞膜的结构特性；有机溶剂常用与胞壁脂质相溶的溶剂（如甲苯），可使胞壁脂质层膨胀，增大胞壁通透性直至胞壁破裂，常用来处理芽孢杆菌、梭菌、假单胞菌等；表面活性剂可在适当的 pH 值和离子强度下形成微胶束，将脂蛋白溶解，改变胞壁或胞膜的通透性，如天然的胆酸盐、合成的离子型十二烷基磺酸钠（SDS）、非离子型吐温类乳化剂等。

生物法指利用各种水解酶分解细胞壁上特殊的化学键，使胞壁被破坏、溶解，释放出细胞内的内含物。常用的水解酶有溶菌酶、纤维素酶、蜗牛酶等。这种方法的优点在于操作温和，选择性强，能快速破坏细胞壁而不影响细胞内含物的质量；缺点是成本较高，限制了其大规模生产应用。

🔄 课堂互动

我们餐桌上的米、面，都是稻谷等粮食作物加工而来的。想一想：麦粒磨成面粉是哪一种细胞破碎的过程？会释放出哪些成分？

学习主题 3　过滤分离——典型的机械分离方法

❓ 问题 1　了解机械分离的概念

就生化分离而言，无论是微生物发酵液、动植物细胞培养液、酶反应液，或是各种提取液，都呈现为包含不同密度组分的液相。如果液相中有固相（颗粒物）存在，则还有颗粒性状、大小、荷电性质等方面的不同，呈现固-液相混合的悬浮液状态。分离这种包含不同密度组分的非均相悬浮液，主要是采用机械分离的方式，主要包括过滤法和离心法。

问题 2　什么是过滤分离？

过滤指利用多孔过滤介质阻留固体颗粒而让液体通过，使固-液两相悬浮液得以分离的过程，属于传统的化工单元操作，是目前工业生产中用于分离细胞和不溶性物质的主要方法。在过滤操作中，所处理的悬浮液称为滤浆，通过过滤介质的液体称为滤液，被截留的物质称为滤饼或滤渣。

过滤介质应具有较大的多孔性、良好的耐腐蚀性及足够的机械强度。工业上常用的过滤介质有：织物介质（如各种丝网、滤布等）、多孔性固体粒状介质（如陶瓷滤材、硅藻土、膨润土、活性炭等）、各种膜（如微孔膜、超滤膜、半透膜等）等。

过滤的动力主要是压力、离心力（见后述）以及电能。过滤压力施加于滤浆上，在过滤介质的前后形成压力差。依据压力的不同，可以分为常压过滤、加压过滤、减压过滤等操作方式。过滤操作一般都是连续、恒压的过滤方式。

 问题 3　理解过滤分离的机制

过滤有两种典型机制（图 2-2）：一种是滤饼过滤，固体颗粒堆积在过滤介质上并形成架桥状的滤饼层；另一种是深层过滤，固体颗粒沉积在过滤介质内部的孔道壁上，不形成滤饼。两种过滤机制在过滤速度、效果、动力消耗、介质寿命等方面有很大的不同：滤饼过滤容易再生，过滤速度较快，过滤介质可多次重复使用；深层过滤不容易再生，过滤速度较慢，过滤介质通常都是一次性使用。事实上，两种过滤方式只是程度上的不同，并不是完全分开的。

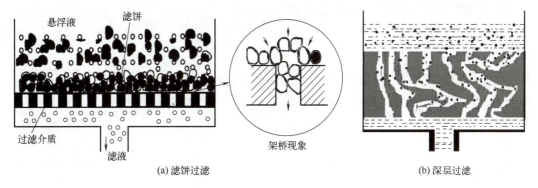

图 2-2　两种典型过滤机制示意图

过滤过程还受固体颗粒物理性质的影响，如颗粒大小、坚硬程度等。如果颗粒比较坚硬，不易变形，颗粒空隙不会被压缩，易形成滤饼过滤机制，过滤速度减小的幅度较弱；否则，因颗粒较软，颗粒空隙容易被缩小，易形成深层过滤机制，过滤速度减小的幅度较大。

过滤时，向滤浆中添加一种有一定刚性、不溶于滤浆的惰性（指不与混合体系发生任何化学反应）颗粒/纤维状固体物，可改变滤饼结构，提高滤饼的刚性和颗粒之间的空隙率。这种固体物称为助滤剂。常用的助滤剂有硅藻土、活性炭、珍珠岩粉等。

板框压滤机

过滤操作过程一般是由过滤、洗涤、去湿和卸渣四个阶段组成。

（1）**过滤**　使滤浆通过过滤介质成为滤液。过滤时，滤饼形成之前，常常会有一些小于过滤孔径的微粒通过，使滤液浑浊，此时的滤液称为初滤液；滤饼形成后收集的滤液往往是符合要求的。一般视工艺情况需要，初滤液需返回重新过滤。滤饼层形成后的过滤过程称为有效过滤操作。

（2）**洗涤**　滤饼层会随着过滤的进行而越积越厚，滤液的通过阻力随之增大，过滤速度逐渐降低。当滤饼层增加到一定厚度时，应清除滤饼；除去滤饼之前，需要用洗涤液（水或其他溶剂）洗涤滤饼，目的是回收滤饼中的残留滤液或清除滤饼中的可溶性杂质。洗涤液可视情况决定是否与滤液混合。

（3）**去湿**　洗涤后，需要将滤饼孔道中残存的洗液除掉。常用空气吹干、减压吸干等方法。

图 2-3　微型板框压滤机

（4）**卸渣**　指将去湿后的滤饼从过滤介质上卸下的操作。卸料后的过滤介质通常要经过清洗、吹干等操作处理，以备再次使用。此操作称为过滤介质的再生。

常见的过滤设备有板框压滤机（图 2-3）、精密过滤器、膜分离装置及转鼓真空过滤机等。近年来，新型的过滤设备和技术不断涌现，出现了预涂层转鼓真空过滤机、真空带式过滤机、节省能源的压榨机，以及采用动态过滤技术的叶滤机等，这些设备在生产中都取得了很好的效益。

🔄 **课堂互动**

在滤饼过滤机制中，被截留的颗粒物堆积在过滤介质的表面，容易形成滤饼层。想一想：为什么说滤饼过滤机制下的过滤速度更快？

过滤介质及影响
过滤速度的因素

 技能拓展

影响过滤速率的因素

过滤操作要求有尽可能高的过滤速率。过滤速率是单位时间内得到的滤液体积。过滤过程中影响过滤速率的因素很多，主要表现在以下方面：

（1）**滤浆性质**　液体黏度随温度的升高而降低。滤浆黏度越小，越有利于过滤，所以操作中多采用趁热或保温过滤。应先滤清液后滤稠液，以减少过滤时间。真空过滤时，升温使得真空度下降，反而会降低过滤速率。滤渣的积累也会降低过滤速率。

当滤浆中存在大分子的胶体颗粒时，容易引起滤孔的阻塞，影响滤速。为提高过滤速率，可选用助滤剂。

（2）过滤压力　单纯依靠重力驱动的过滤操作，滤浆压力一般不超过50kPa，过滤速率不快，多用于滤浆中颗粒含量少、易于过滤的情况。真空过滤的速率虽然较高，但容易受到溶液沸点和大气压的限制，真空度通常不超过86.6kPa。加压过滤时，过滤压力可达500kPa，能显著提高过滤速率，但对设备强度、严密性的要求较高，同时也受滤布强度、滤饼可压缩性、滤液澄清程度等的限制。此外，还可以用离心来增大过滤压力，这称为离心过滤。

（3）过滤阻力　刚开始过滤时，影响滤速的只有过滤介质的阻力；随着过滤进程的推进，过滤介质表面形成滤渣后，影响滤速的因素又增加了滤渣阻力；当滤渣沉积到一定厚度时，过滤介质阻力的影响反而小了，可忽略不计，此时过滤的阻力主要取决于滤渣的厚度及其特性，滤渣愈厚、颗粒愈细小，过滤的阻力愈大；当过滤进行到一段时间后，滤渣阻力过大时，应考虑终止过滤，除去滤渣。

（4）过滤介质　其影响主要表现在过滤阻力和滤液澄清度上。如果过滤介质（如滤布、玻璃纤维、垂熔玻璃、多孔陶瓷等）微孔的路径越长、孔径越小、数量越少，滤速就越慢，当然滤液的澄清度也会相应提高。应根据滤浆中颗粒的大小来选择合适的过滤介质。

学习主题 4　膜分离——分子水平的过滤分离

 问题 1　如何理解膜分离？

以微孔膜、超滤膜等膜介质作为过滤介质的过滤操作，称为膜分离。膜介质一般是天然或人工合成的、具有选择透过性的薄膜，能在外界能量或化学位差的推动下，依靠膜上微孔的过滤性，使复杂体系中的各个组分渗透通过，达到分级分离、提纯浓缩的目的。由于膜存在这种选择透过性，所以又称为半透膜。

与过滤操作不同的是，过滤分离的操作对象是非均相溶液体系，膜分离的操作对象一般为均相溶液体系。但事实上，即便是宏观可见的均相溶液，溶液内的溶剂、溶质分子仍然存在大小不同的差异。膜的选择透过性是指只有某些分子能够通过，针对的就是分子层面的微粒大小。所以，可以认为膜分离是分子水平的过滤分离操作。依据膜透过分子大小的不同，过滤操作可分为微滤（MF，粒径0.02～10μm）、超滤（UF，粒径0.001～0.02μm）、纳滤/反渗透（NF/RO，粒径<1nm）等。

问题 2　膜有哪些类型？

膜有多种分类的方法：按照膜孔径不同，可分为微滤膜、超滤膜、反渗透膜和纳滤膜；按照膜结构的不同，可分为对称膜、不对称膜、复合膜等；按照膜材料的不同，可分为有机膜和无机膜；按照膜性质的不同，可分为生物膜、离子交换膜等。

例如：有机膜是由醋酸纤维素、芳香族聚酰胺、聚醚砜、含氟聚合物等高分子材料制成的，陶瓷膜、金属膜属于无机质多孔材料的无机膜，由携带可电离的阳离子或阴离子的高分子材料可制备出离子交换膜，猪的膀胱膜、微生物细胞膜则是具有生物反应性质的生物膜。

在生物化工等领域，常常把流动相内（或是在流动相边界处）存在的流动状态明显不同的流体薄层（如层流层）也称为"膜"，这种流体薄层和膜有着本质区别。

 问题 3　什么是膜的浓差极化现象？

当溶液从膜的一侧流过时，溶剂及小分子溶质透过膜，大分子的溶质在靠近膜表面处被截留，并随液体涡流不断返回于溶液主体中，当溶质在膜表面聚集的速度大于其返回速度时，膜表面会出现一个溶质浓度较高的液流层，这种现象称为膜的浓差极化。膜的浓差极化现象会显著降低膜的选择透过性，影响膜分离的效果。

为了减少浓差极化，通常采用错流操作或加大膜表面的溶液流速等措施。

 问题 4　如何描述膜的分离性能？

可从如下几个方面描述膜的分离性能：

(1) **膜孔径**　一般可用最大孔径和孔径分布来描述。最大孔径影响膜分离的粒子大小。无机膜的孔径一般不会发生变化，有机膜的孔径易受温度、压力、溶剂、pH、使用时间、清洗剂等因素的影响而改变。孔径分布是指膜中一定大小的孔在膜孔总数中所占的比例，数值大，说明孔径分布窄，膜的选择透过性好。一定大小的膜孔体积占整个膜体积的比例称为孔隙度，孔隙度越大，膜的流动阻力越小，但膜的机械强度也随之降低。

(2) **膜通量**　指单位时间、单位膜面积上透过的液体量，即溶剂透过膜的速率，常用来描述膜的处理能力。以水作溶剂时，又称为透水率或水通量，为实验测得值。

(3) **截留率**　指被截留物的量占料液总量的百分数，表示膜对溶质的截留能力。截留率为 100% 时，表明溶质全部被膜截留，此时的膜为理想半透膜；当截留率为 0 时，表明溶质全部透过膜，此时的膜没有分离作用。溶质分子/粒子的大小与形状、膜的吸附性、料液的流动方式等都会影响截留率。一般来说，直径小、呈线性的分子易透过膜；如果膜的吸附性强，溶质分子易吸附在膜孔内，降低膜的有效孔径，增大截留率；降低料液浓度、提高温度，会减少膜的吸附性；采用错流过滤的方式有助于减弱浓差极化现象，降低截留率。另外，生物活性物质容易受料液的 pH 值、离子强度等的影响而改变分子的空间构象和形状，进而影响截留率。

(4) **截留分子量**　指截留率为 90% 或 95% 时所对应的溶质分子量，其数值可用一系列不同分子量的标准物质由实验测定，在一定程度上反映膜孔径的大小，也经常用来表述膜的分离性能。

 问题 5　膜组件——膜的应用形式

过滤介质在使用中，需要安装或固定在某种支撑物上，形成过滤组件。如颗粒状介质需堆积在支撑物上，组成过滤床层，如活性炭过滤器的床层。丝、网、布、膜这类介质安装在板框或各种支撑框上，组成过滤单元，如板框压滤机的板框组、各种膜组件等。

膜组件是膜分离设备的基本单元，也是膜分离设备的核心部件。膜组件通常包括膜、固定膜的支撑体、间隔物以及其他一些收纳部件。在膜分离设备中，可根据生产需要设置若干个膜组件。一般来说，膜设备的维护与更新，主要是维护、更换膜组件。膜组件的结构种类比较多，根据膜的形式而异，常见的有平板式、螺旋卷式、管式、毛细管式、中空纤维式，以及陶瓷膜等。

 问题 6　膜分离的操作形式是怎样的？

膜分离的驱动力是膜两侧溶液的压力差，利用膜的选择透过性进行"筛分"，其操作形式与常规过滤类似，有如下两种：

(1) **无流动操作**　又称静态膜分离，料液在压差驱动下透过膜，被膜截留的微粒聚集在膜的表面，类似"滤饼"层；随着分离过程的继续，被截留的微粒逐渐增多，"滤饼"层不断增厚、压实。在操作压力不变的情况下，膜通量逐渐下降。这种操作是间歇式的，必须周期性地清理膜表面或更换新的膜。

(2) **错流操作**　亦称动态膜分离，料液沿着与膜表面平行的方向流过膜表面，在压差驱动下透过膜，被膜截留的微粒聚集在膜表面。与静态膜分离不同的是，料液流经膜表面时产生浓差极化现象。当工艺条件不变时，这种浓差极化现象能保持平稳，膜通量相对稳定。错流操作能有效控制浓差极化，避免膜的堵塞，还可以调节料液的流速，适合于较大流量的处理。为了使平行流过膜表面的料液有较大的流速，同时又要达到一定的浓度，常采用循环方式。这种操作的优点是活性产物在分离系统中的停留时间短，有利于热敏性或剪切力敏感的产物分离。错流操作是膜分离的主流操作模式，主要用于大规模生产。

> 🔁 **课堂互动**
>
> 在膜分离过程中，被截留的大分子也容易积聚在膜的表面，形成较高浓度的浓差极化现象。想一想：过滤机制下的滤饼层和膜分离过程中的浓差极化现象，这两者之间有何异同？

中空纤维膜组件

　　膜组件是膜分离设备的基本单元，也是核心部件。中空纤维膜组件是应用广泛的常见膜组件，其结构如图2-4所示：若干（可达几十万以上）根50～100μm的由半透膜管壁构成的空心纤维管组成管束；管束的两端用环氧树脂胶合后，密封在圆柱形耐压环氧树脂管壳中；管束可以是直形，或呈U形；管束中的各纤维管之间呈并联状态，管束两端的开口经管板与管壳两端的径向出口相连，构成一路通道，称为管程；管壳侧向也有开口，管壳与各纤维管外之间构成另一路通道，称为壳程。

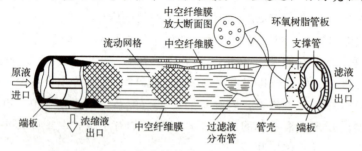

图2-4　中空纤维膜组件结构示意图（内压式）

　　使用时，料液可以从径向进入管程的一端，经管壁半透膜滤过的透过液进入壳程，由管壳侧向的一个开口流出，管程另一端流出剩余的浓缩液，这种操作方式称为内压式；料液也可以从侧向进入壳程，经管壁半透膜滤过的透过液进入管程，由管壳径向的一端流出，管壳另一侧的壳程出口流出浓缩液，这种操作方式称为外压式。在实际使用中，常通过这两种使用方式的转换来清洗纤维膜组件，相当于再生操作。

　　中空纤维过滤器就是将若干个中空纤维膜组件串联或并联后的组合使用设备。

学习主题 5　离心分离的机制与操作

 问题 1　什么是离心分离？

　　离心分离是另一种重要的固-液分离方法，依据的是不同密度的组分在溶液（一般是缓冲溶液、水或溶剂等悬浮液体系）内的沉降性能不同。不同质量、大小及形状的颗粒，其重力沉降加速度、惯性离心加速度均不相同，导致在溶液中沉降或移动的距离不同。这种利用惯性离心力实现不同密度颗粒分离的操作称为离心分离。

　　惯性沉降是离心分离的基础。在分离介质的液体相中，固体颗粒的沉降速度与其所受到的重力/惯性力、溶液的流动状态、溶液密度与黏度等有关；当溶液处于旋转状态时，颗粒的沉降速度与旋转角速度的二次方成正比，产生的离心沉降速度远大于重力沉降速度，得到密度较大的颗粒物相。离心加速度与重力加速度之比称为离心分离因数（F_r），F_r值越大，越有利于分离。当固体颗粒很小或溶液黏度很大时，F_r值较小，分离速度很慢甚至难以分离。F_r值可以用来定量评价离心力大小。按照离心力大小不同，可分为常速离心（$F_r < 3000$N）、高速离心（$F_r = 3000 \sim 50000$N）和超速离心（$F_r > 50000$N）等。

离心分离可用于悬浮液中固体颗粒的直接回收、两种互不相溶液体的分离、悬浮液中不同密度相液体的分离。

 问题 2　离心分离受哪些因素影响？

在离心分离过程中，分散于悬浮液中的颗粒，其沉降速度既与颗粒密度、分子大小和形状有关，也与液体的密度和黏度有关。当这类颗粒的密度大于悬浮液的密度时，会因在溶液体系内沉降而实现分离。按照离心场沉降理论推算，以球形颗粒为例，其在均匀液相中沉降相同距离所需要的时间，与颗粒直径的平方、颗粒相密度与液体密度之差成正比，与液体黏度成反比。也就是说，在离心分离一段时间后，不同颗粒的沉降距离，与颗粒的大小、密度和液体的密度、黏度有关。离心力越大，这种影响就越明显。

 问题 3　常用的离心分离方法有哪些？

常用的离心方法主要有三类：

(1) 差速离心　采用逐渐增加离心速度或低速-高速交替进行的离心方式，使沉降颗粒在不同离心速度及不同离心时间下分批分离。例如，取均匀悬浮液，控制离心力及时间进行离心，使最大的颗粒先沉降，而上清液中不再含有这种颗粒；取出上清液，增加离心力再分离较小的颗粒；如此，逐次实现不同颗粒的分离。差速离心一般用于分离沉降系数相差较大的颗粒，如细胞匀浆液中不同细胞器的分离。

(2) 速率密度梯度离心　也称为分组区带离心。把样品铺放在一个呈连续密度梯度的液体相中进行离心，控制离心的时间，使颗粒在完全沉降之前，因在液体梯度相中的移动而形成不连续分离区带。该法仅用于分离有一定沉降系数差的颗粒，与颗粒密度无关。如 RNA-DNA 混合物、核蛋白体亚单位和其他细胞成分的分离。大小相同，密度不同的颗粒（如线粒体、溶酶体、过氧化物酶体）可以用此法分离。

(3) 等密度梯度离心　当不同颗粒存在密度差时，在离心力场作用下，颗粒向外或向内移动到与它们密度恰好相等的位置上（即等密度点）并形成区带，即为等密度离心法。位于等密度点上的颗粒没有运动，区带的形状和位置都不受离心时间的影响，体系处于动态平衡。等密度离心的有效分离仅取决于颗粒的密度差，与颗粒的大小和形状无关。密度差越大，分离效果越好。

问题 4　离心分离都有哪些工业操作形式？

离心分离可分为以下两种操作形式：

（1）离心沉降　利用悬浮液中不同密度组分的密度差，在无孔转鼓或管式离心机中进行固-液、液-液的分离操作。常见的离心设备有实验室高速离心机、三足离心机、碟片离心机［图 2-5（a）］、管式离心机、旋风分离器等。

（2）离心过滤　兼有离心和过滤的双重作用。在有孔转鼓中同时设置过滤介质，在离心力的作用下，滤浆向鼓壁沉降，固体颗粒被过滤介质截留形成滤饼，滤液经过滤介质和转鼓上的孔流出，完成过滤过程。常见的有三足过滤离心机［图 2-5（b）］、过滤式螺旋离心机等。

三足式离心过滤机

(a) 小型碟片离心机　　　　(b) 小型三足过滤离心机

图 2-5　常见的几种离心分离设备

🔄 课堂互动

在实践中，常依据待分离料液的情况和工艺要求，选择不同的离心机。想一想：如果从基因工程大肠埃希菌中分离收集病毒，应该使用哪一类离心机？

 知识链接

场流分级技术

这是一种将离心分离与色谱法结合产生的一种无固定相色谱分离技术，亦称为单相色谱、离心色谱。其原理是以离心力压迫分子于柱壁，起到替代固定相的保留作用，故又称为外力场流动分离法、沉积场流分级法。基于这种思路，人们又以电场、磁场、热梯度等代替离心力场，得到不同的场流分级法，从而建立了一类分离方法体系。场流分级法对大分子和胶体有很强的分离能力，能分离远超胶体范围的固体颗粒，可分离的分子量有效范围十分广泛。

离心制备薄层色谱法

这是近年来出现的又一种高效分离法。将样品注射于圆形色谱薄板的圆心，再向圆心连续地垂直加入展开剂，使薄板旋转，各不同组分即沿径向迅速展开，在紫外灯下可观察到谱带的移动。板面倾斜设置，可沿斜向直接接收各分开的组分。该方法已用于天然产物、合成产物及异构体等的快速分离提纯，分离效果优于传统的制备型薄层色谱和柱色谱法，即便是与制备型高效液相色谱法相比，也具有节省时间和溶剂等方面的优势。

 课后复习

1. **填空**

（1）生化分离是指采用适宜的提取、分离、纯化技术，将_____从复杂的_____中提取、分离出来，获得高纯度_____的过程。

（2）产生在细胞内的各类活性物质，最终都存在于微生物_____液、动植物细胞_____液、酶代谢_____液或各种组织材料_____液中。

（3）细胞破碎是指用物理方法、化学方法或生物方法破坏_____或_____，使_____得到最大程度释放的操作过程。

2. **选择**

（1）破碎不同生物材料/细胞时，应选用不同的破碎方法，请对以下情况选择合适的方法：

① 从某个培养皿分离得到数个特征菌落制备的原生质体中提取核酸应选用（　　　）；

② 验证实验中用茄形瓶培养中国仓鼠卵巢细胞（CHO 细胞）分离病毒颗粒应选用（　　　）；

③ 规模化培养链霉菌制备某种蛋白酶应选用（　　　）。

A. 超声波法　　　　　　B. 珠磨法　　　　　　C. 渗透压法　　　　　　D. 高压均质法

（2）过滤操作中，助滤剂的作用是（　　　）。

A. 避免过滤介质表面的架桥现象，减少滤饼层在过滤介质表面的堆积

B. 增强过滤介质的强度，增加其通透性，延长负荷寿命

C. 改变滤饼结构，提高其刚性和颗粒空隙率，使其易形成架桥现象

D. 增加过滤颗粒黏度，使其沉积在过滤介质中

（3）以下因素与离心分离无关的是（　　　）。

A. 颗粒的密度　　　　　　　　　　　　B. 流动相的黏度

C. 旋转的角速度　　　　　　　　　　　D. 颗粒的重力加速度

3. **判断**

（1）深层过滤机制中，过滤介质表面没有堆积的滤饼层，过滤速度更快。

（2）在蛋白质溶液中加入酸性或碱性盐使之沉淀析出的现象称为盐析。

（3）离心分离是利用不同密度颗粒具有不同重力来实现分离的一种操作。

4. **简述**

为什么说膜分离是分子层面上的过滤操作？

项目2 生化分离——传质分离

 学习目标

【知识要求】 掌握 沉淀分离、萃取分离、新型萃取分离的基本概念
　　　　　　 熟悉 沉淀分离、萃取分离、新型萃取分离的一般工艺流程
　　　　　　 了解 沉淀分离、萃取分离、新型萃取分离的工艺原理与影响因素
【能力要求】 理解 沉淀分离、萃取分离、新型萃取分离的工艺原理
　　　　　　 懂得 沉淀分离、萃取分离、新型萃取分离的一般操作
【素质要求】 具备 较为扎实的化学、物理基础和基本的实验操作技能
　　　　　　 需要 良好的团队协作能力、安全操作意识和持续学习能力

 技能要点

产生于生物体/细胞内的活性物质，在经过细胞破碎之后，分散或溶解于细胞液中。机械分离可以处理呈固-液状态的非均相体系，然而，还有很多溶解于细胞液中的活性物质组分，呈现为均相体系的状态。这种情况就必须采用传质分离方式。常见的传质分离方式主要有沉淀、萃取，以及近些年发展起来的新型萃取技术等。

 课前引导

☆ 机械分离和传质分离有什么本质的不同？
☆ 当溶解度发生改变时，溶液中会出现哪种变化？
☆ 生活中，擦拭油污时，常使用洗涤剂或油性溶剂，这是为什么呢？

? 问题 1　传质分离的依据与操作形式是怎样的?

一般来说,传质分离针对的是均相混合体系,但也包括非均相混合体系,通过加入分离剂(能量或物质),使原混合物体系形成新相,在推动力作用下,物质从一相转移至另一相,达到分离的目的。

传质分离依据的是混合体系中各组分的理化性质、生物学性质不同,在流动相中的传递速率或平衡状态存在差异。这些性质包括:分子量、粒度、密度、相态、黏度、溶解度、电荷形式、极性、稳定性、沸点、蒸气压、等电点、化学平衡、反应速率、离子化程度、酸性、碱性、氧化还原性、疏水性、亲和作用、生物学识别、酶促反应等。

传质分离的操作形式可以分为两类:一类是分配平衡分离,利用溶质在两相中的浓度与达到平衡时的浓度之差为推动力进行分离,如沉淀、蒸馏、蒸发、萃取、吸收、吸附、结晶等;一类是速率控制分离,依据溶质在某种介质中由于压力、化学位、浓度、电势和磁场等梯度差形成的移动速度差异进行分离,如离子交换、电渗析、色谱、电泳等。

? 问题 2　传质分离与机械分离之间有怎样的关系?

传质分离与机械分离不是完全分开的。有些传质分离过程还要经过机械分离才能实现物质的最终分离。例如,有些抗生素、有机酸在经过萃取、结晶等传质分离过程后,往往还要再进行离心或过滤分离。此时,机械分离的效果直接影响到传质分离的速度和效果。所以,必须同时掌握传质分离和机械分离的原理和方法,进行灵活、合理地运用。这里,围绕溶解度不同的差异影响,着重叙述传质分离中常见的沉淀、萃取等分离方法。

↻ 课堂互动

生活中常常有一些有趣的情况。想一想:将混在一起的黄豆和黑豆分开,这属于什么类型的分离?

 **技能拓展**

生物技术产品分离精制的特点

产物的分离精制是从复杂体系中获得最终产品所必需的过程。生物技术产品的特点，导致其分离精制过程的实施十分困难，其分离精制成本在产品总成本的占比非常高。例如：化学合成药物的分离精制成本是合成反应成本的 $1 \sim 2$ 倍；抗生素药物的分离精制费用约为发酵部分的 $3 \sim 4$ 倍；基因药物和各种生物制品的分离精制费用可占总生产费用的 $80\% \sim 90\%$。分离精制技术直接影响着产品的总成本，制约着产品生产的规模化和工业化进程。

生物技术产品分离精制呈现以下几方面特征：

成分复杂　生物反应（微生物发酵/细胞培养）液或动植物组织提取液中的成分复杂，确切组分不能准确预测。细胞代谢往往会产生较多与目的组分结构相似的杂质，加大了分离的难度。

起始浓度低　微生物发酵/细胞培养液、提取液中的产物浓度往往不是很高。例如：发酵液中抗生素产品的质量分数为 $1\% \sim 3\%$，酶为 $0.1\% \sim 0.5\%$，维生素 B_{12} 为 $0.002\% \sim 0.005\%$，胰岛素不超过 0.01%，单克隆抗体不超过 0.0001%。

操作条件温和　从某种程度上说，生物技术产品不仅是用物质量的多少来衡量，更是关注生物活性的量化。高温、极端 pH 值、有机溶剂等都会引起活性物质的失活或分解。所以，操作条件需要十分温和，过程要尽可能短。例如，蛋白质的生物活性与一些辅助因子、金属离子的存在有关，周边的剪切力会极大地影响蛋白质分子的空间构型，从而影响其活性。

有一定的操作工艺弹性　很多微生物代谢/细胞反应的过程都是分批操作，生物变异性大，各批次的发酵/培养液不尽相同；另外，发酵/培养期间的染菌情况、消泡剂的加入、放罐时间的差异等，都对提取分离过程有影响，这就要求后续的分离精制工艺应有一定的操作弹性。

无害化处理　某些产品在分离精制过程中，还要求无菌操作以除去对人体有害的物质。例如，基因工程产品应特别注意生物安全问题，即在密闭的环境下操作，防止因生物体扩散而对环境造成危害。

学习主题 2　沉淀分离的原理与方式

 问题 1　沉淀分离的实质与方法

沉淀分离的化学实质是调整溶液的理化参数，改变溶剂和溶质之间的能量平衡，产生沉淀，从而将活性物质从溶液中分离出来，广泛应用于生物产品（特别是蛋白质）的加工过程，起到浓缩与分离的双重作用。

常用的沉淀方法有：盐析沉淀、等电点沉淀、有机溶剂沉淀等，其共同特性是利用了蛋白质溶解度之间的差异来实现分离。例如从血浆、微生物油提液、植物浸出液、基因重组菌中，分离、纯化蛋白质产品。对于有些蛋白质的纯化，沉淀可能是唯一的分离方法；有些蛋白质因其溶液浓度低、要求纯度高，需要将沉淀法与其他分离技术结合使用。

 ## 问题 2　盐析的依据与操作方式

在蛋白质溶液中加入中性盐，使蛋白质形成沉淀从溶液中析出的现象称为盐析。早在 1859 年，这种方法就用于从血液中分离蛋白质，随后又在尿蛋白、血浆蛋白等的分离和分级中使用。

盐析沉淀技术成本低，操作简单，能保证目的组分的生物活性，适用于蛋白质和酶的分离纯化，也可用于多糖与核酸等的分离纯化，工业应用广泛。

实际操作中常使用分级盐析的方式，即逐步改变（强化）环境条件，逐次析出蛋白质；去除沉淀的蛋白质后，再改变上清液的环境条件，使蛋白质继续析出。改变环境的操作方式有两种：一种是在一定的 pH 值和温度下，改变盐的浓度（离子强度）；另一种是在一定的离子强度下，改变溶液的 pH 值和温度。

常用的盐析剂有：硫酸铵、硫酸钠、硫酸镁、氯化钠、磷酸二氢钠等，最常用的是硫酸铵。

 ## 问题 3　你了解有机溶剂沉淀吗?

在许多能与水互溶的有机溶剂（如乙醇、丙酮、甲醇和乙腈）溶液中，随着有机溶剂浓度的增加，蛋白质的溶解度会降低。据此，可在含有目的蛋白质的混合水溶液体系中加入一定量的亲水有机溶剂，降低蛋白质的溶解度，使其沉淀析出，即为有机溶剂沉淀。

乙醇是最常用的有机溶剂沉淀剂。利用乙醇在低温下分级沉淀人血浆，可制备得到白蛋白溶液。免疫球蛋白、纤维蛋白原等也都是利用这种方法获得的。有机溶剂沉淀过程中，应该控制好以下参数：体系的温度和 pH 值、有机溶剂浓度、蛋白质浓度。

某些蛋白质沉淀的浓度范围较宽，采用有机溶剂沉淀可以获得较高纯度的产品。有机溶剂也有一定程度的杀菌作用。这种沉淀操作需在低温下进行，溶剂消耗量比较大，贮存比较麻烦。

 ## 问题 4　什么是等电点沉淀?

蛋白质为两性电解质。当其所带的正负电荷相等时，呈电中性，此时的 pH 值称为蛋白质的等电点（pI）。蛋白质在等电点时的溶解度最低，容易沉淀，即等电点沉淀。操作时，根据蛋白质的 pI 值，在溶液中缓慢加入酸或碱，当达到 pI 值时，蛋白质沉淀析出。由于蛋白质极易变性，操作中应特别注意保持其活性，一般都是在低温下进行。蛋白质的等电点易受盐离子影响而发生变化，例如：如果蛋白质分子结合阳离子，pI 值会升高；如果结合阴离子，pI 值会降低。所以在操作前，应首先了解溶液的离子浓度。

工业生产中，等电点沉淀常与盐析、有机溶剂沉淀等方法混合使用。等电点沉淀还可用于除去溶液中的蛋白质杂质。

课堂互动

蛋白质的变性沉淀在生活中有很多的应用事例。想一想：制作豆腐时的"点豆腐"，是依据怎样的原理？你知道多少种"点豆腐"的方法？

学习主题 3　萃取分离的原理与操作

? 问题 1　什么是萃取分离？

萃取通常是指液-液萃取，利用溶质在两个互不相溶的液相（料液和萃取剂）之间溶解度的不同来进行分离，达到浓缩和提纯的目的。一般的操作过程是：将萃取剂和含有目标组分（溶质）的料液混合接触（萃取过程）→分离互不相溶的两相（萃取剂相、萃余相）→萃余液脱除（回收）溶剂；其中，萃取剂相称为萃取液，剩余的料液相称为萃余液（残液）。萃取的依据是目的组分在两种互不相溶的溶液中的溶解度不同，从一种溶液转移到另一种溶液中，重新分配实现新的溶解平衡。

例如：青霉素游离酸（pH 值＝2.5）在醋酸戊酯中的溶解度比在水中大 45 倍，青霉素钠盐在醋酸戊酯中的溶解度只有 0.22mg/mL，但在水中可达到 20mg/mL；红霉素在富含乙二醇溶液中的溶解度，比在富含磷酸氢二钾（K_2HPO_4）溶液中的溶解度高 10 倍以上。利用这种溶解度的差异，上述两种抗生素都能用溶剂萃取法分离并得到浓缩。

? 问题 2　如何选择合适的萃取剂？

萃取过程的分离效果可用萃取率来评价。萃取率为萃取剂中目的组分与原溶液中该组分的质量比。比值越高，表明分离效果越好。其影响因素主要有：萃取剂种类和性质、分配系数（溶质在萃取剂相和料液相中的溶解度之比）、在萃取过程中两相之间的接触情况。在一定条件下，目的组分的分离效果主要决定于萃取剂的选择和萃取的次数。

选择合适的萃取剂是萃取分离的关键。萃取剂的选择应遵循以下原则：与料液不互溶且有较大的密度差，对目的组分有更大的分配系数（对其的溶解度更高），本身的黏度低、热稳定性好，无毒、价廉易得、不易燃。

 问题 3　萃取分离的工业操作形式是怎样的？

工业上的萃取操作，有单级萃取和多级萃取两种方式：单级萃取是基本的萃取单元，将原料液和萃取剂加入混合器中充分搅拌混合后，分离为萃取相和萃余相，再分别将两相引入回收设备，获得萃取液和萃余液；多级萃取是将多个单级萃取单元串接起来，可实现连续操作，按照萃取剂和原料液的接触方式不同，主要有错流和逆流两种方式（图 2-6）。其中，多级错流萃取方式的萃取率虽然高，但萃取剂耗量大，回收负荷大，设备投资高；多级逆流萃取中，原料液和萃取剂分别从流程的两端加入，互为逆向流动接触，萃取剂用量较少，萃取效率高，生产应用最为广泛。

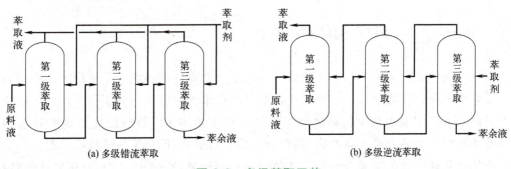

图 2-6　多级萃取工艺

课堂互动

萃取分离是一种常见的物质提取方法。想一想：对于生活中的各种"泡酒"，你能用所学的知识解释一下吗？

 知识链接

溶质的分配定律

这是溶剂萃取的依据，即在一定温度、压力下，溶质分布在两个互不相溶的溶剂里，达到平衡时两相内的溶质浓度之比为一个常数，这个常数称为分配系数 K。K 值的大小取决于温度、溶剂和溶质的性质，与溶质的最初浓度、溶质与溶剂的质量无关。K 值大，表示溶质在萃取相的浓度较高（即目的组分在萃取剂中的溶解度大），萃取剂用量少，容易实现萃取分离。

? 问题 1　什么是双水相萃取?

　　双水相萃取是将两种不同水溶性的液体相混合,在一定条件下,混合体系呈现互不相溶的两个水相。这一现象最早是在 1896 年,Beijerinck 在琼脂与可溶性淀粉或明胶混合时发现的,称为聚合物的"不相容性"。至 20 世纪 60 年代,出现了"双水相萃取"的概念,又称为水溶液两相分配技术。随后,人们将这一技术应用于从细胞匀浆液中提取酶和蛋白质,大大改善了胞内酶的提取效果。水溶液两相分配技术逐步发展成为目前的双水相萃取分离技术。

? 问题 2　认识双水相体系及应用

　　水是生物体细胞的溶剂相。水相溶液有利于活性物质的溶解且保持稳定。不同的水相体系,溶解度存在着差异。利用活性物质在两个水相中不同的分配程度,可以达到分离的目的。能产生双水相现象的溶液体系称为双水相体系。目前已经发现的双水相体系,基本上可分为两大类:高聚物/高聚物体系,高聚物/低分子物质体系(表 2-1)。其中,常用于生化分离的主要有:聚乙二醇(PEG)/葡聚糖(Dx)、PEG/葡聚糖硫酸盐、PEG/硫酸盐、PEG/磷酸盐。

表 2-1　常见的双水相体系

聚合物 A	聚合物/低分子物质 B	聚合物 A	聚合物/低分子物质 B
聚乙二醇(PEG)	聚乙烯醇(PVA) 葡聚糖(Dx) 聚蔗糖	葡聚糖硫酸钠(DSS)	聚乙二醇和 NaCl 葡聚糖和 NaCl 羧甲基纤维素钠
聚乙烯醇	甲基纤维素 葡聚糖	聚乙二醇	硫酸铵 磷酸钾
聚丙二醇	聚乙二醇 葡聚糖	聚丙二醇	葡聚糖 甘油
甲基纤维素	羟丙基葡聚糖 葡聚糖	葡聚糖	乙二醇二丁醚 丙醇

　　目前的双水相分离技术虽然取得了很大的应用,但几乎都是建立在实验基础上,尚未建立完善的理论来解释其分配机理,工业化例子尚不多见。应用中,原材料成本占总

成本的 85％ 以上，随生产规模的扩大，总成本会大幅度增加。较高的成本削弱了其技术上的优势。降低原材料成本、合成价格低廉并具有良好的分配性能的聚合物、回收原材料，是该技术研究的主要方向。

 问题 3　什么是超临界萃取？

超临界萃取是利用超临界流体（SF）的特性，通过改变临界压力或临界温度来提取和分离各种化合物的一种新型萃取技术。

当流体达到气液临界点时，液体的饱和蒸气浓度与气体浓度相等，气、液界面消失，流体处于气态与液态之间的一种特殊状态。此时流体的理化性质十分独特：黏度接近于气体、密度接近于液体、扩散系数介于气体和液体之间，既像气体一样容易扩散，又像液体一样有很强的溶解能力，兼具气体和液体的优点。这种流体特性，仅限于在临界点的特定压力和温度下。此时体系温度和压力的微小变化，都会使流体密度发生改变，导致其溶解能力发生几个数量级的突变。这种处于热力学临界点状态的流体就是超临界流体，依据其特性进行的萃取过程就是超临界萃取。

 问题 4　为什么超临界萃取常称作 CO_2 超临界萃取？

许多物质都具有 SF 特性，但并不是具有 SF 特性的流体都可以用来做超临界萃取。用于超临界萃取的 SF 必须具备以下条件：具有化学稳定性，对设备没有腐蚀性；临界温度不能太低或太高，最好在室温附近或操作温度附近，且操作温度应低于目的组分的分解温度或变性温度；临界压力不能太高，以便降低压缩动力成本；有较好的选择性，容易得到高纯度制品；有较高的溶解度，以减少溶剂用量；萃取溶剂容易获取，价格便宜；最重要的是无毒！由表 2-2 可见，CO_2 是理想的生化分离用 SF，因此，超临界萃取常常称为 CO_2 超临界萃取。

表 2-2　常用的超临界流体

流体名称	临界状态			流体名称	临界状态		
	压力/MPa	温度/℃	密度/(g/cm³)		压力/MPa	温度/℃	密度/(g/cm³)
二氧化碳	7.29	31.2	0.433	乙烷	4.81	32.2	0.203
水	21.76	374.2	0.332	丙烷	4.19	96.6	0.217
氨	11.25	132.4	0.235	丁烷	3.75	135.0	0.228

 问题 5　超临界萃取分离的流程是怎样的？

超临界流体在萃取中，SF 的溶解能力受其密度控制，而 SF 的密度可以通过临界温度或临界压力的微小变化来改变，据此，超临界萃取常采用以下典型流程（图 2-7）：

(1) 等温法　萃取过程中温度不变。CO_2 气体在萃取罐中因加压而成为 SF，溶解目的组分；在分离罐中因减压而恢复成普通气体，释放溶解物，实现目的组分的萃取分离。

（2）**等压法**　萃取过程中压力不变。CO_2 气体在萃取罐中因降温而成为 SF，溶解目的组分；在分离罐中因升温而恢复成普通气体，释放溶解物，实现目的组分的萃取分离。

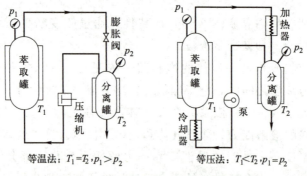

等温法：$T_1 = T_2$，$p_1 > p_2$　　　等压法：$T_1 < T_2$，$p_1 = p_2$

图 2-7　超临界萃取典型流程图

 课堂互动

超临界流体有着许多独特的性质。想一想：为什么说 CO_2 是超临界萃取生物活性成分的理想溶剂？

🌱 **技能拓展**

双水相萃取的应用

近年来，双水相萃取的应用研究比较突出，主要表现在蛋白质的分离、纯化方面。

酶的提取和纯化　双水相的应用始于酶的提取，如分离过氧化氢酶。目前研究和应用较多是 PEG/盐体系。

核酸的分离及纯化　用 PEG6000 4%/Dx 5%（质量分数，下同）体系萃取核酸，通过多级逆流分配，可以将有活性和无活性的核酸完全分离开。

人生长激素的提取　用 PEG4000 6.6%/磷酸盐 14% 体系，从大肠埃希菌（*E.coli*）碎片中提取人生长激素（hGH），平衡后 hGH 分配在 PEG 相，经三级错流萃取，总收率达 81%。

干扰素-β（IFN-β）的提取　干扰素不稳定、易失活，特别适合用双水相萃取分离。使用 PEG 磷酸酯/盐体系，在 1×10^9 U 干扰素-β 的回收中，收率达 97%，干扰素特异活性 $\geqslant 1 \times 10^6$ U/mg 蛋白。该方法与色谱纯化技术联合使用，已成功用于工业生产。

病毒的分离和纯化　当病毒进入双水相体系后，在两相间也会发生选择性分配（表 2-3）。控制 NaCl 浓度，调整病毒在两相中的分配比例，能实现多种病毒的提取、纯化。例如，用 PEG6000（0.5%）、DSS（0.2%）及 NaCl（0.3mol/L）组成的体系，使病毒浓缩 80 倍，活性收率 ≥ 90%。对某些病毒，若一次萃取后浓度或纯度达不到要求，可采用多次萃取工艺。

表 2-3　一些病毒在 PEG6000/DSS/NaCl 体系中的分配

体　系			分配系数		
PEG6000 的质量分数/%	DSS 的质量分数/%	NaCl 的浓度/(mol/L)	ECHO*	腺病毒	噬菌体 T_2
1.4	4.8	1.0	$10^{2.6}$	$10^{0.2}$	
2.0	3.0	1.0	$10^{0.4 \sim 0.6}$	$10^{1.2}$	$10^{2.75}$
3.0	3.0	0.5	$10^{-0.4}$	$10^{1.2}$	$10^{0.8}$
4.0	4.0	0.3	$10^{-2.0}$	$10^{0 \sim 0.6}$	
7.0	6.0	0.15	$10^{-2.2}$	$10^{-2.6}$	$10^{-2.45}$

注：* 仿病毒。

生物活性成分的分析检测　利用双水相萃取技术分析某种生物分子，常需要另一种与其定量复合的分子，只要复合物和反应物之一在双水相体系中具有不同的分配系数并分配在不同相中，就能进行分析。现已成功地应用于免疫分析、生物分子间相互作用测定和细胞数测定。如测定强心药物异羟基毛地黄毒苷（简称黄毒苷）的免疫性，用放射性标记的黄毒苷的血清样品，加入一定量的抗体，保温后，用 PEG4000 7.5%/$MgSO_4$ 22.5%（质量分数）处理后，测定 PEG 相的放射性。

 课后复习

1. **填空**

（1）传质分离的特点是混合体系的各相之间发生了_____的过程。

（2）超临界流体的溶解能力受其_____控制，可以通过临界_____或_____的微小变化而改变，据此，常用的超临界萃取工艺类型有_____和_____。

2. **选择**

（1）传质分离的操作形式可以分为两类：一类是诸如沉淀、萃取等的（　　）分离，一类是诸如色谱、电泳等的（　　）分离。

A. 分配平衡　　　　B. 离心平衡　　　　C. 速率控制　　　　D. 压力平衡

（2）沉淀分离某种阳性蛋白质时，以下操作的分离效果最好的是（　　）。

A. 控制溶液体系 pH 值 < 7.0　　　　　　B. 控制溶液体系 pH 值 = 7.0

C. 控制溶液体系 pH 值 > 7.0　　　　　　D. 控制溶液体系 pH 值 = pI 值

（3）盐析操作有多种改变环境的方式。以下不是常用的操作方式的是（　　）。

A. 在一定 pH 值下，改变盐浓度　　　　B. 在一定盐浓度下，改变溶液 pH 值

C. 在一定温度下，改变溶液离子强度　　D. 在一定 pH 值下，改变温度

3. 判断

（1）传质分离的依据是混合液中各组分的密度相近，只能适用于均相物料液的组分分离。

（2）萃取分离时，萃取剂应选用与料液具有更好互溶性的溶剂，以提取更多的活性物质。

4. 简述

（1）请简述常见多级萃取工艺的优缺点。

（2）为什么说双水相萃取特别适用于蛋白质的分离？

（3）请比较超临界萃取分离流程中等温法与等压法的异同。

项目3 生化分离——除杂精制

 学习目标

【知识要求】 掌握 吸附分离、离子交换分离的基本概念
　　　　　　 熟悉 吸附分离、离子交换分离的基本操作方法
　　　　　　 了解 吸附分离、离子交换分离的工艺类型和应用特点
【能力要求】 理解 吸附分离、离子交换分离的工艺原理
　　　　　　 懂得 吸附分离、离子交换分离的基本操作
【素质要求】 了解 化学原理、化工过程和相关工艺的基本操作技能
　　　　　　 具备 良好的现象观察、安全操作意识和实验操作、团队协作能力

 技能要点

对于生化分离的活性物质（如多肽、蛋白质等）而言，产量微小、浓度极低、活性较高、纯度极高等是其主要特征。所以，前述方法获得粗产品之后，还需要进一步的除杂、脱色等精制分离操作。杂质和色素是主要的操作对象，往往是与目的组分的理化性质相似或含有色素的同类物质，用机械分离、传质分离等方法无法除去，需要依靠分子间的特殊作用进行分离。常用的有吸附、离子交换等方法。

课前引导

☆ 生活中常用活性炭除湿、除味，你能否说说其中的道理？
☆ 在制水工艺操作中，常使用离子交换树脂除去水中的离子，这种操作能否用于生物技术产物制备中的精制分离？

问题 1 如何理解生化产品制备中的除杂精制操作?

生物反应/培养液或组织提取液中的活性物质，在经过机械分离、传质分离等操作后，一般都会得到有着相当含量或浓度的产物，同时，这些产物也往往携带较多的杂质，或者产物携带的活性基团还需要进一步提高活性。其中的杂质，往往有着和目的组分相同的物理形态、相近的化学性质、相似的生物活性、相仿的分子空间结构与极性。从生产角度来看，沉淀、过滤、离心及萃取等分离操作可视为规模化、粗分离制备的常用方法，但无法将这些杂质、色素等与目的组分进行有效分离，还需要进一步的除杂精制操作。常用的操作方法是吸附、离子交换，以及色谱、电泳分离等操作。其中的色谱、电泳分离操作方法，同时也常用于生物技术产品的微量制备、定性定量的检测分析，稍后再进行学习。这里，重点学习吸附与离子交换分离操作。

 问题 2 什么是吸附操作?

一种物质从一相移动到另外一相表面的现象称为吸附（遍及至另外一相内部的现象称为吸收），如果这另外一相为固体，则称为固体吸附。吸附转移的物质称为吸附质，固体相称为吸附剂。

吸附的本质是物质传递过程，传递速度取决于流动相的流动状态和黏度、吸附质的浓度、吸附剂的表面形态（固相表面微孔的大小、多少、曲折程度和表面积）等。流动相中的吸附质富集在固体相的表面，这是吸附过程；固体相表面的吸附质也会返回到流动相中，这是解吸过程；两个过程最终达成平衡状态，属于分配平衡分离。在未达到吸附平衡前，分离过程表现为吸附质富集于吸附剂表面；达到吸附平衡时，流动相中的吸附质不再减少，固体相表面的吸附质的量达到最大，称为吸附饱和。影响吸附平衡的因素很多，可用吸附等温线来描述这种平衡关系。

 问题 3 认识工业吸附操作

吸附剂通常为多孔性固体，具有良好的理化稳定性，常用的有活性炭、沸石、分子筛、硅胶、活性氧化铝、大孔树脂等。工业生产中，吸附剂还必须能够再生，通过改变吸附剂的环境性质（如酸碱性、离子强度等），使吸附质与吸附剂解离，吸附剂恢复对吸附质的富集能力，这称为吸附剂的再生。

吸附操作形式有静态吸附、搅拌吸附、固定吸附、流动吸附等。固定吸附是常见的生产方式，用于脱色、除杂等精制纯化过程。在固定吸附操作中，吸附剂均匀装填于设备中，称为固定床。流动相流经吸附剂床层，随着流动过程的推进，沿流动方向，吸附剂逐次达到吸附饱和，可形象地称为"吸附带前移"，此时，流出床层的流动相中没有吸附质；当吸附带移动至床层末端时，尽管末端吸附剂尚未完全饱和，但流出吸附床的流动相中出现了吸附质，这种现象称为吸附穿透（图2-8）。达到穿透时，吸附操作应立刻终止，需要对吸附剂进行再生处理。

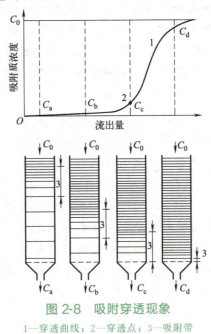

图2-8 吸附穿透现象
1—穿透曲线；2—穿透点；3—吸附带

注意吸附在不同应用中的作用：

用于除杂、除菌时，以过滤为主，如水净化、空气净化等，流体分散相为产品，溶质为吸附质，可作为杂质弃掉；

用于脱色除杂、产物纯化时，杂质可以作为吸附质被吸附，如蛋白酶、氨基酸产品的脱色除杂等；或小分子肽的富集浓缩等，活性物质作为吸附质被吸附，再经过解吸后与原溶液体系分离，实现富集浓缩的过程。

🔄 课堂互动

生活中，木炭常被用来除湿、去色、消除异味。想一想：你能否说出这样做的道理？

 知识链接

工业吸附分离的操作形式

生产中，视处理对象（如性质、浓度、处理程度等）的不同，吸附操作有着多种形式。从降低成本考虑，吸附剂需要重复利用。所以，工业吸附分离操作主要有以下操作形式：

搅拌吸附 把要处理的液体和吸附剂一起加入带有搅拌器的吸附容器中，使吸附剂与溶液充分接触，溶液中的吸附质被吸附剂吸附；经过一段时间，吸附剂达到饱和后，过滤分离出吸附剂，再视需求对吸附剂或滤出液做进一步处理。如果吸附剂可继续使用，则将吸附剂进行适当的解吸、再生后，再回收利用。这种操作多用于糖液的活性炭脱色等。

固定床吸附 一般用塔设备（吸附塔），将吸附剂均匀堆放成固定、不流动的吸附床层。通常，含吸附质的流动相自上而下流过吸附床层，也可以自下而上流过床层。吸附剂达到饱和后，需停止吸附，进行再生。常将吸附、再生两个过程分别在两个塔设备中交替循环进行。该操作广泛用于流体的除杂净化、溶剂回收、气体干燥、脱水等，特别是制药行业中的制风、制水等。

膨胀床吸附 这种操作可看作是"反向流动的固定床"吸附操作，含吸附质的流体自下而上以层流形式流经吸附剂床层，控制流体流速使床层处于蓬松状态；各吸附剂颗粒之间有较大的空隙，呈松散、互不接触的非流化状态，流动相中的大颗粒杂质（如细胞碎片）不会被截留，吸附质则被吸附在吸附剂颗粒上，吸附床层的寿命长。

流化床吸附 可看作是"动态流动的固定床"吸附操作，含吸附质的流体自下而上流经吸附剂床层时，大量的吸附剂颗粒在床层内呈流化状态，少量的吸附剂离开床层进行解吸再生后，再返回吸附床层做循环吸附。最大的优点是可使用同一个吸附床层进行吸附、再生循环操作，生产能力大；缺点是吸附剂颗粒磨损程度严重，操作范围比较窄小。

学习主题 2　离子交换分离

问题 1　认识离子交换分离

如果将离子交换剂作为吸附剂，这样的吸附分离操作又称为离子交换，其操作包括以下几个方面：使料液中的一种或几种离子尽可能多地转入离子交换吸附剂上，实现活性物质的分离；对吸附了一定离子的吸附剂床层进行洗涤除杂；对吸附了离子（一般是活性物质）的固相吸附剂进行处理，使吸附离子被交换入液相中，以回收被交换的离子；用适当溶剂（洗脱剂）处理离子交换吸附剂，使之转化为可用于交换的离子形式；对使用一段时间、吸附性能下降的离子交换吸附剂进行再生处理，以恢复其交换能力。

离子交换法是生化分离的主要方法之一，广泛用于氨基酸、有机酸、抗生素等活性物质的提取分离，以及生化产品的脱色、制水等；同时也有生产周期长、pH 变化范围大，甚至影响成品质量等缺点。

 问题2　什么是离子交换树脂?

最常用的离子交换剂为离子交换树脂。这是一种带有官能团（有交换离子的活性基团），具有网状立体结构，不溶于酸、碱和有机溶剂的高分子化合物，通常呈颗粒状。

离子交换树脂的立体结构分为两个组成单元：不可移动的立体网络骨架、可移动的活性离子。活性离子可在网络骨架和溶液间自由迁移。当树脂被溶液包裹时，其活性离子可与溶液中的同性离子发生等当量交换。如果树脂的活性离子是阳离子，能交换溶液中的阳离子，该树脂称为阳离子交换树脂；如果树脂的活性离子是阴离子，则能交换溶液中的阴离子，称为阴离子交换树脂。

在分离过程中，活性物质作为吸附质，吸附在离子交换树脂上；再用洗脱剂在适宜条件下将吸附质从树脂上洗脱下来，达到提取分离、浓缩提纯的目的。

离子交换树脂无毒，能反复再生使用，成本低，设备简单、操作方便。

 问题3　怎样选用离子交换树脂?

离子交换树脂可以按照其活性离子（又称为交换基团）的不同，分成阳离子交换树脂和阴离子交换树脂，还可以根据活性离子电离度的不同分为强型和弱型。

(1) 强酸型阳离子交换树脂　如苯乙烯和二乙烯苯（DVB）的聚合物，其交换基团具有强电解质性质，可以是 H 型或 Na 型。这种树脂用无机酸（HCl、H_2SO_4）或 NaCl 再生，热稳定性较高，能承受 120℃高温。

(2) 弱酸型阳离子交换树脂　交换基团一般是弱酸，可以是羧基（—COOH）、磷酸基（—PO_4H_2）和酚基等。其中以含羧基的树脂用途最广，如丙烯酸/甲基丙烯酸和二乙烯苯的共聚物。这类树脂有较大的离子交换容量，对多价金属离子的选择性较高，仅能在中性和碱性介质中解离，发生交换作用。一般的耐用温度为 100～120℃。

(3) 强碱型阴离子交换树脂　这类树脂有两种类型：季铵基团｛季铵碱基 [—$(CH_3)_3NOH$]、季铵盐基 [—$(CH_3)_3NCl$]｝树脂和对氮二乙基氢氧官能团 [—$(CH_3)_2N$—CH_2—CH_2—OH] 树脂。对弱酸的交换能力，第一类树脂较强，但其交换能力比第二类小。一般来说，碱性离子交换树脂比酸性离子交换树脂的热稳定性、热力学稳定性都弱，离子交换容量也略小。

(4) 弱碱型阴离子交换树脂　指含有伯胺（—NH_2）、仲胺（—NHR）或叔胺（—NR_2）的树脂。这类树脂在水中的解离程度小，呈弱碱性，容易和强酸反应，较难与弱酸反应。这类树脂需用强碱（如 NaOH）再生，再生后的体积变化比弱酸性树脂小，使用温度 70～100℃。

离子交换树脂也可以依据树脂的物理结构，分为凝胶型与大孔型两类：

(1) 凝胶型　这类树脂为高分子凝胶结构，外观透明，其高分子间隙是离子交换的通道，称为凝胶孔。离子通过孔道扩散进入树脂颗粒内部。凝胶孔的孔径一般在 3nm

以下，随树脂交联度与溶胀情况而有所不同。

（2）**大孔型**　大孔型树脂具有一般吸附剂常见的微孔，孔径从几纳米到上千纳米。大孔树脂的比表面积大，化学稳定性和机械性能都较好，吸附容量大，再生容易。

目前市场上的离子交换树脂种类很多，均按上述方法分类。每类中各牌号树脂的性能有较大的差别，应根据实际使用情况来选用。

 问题4　离子交换分离有哪些工业操作形式?

依据离子交换树脂使用方式的不同，离子交换分离操作方式主要分为两种：

（1）**静态交换**　又称间歇/分批操作法，将树脂与料液混合置于容器中，在静态或搅动下进行离子交换，通常需重复多次才能达到较完全的吸附平衡，效率低、交换不完全、树脂破损率较高，不适用于多种成分的分离，多用于科研或小规模生产。

（2）**动态交换**　将离子交换树脂装填成吸附剂床层，料液或洗脱剂流经树脂床层，离子交换过程在固-液两相的相对流动状态下完成。溶液相流经固定的树脂床，这称为固定床式或管柱式。离子交换后的溶液及时流出树脂床，大大减轻了逆反应过程，使得交换反应能不断进行，溶液在流经树脂床时，其实是进行多次交换，相当于多次的间歇操作，与静态法相比，反应效率要高得多。动态交换是最常见的生产操作方式，很多抗生素（如链霉素、头孢菌素、新霉素等）生产均采用这种方式。

在工业生产中，离子交换树脂床层可以装填在一个容器内分别进行吸附与洗脱，也可以多个容器联合使用，或者将吸附与洗脱在同一个树脂床层的不同部位同时进行。这种方法适用于多组分的分离及产品精制脱盐、中和，以及软水、去离子水的制备。

离子交换分离的工业操作流程包括：离子交换树脂预处理→（树脂床装填）→离子交换吸附→树脂床洗脱分离/树脂床再生。

 课堂互动

离子交换与吸附分离的本质其实是相同的。吸附分离时，吸附剂达到饱和后需要再生。想一想：离子交换树脂再生的化学实质是什么？

 技能拓展

关于离子交换树脂

交换容量　实际应用中，常使用三个概念：理论交换容量、再生交换容量和工作交换容量。理论交换容量是指单位质量（或体积）树脂中可以交换的化学基团总量，也称为总交换容量。工作交换容量指实际进行交换反应时树脂的交换容量。因树脂在实际交换时总有一部分不能被完全取代，所以工作交换容量小于理论交换容量。再生交换容量指树脂经过再生后能达到的交换容量。因再生不可能完全，再生容量小于工作交换容量。

通常，再生交换容量＝0.5～1.0 总交换容量；工作交换容量＝0.3～0.9 理论交换容量。

工作交换容量依赖于离子交换树脂的总交换容量、再生水平，被处理溶液的离子成分，树脂对被交换离子的亲和性或选择性，树脂粒度，以及操作流速和温度等因素。

选择性　离子交换树脂的选择性与其携带的电荷量有关，离子电荷越多，越容易被树脂吸附。如二价离子比一价离子容易被吸附。但如果不同离子载有相同电荷时，核电荷数大的离子，其水合半径小，容易被吸附。室温下，较低离子浓度的溶液中，常见离子的选择性次序为：

对强酸型阳离子交换树脂：$Fe^{3+} > Al^{3+} > Ca^{2+} > Mg^{2+} > K^+ \approx NH_4^+ > Na^+ > H^+ > Li^+$

对强碱型阴离子交换树脂：$SO_4^{2-} > NO_3^- > Cl^- > OH^- > F^- > HCO_3^-$

对弱酸型阳离子树脂：$H^+ > Fe^{3+} > Al^{3+} > Ca^{2+} > Mg^{2+} > K^+ > Na^+ > Li^+$

对弱碱型阴离子交换树脂：$OH^- > SO_4^{2-} > NO_3^- > PO_4^{3-} > Cl^- > HCO_3^-$

离子交换树脂的选择性还与其活性基团有关。

树脂再生　又称为活化，是吸附交换的逆反应。再生操作过程一般需要三步：先用大量的水冲洗，去除树脂表面和空隙内部物理吸附的各种杂质；再用酸、碱、盐进行转型处理，除去功能基团结合的杂质；最后用清水清洗树脂至所需的 pH 值。

注意：再生与洗脱是两个不同但又密切相关的操作过程。如果树脂在洗脱后，其离子型与下次交换吸附所要求的离子型相同，则洗脱的同时，树脂就基本达到了再生，可直接重复使用；如果洗脱后树脂的离子型不符合下次交换树脂所要求的离子型，则必须进行再生处理。如果树脂暂时不用，则应浸泡于水中保存，以免树脂干裂而造成破损。

 课后复习

1. **填空**

（1）吸附的本质是_____过程，流动相中的吸附质富集在_____的表面，包括_____和_____两个过程，这两个过程最终达成平衡状态属于分配平衡分离。

（2）所谓"吸附带前移"，指的是流动相流经_____床层，随着流动过程的推进，沿流动方向，吸附剂逐次达到_____。

（3）生化分离中，最常用的离子交换剂是_____，这是一种具有_____结构、不溶于酸、碱和有机溶剂的_____、带有可交换_____的活性基团，通常呈颗粒状。

（4）离子交换树脂的性能指标主要有树脂_____和吸附交换的_____。

2. 选择

（1）吸附操作中，在流出吸附床的流动相中检出吸附质，这种现象称为（　　）。

A. 吸附极化　　　　B. 吸附饱和　　　　C. 脱附解吸　　　　D. 吸附穿透

（2）依据树脂的物理结构，离子交换树脂可以分为（　　）。

A. 强酸、强碱型　　B. 弱酸、凝胶型　　C. 强酸、大孔型　　D. 大孔、凝胶型

（3）离子交换树脂合成过程中常加入二乙烯苯，其用量的多少称为离子交换树脂的（　　）。

A. 膨胀度　　　　　B. 交联度　　　　　C. 孔隙度　　　　　D. 表观密度

（4）离子交换树脂对离子吸附性能的差异，被定义为（　　）。

A. 吸附交换性　　　B. 吸附稳定性　　　C. 吸附选择性　　　D. 吸附交联性

3. 判断

（1）离子交换分离其实是吸附分离的一种特殊类型。

（2）离子交换树脂中活性基团越多，树脂的交联度就越高，表观密度越大。

4. 简述

（1）解释一下离子交换树脂的选择性，是怎样影响离子交换过程的。

（2）关于离子交换分离的操作形式，请简述静态交换与动态交换的区别。

项目4 生化分离——纯化干燥

▶ 学习目标

【知识要求】 掌握 色谱分离、电泳分离及干燥分离的基本概念
　　　　　　 熟悉 色谱分离、电泳分离及干燥分离的基本操作方法
　　　　　　 了解 色谱分离、电泳分离及干燥分离的工艺类型和应用特点
【能力要求】 理解 色谱分离、电泳分离及干燥分离的工艺原理
　　　　　　 懂得 色谱分离、电泳分离及干燥分离的工艺原理和基本操作
【素质要求】 能够 掌握相关的物理、化学知识，熟练使用典型实验设备和仪器
　　　　　　 具备 良好的安全操作意识、较好的细致观察和分析能力

技能要点

　　用于制药的生物活性物质，必须有较高的活性、极高的纯度，然而其产物往往具有产量少、浓度低、需除杂脱色等特点。色谱分析、电泳分离常用于微量甚至痕量分析，在少量、微量的生物活性产物制备中，可使用这些方法做进一步的纯化精制，其共同特点是在流体、电场等驱动下，流动相在固相中流动，因不同溶质在这种两相的相对运动中存在不同的移动速度而实现分离。依据产生移动速度差异的机制不同，色谱、电泳的技术可分为多种类型。

　　另外，分离得到的生物活性物质往往都呈液态，含较多的水分，不利于长期贮存使用，还需要进行干燥处理，分离出多余的水分。一般的干燥分离都是采用传热加传质的方式，既要分离出去水分，还要防止热敏性物质的变性失活。

✈ 课前引导

　　☆ 欲分析混合物中是否存在某种物质，首先要做的工作是什么？
　　☆ 生物大分子往往具有独特的空间构象，这种特点能否用来进行分离、除杂和脱色？
　　☆ 蛋白质是两性电解质，在电场中会怎样移动？
　　☆ 为什么要进行产品的干燥？

❓ **问题 1　认识色谱分离的基本过程**

色谱分离的实质是混合物中各组分的物化性质（分子形状、大小、密度、黏度、极性、电荷量、吸附性、溶解度、亲和性等）存在差异，这种差异表现为各组分在两个不同相介质中存在不同的分配系数。当两相介质呈相对运动（流动相在固定相中流动）状态时，各组分也时刻处于两相介质体系的相对变化中，进行着多次重新分配，各组分之间原有的微小差异在多次平衡分配中被不断放大，表现为各组分的移动速度不同；一段时间后，不同的组分，或分别停留在固定相的不同部位上，或先后流出固定相，从而实现各组分之间的分离。

色谱分离操作时，固定相是分离的基质，一般是表面积很大或吸附了某种溶剂的多孔性固体吸附床（或薄层、其他形式的固定床等），能与目的组分发生可逆性吸附、溶解、交换、渗透等作用；一定量的料液从床层的一端加入后，再输入连续流动的气体或液体，称为流动相（展层剂、洗脱剂），携带料液中的溶质（各组分）朝着一个方向移动，流经固定相，料液中的溶质在流动相和固定相之间发生扩散传质，产生分配平衡。

完整的色谱分离过程（图 2-9）主要包括以下步骤：

（1）**加样**　将需要分离的混合物（料液）置于吸附床层（固定相）上。

（2）**展开**　向固定相中连续通入流动相，使溶质在固定相中扩散并吸附在固定相上；随着流动相的流动，吸附的溶质又解吸回到流动相；在下一个新的吸附区域，溶质再重新吸附在固定相并解吸再回到流动相；在反复多次的吸附-解吸过程中，因分配系数（溶解度、吸附、交换、渗透、亲和性）的差异，料液中的各组分随流动相移动的速率不同，分配系数大的组分移动速率低，分配系数小的组分移动速率大；最终，在两相之间不断吸附-解吸平衡的溶质都会随流动相流出。控制流动相流入的时间，就可以使料液中的各组分在固定相中展开，形成色谱区带（或区域、点），或者按移动速率的快慢分别流出。

图 2-9　色谱分离的基本过程

1—料液；2—流动相；3～5—不同组分；
a—加样，料液加入固定相；
b～d—料液中各组分随流动相流动；
e～f—因分配系数不同，各组分的移动有差异；
g—因移动差异，各组分彼此分离；
h—移动快的组分先流出固定相

（3）**分部收集** 把流出的流动相（如液体）按一定的计量方式，如滴数、体积、质量等，分别收集不同时间间隔的流出物，测定与溶质浓度相关的物理性质（如紫外吸收、电导率、pH值、折射率等），可确定富含各组分的各流动相部分。

❓ 问题 2 色谱分离有哪些常见类型？

色谱分离有很多类型。按照操作目的不同，可分为分析型色谱（用于分析样品的组成）和制备型色谱（用于制备、纯化产品）；按照流动相的物态不同，可分为液相色谱、气相色谱、超临界流体色谱等；按照固定相的形状不同，可分为柱色谱、纸色谱和薄层色谱；按照分离原理的不同，可分为吸附色谱、分配色谱、空间排阻色谱、离子交换色谱、亲和色谱等。随着科技的发展，近年来又相继出现了一些新型的色谱分离技术，如压力液相色谱、模拟移动床色谱、高速逆流色谱等。

常见的主要类型有：

（1）**吸附色谱** 流动相为溶剂或气体，固定相为吸附剂，如氧化铝、硅胶、聚酰胺等，分离依据是吸附剂对目的组分的吸附性不同。

（2）**分配色谱** 流动相为液体或气体，固定相为经处理（如涂布、键合）后附着在某种载体上的溶剂，常用的载体有硅胶、硅藻土、硅镁型吸附剂、纤维素粉等，分离依据是溶液中目的组分在两相中的分配系数（如溶解度）不同。

（3）**离子交换色谱** 流动相一般为水或含有机溶剂的缓冲液，固定相为各种离子交换剂，如离子交换树脂等，分离依据是被分离物质的离子交换能力不同。

（4）**凝胶过滤色谱** 又称凝胶渗透色谱，流动相为缓冲溶液或有机溶剂，固定相为分子筛、葡聚糖凝胶、微孔聚合物、微孔硅胶或玻璃珠等填料，分离依据是被分离物质在填料中的空间排阻性不同。

（5）**亲和色谱** 流动相为缓冲液，固定相为偶联了亲和配基的吸附剂，分离依据是生物活性物质与吸附剂之间的亲和力不同。

❓ 问题 3 了解典型色谱分离的工艺原理

凝胶色谱的
装柱与平衡

（1）**凝胶过滤色谱** 凝胶具有立体网状结构，对不同大小、形状的分子具有不同的渗透程度，称为空间排阻性。因此，这种分离纯化可以理解为是分子层面的筛分，又称为分子筛色谱、凝胶排阻色谱、凝胶渗透色谱等。

当多组分料液加入凝胶吸附柱（加样）后，随着流动相的注入和流动，料液在凝胶柱内由入口端向出口端移动；料液中的小分子组分容易渗透浸入凝胶颗粒内部，反复进行吸附-解吸的过程，在凝胶柱内的移动流程长、流速慢；大分子组分则被排除在凝胶颗粒外部，流程短，流速快；由于这种流速的差异，各组分按照分子从大到小的顺序，依次流出固定相，实现分离的目的。

凝胶的选择非常重要，要求亲水性高、表面惰性、稳定性强、机械强度高、具有一定的孔径分布范围等。常用的凝胶主要有交联葡聚糖凝胶、聚丙烯酰胺凝胶、琼脂糖凝胶、聚丙烯凝胶等。实际操作中应根据料液的性质、目的组分的分子大小和形状、分离目的、凝胶颗粒的大小（影响流速和分离效果）等选择合适的凝胶。

这种分离方法常在浓缩操作（如超滤、离子交换等）流程后使用，对料液用量要求不高、工艺简单、操作方便、回收率高、重复性好，适用于水溶性高分子物质的分离，尤其是不改变目的组分的生物活性，特别适合蛋白质（酶）、核酸、激素、多糖等的分离纯化，还可应用于蛋白质的分子量测定、脱盐、样品浓缩等。

（2）**离子交换色谱** 离子交换树脂是最为常见的离子交换剂，由离子交换树脂填充的固定相称为树脂床。操作时，多组分料液加到树脂床上，使适当的溶剂作为流动相流经树脂床，活性物质先吸附在树脂上，再用洗脱剂流经树脂床，活性物质被洗脱下来，流出树脂床。在整个操作过程中，料液中的各组分连续发生吸附和解吸过程。由于原料中的各种活性物质（溶质）与树脂之间离子交换能力（静电引力）不同，各组分在树脂床中的流速出现差异，从而将不同组分分离。

除传统的离子交换树脂外，还有各类离子交换介质可以作为离子交换剂，如琼脂糖、葡聚糖、纤维素等（表2-4）。按照亲水性的不同，离子交换剂可分为两大类：一类是疏水型，适合于分离提取小分子物质，如抗生素、有机酸、氨基酸等；另一类是亲水型，包括葡聚糖凝胶、琼脂糖凝胶等，多用于蛋白质的纯化。

表 2-4　常见的离子交换剂

类别	代表种类
二乙氨乙基（DEAE）类	DE-23、DE-52、DEAE-Sephacel
葡聚糖凝胶类	DEAE-Sephadex A-25、CM-Sephadex C-25
琼脂糖类	DEAE-Sepharose CL-6B、CM-Sepharose CL-6B、DEAE Bio-Gel A、CM Bio-Gel A
其他	Mono Q、Mono S、DEAE-5-PW、SP-5-PW、DEAE Si 500、TEAP Si 100

（3）**亲和色谱** 许多生物活性物质具有与其他某些物质的可逆结合能力，称为亲和力。这种亲和力具有高度的特异性，例如抗原-抗体、酶-底物或抑制剂、激素-受体等之间的相互作用。

利用这一性质，可以在固定相上偶联结合某种物质作为配基（配体），使该配基具有与活性物质相对应的亲和力，再将多组分料液配制在缓冲液中，作为流动相流经固定相。由于配基与活性物质之间亲和力具有高度的专一性，这种分离的选择性非常高、操作条件温和，对微量、不稳定组分的分离非常有效，可以用来从细胞提取物中分离纯化核酸、蛋白质、细胞器、病毒等，从血浆中分离抗体，以及重组表达的特异蛋白等。

实际上，不同的分离机理常常是同时存在的。生产中，往往综合使用几种色谱分离方法，以克服单一技术的不足，提高产品纯度。例如：在硅胶薄层色谱中，同时包含吸附作用和分配作用；在生物大分子的离子交换色谱分离中，往往会包含离子交换、吸附、分子筛和生物亲和等作用机理。换个角度看，离子交换和亲和作用亦可看作是特殊的吸附作用，因此也可把离子交换色谱、亲和色谱等同于吸附色谱。不同色谱机理的分类仅具有相对意义。

色谱分离可用于微量活性物质的分离、纯化与浓缩。想一想：为什么说不同色谱机理的分类仅具有相对的意义？

技能拓展

梯度洗脱

梯度洗脱又称为梯度淋洗或程序洗脱，特点是在色谱分离操作中，按一定程度不断改变流动相的组成，使其组成浓度呈现连续的变化。在这种洗脱操作中，作为洗脱剂的流动相是由几种不同极性溶剂组成的。通过改变流动相中各溶剂组成的比例来改变流动相的极性，使得流出料液中的每个分离组分都有合适的分配系数 K，以实现最佳的分离效果。其操作要点在于使洗脱剂中强极性溶剂的比例呈梯度增加。

图 2-10 为一种简易的梯度洗脱装置：使用两种极性溶剂，溶剂 A 为弱极性，溶剂 B 为强极性；两容器（1 和 2）设置在同一水平面且相互连通，容器 2 与装填固定相的吸附床 4 相连；当容器 2 的溶剂作为流动相流入吸附床时，容器 1 中的溶剂自动流入容器 2 中进行补充，容器 2 底部设置有搅拌装置 3，使容器 1 中流入的溶剂与容器 2 中的溶剂混合均匀；随着分离过程的持续进行，由容器 2 流入吸附床的流动相溶液溶剂组成（A:B）呈现由低至高的梯度变化。

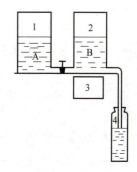

图 2-10 梯度洗脱装置
1,2—容器；3—磁力搅拌器；
4—吸附床；A—弱极性溶剂；
B—强极性溶剂

实际操作中，可用梯度洗脱仪来形成流动相的梯度变化。例如，高效液相色谱仪中常用由多个泵组成的梯度洗脱仪，不同泵分别输送不同的溶剂，通过控制各泵的流量，就能控制洗脱剂的溶剂组成呈梯度变化。

学习主题 2　电泳分离操作技术

 问题 1　什么是电泳分离？

直流电场中，带电粒子向极性相反电极移动的现象称为电泳。不同的带电粒子，由于其携带电荷量、粒子性质（形状、大小、密度、黏度、与环境间的作用力等）差异等，在电场中的移动速度不同，据此可进行混合组分的分离操作，称为电泳分离。

电泳分离必须有直流电场作用、惰性介质支持、缓冲液提供适宜的液相环境。待分离的混合组分（多为蛋白质、核苷酸等）呈带电粒子状态，加注于惰性支持介质（如纸、醋酸纤维素、琼脂糖凝胶、聚丙烯酰胺凝胶等）中；在电场的作用下，含不同电荷的混合组分粒子按各自的速度移向电极；因移动速度不同，一段时间后分别形成各自的集中区域，称为电泳区带；再用适宜的检测方法，对各区带的组分进行定性与定量分析。

电泳现象发现于19世纪初。随着滤纸、聚丙烯酰胺凝胶等介质的引入，纸电泳、醋酸纤维素薄膜电泳、琼脂电泳、淀粉凝胶电泳、聚丙烯酰胺凝胶电泳等相继出现，成为常用的检验分析技术，在生物活性成分、生物大分子、胞内颗粒等的痕量分离鉴定、微量分离制备中受到高度重视。在生物技术研究和产物分离上，应用的主要是区带电泳技术。

 问题 2　电泳分离都受哪些因素的影响？

影响电泳分离的因素主要有电泳迁移率、缓冲液、支持介质和环境温度等四个方面。

（1）电泳迁移率　单位时间内带电粒子在电场中的移动距离称为电泳速度，而单位电场强度下的电泳速度称为电泳迁移率。电泳迁移率与电泳速度是两个不同的概念，但两者密切相关，电泳速度大，电泳迁移率也越大。主要影响因素有：带电粒子性质（如电荷量、分子量、分子形状）、电场强度。

（2）缓冲液　可使支持介质保持稳定的 pH 值，其组成和浓度影响着电泳迁移率。缓冲液的 pH 值越是偏离等电点，带电粒子的电荷量越多，电泳速度越快。应选择合适的 pH 值，一般为 4.5～9.0。常用缓冲液是甲酸盐、乙酸盐、柠檬酸盐、磷酸盐、巴比妥盐等，合适浓度为 0.02～0.2mol/L（浓度低，缓冲量小，难以维系恒定的 pH 值，电泳速度虽快，但分离区带不清晰；浓度高，粒子电荷量少，电泳速度慢，但分离区带清晰）。

（3）支持介质　多为具有一定韧度的惰性材料，不与被分离样品或缓冲液发生化学反应。介质的内部结构对带电粒子移动速度有很大影响，表现为：

① **吸附性**　对带电粒子的吸附会降低电泳速度，出现拖尾现象。

② **电渗现象**　由于缓冲液中极性分子的作用，在电场作用下，液体与固体之间存在相对移动的现象，这称为电渗。例如，纸电泳时，纸纤维中的羟基带负电荷，与之接触的水溶液带正电荷，在电场中向负极移动。电渗现象与电泳现象同时存在，所以电泳速度其实是两种移动速度之和。应尽可能选择低电渗作用的支持介质，以减少电渗现象的影响。

③ **分子筛效应**　有些支持介质具有多孔性（如聚丙烯酰胺凝胶），带电粒子在泳动时，同时还受到多孔介质的孔径影响。一般来说，大分子泳动过程中受到的阻力大，小分子泳动过程中受到的阻力小。这种效应有利于目的组分的分离。

（4）**环境温度**　电泳时，电流通过支持介质会产生热量，产热量与电流强度的平方、导体电阻和通电时间成正比（$Q = I^2Rt$）。热量可增加支持介质上的水分蒸发，影响缓冲液的离子强度，不利于电泳。通常，高压电泳需设置冷却系统，以防活性物质在电泳时因升温变性。

 问题 3　常见的电泳分离有哪些方法？

按照电泳原理不同，电泳可分为区带电泳、移界电泳、等速电泳和等电聚焦电泳。

区带电泳是应用最广泛的电泳技术，采用半固体或胶状介质作为支持介质，加入待分离料液后施加电场，使带电粒子在支持介质上移动，不同的粒子在缓冲体系中分离成各自独立的区带。按照支持介质的不同，区带电泳又可分为无载体电泳和载体电泳。图2-11 表述了区带电泳的一般分类。

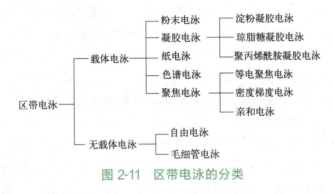

图 2-11　区带电泳的分类

常见的电泳分离有以下四种形式：

（1）**醋酸纤维素薄膜电泳**　支持介质为醋酸纤维素薄膜，对蛋白质分子的吸附性小，几乎能完全消除"拖尾"现象；亲水性较小，容纳的缓冲液少，电泳速度快，分离效果好，特别适合微量异常蛋白质的分离检测。

（2）**凝胶电泳**　支持介质为凝胶类物质，常用的有琼脂糖凝胶、聚丙烯酰胺凝胶等。琼脂糖凝胶是由琼脂糖和琼脂胶组成，呈盘绕的绳状结构，属大网孔型凝胶，适合免疫复合物、大分子核酸与核蛋白的分离、鉴定及纯化，如乳酸脱氢酶（LDH）同工酶的分离检测。聚丙烯酰胺凝胶是由亚甲基双丙烯酰胺交联得到的、具有三维网络结构的聚合物，对不同大小的分子具有筛分效应，可用已知分子量的标准蛋白质作参照，分离检测料液中的混合蛋白质组分，常用于小分子蛋白质及核酸的分离、测定。

（3）**等电聚焦电泳**　简称 IFE，支持介质为具有 pH 梯度的两性电解质载体，可在电场中呈现出 pH 值从阳极到阴极逐渐增大的分布状态，能针对两性电解质的等电聚焦特性，分离出等电点不同的各个组分，特别适合分子量相近、等电点不同的蛋白质组分的分离。常用的支持介质有聚丙烯酰胺凝胶、琼脂糖凝胶、葡聚糖凝胶等，其中聚丙烯酰胺凝胶最为常用。

（4）**毛细管电泳**　又称为高效毛细管电泳（HPCE），是在高压直流电场下，以弹性石英毛细管为支持介质的电泳分离技术，是经典电泳与现代微管相结合的分离技术，其特点是极微量的分离，从微升（μL）达到纳升（nL）水平，使单细胞乃至单分子的分离成为可能，广泛应用于肽、核酸、病毒、水溶性维生素的分离与鉴别。

 问题 4　电泳分离的操作过程是怎样的？

不同的电泳分离方法，需要不同的材料、试剂和操作过程。这里简单介绍蛋白质电泳分离的一般操作步骤。

（1）制胶　依据制胶方法的不同，可分为连续电泳和非连续电泳。连续电泳仅使用分离胶和一种缓冲液，制胶简便快速，凝胶与电极的缓冲体系相同，pH 值恒定；不连续电泳则在分离胶的基础上，再制备浓缩胶（大孔凝胶），两种胶需要分别灌注，且使用不同的缓冲液，制胶操作比较烦琐，但由于大孔凝胶的分子筛效应，分辨率成倍提高。

（2）加样　将待分离料液加注在凝胶板上。加样前应先准备标准蛋白质，必须通过标准蛋白质，才能鉴别分析分离后的蛋白质组分。标准蛋白质是由一系列已经纯化的、不同分子量的混合蛋白质组成，各蛋白质成分的分子量之间有良好的线性关系，且彼此间不会发生相互作用。加样时还应注意选择 pH 值和离子强度合适的样品缓冲液，一般使用与缓冲系统相同的 pH 值，但离子强度不宜过大。为了观察电泳区带，样品缓冲液中还应加入有色指示剂，阳极电泳常用溴酚蓝，阴极电泳常用派洛宁。加样浓度取决于样品的组成、分析目的和检测方法。

（3）电泳　凝胶板在电场中可以垂直放置（垂直电泳），也可以水平放置（水平电泳），两者的装置组成也各不相同（图 2-12、图 2-13）。电场的起始电压通常为 70～80V，电流大小与凝胶厚度、大小和每次分离的样品数量有关，一般可设置为 20～30mA。电泳时间取决于凝胶孔径，特别是缓冲液和电参数的选择，通常需要 2～6h。电泳过程中应记录电压、电流的变化。待指示剂（如溴酚蓝）前沿接近凝胶板的另一端时，电泳终止，取出凝胶，准备染色。

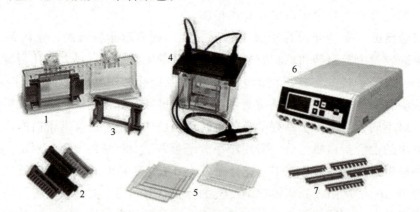

图 2-12　典型的垂直电泳装置组成

1—灌胶架；2—上样托架；3—制胶框；4—电泳槽；5—玻璃板（厚、薄）；6—电泳仪；7—电泳梳

（4）固定与染色　电泳后，混合的各蛋白质组分在凝胶板中分离，分别聚集形成各自的蛋白质区带，为防止这些已集中的蛋白质组分再次扩散，有时还需要固定。固定液

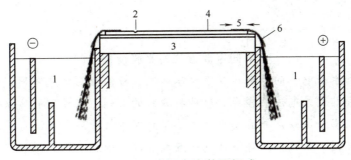

图 2-13　水平电泳装置组成

1—电极缓冲液；2—加样孔；3—冷却板；4—凝胶板；5—搭接长度（12mm）；6—滤纸桥

一般用 7％乙酸或 12.5％三氯乙酸的水溶液，可以直接浸泡凝胶板完成固定，也可以用其配制染色液，同时进行固定和染色。如果是分离同工酶，往往是先显色后固定。

常用于蛋白质区带染色的试剂和染色方法见表 2-5。

表 2-5　常用的蛋白质区带染色试剂和染色法

方法	固定液	染料	染色时间	脱色
氨基黑 10B 染色法	甲醇	0.1mol/L NaOH 中 1％氨基黑	5min(室温)	5％乙醇
	7％乙酸	7％乙酸中 0.5％～1％氨基黑	10min(96℃)	7％乙醇
考马斯亮蓝 R250 染色法	20％磺基水杨酸	0.25％ R250 水溶液	5min(室温)	5％乙醇
	10％三氯乙酸	10％三氯乙酸-1％ R250,19∶1（体积分数）	30min(室温)	10％三氯乙酸
	样品中含尿素的在 5％三氯乙酸中固定	5％三氯乙酸-1％ R250,19∶1（体积分数）	1h(室温)	90％甲酸
考马斯亮蓝 G250 染色法	6％乙酸	6％乙酸中 1％ G250	10min(室温)	甲醇-水-乙酸
	12.5％三氯乙酸	12.5％三氯乙酸中 0.1％ G250	30min(室温)	64∶36∶1
1-苯胺基-8-萘磺酸染色法	2mol/L 盐酸	pH6.8,0.1mol/L 磷酸盐缓冲液中 0.003％染料	3min	
Ponceau 3R 染色法	12.5％三氯乙酸	0.1mol/L NaOH 中 1％ 3R	2min(室温)	5％乙醇
固绿染色法	7％乙酸	7％乙酸中 1％固绿	2h(5℃)	7％乙酸

（5）脱色　蛋白质染色后，还需要将凝胶板的背景色去除，以便于对蛋白质区带进行辨别分析。常用的脱色液有 7％乙酸、甲醇-水-乙酸溶液等。操作时，先用水洗掉表面染料，再用脱色液多次浸洗至背景接近无色；也可以用电泳脱色方法，即将染色的凝胶浸泡于脱色液中，施加 30～40V 电压、0.5A 的直流电场，1～2h 即可。

（6）检测　记录各蛋白质区带状况，依据区带中指示剂移动位置（前沿）、区带的宽窄和颜色深浅，进行定性或定量分析。

> 🔄 **课堂互动**
>
> 　　在电泳操作中，电场是驱动各种带电粒子分离的动力源。想一想：电泳槽两端的电极，能否接入交流电场？

不同电泳方式的制胶操作

垂直电泳和水平电泳的区别，在于电泳时凝胶板的放置方式不同，两者都是可以采用连续电泳和非连续电泳的模式，这两种模式的区别，在于制胶方法的不同。

连续电泳仅有分离胶，并且整个电泳使用相同的缓冲液，垂直电泳和水平电泳的制胶方法基本相同：凝胶从顶部灌注在垂直放置的制胶模具内，灌胶完成后，从顶部插入加样梳。

不连续电泳使用两种不同的凝胶（分离胶和浓缩胶）和不同的缓冲液。其中，两种凝胶需要分别制备。

垂直电泳时，凝胶是垂直放置的，分离胶在下，浓缩胶在上，所以必须先灌注分离胶；灌胶后，需要在凝胶的上端表面覆盖一层水膜，在30～40℃下静置40～60min；待凝胶聚合（有界面形成）后吸掉水，用浓缩胶缓冲液淋洗凝胶后，再灌注浓缩胶，并在凝胶顶端插入加样梳，再静置聚合40～60min。制胶完成后不需要取胶，仍将凝胶置于制胶模具中电泳。

水平电泳时，仍采用垂直灌胶方式，由于凝胶是水平放置，浓缩胶和分离胶的灌注没有先后顺序的要求，但需在凝胶聚合后在浓缩胶的胶面上加样或制作加样孔，制胶完成后需要将凝胶从制胶模具中取出，平铺于电泳槽中进行电泳。

学习主题 3　干燥分离的操作工艺

 问题 1　认识干燥分离的技术原理

经过提取分离、精制纯化后的活性物质，一般呈两种状态：分散在溶液中的溶质、含有较多湿分（水分或其他溶剂）的固体物料。溶液中的溶质，可以用结晶、膜分离等操作进行浓缩；含有湿分的固体物料，则需要进行干燥操作。干燥是利用热能除去固体物料中湿分（主要指水分）的分离操作，是整个产品加工过程（包装前）的最后一道工序，对于保证产品的质量至关重要。

在干燥分离操作中，同时进行着两个基本过程：一是热气体将热量传递给湿物料，使其温度升高，为传热过程；二是湿物料内部的水分扩散至物料的表面后汽化，被气流带走，为传质过程。干燥的快慢既与传质速率有关，也与传热速率有关，一般用干燥速率来描述，即单位时间内湿物料单位面积上被汽化的水分量，其数值由实验测定。

干燥分离的传热和传质过程影响着干燥速率，表现为湿物料表面的水分汽化速率和湿物料内部水分的扩散速率，整体的干燥速率受最慢过程所控制。所以，操作中应注意：

① 欲提高表面水分汽化速率，必须改善外部的传质传热因素。常压操作下，提高空气温度、降低空气湿度、改善空气与物料之间的流动和接触状况等，均有利于提高干燥速率。

② 欲提高内部水分扩散速率，需要减小物料颗粒的粒径，以缩短水分向外扩散的路程、减小扩散阻力；提高干燥温度，增加水分扩散的自由能。

 问题 2　干燥分离的工艺过程是怎样的?

干燥分离操作中，带走汽化水分的气体叫干燥介质，通常为（热）空气。干燥介质在带走水蒸气的同时，还供给湿物料中水分汽化所需要的能量。此时，在干燥介质和湿物料水分之间，同时发生着方向相反、相互影响的传质和传热现象。

不同湿物料中，水分与物料的结合情况可能是不一样的，即湿物料的内部水分扩散速率是不同的，同时也受外部干燥条件的影响。图 2-14 描述了外部干燥条件恒定时湿物料干燥速率的变化状况，这是干燥速率曲线的一种常见类型。在这种情况下，干燥过程分为四个阶段：

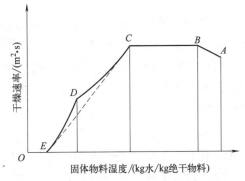

图 2-14　恒定干燥条件下的干燥速率曲线

(1) **预热阶段**　图 2-14 中的 AB 段。湿物料与热空气接触后，热空气首先将热量传至湿物料表面，使物料表面的水分受热汽化，干燥速率迅速增加，湿物料中的水分开始减少，同时热量也开始向物料内部传递。此阶段较短，一般仅占全过程的 5% 左右，传入的热量主要消耗在湿物料加温和物料表面水分的汽化上，湿物料中水分含量的降低比较少。

(2) **恒速干燥阶段**　图 2-14 中的 BC 段。随着传入湿物料内部的热量越来越多，以及物料表面水分的持续汽化，湿物料内部的水分不断向物料表面扩散，进而汽化进入热空气中。这一阶段的时间较长，通常占整个干燥过程的 80% 左右，是主要的干燥阶段，其特点是干燥条件恒定，物料表面非常湿润，表面水分的汽化是主要的干燥过程，干燥速率达到最大值并保持不变，湿物料的含水量迅速下降。

(3) **降速阶段**　图 2-14 中的 CDE 段。随着干燥的继续进行，湿物料的含水量越来越少，物料内部水分向物料表面扩散的速度逐渐降低，开始低于物料表面水分的汽化速度，干燥速率也随之下降。根据水分汽化方式的不同，这一阶段又分为两个分段。

① 第一降速分段　图 2-14 中的 CD 段。由于湿物料内部水分向表面扩散的速度小于表面的水分汽化速度，物料表面出现部分干燥，但水分仍然从湿物料的表面持续汽化（称为部分表面汽化）。这一阶段的特点是物料的潮湿表面逐渐减少，干燥部分越来越多，物料的温度开始升高，干燥速率下降。

② **第二降速分段** 图 2-14 中的 DE 段。当湿物料的含水量降低到一定程度时，物料表面的水分已经很少，物料表面和内部的温度越来越高，物料内部的水分开始汽化（称为内部汽化），产生的水蒸气再向物料表面扩散流动，直到物料内部产生的水蒸气含量与热空气湿度达到平衡为止。在这一阶段，物料的含水量越来越少，物料温度持续升高，干燥速率则越来越低。

（4）平衡阶段 图 2-14 中的 E 之后。此时，物料中的水分不再汽化，物料含水量不再减少。

生物活性物质一般为热敏性物质，干燥分离过程中的高温和长时间加热，都会影响产品质量。因此，操作原则是：快速高效，加热温度不宜过高，产品与干燥介质的接触时间不能太长，干燥的产物应保持一定的纯度，操作过程中不得混入杂质。

在实际操作中，第一降速分段期间，即可视物料的性质和工艺要求，适时终止干燥分离操作。

 问题 3　有哪些常见的干燥分离方法？

沸腾干燥器

干燥分离操作有多种方法，一般是按照供热方式的不同分为接触干燥、对流干燥、辐射干燥等。

（1）接触干燥 又称热传导干燥，热量由加热器供给，湿物料与加热部件（金属导热板、换热管等）的表面直接接触，通过热传导的方式加热，使湿物料中的水分汽化；同时，使干燥介质（干燥气流）流经湿物料，将汽化产生的水蒸气带走。这种方法的热利用率较高，但容易出现物料的局部接触面温度过高、活性物质失活变质的情况。常用的方法有厢式干燥、耙式干燥、转筒干燥、真空干燥、冷冻干燥等。

（2）对流干燥 热量以热对流的方式通过干燥介质（热气流）传递给湿物料，使其中的水分汽化后由干燥介质带走。此时，热气流发挥了传热和传质的双重作用，热利用率高，干燥分离效果好。常用的方法有带式（隧道式）干燥、气流干燥、沸腾干燥及喷雾干燥等。

（3）辐射干燥 热量以热辐射（如红外线、电磁波等）的方式传递给湿物料，使水分汽化，产生的水蒸气扩散至环境空气中。与热传导和热对流的干燥方式相比，干燥强度更大，设备紧凑、干燥时间短（1～5s）、干燥后的产物均匀而洁净，适用于大面积、薄层的湿物料干燥。缺点是能耗比较大。常用的方法有微波干燥、红外干燥等。

 问题 4　喷雾干燥的工艺流程是怎样的？

这是利用雾化装置，以雾化的形式瞬间实现液态湿物料干燥分离的操作过程，一般由热风系统、喷雾塔主体（包括雾化器、干燥室）、产品回收系统组成。工作时，先将洁净的热气流通入干燥室，形成高温气流环境；再将液态物料雾化喷入，以雾滴的形式分散于热气流中，与热空气充分接触混合，产生强烈的热交换；雾滴巨大的比表面积使其水分瞬间汽化，脱除水分的雾滴成为固体颗粒；热气流携带着水蒸气与少量固体颗粒，经过旋风分离，进一步收集残余的干燥颗粒，水蒸气随废热气体排出。

按照雾化方式的不同，可分为三种常见工艺：压力式、气流式和离心式。

（1）压力式　用高压泵将料液从高压喷嘴喷出雾化，形成雾滴，适用于低黏度料液，应用最广。

（2）气流式　利用高压气流喷射时产生的负压，将原料液吸入混合后喷出雾化，形成雾滴，适用于一般黏度的料液。

（3）离心式　利用雾化轮（一种带有放射形叶片的圆盘）的高速旋转，将流入的料液离心甩出雾化，形成雾滴，液体通道不易堵塞，动力消耗少，适用范围广。酶制剂的干燥多采用这种方式。

图 2-15 描述了一种压力式喷雾干燥的工艺流程：空气经过滤、加热后送入干燥室；在高压泵作用下，料液经雾化器雾化，以雾滴形式喷入干燥室，与热空气充分混合；由于雾滴的巨大表面积，物料中的水分瞬间受热汽化，得到干燥颗粒，大部分沉降于干燥室底部的集料筒内；离开干燥室的热空气携带着汽化水蒸气和少部分干燥颗粒，经旋风分离、净化后排空。从集料筒或回收筒中可收集干燥分离后的物料颗粒。

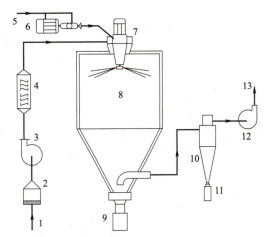

喷雾干燥分离操作能直接将溶液、乳浊液干燥成粉状或颗粒状制品，省去了蒸发、浓缩等工序，具有速率快、时间短的特点，产物纯度高，有良好的分散性和溶解性。由于是瞬间完成干燥，在较大程度上降低了温度对活性物质的影响，特别适用于热敏性较强的生物活性物质的制备，如酵母、核苷酸和某些抗生素药物的干燥。

图 2-15　压力式喷雾干燥工艺流程

1—空气；2—空气过滤器；3—鼓风机；4—加热器；
5—料液；6—高压泵；7—雾化器；8—干燥室；9—集料筒；
10—旋风分离器；11—回收筒；12—引风机；13—尾气

缺点是热效率较低，设备占地面积大，运行成本较高，需要解决粉尘回收等问题。

❓ 问题 5　你了解冷冻干燥工艺吗？

真空冷冻干燥

冷冻干燥，又称为真空冷冻干燥，简称冻干，是利用了水的三相（固-液-气）平衡原理，在水三相点以下的温度和压力下进行的、基于气-固两相的汽化线的干燥分离操作，属于物理脱水过程。

操作时，首先将物料温度降低到三相点以下（如－50～－10℃），使湿物料（料液）全部冻结成固态；然后在较高真空度下，使固态水分形成的冰直接升华为水蒸气，从冻结的物料中逸出，从而使物料脱水干燥。因此，这种操作又被称为升华干燥。

由于微小冰晶体的升华，冻结的固态物会呈现出多孔颗粒结构，并保持冻结时的体积，加水后极易溶解而复原；真空环境下，活性物质不易被氧化；冰晶体的升华，能最大程度地防止湿物料理化性质和生物活性的变化。实验表明，冻干能除去 $95\%\sim99\%$ 以上的水分，非常有利于生物活性的长期保存，适用于生物制品、生化制品和热敏性药品的生产。主要的缺点是需要配置较为复杂的真空系统和低温系统，投资费用和运转费用都比较高。

冷冻干燥系统一般由干燥箱、冷凝器、制冷机、真空泵、加热器等组成（图 2-16、图 2-17）。

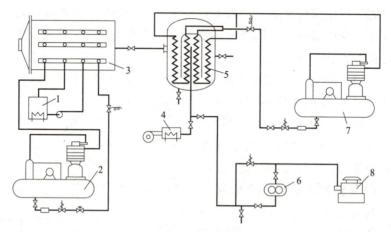

图 2-16　冷冻干燥系统简图

1,4—加热器；2,7—制冷机；3—干燥箱；5—冷凝器；6—罗茨真空泵；8—旋片真空泵

图 2-17　真空冷冻干燥机

干燥箱是可真空的密闭容器，内置有换热（冷冻/加热）管和放置湿物料的搁板，又称作冻干箱；冷凝器用于冷凝来自干燥箱中升华的水蒸气，操作温度比较宽（ $-45\sim$ 60℃），通常低于冻干箱温度，以保证冻干的进行；制冷机的作用是使干燥箱、冷凝器降温；真空泵可使干燥箱和冷凝器降压；加热器负责提供干燥箱内冻结水分升华和冷凝器除霜所需要的热量。

通常，冻干操作过程可分为三个阶段。

（1）**冻结**　将冷却至 2℃ 左右的湿物料置于约 -40℃（13.33Pa）的干燥箱内，开启制冷，迅速降温，使物料冷冻，并保持 $2\sim3$h 或更长时间，使湿物料完全冻结。

（2）**升华**　冻结后即可启动真空系统，缓慢抽真空，其间必须注意保持湿物料的冻结状态；待达到 1.33Pa、−60℃时开始升华，产生的水蒸气在冷凝器内冷凝成冰晶。为保证升华的进行，应同时开启干燥箱内的搁板加热，供给升华所需的热量。注意：此加热过程应严格控制，过多热量可能会使已冻结湿物料局部熔化，导致产物出现干缩起泡的情况，影响干燥效果。应控制搁板温度小于等于（操作压力下）三相点，通常控制在低于三相点的 0～10℃。该阶段可除去湿物料 90% 左右的水分。

(3) **解吸**　升华完成后，物料中通常还会剩下约 10% 的水分。此时，湿物料表面的水蒸气分压降低（表明产生的水蒸气量减少），干燥速度明显下降；可在确保冻干产物活性的前提下，适当提高搁板温度，以利于物料中残余水分的蒸发逸出，通常是将搁板加热至 30～35℃，实际操作中应按照该物料的冻干曲线（事先经过试验绘制的温度、时间、真空度曲线）进行升温操作。为有利于残留水分的逸出，该阶段的温度常选择能允许的最高温度，尽可能保持较高的真空度，持续时间为 4～6h，冻干产物的水分含量少于原湿物料的 3% 左右。

课堂互动

所谓的干燥，其实就是用加热的办法分离出物料中的水分。想一想：干燥操作能否将湿物料中的水分全部分离出去？

知识链接

物料中的水分

物料中水分的多少，是以其含水量来计算的。每单位质量物料中所含水分的总量称为总水分，或者湿含量。

按照水分与物料结合方式的不同，物料中的水可以分为四种。

(1) **化学结合水**　指以分子或者离子方式与固体物料分子结合并形成结晶体的水分。这种水分不能用干燥方法去除。化学结合水的解离不属于干燥范畴。

(2) **物化结合水**　指通过物理化学作用结合在物料表面的水分，如吸附水分、渗透水分，其性质和液态水相同，非常容易用干燥方法除去。

(3) **机械结合水**　指多孔性物料细小孔隙中所含有的水分，包括毛细管水分、孔隙水分和表面湿润水分，这类水分除去的难度取决于水分所在的孔隙的大小，大孔隙的水分容易除去，小孔隙的水分由于毛细作用较强，较难除去。

(4) **溶胀结合水分**　指渗透到生物细胞壁内的水分，这类水分也比较难以除去。

按照水分除去的难易程度，可以将湿物料中的水分成非结合水与结合水。

(1) **非结合水**　指存在于物料表面或物料间隙的水分，与物料的结合力较弱，容易用一般方法除去。例如，机械结合水中的表面润湿水分和孔隙水分。

(2) **结合水**　指存在于物料内部，与物料之间存在一定的结合力，较难除去。例如，很多无机盐中的结晶水、细胞膜壁与质膜中的渗透水。

当湿物料与空气接触时，在湿物料的表面，水分的汽化挥发与空气中水蒸气冷凝之间存在着相互平衡。当空气中水蒸气分压低于湿物料水分汽化的平衡水蒸气分压时，平衡向水分汽化方向移动。持续移走空气中的水蒸气，湿物料中的水分就会持续汽化，干燥过程持续进行。这个过程会进行到两者分压达到平衡为止，这是干燥过程的极限。也就是说，在一定的干燥条件下，湿物料中的水分无法被全部除去，总有一部分水留存在物料中。不能被干燥分离除去的水分称为湿物料的平衡水分。平衡水分的多少与干燥条件有关。湿物料中多于平衡水含量的水分，称为自由水分，自由水分可在一定干燥条件下经干燥分离除去。湿物料中的水分性质见图 2-18。

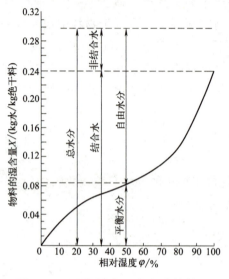

图 2-18　湿物料中所含水分的性质

 课后复习

1. 填空

（1）色谱分离的展开是指向固定相中连续通入流动相，使_____在_____中扩散并吸附，在_____的作用下，_____又解吸进入_____，在下一个新的吸附区域重新吸附，并再次解吸的过程。

（2）干燥分离操作中，带走汽化水分的气体叫_____，通常为（热）_____。干燥介质在带走水蒸气的同时，还供给湿物料中水分汽化所需要的_____。

2. 选择

（1）依据物质在填料中的空间排阻性不同而实现多组分物质分离的色谱操作称为（　　）。

A. 吸附色谱　　　　　B. 分配色谱　　　　　C. 亲和色谱　　　　　D. 凝胶过滤色谱

（2）电泳分离中，单位电场强度下，单位时间内带电粒子的移动距离称为（　　）。

A. 电泳速度　　　　B 电泳迁移速率　　　C. 电泳强度　　　　　D. 电泳分离速率

（3）冻干利用了水的三相平衡原理实现干燥分离操作，由多个操作工段组成，其中从湿物料中分离除水量最多的是（　　）阶段。

A. 冻结   B. 升华   C. 解吸   D. 冷凝

3. 判断

（1）亲和色谱分离依据的是生物活性分子之间的特异亲和力产生的不同吸附性差异。

（2）冷冻干燥中，为确保在三相点升华除去物料水分，操作温度必须全程控制在0℃以下。

4. 简述

（1）为什么电泳分离方法可以测量蛋白质的分子量？

（2）在喷雾干燥分离操作中，常见的有几种雾化方式？请简述其工艺特点。

项目5　血液制品的制备

 学习目标

【知识要求】	掌握	血液制品的基本概念
	熟悉	血液制品的一般性制备工艺
	了解	血液制品的工艺原理与应用
【能力要求】	理解	血液制品的分类与组成
	懂得	血液制品制备的典型工艺技术
【素质要求】	能够	熟悉并遵守相关的法律法规，懂得相关的专业知识
	具备	从事相关产品生产、质量管理与安全防护的基本操作技能

 技能要点

　　血液制品是指以健康人的血液为原料制备的血浆、血细胞和血浆蛋白等各类药用制剂。机体中的血液，在被采集并加入抗凝剂后，离心得到血浆和血细胞。血浆主要包含了各类蛋白质和营养物质，血细胞以红细胞为主，还包括白细胞、血小板等。将这些血液成分分别分离，可制备得到血浆制品、血细胞制品和血浆蛋白制品。其中，血浆制品是制备血浆蛋白制品的原料。

　　血液制品的制备工艺依托的是生化分离技术，如离心、膜过滤（分离）等，典型的工艺是低温乙醇沉淀法和等密度离心法。以人血白蛋白的制备为例，其主要工艺过程为：乙醇沉淀后进行超滤，进一步脱醇后进行病毒灭活及除菌的工作，最后进行无菌包装形成产品。

 课前引导

　　☆ 你有参加过献血活动吗？说说看，为什么会有献血？

　　☆ 血型是怎样区分的？你是何种血型？

　　☆ 皮肤划破了，伤口的流血会不会自然凝结？为什么？

问题 1   你了解自己的血液吗?

血液是在心脏和血管腔内循环流动的一种红色不透明的黏稠液体,是生命系统中的组织层次。成人血液约占体重的十三分之一,相对密度为 1.050~1.060,pH 值为 7.3~7.4,渗透压为 313mOsm/L。

离开机体的血液会自然凝固。采集的新鲜血液,在加入抗凝剂混合后离心,可得到上层血浆和下层血细胞;新鲜血液自然凝固后,所得到的黄色澄清液为血清,剩下的是血液凝块(图 2-19)。

换个角度来看,血液可视为是由血浆和血细胞组成的,包括遗传物质(染色体和基因)。血浆呈淡黄色液体,相当于结缔组织的细胞间质,其电解质含量与组织液基本相同,含有大量水分,以及血浆蛋白、无机盐、氧、酶、激素、抗体、细胞代谢产物等。血浆内含有的多种蛋白质通称为血浆蛋白,是重要的血液基质蛋白,用盐析法可将其分为白蛋白、球蛋白和纤维蛋白原三类;血细胞包括红细胞、白细胞和血小板。血清可视为血液凝固后去除了纤维蛋白原和部分凝血因子的血浆,血液凝块可视为红细胞在纤维蛋白作用下收缩形成的网状凝胶块。

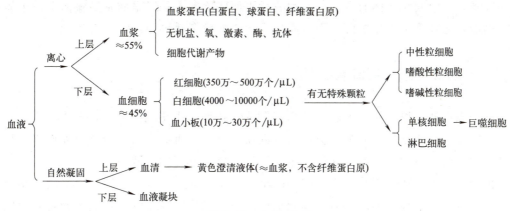

图 2-19   血液组成

血液储存着人体健康信息,有运输营养物质,调节器官活动,调节体温、渗透压和酸碱平衡,防御有害物质的功能。例如,红细胞主要是运进氧气、运出二氧化碳,白细胞主要是杀灭细菌、抵御炎症、参与体内免疫发生过程,血小板主要是在体内发挥止血功能,血浆则主要发挥营养运输、调节渗透压、参与免疫以及凝血和抗凝血等功能。机体的生理变化和病理变化往往引起血液成分的改变,所以血液成分的检测有重要的临床意义。

依据个体间血液表现出来的抗原差异，人类的血液可分为不同类型，通常是采用ABO血型法分类，分为A型、B型、AB型及O型。血型在人类学、遗传学、法医学、临床医学等学科中有着重要的理论意义和广泛的实用价值。

体内血液的总量称为血量，是血浆量和血细胞（主要是红细胞）的总和。个体内的血量由个人的体重决定。正常情况下，人的血量是相对恒定的，一般的增减不超过10%。

 问题2　什么是全血？

全血指从人体内采集到的、加入了抗凝剂的新鲜血液，包括血细胞和血浆的所有血液成分。常用的抗凝剂为酸性柠檬酸盐-葡萄糖溶液（ACD）和柠檬酸盐-磷酸盐-葡萄糖溶液（CPD）两大类。采集到的全血应立即加入抗凝剂，置于2~8℃保存。一般情况下，使用ACD可保存21天，使用CPD可保存35天。由于血液中的血细胞主要是红细胞，所以对血液的抗凝保存指的是红细胞的保存，全血中的其他成分，如粒细胞、血小板、凝血因子Ⅴ、凝血因子Ⅷ等，随着保存时间的延长，活性会逐渐丧失，比较稳定的只有白蛋白、免疫球蛋白和纤维蛋白原，因此库存全血的有效成分主要是红细胞，其次是白蛋白和球蛋白。

依据保存时间的不同，全血可分为以下三种。

（1）**新鲜血**　基本上保留血液原来的各种成分，对血液病患者尤为适用。

（2）**库存血**　指4℃冷藏、有效期2~3周的全血，成分以红细胞和血浆蛋白为主，其余成分含量随保存时间延长而逐渐减少。保存时间越长，血液成分变化越大，表现为酸性增加，钾离子浓度增高，故大量输库存血时，要防止酸中毒和高血钾。

（3）**自体血**　这种血制品有两种情况：一是术中回输血，手术中失血较多者，提前做好准备，术中回收自体的出血，经过滤后再回输给本人；二是储备回输血，对于体质好的患者，在其手术前先抽血存于血库，手术失血较多时再回输给本人使用。

 问题3　什么是血液制品？

泛指以血液为原料，用于治疗的药用制品。按照《中华人民共和国药典》（2020年版）的定义，血液制品可分为三类：来自人血液分离的血液制品、动物免疫血清制品和动物来源的免疫球蛋白制品。这里，重点讨论人血液分离的血液制品。

传统习惯中，血液制品属于生物制品范畴，是以健康人血液为原料，采用生化分离技术制备的生物活性制剂。目前，临床上已经不建议使用全血治疗，更多的是采用成分输血，即将血液中的有效成分分离出来，分别制成高纯度、高浓度的不同制剂，再视情况输注合适的制剂种类和剂量。这些制剂即为血液成分制品。常用的包括血浆、血细胞和血浆蛋白三大类成分制品。

（1）**血浆制品**　指由采集的健康人血液制备的用于生产血浆蛋白制品的血浆原料。

（2）**血细胞制品**　包括红细胞制品、白细胞制品和血小板制品。

（3）**血浆蛋白制品**　指各种血浆蛋白质，种类较多，目前被列入2000年版《中国生物制品规程》的有静脉注射用人免疫球蛋白、特异性免疫球蛋白、组胺人免疫球蛋白、人凝血因子Ⅷ、人凝血酶原复合物、肌注人免疫球蛋白、抗人淋巴细胞免疫球蛋白、人纤维蛋白原、人胎盘血白蛋白，以及冻干人凝血酶、抗凝血酶-Ⅲ、外用冻干人纤维蛋白黏合剂等。

 问题 4　血浆制品是怎样分类的?

去除了血细胞的血液称为血浆。血浆是全血经过分离后所得的液体成分，不含血细胞，主要成分是血浆蛋白，是用于制备血液成分制品的原料，临床可用于补充凝血因子、扩充血容量。血浆可按照保存方式的不同，分为：

(1) 新鲜液体血浆（FLP）　新鲜全血 6h 内分离的血浆，含全部凝血因子；

(2) 新鲜冰冻血浆（FFP）　采血后 6～8h 内加入抗凝剂后，速冻而得，含全部凝血因子，−20℃以下可保存一年，使用时 37℃ 水浴融化，可在许多临床疾病中应用，如先天性或获得性凝血因子缺乏症、免疫球蛋白缺乏症等；

(3) 普通冰冻血浆（FP）　FFP 保存一年后即为普通冰冻血浆，又称冷冻血浆，可在 −20℃ 以下保存四年，含全部稳定的凝血因子，缺乏不稳定的凝血因子Ⅴ和凝血因子Ⅷ；

(4) 冷沉淀血浆（Cryo）　由 FFP 在 4℃ 融化浓缩而成，是低温下的血浆不溶物质，含丰富的凝血因子Ⅷ和凝血因子ⅩⅢ及纤维蛋白原等，用于补充凝血因子Ⅷ、纤维蛋白原等。

 问题 5　血细胞制品由哪些种类组成?

血细胞的组成可分为红细胞、白细胞和血小板三类，相应的血细胞制品有红细胞制品、白细胞制品、血小板制品。

(1) 红细胞制品　由全血分离出血浆后得到的细胞提取液中，红细胞占 98% 以上，是临床输血的主要制剂。根据对红细胞处理方式的不同，又分为：

① 浓缩红细胞（CRC/压积红细胞/少浆全血）　将采集的全血分离出血浆后得到的剩余部分，可以在全血保存期内制备，是最简单的红细胞成分制品，适用于血容量正常的贫血患者；

② 悬浮红细胞（CRCs）　将采集的全血与红细胞保存液混合后，分离出血浆后制得，是临床应用最广泛的红细胞制剂，适用于大多数需要补充红细胞、提高输氧能力的情况；

③ 少白细胞红细胞（LPRC）　有两种制备方法，一是将全血过滤去除大部分（>70%）白细胞后获得的浓缩红细胞液或悬浮红细胞液，二是将浓缩红细胞液或悬浮红细胞液过滤去除白细胞后获得，临床上应用于多次输血后产生白细胞抗体而发热的患者，减少过量白细胞对机体的伤害；

④ 洗涤红细胞（WRC）　用生理盐水，多次（2～3 次）洗涤保存期内的浓缩红细胞液或悬浮红细胞液，去除了绝大部分非红细胞成分（包括≥80% 的白细胞、≥98% 的

血浆及大部分血小板），保留了≥70%的红细胞，适应证与少白细胞红细胞相同，还适用于器官移植、尿毒症以及血液透析（高钾血症）等临床应用；

⑤ 冰冻红细胞（FTRC） 将全血除去血浆后用甘油冷冻剂保存的红细胞制剂，一般保存在−80℃，临床需要时解冻使用，是长期保存红细胞的一种理想方法，主要用于稀有血型的患者。

（2）**白细胞制品** 临床白细胞制剂主要是浓缩白细胞（GRANs），采用血细胞单采技术由单个供血者的循环血液中采集而得，以浓缩粒细胞为主，发挥其细胞吞噬作用和杀菌能力，提高机体的抗感染能力，用于治疗因粒细胞减少而抗生素治疗无效的严重感染，适用于粒细胞减少合并严重感染的病症。

（3）**血小板制品** 一般指浓缩血小板，根据采集方式的不同可分为分离浓缩血小板（PC-1，由全血制备）和单采浓缩血小板（PC-2，应用血细胞单采技术从单个供血者的循环血液中采集），适用于血小板减少或血小板功能异常引起的严重出血症。两者相比，单采浓缩血小板相对安全，可以降低发生免疫反应和输血传染的概率。

 问题6　血浆蛋白包括多少种类的蛋白质？

血浆蛋白制品是指从血浆中分离制备的、有明确临床应用的蛋白质总称，也称为血浆衍生物。已知的血浆蛋白成分有200余种，主要是白蛋白和免疫球蛋白，以及百余种小量和微量的蛋白质、多肽成分。研究较多的有70多种，实际生产、临床应用的不过20余种，包括天然（由血浆衍生的）蛋白质和重组蛋白质。例如，白蛋白、免疫球蛋白、凝血因子Ⅷ、纤维蛋白原、凝血酶原复合物等。

（1）**白蛋白类制品** 白蛋白约占血浆蛋白总量的50%，分子量70000，含有20种必需氨基酸，在维持胶体渗透压方面有很好的作用。常见的剂型为白蛋白注射液（浓度10%～20%）或冻干粉剂，是较稳定的制品，室温下可保存五年，可用于调节血浆渗透压、扩充和维持血容量，提高血浆白蛋白水平，维持血液中金属离子的结合运输。临床上主要用于烧伤、失血性休克、水肿及低蛋白血症的治疗。

（2）**免疫球蛋白制品** 根据分子结构的不同，免疫球蛋白可分为IgA、IgD、IgE、IgG和IgM五种抗体，构成了机体防御感染的体液免疫系统。体液免疫系统和细胞免疫系统一起，抵御外来病原的侵袭。其制备方法主要是盐析法或低温乙醇沉淀法，临床效果主要取决于制剂中所含抗体的种类及其生物学效价。常见的剂型分为三类：肌内注射免疫球蛋白、静脉注射免疫球蛋白和特异性免疫球蛋白。

（3）**凝血因子制品** 凝血因子指参与血液凝固过程的一类蛋白质组分，涉及凝血过程的两个阶段：凝血酶原的激活、凝胶状纤维蛋白的形成。按照发现的先后次序，分别被命名为凝血因子Ⅰ、Ⅱ、Ⅲ、Ⅳ、Ⅴ、Ⅵ、Ⅶ、Ⅷ、Ⅸ、Ⅹ、Ⅺ、Ⅻ、ⅩⅢ等。其制剂分两种：

① 纤维蛋白原注射剂 为白色或灰白色薄壳状固体，使用时用注射用水溶解，用于治疗先天性及后天性低纤维蛋白原血症而大出血的患者；

② 凝血酶 在钙离子和凝血活素的作用下，由凝血酶原制成的活性酶制剂，与纤

维蛋白原互相作用时，可使纤维蛋白原变成不溶性纤维蛋白，所以通常与纤维蛋白联合使用。为了不降低酶的活性，须经冻干处理后保存，易溶于盐溶液。

（4）其他蛋白制品 指纤维蛋白原（纤维蛋白）制品、抗凝血酶（AT）、α_2-巨球蛋白（α_2-M）、蛋白 C 制剂等，适用于先天性无或低纤维蛋白原血症、继发性纤维蛋白原缺乏症、原发性纤维蛋白溶解症、有血栓形成或有高度血栓形成风险的病症。

 课堂互动

采血袋是用于血液及血液成分的采集、贮存、处理、转移、分离和输注。想一想：采血时，为什么要不停地轻轻摇动采血袋？

技能拓展

血细胞分离单采技术

这是应用于临床医疗中的一种分离血液中不同成分的技术，是通过血细胞分离机对全血的处理来实现的，可根据血液中不同成分（血细胞）的密度、黏度等指标不同的特性，利用梯度离心原理，将全血进行不同血液成分的分离，得到所需要的细胞成分，其余部分再回输给供血者。这种方法既可用来改善患者（供血者）血液中相关成分的组成，以达到改善临床症状或减少发生相关并发症风险的目的，也可以将分离出的血液成分进一步制成血液成分制品。

血细胞分离机是一种高速离心机，通过特制的封闭管路，使供血者的部分全血通过"机体—血细胞分离机—机体"的方式进行体外循环，在循环的部分全血中提取相应成分的细胞。在多次循环、血细胞达到所需要的富集量后，可结束采集。采集过程为全封闭状态，采集路径为一次性管路，采集的血细胞量有着严格控制。所以，不会对患者（供血者）带来伤害。

血细胞分离单采技术主要应用于：去除血小板/白细胞/红细胞、采集干细胞、单采淋巴细胞/粒细胞/红细胞、置换血浆、浓缩纯化处理骨髓、清除免疫球蛋白、分离骨髓核细胞及开展嵌合抗原受体 T 细胞免疫（CAR-T）治疗。

学习主题 2 血液制品的生产技术

 问题 1 认识血液制品制备的技术类型

血液制品是一种特殊的生物制品。不同的血液制品有着不同的制备工艺，一般来说，主要是采用离心、过滤等手段，除去其他成分。在制备过程中，需特别注意原料来源、操作条件、检测方法等符合《中国药典》的规定。

血浆中蛋白质种类较多，在不同的制备工艺中，其组成的分类也有所差异。一般的生产工艺是：采集健康人的全血作为制备原料，冷冻保存；生产时，先将原料血浆融化，分离出目的蛋白质，得到粗制品；再经过超滤、脱醇、脱铝及浓缩等操作，对粗制品进行纯化、浓缩等精制操作，得到半成品；之后，经过进一步的病毒灭活、灭菌、包装，鉴定合格后上市。制备工艺的全程都不需要生物反应过程，只是进行物理性的分离、提取等操作，属生化分离操作的技术类型。

 问题 2　怎样采集、储存和输送血浆?

为了保证血浆蛋白制品的安全，《中国生物制品规程》对血液制品原料血浆作出了明确操作规程，包括如何确定供血浆者和供血浆者的健康状况要求、体检标准、免疫要求、供浆频度、设备用具、血浆检验结果等。

原料血浆采集的操作规程简述如下：

① 供血者需经乙肝疫苗免疫、产生抗体后方可采集原料血浆；

② 通过询问病史、体检、血液检查，确定供血浆者；

③ 采集前须抽血检查乙型肝炎表面抗原（HBsAg）、丙型肝炎病毒抗体（抗HCV）、抗 HIV、丙氨酸氨基转移酶（ALT）和梅毒螺旋体抗体，检查合格后，允许采集；

④ 单采血浆一次不得多于 580mL（含抗凝剂不超过 600g），采浆间隔不得短于 2 周；

⑤ 每位供血浆者的采浆量每年应少于 12000mL，每月应少于 1200mL。

生产厂家对采集后每袋血浆再逐一复检 HBsAg、抗 HCV、抗 HIV、ALT 和梅毒螺旋体抗体、蛋白质含量等，符合规定后允许使用，检测方法按标准化规定执行。

原料血浆采集后应在 6h 内冻结，-20℃ 以下保存。冻结后的血浆应在 -15℃ 以下运输。低温冷冻保存血浆最长不应超过 2 年。

 问题 3　如何制备人血白蛋白?

人血白蛋白属白蛋白制品，占血浆蛋白总量的一半以上，大约占肝脏合成蛋白质总量的 10%，其生理作用是：维持血液渗透压，对循环血液容量有稳定调节作用；运载低分子物质，是激素、酶、药物和毒素等物质的运输体。测试表明，输入 20% 人血白蛋白所产生的血液渗透压，相当于输入血浆所产生的血液渗透压的 4 倍。

人血白蛋白的制备工艺（图 2-20）简述如下：

(1) 原料采集　原料血浆必须从经乙型肝炎疫苗免疫的健康人群中采集，经 60℃、10h 加温灭活病毒后制成，含适宜稳定剂，不含防腐剂和抗生素，在 -20℃ 以下保存。

(2) 融化血浆　冷冻血浆需融化后分离，融化前先将冷冻血浆的外袋清洗、消毒后去除；再将冷冻血浆放入夹层罐中融化，夹层中通入温水（＜40℃），融化时间越短越好；融化后的血浆进入下一道分离工序。

（3）分离蛋白质 分离的原则是依据溶解度的不同将目的蛋白质与其他蛋白质分离，并保持蛋白质的生物活性。操作时，先逐级降低溶液酸度，使目的蛋白质分子表面净电荷为零；然后逐级提高乙醇浓度，同时逐级降低温度，破坏蛋白质分子周围的水化膜，促使蛋白质分子相互碰撞、沉淀；各种蛋白质在不同条件下，分步从溶液中析出，再通过离心或过滤进行分离，得到粗制品。

影响蛋白质沉淀效果的因素有：酸碱度、温度、乙醇浓度等。

（1）酸碱度 溶液中的有机溶剂会使蛋白质等电点有所偏离。为了达到好的沉淀效果，通常选择各蛋白质成分的等电点作为蛋白质沉淀时的 pH 值。

（2）温度 低温可以减弱蛋白质的变性，但同时也会降低蛋白质的溶解度，促进蛋白质沉淀，并可减少乙醇的挥发，提高安全性。一般情况下，常选择较低的温度。

（3）乙醇浓度 随着溶液中乙醇浓度的增加，蛋白质的溶解度会在某个乙醇浓度阶段出现急剧降低的现象，从而沉淀析出。不同蛋白质的乙醇溶解度不同。因此，可以通过控制乙醇浓度，达到分离不同蛋白质的目的。

血浆(融浆)
↓
19%乙醇沉淀 $F_{I+II+III}$
↓
压滤沉淀 $F_{I+II+III}$
↓
40%乙醇沉淀 F_{IV}
↓
压滤 F_{IV}沉淀
↓
40%乙醇沉淀 F_{V}
↓
压滤 F_{V}沉淀
↓
F_{V}沉淀溶解
↓
纯化白蛋白
↓
超滤、脱醇、脱铝、浓缩

半成品配制
↓
病毒灭活
↓
澄清、除菌
↓
无菌分装
↓
检定、灯检
↓
包装
↓
中检所检定
↓
签发合格证
↓
市场销售

图 2-20　人血白蛋白制备工艺流程

 问题 4　怎样才能分离出血浆中的不同蛋白质？

分离不同蛋白质的方法很多。在血浆白蛋白的制备工艺中，最常见的是低温乙醇沉淀法。在这种方法中，原料血浆为全血，分离时逐级操作：提高乙醇浓度（0→40％），调节 pH 值（pH7.0→pH4.0），同时降低温度（2℃→−2℃），不同条件、不同阶段可获得不同的蛋白质组成（表 2-6）：8％乙醇沉淀组分 F_I、离心分离组分 F_I；19％乙醇沉淀组分 F_{II+III}、离心分离组分 F_{II+III}；40％乙醇沉淀组分 F_{IV}、离心分离组分 F_{IV}；40％乙醇沉淀组分 F_V、离心分离组分 F_V。这种方法沉淀蛋白质的各种条件见表 2-7。

表 2-6　低温乙醇沉淀法不同阶段沉淀的蛋白质种类

组分	蛋白质种类
F_{II}	丙种球蛋白、甲种球蛋白、乙种球蛋白、白蛋白
F_{III}	甲种球蛋白、乙种球蛋白、纤溶酶原、铜蓝蛋白、凝血因子 II、凝血因子 VII、凝血因子 IX、凝血因子 X
F_{IV}	甲种球蛋白、乙种球蛋白、转铁蛋白、转钴蛋白、铜蓝蛋白、白蛋白
F_{V}	白蛋白、甲种球蛋白、乙种球蛋白、垂体性腺激素等

表 2-7　低温乙醇沉淀法沉淀蛋白质的控制条件

主要控制点	控制项目	
	温度	控制条件
19%乙醇沉淀组分 F_{II+III}	$-5\sim5\text{℃}$	pH5.95±0.05,乙醇 19%,制品温度$-5.0\sim-4.5\text{℃}$
40%乙醇沉淀组分 F_{IV}	$-5\sim5\text{℃}$	pH5.95±0.05,乙醇 40%,制品温度$-5.5\sim-5.0\text{℃}$
40%乙醇沉淀组分 F_V	$-5\sim5\text{℃}$	pH4.77±0.02,乙醇 40%,制品温度$-10\sim-9\text{℃}$

在白蛋白的低温乙醇沉淀法制备工艺中，潜在的污染病毒被分离、集中到被废弃或进一步灭活处理的其他组分中，乙醇具有杀灭病毒的作用，冻融的过程也对病毒有杀灭或破坏作用。另一方面，乙醇的化学性质稳定，不易与蛋白质发生化学反应，毒性低、污染小、价格低廉，能抑制细菌生长，可控制热原，对病毒有极强的杀灭作用。因此，这种白蛋白制品的生产技术相对比较安全，是白蛋白制品生产的首选工艺。

低温乙醇沉淀法生产血浆蛋白需要有较大规模的低温操作车间、连续冷冻离心机和较低的操作环境温度等，投资规模较大。用加压过滤代替冷冻连续离心来分离沉淀，可有效简化制备步骤、提高血浆综合利用率、保证人血白蛋白的质量、缩短生产时间、改善操作强度与提高安全性。

 问题 5　血液白蛋白是怎样被浓缩精制的？

经低温乙醇沉淀法分离出来的蛋白质，通常含有很多杂质（如蛋白质的同分异构体等）、色素等，需要进一步纯化、浓缩等精制操作。制备人血白蛋白制品的浓缩精制过程如下。

(1) 色谱精制　色谱法是一种常见的蛋白质分析和分离的方法，应用大容量的色谱分离设备，可用来对低温乙醇沉淀出来的蛋白质组分做进一步的加工精制，特别适用于产量少而价值高的蛋白质制品。常用的有离子交换色谱、凝胶过滤色谱和亲和色谱（详见前述）。色谱法的操作步骤比较简单，耗能低，产品纯度高，设备和分离介质（凝胶、树脂）的初期投资比较大。

(2) 超滤脱醇、浓缩、除 Al^{3+}　由低温乙醇沉淀法分离的蛋白质含有较多的乙醇，须去除。脱醇的方法有多种，如透析、冻干及超滤等，一般采用超滤法。乙醇的分子量为 46.07，而人血白蛋白的分子量为 66000，常选用截留分子量为 8000 或 10000 的超滤膜，进行人血白蛋白的脱醇操作，可采用中空纤维膜、平板膜及卷式膜等形式的膜组件。完成脱醇过程后，继续超滤，将蛋白质溶液浓缩到需要的浓度，形成原液。

人血白蛋白中的 Al^{3+} 主要来自原料血浆、生产中用到的辅料（如助滤剂、滤板、玻璃瓶、胶塞等）。Al^{3+} 含量过高可能具有引发骨软化病、低色素性贫血、阿尔茨海默病和慢性肾功能损害的潜在危险性。在《中国药典》《国家药品标准》等的人血白蛋白质量控制标准中，对 Al^{3+} 含量进行了严格的限定。制备时，可用透析除盐的方法脱除 Al^{3+}，加大用水量，同时注意控制 Al^{3+} 的来源（如原料血浆、辅料等），降低 Al^{3+} 初始值。

(3) 半成品配制　已经纯化的蛋白质溶液中应加入适量的稳定剂，防止制品在制备、储存、运输过程中发生蛋白质的变性、失活，常用的稳定剂是辛酸钠（或辛酸钠与乙酰色氨酸钠共用）。

（4）**病毒灭活**　为确保血液制品的使用安全，制备过程中必须有病毒灭活的环节，经验证合格后，才能投入生产。常用的病毒灭活方法有：湿热法、干热法和化学法。

（5）**除菌过滤**　病毒灭活后的蛋白质溶液应按严格的无菌操作方法进行澄清、除菌过滤，主要是用微孔滤膜处理，常用的滤膜孔径为：澄清过滤 $5\mu m$、$3\mu m$、$1.2\mu m$、$0.65\mu m$、$0.45\mu m$，除菌过滤 $0.22\mu m$、$0.2\mu m$。

（6）**成品分批、分装及冻干**　除菌过滤后，按照《生物制品分装和冻干规程》及时进行分装、冻干，依照《中国药典》规定，每批成品应抽样作全面质量检定，按照《生物制品包装规程》规定进行包装。

（7）**制品保存**　人血白蛋白制品应于 $2\sim8℃$ 避光保存和运输。自分装之日起按批准的有效期执行。

🔄 **课堂互动**

　　正常情况下，伤口出血后很快就能凝固。关于血液凝结，想一想：血清和血浆有什么不同？能否用血清做原料，分离制备纤维蛋白原制剂？

 技能拓展

血液制品的病毒灭活方法

　　血液制品的原料是人类的血浆。目前已知经血液制品传染的病毒主要有人类免疫缺陷病毒（HIV）、乙型肝炎病毒（HBV）、丙型肝炎病毒（HCV）、巨细胞病毒（CMV）、人 T 细胞白血病病毒（HTBV）和人类细小病毒 B19 等。为保证血液制品的安全性，主要采取三个有效措施：对献血者精密筛选，确保血源安全；对每人份血液/血浆进行病毒的系统检测；生产过程中进行有效的病毒灭活/去除。病毒灭活/去除的方法主要有以下几种。

　　（1）**化学法**　包括S/D法、低pH孵放法、辛酸处理法和光化学法等。

　　① S/D法　即有机溶剂/表面活性剂法，其原理是包膜病毒的脂膜被有机溶剂/表面活性剂的混合物破坏，病毒因失去黏附和侵染细胞的能力而失活。这种方法能使病毒灭活，保护制品中蛋白质的结构和功能，但不能灭活非包膜病毒。

　　② 低pH孵放法　在低pH值的状态（如pH4.0、温度 $30\sim37℃$、20h）下，病毒表面的抗原成分会发生不可逆改变，使病毒丧失侵染细胞能力，本质上也是破坏病毒包膜的完整性，阻断病毒与宿主受体结合的途径，此法可以灭活包膜病毒，沉淀宿主细胞蛋白（HCP）、DNA等杂质。

　　③ 辛酸处理法　类似于低pH孵放法，在低pH条件下，利用辛酸非离子形式的亲脂性破坏病毒包膜的完整性，达到病毒灭活的效果。

　　④ 光化学法　常用的有亚甲蓝（MB）/可见光法、补骨脂素/UVB法、核黄素/UV法等。MB是一种带正电荷的有机染料，可透过包膜与病毒核酸结合，在一定强

度的光照射下发生光化学反应，阻止核酸复制而达到病毒灭活效果。补骨脂素为光敏性化合物，在长波紫外线（UVB）照射下能与嘧啶碱基相互作用，阻止病毒的复制。核黄素能插入核酸分子内部，在紫外线（UV）照射下与鸟嘌呤氧化，使病毒无法复制而失活。这类方法对包膜病毒和一些非包膜病毒的灭活作用效果显著，但也容易使一些不够稳定的蛋白质失活。

（2）物理法 常见的有巴氏消毒法、干热法、纳米膜过滤法和紫外灯杀毒法。

① 巴氏消毒法、干热法 这两种方法的操作工艺与相应的灭菌工艺基本相同，巴氏消毒法一般为 60℃/10h，干热法则常用 60℃/96h、80℃/72h、100℃/30min，且不分病毒表面是否包膜，操作简单。缺陷是：为防止蛋白质受热变性而加入的一些稳定剂反而降低了对病毒的灭活效果，不利于一些耐热病毒（如细小病毒）的灭活，不适用于热敏性蛋白质的病毒灭活过程。

② 纳米膜过滤法 是一种膜分离技术，利用病毒和蛋白质大小的不同，通过膜孔截留，可有效去除包膜和非包膜病毒。操作时，小于平均孔径的蛋白质通过膜，大于平均孔径的病毒被膜截留。可根据蛋白质分子大小选择平均孔径不同的滤膜。

③ 紫外灯杀毒法 该法的工艺原理与紫外线杀菌作用相同。

在血液制品的生产过程中，保证血液制品安全性是主要目的，病毒的有效灭活/去除环节至关重要。由于单一方法的局限性，存在一些病毒（尤其是非包膜病毒）不能被完全灭活的可能性。目前一般是同时采用两种或两种以上的病毒灭活方法，以保证血液制品的安全性。

 课后复习

1. 填空

（1）新采集的血液用离心法分离后，可分为上层____和下层的____；但如果是自然凝固后，则会分离出____和血液凝块。

（2）成分输血指的是根据需要用输入血液中的各种____来代替输入____。

（3）制备人血白蛋白时，可通过逐级提高____浓度、持续调节 pH 值、同时降低____的条件，分别分离出不同的蛋白质，这种方法称为____法。

（4）血浆蛋白制品的除盐操作，一般是采用相当于分子过滤的____技术。

2. 选择

（1）A 型血、B 型血等是依据（   ）区分的。

A. 蛋白质　　　　B. 核酸　　　　C. 抗原　　　　D. 血液黏度

（2）采集的全血在加入抗凝剂、−20℃下保存一年后再次低温下融化得到的血浆称为（   ）。

A. 新鲜冰冻血浆　　B. 普通冰冻血浆　　C. 融化液体血浆　　D. 冷沉淀血浆

（3）将采集得到的全血混合了红细胞保存液、分离出血浆后得到的红细胞制剂称为

（　　）。

    A. 浓缩红细胞   B. 悬浮红细胞

    C. 少白细胞红细胞   D. 洗涤红细胞

（4）制备血液制品时，新采集得到的血液应立即加入（　　）。

    A. 凝血酶   B. 抗凝血酶   C. 抗凝剂   D. 抗凝血因子

3. 判断

（1）从血液制品制备的角度来看，血清就是去除了纤维蛋白原的血浆。

（2）从马的血液中可以分离制备多种免疫球蛋白，也是血液制品的一种。

（3）刚刚从供血者体内采集得到的、不含任何添加成分的新鲜血液称为全血。

（4）白细胞制品与免疫球蛋白制品都具有抵御外来病原侵袭的能力。

（5）低温乙醇沉淀法分离白蛋白时，为防止污染，应始终保持 75% 的乙醇浓度。

4. 简述

（1）血液是制备血液制品的原料，能否结合血液的组成，谈一谈血液制品的分类。

（2）以人血白蛋白制品为例，谈一谈怎样操作才能得到血浆中不同的蛋白质。

（3）怎样去除白蛋白制品制备中的 Al^{3+}？请简述其工艺方法。

项目6 实操训练

训练任务 1　牛奶中酪蛋白和乳蛋白素粗品的制备

一、目的

学习从牛乳中制备酪蛋白和粗乳蛋白素的方法。

掌握等电点沉淀技术的原理与操作。

二、原理

酪蛋白是牛乳的主要成分，其含量占牛乳蛋白质总量的80％，为白色、无味的物质，不溶于水和普通有机溶剂，但溶于碱溶液，在pH4.8左右时会沉淀析出。乳蛋白素是一种广泛存在于乳品中，合成乳糖所需要的重要蛋白质，在pH3.0左右出现沉淀。

利用蛋白质在等电点时的溶解度最低的特点，调节牛乳pH值至4.8或者将牛奶加热至40℃时加入硫酸钠，即可沉淀出粗酪蛋白；再用乙醇洗涤沉淀物，除去脂类杂质后，可得到纯酪蛋白，一般含量约为35g/L。将去除酪蛋白的滤液调至pH3.0左右时，乳蛋白素沉淀析出，部分杂质可随澄清液除去，在经过一次的pH沉淀后，即可得到粗乳蛋白素。

三、用品

1. 仪器与材料

烧杯、玻璃棒、量筒、离心机、离心管、布氏漏斗、pH计、水浴锅、细布、表面皿。

2. 试剂

牛奶、95％乙醇、0.2mol/L pH4.8醋酸-醋酸钠缓冲液、无水硫酸钠、浓盐酸、0.1mol/L盐酸溶液、0.1mol/L氢氧化钠溶液。

0.2mol/L pH4.8醋酸-醋酸钠缓冲液的配制过程如下：

（1）A 液：0.2mol/L 醋酸钠溶液（称量 NaAc·H_2O 5.44g 溶至 200mL）；

（2）B 液：0.2mol/L 醋酸溶液（称量醋酸 2.4g 定容至 200mL）；

（3）取 A 液 59.0mL，B 液 41.0mL，即得 pH4.8 醋酸-醋酸钠缓冲液 100mL。

四、步骤

1. 盐析或等电点沉淀制备酪蛋白

（1）量取 40℃左右的牛奶 50mL，倒入 250mL 烧杯中，于 40℃水浴中保温并搅拌。

（2）搅拌条件下缓慢加入 40℃左右的 0.2mol/L pH4.8 的醋酸-醋酸钠缓冲液约 50mL。将溶液冷却至室温，放置 5min。（或在上述烧杯中约 10min 内分次缓慢加入 10g 无水硫酸钠，再继续搅拌 10min。）

（3）将溶液用细布过滤，分别收集沉淀和滤液。

（4）在沉淀中加入 30mL 95% 乙醇，搅拌片刻。将全部的悬浊液转移至布氏漏斗中抽滤。将沉淀从布氏漏斗中移出，在表面皿上摊开以除去乙醇，干燥后得到的便是酪蛋白。

2. 等电点沉淀法制备乳蛋白素

（1）将制备酪蛋白步骤（3）中所得滤液置于 100mL 烧杯中，一边搅拌，一边加入浓盐酸，调 pH3.0 左右。

（2）将溶液倒入离心管中，6000r/min 离心 15min，弃去上清液。

（3）在离心管中加入 10mL 去离子水，振荡均匀。以 0.1mol/L 氢氧化钠溶液调 pH 至 8.5～9.0，此时大部分蛋白质均会溶解。

（4）将上述溶液 6000r/min 离心 10min，上层溶液倒入 50mL 烧杯中。

（5）将烧杯中溶液加热，一边搅拌，一边利用 pH 计以 0.1mol/L 盐酸溶液调 pH 至 3.0 左右。

（6）将上述溶液以 6000r/min 离心 10min，倒掉上层溶液。取出沉淀，即为粗乳蛋白素，干燥后称重。

五、结果

1. 称量出所获得的酪蛋白质量，求出实际产物得率。

2. 称量出所获得的粗乳蛋白素质量，计算牛乳中乳蛋白素的含量。

3. 填写实践报告及分析。

六、思考

1. 为什么调 pH 可以沉淀牛奶中的蛋白质？

2. 调 pH 沉淀蛋白质时，为什么不能用同一个 pH 值同时沉淀出酪蛋白和乳蛋白素？

3. 在酪蛋白和乳蛋白素的提取过程中，无水硫酸钠、95% 乙醇和 0.1mol/L 盐酸溶液都能沉淀出蛋白质，这几个试剂的使用顺序是否可以变换？为什么？

一、目的

掌握稀碱法提取 RNA 及 RNA 鉴定的方法。

了解 RNA 提取的基本原理。

二、原理

RNA 的来源和种类很多，提取制备方法也各不相同，一般有苯酚法、去污剂法和盐酸胍法。

实验室常用苯酚法，提取的 RNA 具有生物活性。工业上常用稀碱法和浓盐法提取 RNA，所获得的均为变性 RNA，主要是用于核苷酸的制备，提取工艺比较简单。

浓盐法是在加热条件下，利用高浓度盐溶液改变细胞膜通透性，使 RNA 释放出来。由于磷酸二酯酶和磷酸单酯酶的活性温度在 $20\sim70℃$ 之间，为避免 RNA 降解，操作时应注意控制温度，可直接在 $90\sim100℃$ 下浸提。一般的操作过程是：在 $90℃$ 下，用 10％氯化钠溶液浸提，使 RNA 核蛋白中的 RNA 解聚并溶于盐溶液后离心，除去菌体残渣和变性蛋白质，上清液用乙醇沉淀，得到 RNA。

稀碱法是利用碱使细胞壁溶解，释放出 RNA，再用酸中和除去蛋白质和菌体后，将上清液用乙醇沉淀，或调 pH2.5 进行等电点沉淀，得到 RNA。

酵母菌的核酸中 RNA 的含量较多，达 2.67％～10.00％，DNA 含量仅为 0.030％～0.516％。因此，多以酵母菌为原料来提取 RNA。

核酸是由戊糖、磷酸基团、碱基组成的，鉴定核酸，只需鉴别出这三样物质即可。DNA 为双链，且碱基组成与 RNA 不同，所以在两性解离、耐碱性方面存在差异：DNA 只有酸解离，RNA 有两性解离，存在等电点；DNA 耐碱，RNA 易被碱水解。因而，在制得 RNA 水解液（RNA 粗品＋10％硫酸溶液→搅拌、加热→RNA 水解）后，可以用如下方法鉴定 RNA：

（1）水解液＋苔黑酚-$FeCl_3$ 试剂   加热至沸腾 1min，呈现墨绿色时，表明含有戊糖；

（2）水解液＋氨水＋5％硝酸银溶液   出现絮状嘌呤银化合物时，表明有碱基存在；

（3）水解液＋少量浓硝酸＋少量钼酸铵溶液   呈现淡黄色时，表明有磷酸基团存在。

核酸分子中的共轭双键能够强烈吸收紫外线，在波长 260nm 处有最大吸收值，且在一定浓度范围（$0\sim50\mu g$）内，吸收值与浓度成正比，符合朗伯-比尔定律，据此可推算出 RNA 的浓度。蛋白质也具有紫外吸收特性，最大吸收峰在 280nm，可依据核酸的吸收峰/蛋白质的吸收峰（A_{260}/A_{280}）值，判断样品杂质（蛋白质）的多少。纯 RNA 溶液的 A_{260}/A_{280} 值为 2.0，如果样品中含有蛋白质，A_{260}/A_{280} 值会下降。

本实验使用稀碱法，从酵母菌中提取 RNA，鉴定后用紫外吸收法测定粗品中的 RNA 纯度。

三、用品

1. 仪器与材料

烧杯、试管、玻璃棒、容量瓶、吸量管、量筒、水浴锅、离心机、紫外分光光度计、布氏漏斗、pH 计等。

2. 试剂

干酵母粉、0.2％NaOH 溶液、浓 HCl、$FeCl_3 \cdot 6H_2O$、RNA、乙酸、95％乙醇、无水乙醚、0.1mol/L 硝酸银溶液、4％维生素 C 溶液、氨水、苔黑酚试剂、钼酸铵试剂、标准 RNA 母液、标准 RNA 溶液、纯化水。

试剂的配制过程如下：

(1) 钼酸铵试剂　2g 钼酸铵溶于 100mL10％硫酸溶液。

(2) 4％维生素 C 溶液　临用前配制，溶液呈深黄色即失效。

(3) 苔黑酚试剂　取 100mL 浓 HCl，加入 100mg 的 $FeCl_3 \cdot 6H_2O$，摇匀，临用前配制。

(4) 标准 RNA 母液　准确称取 10.0 mgRNA，用少量 0.2％NaOH 溶液湿润浸透，用玻璃棒研磨至呈现糊状的混浊液后，加入少量水混匀，用乙酸调至 pH7.0，再用水定容至 10mL，此溶液 RNA 的含量为 1g/L。

(5) 标准 RNA 溶液　取标准 RNA 母液 1.0mL 至 10mL 容量瓶中，用水稀释至 10mL。此溶液 RNA 含量为 100mg/L。

四、步骤

1. 标准曲线制作

按表 2-8 配制标准 RNA 梯度溶液后，测定 260nm 下的吸收值，绘制标准曲线。

表 2-8　低温乙醇沉淀法沉淀蛋白质的控制条件

试管编号	0	1	2	3	4	5	6	7
标准 RNA 溶液/(mg/L)	0.0	0.05	0.1	0.5	1.0	1.5	2.0	2.5
标准 RNA 溶液/mL	—	5	10	15	20	25	30	35
A_{260}								

2. 酵母 RNA 的提取

称 4g 干酵母粉，放置于 100mL 烧杯中，加入 40mL 0.2％ NaOH 溶液，充分搅拌、研磨后，在沸水浴上加热 30min；冷却后，加入数滴乙酸，使提取液呈酸性（pH5～6），以 4000r/min 离心 10～15min，得上清液，即 RNA 水解液。取上清液，加入 2 倍体积的 95％乙醇，边加边搅拌；静置，待 RNA 沉淀完全后，过滤，滤渣先用 95％乙醇洗涤 2 次（每次 10mL），再用无水乙醚洗涤 2 次（每次 10mL），洗涤时可用玻璃棒小心搅拌沉淀；乙醚滤干后，干燥的沉淀即为 RNA 粗品。

3. RNA 组分鉴定

① 鉴定磷酸基团　取 RNA 水解液少许（如 10 滴），加入数滴（如 10 滴）钼酸铵试剂，摇匀后再加入 6 滴 4％维生素 C 溶液，混匀后，置沸水浴中加热 5～10min，观察颜色变化。

② 鉴定戊糖　另取 RNA 水解液少许，加入 6 滴苔黑酚试剂。摇匀后置沸水浴中加热 5～10min，观察颜色变化。

③ 鉴定碱基　取数滴（如 10 滴）0.1mol/L 硝酸银溶液，逐滴加入氨水（2～3 滴），摇匀至沉淀消失后，再加入 RNA 水解液少许，摇匀，置沸水浴中加热 5～10min，观察颜色变化。

4. RNA 纯度的测试

定量（0.20～0.25g）称取粗品 RNA，加入 2mL0.2％NaOH 溶液、1mL 水，调成糊状，再加入 40～50mL 水，定容至 100mL。

参照标准曲线，取合适的稀释度，测定 260nm 下的吸收值，绘制标准曲线。

五、结果

1. 计算 RNA 得率，并分析其纯度。
2. 分析影响得率和纯度的原因。
3. 填写实践报告及分析。

六、思考

1. 为什么要选用酵母作为提取 RNA 的原料？
2. 提取时，干酵母加入 0.2％ NaOH 溶液后，为什么要充分研磨？
3. 鉴定 RNA 时，钼酸铵试剂中为何要加入 Fe^{3+} 或 Cu^{2+}？维生素 C 溶液起什么作用？
4. 稀碱法提取的 RNA 能否作为 RNA 生物活性实验材料？为什么？

训练任务 3　卵磷脂的制备、鉴定与纯度分析

一、目的

深入了解磷脂类物质的结构和性质。

掌握卵磷脂的乙醇-丙酮萃取法提取、鉴定与纯度分析的原理和方法。

二、原理

磷脂是生命的基础物质，存在于人体的每一个细胞中，是脑组织及神经组织细胞膜、线粒体膜、核膜等的主要成分，是制备脂质体的主要膜材，也是一类天然的表面活性剂，应用于食品、医药、饲料和化妆品等领域。磷脂的种类比较多，从来源看，主要有蛋黄磷脂和大豆磷脂；从组成看，主要包括鞘磷脂（神经磷脂）和甘油醇磷脂。其中甘油醇磷脂分布最为广泛，主要包括卵磷脂、脑磷脂、肌醇磷脂和丝氨酸磷脂等，特别是卵磷脂，是业内关注的热点。

大豆等植物组织及动物的肝、脑、脾、心等组织中均存在较多的卵磷脂。蛋黄中含有较多的卵磷脂（约10%），同时也含有脑磷脂等其他磷脂。卵磷脂和脑磷脂均溶于乙醇，不溶于丙酮，利用这一性质，可将其与中性脂肪分离，即：将卵黄加入乙醇中，此时，卵磷脂溶于乙醇溶液，从卵黄中转移出来，同时其他脂类物质（如甘油三酯、甾醇等）也转移到乙醇溶液中；再利用卵磷脂不溶于丙酮的特点，用丙酮从粗卵磷脂溶液中沉淀卵磷脂，将卵磷脂与脑磷脂、其他脂质和胆固醇分离开；无机盐和卵磷脂可生成络合物沉淀，可利用金属盐沉淀剂，将卵磷脂从溶液中分离出来。由此，蛋白质、脂肪等杂质均被除去；再用适当溶剂萃取出无机盐等杂质即可获得精制卵磷脂。

新提取的卵磷脂为白色，在与空气接触后，所含的不饱和脂肪酸会因氧化而使卵磷脂呈黄褐色。卵磷脂被碱水解后可分解为脂肪酸盐、甘油、胆碱和磷酸盐。甘油具有不饱和性，与硫酸氢钾共热，可生成具有特殊臭味的丙烯醛；磷酸盐在酸性条件下与钼酸铵作用，生成黄色的磷钼酸铵沉淀；胆碱在碱的进一步作用下生成无色且具有氨和鱼腥气味的三甲胺。这样，通过检验分解的产物可以对卵磷脂进行定性鉴定。

卵磷脂含量的测定方法主要有定磷法、薄层色谱法和高效液相色谱法等。

本实验从卵黄中提取卵磷脂，定性鉴别后，采用高效液相色谱法进行卵磷脂的纯度分析。

三、用品

1. 仪器与材料

烧杯、容量瓶、试管、布氏漏斗、离心机、旋转蒸发仪、真空干燥箱、高效液相色谱仪、紫外分光光度计、石蕊试纸。

2. 试剂

鸡蛋、95%乙醇、无水乙醇、氯化锌水溶液、硫酸氢钾、钼酸铵试剂、10%氢氧化钠溶液、3%溴的四氯化碳溶液、丙酮、石油醚、卵磷脂标准品。

四、步骤

1. 粗卵磷脂的提取

① 室温下，烧杯中放入适量鸡蛋卵黄。

② 向烧杯中加入2倍卵黄体积的95%乙醇，混合搅拌、提取。

③ 混合液加入离心管中，3000r/min下离心5min；沉淀物重复提取三次，回收上

清液。

④ 使用旋转蒸发仪，45℃下减压蒸馏上清液至近干，用少量石油醚洗下贴壁的黄色油状物质。

⑤ 加入丙酮，抽滤，分离出沉淀物，40℃下真空干燥30min，得到淡黄色的卵磷脂粗品。

2. 卵磷脂粗品的精制

① 取卵磷脂粗品，用无水乙醇溶解，得到约10％的乙醇粗提液。

② 加入相当于卵磷脂质量10％的氯化锌水溶液，室温搅拌30min。

③ 分离沉淀物，在4℃下加入适量丙酮洗涤，搅拌1h，再用丙酮反复洗涤至近无色，得到白色蜡状的精制卵磷脂。

3. 卵磷脂的鉴定

① 三甲胺检验　取干燥试管，加入少量卵磷脂粗品、2～5mL10％氢氧化钠溶液，水浴加热15min；将红色石蕊试纸放置于管口处，观察其颜色变化，并嗅管口气味。

② 不饱和性检验　将步骤①加热后的溶液过滤，取少许滤液（如10滴）加入干净试管中，再加入1～2滴3％溴的四氯化碳溶液，振摇试管，观察现象。

③ 磷酸检验　取少许步骤①加热后的滤液，放入干净试管中，加入5～10滴95％乙醇，再加入5～10滴钼酸铵试剂，观察现象；再将试管放入水浴加热5～10min，继续观察有何变化。

④ 甘油检验　取干净试管，加入少许卵磷脂粗品、0.2g硫酸氢钾，用试管夹夹住，先微火加热使卵磷脂与硫酸氢钾混熔，再继续加热，待有水蒸气释放时，嗅管口气味。

4. 卵磷脂纯度分析

采用高效液相色谱分析法。

① 卵磷脂HPLC色谱条件　色谱柱Lichrosorb si 60柱（4.6mm×150mm，5μm）；流动相为甲醇-乙腈-水（60：30：10）；流速1.0mL/min；柱温40℃；检测波长206nm。

② 卵磷脂标准工作曲线的绘制　精密称取卵磷脂标准品10.0mg，置10mL容量瓶中，加甲醇溶解并稀释至刻度，摇匀，得对照品溶液（1mg/mL）。将对照品溶液在紫外可见分光光度计下进行波谱扫描，记录其特征峰值（206nm）。用微量进样器分别吸取不同体积（1μL、2μL、3μL、4μL、5μL、6μL）的标准品溶液进样，以进样量为横坐标，峰面积为纵坐标绘制卵磷脂标准工作曲线。

③ 高效液相色谱分析　精密称取卵磷脂样品50.0mg，置10mL容量瓶中，加甲醇溶解并稀释至刻度，摇匀，得样品检测溶液（5mg/mL）。将此溶液超声15min，3000r/min离心10min，取上清液，经0.45μm滤膜过滤。滤液进行卵磷脂含量测定。

五、结果

1. 称量卵磷脂的质量，计算卵磷脂得率，并对影响卵磷脂得率的因素进行分析。

2. 根据高效液相色谱图谱，分析所得卵磷脂的纯度。

3. 填写实践报告及分析。

六、思考

1. 在提取分离卵磷脂的过程中，乙醇和丙酮的作用是否相同？

2. 定性鉴别卵磷脂的依据是什么？

3. 鉴定卵磷脂时，卵磷脂热碱水解液中加入溴的四氯化碳溶液，会出现怎样的现象？为什么？

模块三　天然活性成分

项目1　天然活性成分的提取分离

 学习目标

【知识要求】掌握　提取分离天然活性成分的常见方法
　　　　　　熟悉　天然活性成分提取分离的一般工艺过程与特点
　　　　　　了解　天然活性成分提取分离的技术原理
【能力要求】懂得　天然活性成分提取分离的常用方法
　　　　　　明白　天然活性成分提取分离的一般特点
【素质要求】能够　掌握有机化学、无机化学、物理化学、生物学等基础知识
　　　　　　具备　基本的药学分析和实验操作技能

 技能要点

　　对生物活性成分进行提取，最常用的是溶剂提取法，所用溶剂包括水和有机溶剂，提取方法主要有浸渍、渗漉、煎煮、回流和连续提取。这些传统方法具有一些缺点，如使用大量有机溶剂、产生的废液废渣污染环境、残留溶剂影响产物的质量和稳定性；提取效率低、步骤多、选择性差；提取温度高、时间长、易造成热敏性成分分解和挥发性成分损失。

　　人们在传统提取方法的基础上已发展了多种新型提取方法，如微波萃取法、树脂吸附分离技术、超声提取法、超临界流体提取法、膜分离技术、酶解提取法等，这些方法具有提取效率高、对环境友好、容易实现连续操作、适合大规模工业生产要求等优点。

　　由于每种提取分离方法只适用于特定的情况，应根据目的产物的理化性质来选择合适的提取方法。既要发展新方法，也要重视对传统方法的改进，将多种方法联合起来、取长补短是未来发展的方向。

 课前引导

☆ 中国古代有寓医于食、医食同源，如何理解其含义？
☆ 天然药物和中药，是不是一回事？
☆ 从天然材料中制备药物成分，需要进行生物培养与生物反应吗？

问题 1　什么是天然活性成分？

天然活性成分是指动物、植物、矿物等自然界中存在的有药理活性的天然产物，即由生物材料中提取分离得到具有天然生理活性的成分，一般是指从植物、动物、矿物中得到的单一有效成分、有效部位或植物、动物、矿物成分的半合成品，包括动植物的浸出物或提取物。由天然活性成分制备的药物，习惯上称为天然药物。

天然活性成分不同于中药或中草药。随着社会对化学品负面影响的关注和对生物活性成分药用价值认识的深入，人们对天然生物材料中活性成分的研究热潮越来越高涨。如何高效地提取并分离纯化这些活性成分，是天然药物研究的重点和热点。

 问题 2　生物材料中有哪些天然活性成分？

生物材料中的成分（表 3-1）极为复杂，但并非所有的成分都有生物活性。通常，把具有生理活性，能用分子式和结构式表示并具有一定物理常数（如熔点、沸点、旋光度、溶解度等）的单体化合物，称为有效成分；把尚未提纯为单体化合物但含有效成分的混合物，称为有效部分或有效部位；与有效成分共存的其他化学成分，则视为无效成分。

表 3-1　生物材料中的主要活性成分

类别	举例	类别	举例
蛋白质/多肽、氨基酸	精氨酸、红藻氨酸、天冬氨酸、胰岛素、麦芽糖酶	黄酮类	大豆素、异甘草素、儿茶素、黄素、黄芩素、木犀草素
糖类	果糖、水苏糖、菊糖、甲壳素、透明质酸	醌类	泛醌、对苯醌、紫草素、邻菲醌、大黄素、金丝桃素
有机酸类	水杨酸、抗坏血酸、绿原酸	植物色素	叶绿素、胡萝卜素
树脂	松油脂、松香酸、琥珀脂醇	鞣质	没食子酸鞣质、儿茶素
油脂和甾醇	蓖麻油、薏苡仁酯、二十二碳六烯酸（DHA）、胆甾醇	萜类	芫花酯甲素、穿心莲内酯、葫芦素、青蒿素、乳香酸、山楂酸
苯丙素类	桂皮酸、咖啡酸、香豆素、木脂素、异紫杉木脂素	挥发油	松节油、山苍子油、樟脑油、薄荷油麻黄油、大蒜油
苷类	鼠李糖苷、蒽醌苷、香豆素苷、皂苷、苦杏仁苷	生物碱	盐酸小檗碱、秋水仙碱、蟾蜍碱、吗啡、长春碱、利血平
甾体及其苷类	C_{21}甾体、强心苷、薯蓣皂苷元、螺旋甾烷、剑麻皂苷元	大环内酯与聚醚类	刺尾鱼毒素、岩沙海葵毒素、短裸甲藻毒素、苔藓虫素

需要说明的是，活性成分和有效成分在药物、化妆品、保健品等领域经常被提及，在某些情况下常常互换使用，但两者有着不同的含义：活性成分指的是在产品中具有生物活性的物质，能够对生物体产生影响或作用，可以是天然存在的，也可以是合成的，是药物中的主要治疗成分，负责药物的疗效；有效成分通常指的是在产品中起到实际效果的成分，包括活性成分和其他可能增强活性成分效果的辅助成分。简言之，活性成分强调的是物质的生物活性，而有效成分侧重于实际效果的实现。有时，一个产品可能含有多种活性成分，但只有其中的一部分或特定的组合才能实现有效性。显然，从制药的角度来看，这里更为关注的是作为药物来源的活性成分。

 课堂互动

天然药物和中药都来源于动植物。想一想：两者能否归为同一类药物？

学习主题 2　天然活性成分的提取技术

　问题 1　天然活性成分提取和中药制备是一样的吗？

生物药物中几乎所有的活性成分来自生物材料，包括前面所说的蛋白质/多肽、糖类、核酸/核苷酸及脂类等。习惯上将这些归于生化类药物，而其他类的活性成分，则归结为天然药物学或者天然药物化学的研究范畴，也有的将其列为中药现代化的研究范畴。中药现代化的实质，就是中医药理论与包括生物技术在内的现代科学技术的紧密结合。从这个角度来看，从生物材料中提取天然活性成分来开发、制备药物，是生物制药的重要组成部分，与中药的现代化制备有很大的技术重叠。

开发、制备天然药物的首要条件，就是将天然活性成分从生物材料中提取、分离出来。提取是指从生物材料中得到所需要的天然活性成分的过程。通常，所得到的提取物仍然是含有多种成分的混合物，还需要进一步处理；将提取物中的各种成分逐一分开，得到单体并加以精制纯化的过程，称为分离。前述的生化分离技术同样适用于天然活性成分的提取分离，但由于目标活性成分的不同，在具体的单元操作技术上有所区别。

　问题 2　认识溶剂法在天然活性成分提取中的应用

溶剂法是根据各种天然活性成分在不同溶剂中的溶解度不同，选择对目的成分溶解度大而对其他成分溶解度小的溶剂，将目的成分从生物材料中溶解出来的一种方法。其原理是：利用溶剂的渗透、扩散作用，使溶剂渗入细胞内部，溶解胞内可溶性成分，在渗透压的驱动下，胞内可溶性成分向外扩散至达到平衡。将此溶液倾出过滤，再加入新溶剂形成新的渗透压，再次溶出胞内可溶性成分，如此反复数次，可达到提取的目的。

溶剂法的关键是：应根据所需成分的特性，遵循"相似相溶"的原则，选择合适的溶剂，同时还应考虑用适当的方法、溶剂的价格、安全性等因素。溶剂通常可分为水、亲水性有机溶剂及亲脂性有机溶剂三类。

 问题3　提取天然活性成分有哪些常见的溶剂？

水是一种价廉、安全、易得的强极性溶剂，可溶解糖类、鞣质、氨基酸、蛋白质、有机酸盐、无机盐、生物碱盐及多数苷类成分等，缺点是易霉变，不容易过滤和浓缩。

乙醇、甲醇、丙酮等是一类极性较大、能与水混溶的亲水性有机溶剂，对植物细胞有较强的穿透能力，既能用于提取亲水性成分，也可以提取某些亲脂性成分。提取液黏度小、沸点低、来源方便、不易霉变、易于过滤和回收，但是易燃、价格相对较高。

石油醚、苯、氯仿、乙醚、乙酸乙酯等属于亲脂性有机溶剂，与水不能混溶，具有较强选择性，可用来提取如挥发油、油脂、叶绿素、树脂、内酯、游离生物碱等亲脂性成分，具有沸点低、过滤和回收方便的优点，但易燃、毒性大、价格高、对药材组织细胞穿透能力较差。

实际应用中，常根据被提取成分的理化性质和所用溶剂的特性，选择适当的提取方法。

 问题4　溶剂提取天然活性成分的传统方法有哪些？

浸渍、煎煮、渗漉等是传统的中药加工方法，同样可以用于天然活性成分的提取。不同的是：中药加工时，通常是以中药饮片为原料；提取天然活性成分时，通常先将材料粉碎成粗粉。

(1) **浸渍**　将药材粒粉装入容器，加适量的提取溶剂后在室温或温热状态下浸泡一定时间，以溶解其中所需的成分。常用的溶剂为水或稀醇。此法适用于有效成分遇热易被破坏，以及含较多淀粉、树胶、果胶、黏液质等材料的提取。浸泡药酒就属于这种方法。此法操作方便，简单易行；但提取时间长，提取率较低，特别是用水做溶剂时提取液易霉变，必要时须加适量的防腐剂。

(2) **煎煮**　将材料粗粉加水，加热煮沸一定时间使有效成分溶解出来，如煎中药。此法操作简单，提取效率较高。适用于能溶于水且遇热不被破坏的成分的提取，但不适用于糖类成分含量丰富、煎煮后料液黏稠不易过滤的材料。

(3) **渗漉**　将用溶剂湿润后的材料粗粉装入渗漉筒中，用适量的提取溶剂浸没粗粉，待浸渍一定时间后，从渗漉筒下口缓缓放出浸渍液，同时不断添加新溶剂，浸出所需成分（图3-1）。常用的溶剂为水或不同浓度的乙醇。此法适用于遇

图3-1　渗漉实验装置

热易被破坏的成分的提取。由于在渗漉过程中不断加入新的溶剂，能保持良好的浓度差，故提取效率较高，但溶剂用量大、提取时间长。

 问题 5　常见的规模化提取天然活性成分方法有哪些？

用有机溶剂加热提取时，一般使用低沸点溶剂。此法提取效率高，适用于受热不易被破坏的成分的提取，但受热时间长，对设备的要求高。特别是规模化操作时，容易带来较大的溶剂挥发。为减少溶剂的损失，多采用回流提取方式（图3-2），将少量溶剂进行连续循环，回流，可以在保持较高提取效率的同时，减少溶剂的使用量。

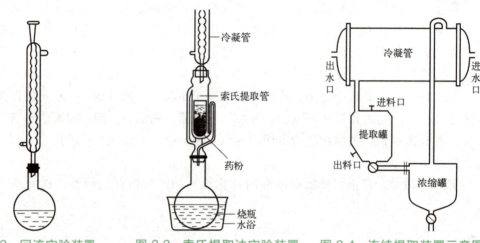

图 3-2　回流实验装置　　　图 3-3　索氏提取法实验装置　　图 3-4　连续提取装置示意图

实验室或小规模制备中常采用索氏提取法（图3-3）。操作时，烧瓶内的溶剂因加热汽化，冷凝后滴入提取器内；溶剂边滴入边浸泡药粉，过多的浸泡溶剂（即提取液）在虹吸作用下被吸入烧瓶，完成一次的浸泡提取；烧瓶内的溶剂可再次被加热汽化。如此反复多次，材料中的可提取成分被充分浸出。大型生产时，常采用可自动更换溶剂、溶剂用量小的连续提取装置（图3-4）。

影响溶剂提取的工艺因素主要有：提取溶剂和提取方法的选择、材料的粉碎度、溶剂浸泡的时间、浸泡温度和浸泡次数。

 问题 6　规模化制备中受关注的天然活性成分提取方法

（1）**水蒸气蒸馏**　该方法适用于不溶于水但能随水蒸气馏出而不被破坏的挥发性成分（如挥发油、某些小分子生物碱）等的提取，其基本原理是：根据分压定律，当挥发性成分与水蒸气的总蒸气压等于外界大气压时，混合物开始沸腾并被蒸馏出来。整个体系的总蒸气压为各组分蒸气压之和，即系统内的总蒸气压为水蒸气分压与挥发性成分蒸汽分压之和。图3-5为实验室水蒸气蒸馏装置。

（2）**升华**　某些固体物质加热至一定温度时，可以不经过液体而直接汽化，降温后又凝固为固体物质，这样的过程叫作升华。天然生物材料中的一些成分（如樟脑、咖啡因等）具有升华性，可用升华方法直接提取。例如，从茶叶中提取咖啡因时，可将茶叶放于大小适宜的烧杯中，上面用圆底烧瓶盛水冷却，然后加热到一定温度时，咖啡因可凝结于烧瓶底部（图3-6）。升华法虽简单易行，但因直接加热，温度高，药材碳化后往往产生挥发性焦油状物，黏附在升华物上，不易精制除去；其次是升华不完全，产率低，部分成分易受热分解。

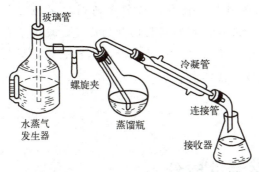

图 3-5 水蒸气蒸馏实验装置

图 3-6 升华装置示意图

（3）**超声波提取**　前文曾叙述了超声波法破碎细胞，在天然活性成分的提取中也可以利用超声波来破坏细胞，使溶剂易于渗入细胞，同时产生许多次级作用，如机械运动、乳化、扩散、热效应，及化学效应等，加速细胞内有效成分的释放、溶解和扩散，促进提取进程。与常规提取法相比，此法具有提取速度快、方法简单、产率高、无须加热、适用于各种溶剂等优点，尤其适合一些遇热不稳定成分的提取，但目前还局限于实验室及小规模开发，对装置的要求比较高。

（4）**超微粉碎提取**　这是近年来迅速发展的一项新技术，利用机械和流体动力学理论，采用现代超微粉加工技术，将材料颗粒粉碎成微米甚至纳米级的超微粉。传统粉碎一般可得到 $75\mu m$ 粒径以下的粒子，超微粉碎得到的粒子粒径可达到 $5\sim10\mu m$ 甚至 $0.1\sim100nm$，细胞破壁率更高（≥95％）。胞内有效成分不需通过细胞壁屏障，可直接暴露出来，比表面积大，极易溶出和被人体吸收。

值得一提的是，许多传统中药方剂的现代化开发使用了超微粉碎技术，在保留处方全组分及其药效学的物质基础上，体现出中医药辨证论治、整体治疗的特点，在较大程度上提高了药物疗效，成为中药现代化开发的一种卓有成效的方式。

课堂互动

天然活性成分的提取在本质上属于化学萃取。想一想：天然活性成分的溶剂提取和生化分离中的萃取分离，在溶剂选择上什么不同？

 知识链接

半仿生提取法

半仿生提取法（SBE）是依据仿生学原理，从生物药剂学角度，针对口服给药途径，提出的一种新的药剂制备方法。在传统的口服给药途径中，药剂经过胃（酸性环境）、小肠（碱性环境）后溶出的活性成分才是能够发挥药效的有效成分。在这些环境中不能有效溶出的可能为无效成分。SBE模拟口服给药及药物经胃肠道转运的基本过程，分别用一定pH值的酸性和碱性溶液依次提取，这样得到的"活性混合物"中一定包含着有效成分，没有提取出来的是无效成分，由此可以获得含较高有效成分的制剂。

SBE模仿口服药物在胃肠道转运吸收特性，提取过程符合药剂配伍和临床用药特点，既能充分发挥混合物的综合作用，又可以控制药物制剂的质量，减少了有效成分的损失。由于提取方法的工艺条件要适合工业化生产的实际，不可能完全与人体条件相同，仅"半仿生"而已，故称"半仿生提取法"。

学习主题 3　萃取分离天然活性成分

液液萃取

 问题 1　溶剂萃取分离天然活性成分时怎样选择溶液？

溶剂萃取分离遵循"相似相溶"的原则。在同样的温度和压力下，萃取分离的效果主要决定于溶剂的选择和萃取次数。萃取的次数可通过萃取流程的选择来调整，这里主要讲解萃取溶剂的选择。与生化分离相比，天然生物材料的活性成分更加复杂，溶剂的选择更加广泛。溶剂选择应遵循如下原则：

（1）分配系数　这是选择溶剂的首要问题，可以根据被分离物质在萃取剂和原溶液中的溶解度做大致判断。分配系数 K 值越大，表明溶剂的萃取能力越强。

（2）密度　萃取操作中，萃取相和萃余相之间应保持一定的密度差，以利于两相的分层。

（3）界面张力　萃取体系的界面张力较大时，细小液滴容易聚集，有利于两相的分离，但界面张力过大，液体不易分散，两相间的混合又比较困难；界面张力过小时，液体容易分散，两相间容易混合，但产生的乳化现象又使两相难以分离。从界面张力对两相混合与分层的影响综合考虑，一般不选择界面张力过小的萃取剂。

（4）黏度　溶剂的黏度低，有利于两相的混合与分层，所以选择黏度低的溶剂对萃取有利。

此外，溶剂还应该有很好的化学稳定性，不易分解和聚合；一般选择低沸点溶剂，以利于分离和回收；毒性应该尽可能的低。还需要考虑价格、易燃易爆性等。

溶剂通常分为三类：水、亲水性有机溶剂和亲脂性有机溶剂（表3-2）。

常用于萃取的主要有石油醚、二氯甲烷、氯仿、四氯化碳、乙醚及正丁醇等。对于不溶于水的亲脂性物质，一般多用亲脂性有机溶剂作萃取剂，如苯、石油醚等；对于较易溶于水的甾体、黄酮苷等物质，可用氯仿、乙醚、二氯甲烷等进行萃取；对于偏亲水性的物质，在亲脂性溶剂中难溶解，可用弱亲脂性的溶剂作萃取剂，如乙酸乙酯、丁醇、水饱和的正丁醇等。

表 3-2　常用的萃取溶剂

极性		成分类型	适用溶剂
强亲脂性（极性小）		挥发油、脂肪油、蜡、脂溶性色素、甾醇类、某些苷元	石油醚、己烷
亲脂性		苷元、生物碱、树脂、醛、酮、醇、醌、有机酸、某些苷类	乙醚、氯仿
中等极性	小	某些苷类（如强心苷等）	氯仿：乙醇（2：1）
	中	某些苷类（如黄酮苷等）	乙酸乙酯
	大	某些苷类（如皂苷、蒽醌苷等）	正丁醇
亲水性		极性很大的苷类、糖类、氨基酸、某些生物碱盐	丙酮、乙醇、甲醇
强亲水性		蛋白质、黏液质、果胶、糖类、氨基酸、无机盐类	水

 问题 2　萃取分离天然活性成分时怎样使用混合溶剂？

混合溶剂的萃取效果比单一溶剂好得多，如乙醚-苯、氯仿-乙酸乙酯（或四氢呋喃）都是良好的混合溶剂，也可以在氯仿、乙醚中加入适量的乙醇或甲醇，制成亲水性较大的混合溶剂来萃取亲水性成分。一般来说，有机溶剂的亲水性越大，其萃取时的效果就越不好，因为亲水性大的有机溶剂能将较多的亲水性杂质一起萃取出来。

当从水相萃取有机物时，向水溶液中加入无机盐能显著提高萃取效率，这是由于无机盐的加入降低了被提取成分在水中的溶解度，改变了被提取成分的两相分配系数。对于酸性物质，常在水溶液中加入硫酸铵；对于中性和碱性物质，则是加入氯化钠。

实际应用中，经常采用一些能与被萃取成分反应的酸、碱作为萃取剂。例如，用10％的碳酸钠水溶液可以将有机酸从有机相萃取到水相，而不会使酚类成分转化为溶于水的酚钠，所以酚类成分仍留在有机相；但用5％～10％的氢氧化钠水溶液可以将羧酸和酚类成分一起萃取到水相，用5％～10％稀盐酸可以将有机氨类萃取到水相等。

问题 3　溶剂萃取分离天然活性成分时应注意什么？

溶剂萃取分离天然活性成分时，应注意以下几点。

（1）**避免乳化现象**　乳化会导致萃取时的两相分离变得困难，最终影响萃取效果。产生乳化现象的原因在于较小的界面张力容易导致两相液体相互混合。而影响界面张力的因素主要有体系的酸碱度（碱性偏强）、所用溶剂的密度（密度接近）以及溶液黏度（溶剂黏度大）。萃取时应针对不同的乳化原因，采用不同方法予以消除。

例如：两相密度接近时，可延长静置时间或加入食盐（或硫酸铵、氯化钙等），来增加水相的密度；萃取溶液呈碱性时，可调节水相的pH值使其接近中性，或搅拌机械破乳，或补加溶剂来改变原有的溶剂比例（注意，补加溶剂的密度最好与萃取剂的密度接近）。

如果萃取时无法消除乳化现象，则应将乳化层与萃余相（水相）一起放出，重新萃取；也可以用离心分离、抽滤分离、加热分层，以及用新溶剂重新萃取等处理方式将乳化层单独分离。

(2) **控制材料液密度** 材料液（样品水溶液）的相对密度最好在 1.1～1.2 之间。过稀时，萃取剂用量较大，影响后续操作，降低了有效成分的回收成本；过浓时，会使得有效成分提取不完全。

(3) **控制溶剂量** 溶剂与样品水溶液应保持一定的比例。第一次提取时，萃取剂可以多一些，一般为样品水溶液的 1/3；以后的用量可以少一点，一般为 1/4～1/5。

(4) **控制萃取次数** 一般萃取 3～4 次。当亲水性成分不易转入有机溶剂层时，须增加萃取次数。

(5) **选择萃取工艺** 按照萃取操作的连续次数，可分为单级萃取和多级萃取。多级萃取又包括多种方式，常用的有多级错流萃取和多级逆流萃取（见模块二）。

 问题 4　超临界萃取在分离天然活性成分中的主要应用有哪些？

超临界萃取的原理如模块二所述。现在，超临界萃取技术已经广泛应用于天然生物材料活性成分的分离，尤其是 CO_2 超临界萃取技术，更是受到特别的关注，得到很大的发展。例如，在 CO_2 超临界流体（CO_2-SF）中加入适宜的夹带剂或改良剂（如甲醇、乙醇、丙酮、水等），以及增加压力等，可改善流体的溶解性质，使其在生物碱、黄酮类、皂苷类等极性强且分子量较大的非挥发性成分的萃取中，也得到普遍的应用；还有将氨水作为改良剂，从洋金花中分离东莨菪碱；用乙醇作为夹带剂，在高压下从短叶红豆杉中提取紫杉醇。

CO_2 超临界萃取应用实例：

(1) **挥发油及脂肪油的萃取** 例如，从蛇床子中萃取挥发成分。萃取装置由一个萃取釜、两个解析釜和一个分离柱组成。萃取时，萃取釜、解析釜Ⅰ和Ⅱ、分离柱的温度分别控制在 45℃、160℃、65℃和 45℃；除萃取釜的压力控制在 26MPa 外，其他的压力均为 7.8MPa。在此工艺下可萃取得到具有蛇床子特异香味的淡黄色油状液，其中蛇床子素、亚油酸、油酸为主要成分，占 62.1%。

(2) **生物碱类成分的萃取** 例如，从山慈姑中萃取秋水仙碱，萃取温度 45℃，压力 10 MPa，CO_2-SF 含 76% 的夹带剂，连续萃取 9h。与回流萃取法相比，秋水仙碱提取率提高 1.5 倍。

可应用 CO_2 超临界萃取的天然生物材料主要有黄花蒿、木香、小茴香、当归、柴胡、川芎、蛇床子、薄荷、生姜、草果、姜黄、八角茴香、桉叶、橙皮、橘皮、银杏叶、人参叶、黄芪、樟树叶、大蒜、连翘、肉苁蓉等等。所萃取的活性成分主要有香豆素类、木脂素类、黄酮类、醌类、多糖和天然色素等等。

问题 5　超临界法萃取天然活性成分有哪些影响因素？

CO_2 超临界萃取的影响因素主要有：

（1）**压力**　这是各影响因素中最重要的因素。温度不变时，随着压力的增加，CO_2-SF 的密度会显著增大，溶解能力也显著增加，萃取效率大幅度提高。但是，过高的压力同时也提高了生产成本，并且萃取效率的增加不是很大。

（2）**温度**　温度的升高，一方面加强了 CO_2-SF 的扩散能力，提高溶解能力，有利于萃取；另一方面，也会降低 CO_2-SF 的密度，导致溶解能力下降。同时，温度的升高也会使杂质的溶解度提高，导致后面纯化的难度加大。

（3）**粒度**　材料的粒度越小，CO_2-SF 与材料接触的总面积就越大，能够缩短萃取操作时间，提高萃取效率。但粒度太小，其他杂质也容易溶出，影响产品的质量。

（4）**流体比**　增加 CO_2-SF 的含量，可以提高溶质的溶解度，相应地也会提高萃取效率。

（5）**萃取时间**　一般来说，延长萃取时间，有利于提高溶质在 CO_2-SF 内的溶解度，提高萃取率。但当萃取达到一定时间后，随着溶质质量的减少，再增加萃取时间，能耗增加，而萃取效率增加缓慢，使得产品成本增加。同时，萃取时间过长，杂质溶出也增加，直接影响产品的质量。

（6）**夹带剂**　CO_2-SF 属于非极性溶剂，类似于己烷，适合萃取脂溶性成分。如果加入少量极性溶剂（如甲醇、乙醇、氨水等）作为夹带剂，可改善 CO_2-SF 的溶解性质，适用于较大极性成分的萃取。

> **🔁 课堂互动**
>
> CO_2 超临界萃取技术广泛应用于天然生物材料活性成分。想一想：这是为什么呢？

学习主题 4　色谱法分离天然活性成分

 问题 1　如何用吸附色谱法分离天然活性成分？

这是利用吸附剂对混合物中的各种组分吸附能力的不同，来分离天然活性成分的一种方法，主要适用于脂溶性、中等大小分子成分的分离，一般不适用于蛋白质、多糖等大分子成分，或者离子型亲水性化合物的分离。

吸附剂、洗脱剂和被分离成分的性质是吸附色谱的三要素，决定了吸附色谱的分离效果。

(1) 吸附剂　常用硅胶、氧化铝、活性炭、硅酸镁、聚酰胺、硅藻土。除活性炭为非极性吸附剂外，其余的均为极性吸附剂。

(2) 洗脱剂　是洗脱色谱柱所用的溶剂，用于薄层色谱或纸色谱的溶剂称展开剂。洗脱剂的选择应根据被分离物质的极性和吸附剂的极性加以综合考虑。分离极性强的成分，宜选用活性低的吸附剂，用极性溶剂做洗脱剂；分离极性弱的成分，宜选用活性高的吸附剂，用弱极性溶剂做洗脱剂。中等极性成分则选用中间条件进行分离。

单一溶剂的极性顺序为：石油醚＜环己烷＜二硫化碳＜四氯化碳＜三氯乙烷＜苯＜甲苯＜二氯甲烷＜氯仿＜乙醚＜醋酸乙酯＜正丁醇＜丙酮＜吡啶＜乙醇＜乙酸＜甲醇＜水。

单一溶剂做洗脱剂，分离重现性好，组成简单，但往往分离效果不佳。所以，实际操作中常常采用多元混合溶剂。洗脱时往往从极性小的溶剂开始，逐渐增大溶剂的极性。如果极性增大过快，往往不容易获得满意的效果。

(3) 被分离成分　在吸附剂与洗脱剂已固定的情况下，被分离成分的分离情况直接与其结构和性质有关。对于硅胶、氧化铝等极性吸附剂，被分离成分的极性越大，被吸附性就越强，洗脱就越困难。化合物分子中的双键越多，吸附力就越强；共轭双键多，吸附力亦强。总之，只要两个成分在结构上存在差别，极性大小就不会相同，就有可能分离开。要根据被分离成分的极性来选择吸附剂与洗脱剂。具体应用时需要通过大量的摸索实践才能找到最合适的分离条件。

 问题 2　怎样用分配色谱法分离天然活性成分？

利用混合物中各种成分在互不相溶两相溶剂中的分配系数不同，可分离混杂的天然活性成分。

操作时，将作为固定相的溶剂吸附于某种惰性固体物质的表面，这些惰性物质称为载体或支持剂。待分离成分置于固定相的一端，用流动相溶剂进行洗脱（或展开）。分配色谱的载体一般用不溶于两相溶剂的中性多孔粉末，对目标分离成分无吸附性，不会与之产生化学反应，对固定相溶剂有较高的吸附性，流动相可自由通过。常用的载体有硅胶、硅藻土、纤维粉等。

根据固定相和流动相的不同，分配色谱可分为正相分配色谱和反相分配色谱。前者用强极性溶剂（如水、乙醇、缓冲液等）作为固定相，弱极性溶剂（一般为有机溶剂，如氯仿、乙酸乙酯、丁醇等）作为流动相，常用于分离水溶性或极性较大的成分，如生物碱、苷类、糖类、有机酸等；后者以亲脂性有机溶剂（如硅油或液体石蜡）为固定相，以强极性溶剂（如水、甲醇等）为流动相，常用于高级脂肪酸、油脂、游离甾体等亲脂性物质的分离。

根据操作方式的不同，分配色谱又分为纸色谱、薄层色谱和柱色谱。

 问题 3　利用大孔吸附树脂分离天然活性成分

大孔吸附树脂是一种不含交换基团、具有大孔结构的高分子吸附剂，因其多孔结构而具有筛选和表面吸附的特性。大孔吸附树脂的理化性质稳定，不溶于酸碱和有机溶剂，不受无机盐类存在的影响，在水和有机溶剂中可以吸收溶剂而膨胀。

利用大孔吸附树脂的吸附特性，结合凝胶色谱（分子筛）的原理，可以有选择性地从天然材料的水提取液中吸附、分离其中的活性成分，去除杂质。这种方法的工艺操作简便、设备简单，树脂可反复利用，成本较低，目前已经广泛地用于天然药物新药的开发和中成药的生产中，主要用来分离和提纯苷类、生物碱、黄酮类成分及抗生素成分。

大孔吸附树脂的分离操作主要有以下环节。

(1) 预处理　树脂中一般都含有残留的未聚合体、分散剂、防腐剂等，使用前应通过预处理将其除去。一般的预处理方法是：先将树脂用自来水洗 2～3 次后，用乙醇湿法上柱，浸泡 24h→用乙醇在柱上流动清洗，至流出液与水在 1∶(3～5) 时无浑浊→用水清洗树脂柱至流出液无醇味→5％HCl 溶液通过树脂柱，浸泡 2～4h→水洗至中性→2％NaOH 溶液通过树脂柱，浸泡 2～4h→水洗至中性，备用。

(2) 上样　将样品溶于少量水中，以一定的流速加到树脂柱的上端进行吸附。上样液以澄清为好，上样前，样品液应做好预沉淀、过滤处理、pH 调节等，使部分杂质在处理过程中除去，以免堵塞树脂床或在洗脱中混入成品。上样方法主要有湿法和干法两种。

(3) 洗脱　先用水清洗以除去树脂表面或内部还残留的许多非极性或水溶性大的强极性杂质（多糖或无机盐），然后用所选洗脱剂在一定的温度下以一定的流速进行洗脱。

(4) 再生　树脂使用一段时间后，吸附效果会下降，可通过再生，除去洗脱后残留的强吸附性杂质。一般的再生过程是：先用 95％乙醇洗脱至无色后，用 2％HCl 溶液浸泡；再用水洗至中性后，用 2％ NaOH 溶液浸泡；最后再用水洗至中性。再生后的树脂可反复使用。较长时间不用时，可用 10％ NaCl 溶液浸泡，以免树脂中滋生细菌。通常，当树脂吸附量下降 30％以上时，不宜再继续使用。

🔄 **课堂互动**

大孔吸附树脂分离法与离子交换树脂分离法都是使用树脂进行分离。想一想：两者在分离原理、树脂再生工艺上有什么异同？

问题 1　如何理解天然活性成分的结晶分离技术?

结晶指溶液中析出晶体的过程。反复用结晶方法从成分比较复杂的结晶中分离精制，得到纯度较高的单一成分结晶，这称为重结晶。

固体成分在溶剂中的溶解度与温度有关，一般是随温度升高而增大。当固体成分在热溶剂中溶解达到饱和后，再进行冷却时，固体成分的溶解度随温度下降而降低，此时溶液成为过饱和溶液而析出结晶。利用溶剂对不同成分的溶解度不同，可以使目标成分从过饱和溶液中析出，达到分离目的。正确选用溶剂和结晶条件，是结晶分离法的关键。

结晶分离法操作方便，所用设备简单，通常是分离天然活性成分的首选方法之一。

 问题 2　天然活性成分结晶分离的条件是什么?

并不是所有的天然活性成分都可以结晶，能够用结晶法分离的混合成分必须符合以下条件。其中，溶剂的选择至关重要。

(1) 混合物中目标成分的含量　含量越高越容易结晶，有的化合物虽然含量不高，但如果条件选择得当，也可以得到结晶。

(2) 目标成分在所选溶剂中的浓度　一般来讲，浓度较高容易结晶，但浓度过高时，相应的杂质的浓度或溶液的黏度也增大，反而阻止结晶的析出。实际工作中有时将较稀的溶液放置，等溶剂自然挥发到适当的浓度和黏度，也能析出结晶。

(3) 合适的温度和时间　一般来说，温度低有利于结晶。结晶的形成也常常需要较长的时间，如 $3\sim5d$，或更长时间。

(4) 制备衍生物　某些活性成分即使很纯，也不易结晶，但其盐或乙酰衍生物（如含—OH 等基团的化合物）等却容易结晶。因此，可以先把目标成分制备成衍生物，结晶分离后再进行还原。

 问题 3　结晶分离天然活性成分时如何选择溶液?

结晶分离的关键之一是选择理想的溶剂。理想的溶剂必须是：不与目标成分发生化学反应；具有良好的选择性（对目标成分的溶解度随温度变化有较大的差异，对杂质成分的溶解度受温度影响较小）；沸点相对较低（一般要求溶剂沸点低于结晶熔点），易于结晶分离；目标成分在溶剂中容易形成晶核，有利于固液分离；溶剂黏度小，能析出较好的结晶。

选择溶剂时，一般先参考同类成分的溶解性质和结晶条件。例如，生物碱可溶于苯、乙醚、氯仿、乙酸乙酯和丙酮；苷类易溶于各种醇、丙酮、乙酸乙酯、氯仿；氨基酸常用甲醇或乙醇来结晶等。也可以根据目标成分的极性大小，依据其相似相溶性，通过实验选择溶剂。

在不同的溶剂中，同一种成分可以得到不同的结晶形状。在面临几种同样合适的溶剂选择时，应根据结晶回收率、结晶的形状、操作的难易，及溶剂的毒性、易燃性和价格来综合考虑。也可以选用混合溶剂，即将对目标成分溶解度很大和很小且又能互溶的两种溶剂（例如水和乙醇）混合起来，可获得新的良好的溶解性能。常用的混合溶剂见表 3-3。

表 3-3　结晶法常用的混合溶剂

常用混合溶剂	常用混合溶剂	常用混合溶剂	常用混合溶剂	常用混合溶剂
水-乙醇	甲醇-水	石油醚-苯	氯仿-醇	苯-无水乙醇
水-丙醇	甲醇-乙醚	石油醚-丙酮	乙醇-乙醚-乙酸乙酯	苯-环己烷
水-醋酸	甲醇-二氯乙烷	氯仿-乙醚	乙醚-丙酮	丙酮-水

❓ **问题 4　天然活性成分有哪些沉淀分离方法?**

天然生物材料中的活性成分也可以用沉淀法分离，即先在提取液里加入某些试剂，使之产生沉淀，再用过滤法将目标成分分离。依据加入沉淀剂的不同，沉淀法可分为以下几种。

(1) **酸碱沉淀法**　根据酸（碱）成分与碱（酸）试剂反应成盐而溶于水，再加酸/碱试剂反应重新生成沉淀而实现分离。

例如，取蝙蝠葛粗粉，用 0.5％硫酸水溶液温热浸提 2 次，合并提取液，用浓氨水调 pH 值至 9.0～9.5 后用苯萃取，再以 0.2％的盐酸溶液萃取苯，将得到的酸萃取液用氨水调 pH 值至 8.0，静置产生沉淀，过滤，沉淀用水洗至中性，62℃下烘干，即得蝙蝠葛碱成品。

(2) **醇沉淀法**　在浓缩的水提取液中，加入一定量的乙醇，使淀粉、树胶、蛋白质等难溶于乙醇的成分从溶液中析出，可以经过滤除去。

例如，从栝楼中提取天花粉蛋白。取新鲜栝楼根去表皮，压汁，汁液放置过滤后离心，上清液加等量乙醇有沉淀析出，离心除去，再用不同的乙醇量重复沉淀清液，最后获得较纯的蛋白质沉淀，用水溶解后冷冻干燥，即为天花粉蛋白纯品。

(3) **铅盐沉淀法**　中性醋酸铅能与含羟基及邻二酚羟基的酚酸类成分产生沉淀，如有机酸、氨基酸、蛋白质、黏液质、树胶、酸性树脂、酸性皂苷、鞣质、部分黄酮苷、蒽醌苷、香豆苷和某些色素（花色苷）等；碱式醋酸铅沉淀的范围更广，除上述物质外，还能沉淀某些中性大分子成分，如中性皂苷、糖类、某些异黄酮及碱性较弱的生物碱等。利用这种性质，可以将天然生物材料中的某些活性成分分离。这是分离某些天然药物活性成分的经典方法之一。

操作时，通常先将天然药物的水或醇提取液加入醋酸铅水溶液中，静置后过滤出沉淀，再将沉淀悬浮于新溶剂中，进行脱铅处理。

脱铅的方法有多种：通入硫化氢气体，使铅离子转化为不溶性硫化铅而沉淀除去，并用空气或二氧化碳将剩余硫化氢气体驱除干净。此法脱铅彻底，但脱铅后溶液偏酸性，对遇酸不稳定成分要慎重；或者用中性硫酸盐（如硫酸钠）脱铅，但此法脱铅不彻底；也可以用阳离子交换树脂脱铅，此法快而彻底，但药液中的某些离子化成分（如生物碱阳离子）也可能被交换上去，造成吸附损失，而且脱铅后的树脂再生也较困难。

此外，还有许多沉淀方法，如：利用明胶、蛋白质溶液沉淀鞣质；胆甾醇与甾体皂苷作用生成难溶性分子复合物在醇中析出；生物碱沉淀试剂使生物碱产生沉淀等。

沉淀试剂可根据天然药物有效成分和杂质的性质，适当选用。

 问题 5　怎样用透析法分离天然活性成分？

透析法的实质是膜分离技术的应用，是依据半透膜可以透过小分子、截留大分子的特性，使蛋白质、多肽、多糖、皂苷等大分子成分和无机盐、单糖、双糖等小分子成分相互分开，实现分离、纯化的方法。

透析的关键在于透析膜的选择。透析膜有多种规格，需根据欲分离成分的分子量大小来选择；透析膜有动物膜、火棉胶膜、羊皮纸膜（硫酸纸膜）、蛋白质胶膜及玻璃纸膜等。实验室操作常用市售的玻璃纸或动物半透膜扎成袋状，外面用尼龙网袋加以保护，将欲透析的样品溶液小心加入半透膜袋内，悬挂在清水容器中。透析过程中需要经常更换清水，使透析膜内外溶液的浓度比加大，以加快透析速度。透析法分离的速度较慢，为了加快透析速度，可采用电透析法。电透析法中带电离子的透析速度会增加 10 倍以上。

 问题 6　怎样用分馏法分离天然活性成分？

对于完全能够互溶的复杂多成分液体，可利用各成分沸点的不同来进行分离。每一种物质成分，都有各自的沸点。分馏法就是利用混合物中各成分沸点的不同，在分馏过程中产生不同的蒸气压，收集不同温度的馏分，来分离混合物中的各个成分的方法。也可以将多次蒸馏的复杂操作在一个分馏塔中完成。

一般说来，液体混合物沸点相差较大（≥100℃）时，可将溶液重复蒸馏多次，达到分离的目的。如果沸点相差不大（≤25℃），则需采用分馏装置。沸点相差越小，分馏的工艺和设备就越精细。

挥发油及一些生物碱常用此法分离。例如毒芹中的毒芹碱和羟基毒芹碱，前者沸点为 166～167℃，后者为 226℃，彼此相差较远，即可利用其沸点的不同通过分馏法分离。

在用分馏法分离挥发油中的各成分时，为了防止其受热破坏，常需要在减压下进行分馏。对于未知成分，则要预先测试沸程再行分馏。经分馏所得各馏分，仍有可能是混合物，须结合薄层色谱及气相色谱检查，再进一步纯化。

为了减少浓差极化，通常采用错流操作或加大膜表面的溶液流速等措施。

课堂互动

萃取、结晶与沉淀都是利用了溶质溶解度的变化。想一想：这三者有什么本质上的不同？

技能拓展

通过实验选择溶剂的方法

取0.1g的待结晶物放入一支试管中，滴入1mL溶剂，振荡下观察待结晶物是否溶解，若不加热很快溶解，说明该物质在此溶剂中溶解度太大，此溶剂不适合做此产物重结晶的溶剂；若加热沸腾还不溶解，可补加溶剂，当溶剂量大于4mL，待结晶物仍不溶解时，则说明此溶剂也不适合。如所选的溶剂能在1～4mL溶剂沸腾的情况下使产物全部溶解，并在冷却后能析出较多结晶，说明此溶剂适合作为该物质重结晶的溶剂。实验中应同时选用几种溶剂进行比较。有时很难选择到一种较为理想的单一溶剂，这时应考虑使用混合溶剂。

课后复习

1. 填空

(1) 天然活性成分，一般是指从____、____、____中得到的单一____、____或植物、动物、矿物成分的____，包括动植物的浸出物或提取物。

(2) 在同样的温度和压力下，萃取分离的效果主要决定于____和____。

(3) 洗脱色谱柱所用的溶剂称为____，其选择应根据____的极性和____的极性加以综合考虑。分离极性强的成分，宜选用____作洗脱剂；分离极性弱的成分，宜选用____作洗脱剂。

(4) 结晶分离的理想溶剂必须是：不与____发生化学反应；具有良好的____，对杂质成分的溶解度受____影响较小；____相对较低，易于结晶分离；目标成分在溶剂中容易形成____，有利于固液分离；溶剂____小，能析出较好的结晶。

2. 选择

(1) 有效成分通常是指（　　）。

A. 具有生理活性的单体化合物

B. 具有生理活性，能用分子式和结构式表示的单体化合物

C. 能用分子式和结构式表示并具有一定的物理常数的单体化合物

D. 具有生理活性，能用分子式和结构式表示并具有一定的物理常数的单体化合物

(2) 浸渍、煎煮、渗漉等是传统的中药加工方法。提取天然活性成分时，通常是

（　　　）。

　　A. 先将材料粉碎成粗粉

　　B. 先将材料加水加热煮沸一定时间

　　C. 先将药材用水或稀醇浸泡一定时间

　　D. 先将材料用适量溶剂浸没一定时间后，再连续放出部分浸渍的液体，同时连续添加新的溶剂持续进行浸泡

　　（3）溶剂萃取操作时，以下因素的值越大，表明溶剂的萃取能力越强的是（　　　）。

　　A. 萃取溶剂的黏度　　　　　　　B. 萃取体系的分配系数

　　C. 萃取体系的界面张力　　　　　D. 萃取相和萃余相的密度差

　　（4）结晶分离天然活性成分时，以下不是理想溶剂的选择条件的是（　　　）。

　　A. 具有良好的选择性　　　　　　B. 沸点相对较低，易于结晶分离

　　C. 不与目标成分发生化学反应　　D. 溶剂黏度大，容易析出结晶

　　3. 判断

　　（1）溶剂提取法是根据各种成分在不同溶剂中的溶解度不同，采用对有效成分溶解度小而对其他成分溶解度大的溶剂，从天然生物材料中分离出有效成分的一种制备方法。

　　（2）一般来说，有机溶剂的亲水性越大，其萃取时的效果就越好，因为亲水性大的有机溶剂能将更多的亲水性物质一起萃取出来。

　　（3）大孔吸附树脂含有交换基团和大孔结构，具有筛选和表面吸附的特性。

　　4. 简述

　　为什么说溶剂提取、萃取、结晶和沉淀，都是利用了溶质化学特性不同的提取分离方法？

项目2　动植物材料中的典型活性成分

 **学习目标**

【知识要求】	掌握	常见的动植物材料来源活性成分的种类
	熟悉	典型动植物来源活性成分的药用价值
	了解	常见的动植物来源活性成分的结构性质
【能力要求】	明白	典型动植物材料来源活性成分的种类
	理解	典型动植物材料来源活性成分的性质与应用
【素质要求】	能够	持续学习动植物材料中典型活性成分的性质、活性和提取方法
	具备	使用仪器分析、安全规范操作的基本技能和团队协作创新意识

技能要点

　　动植物材料中典型活性成分主要有多糖类、氨基酸及蛋白质类、油脂类、生物碱类、黄酮类、皂苷类、醌/酮类、甾类和萜类等，它们具有多种多样的生物活性和药用价值。

　　天然活性物质往往具有活性高、副作用少的特点，是制药工业中新药研发的重要资源。我国药用植物及中药材资源丰富、种类繁多，这为我们发现天然活性成分、研制新的天然药物奠定了良好的物质基础。

　　天然药物主要是指来源于动植物及其他生物、具有明确治疗作用的单一组分或多组分药物，包括来源于植物、动物、矿物、微生物、海洋生物等的药物。

　　中药主要来源于动植物、微生物及矿物，亦属天然药物。动植物药物是中药的主要组成部分，是根据动植物有效成分的主要理化性质及原料特点，进行提取及分离而形成的药物。动物药主要以动物的腺体、组织、器官或代谢物为原料而制取，植物药是从植物的根、茎、花、皮、叶或果实中制取的药物。

 课前引导

　　☆ 生活中有"吃啥补啥"的说法，这是否正确？
　　☆ "万物皆可入药"，你如何理解这句话的含义？

学习主题 1　多糖、蛋白类活性成分

 问题 1　多糖类活性成分都有哪些?

多糖由多个单糖分子缩合、脱水而成,一般认为是一类由十个以上单糖残基通过糖苷键连接而形成的聚合物,分子结构复杂且庞大,凡符合高分子化合物概念的碳水化合物及其衍生物均称为多糖。根据多糖上取代基的不同,可将多糖分为普通多糖、酸性多糖、氨基多糖、络合多糖和改性多糖。

多糖在自然界分布极广,种类繁多,广泛存在于天然生物材料中,是动植物、微生物细胞壁的组成成分,参与细胞各种生命现象的调节,能激活免疫细胞,提高机体免疫功能,对正常细胞无毒副作用,有着重要的生理活性。例如:构成动植物细胞壁的组成成分(如肽聚糖和纤维素),作为动植物储藏的养分(如糖原和淀粉),以及其他特殊的生物活性(如人体肝素的抗凝血作用、肺炎球菌细胞壁的抗原多糖)。多糖具有免疫调节功能,可用于治疗风湿性疾病、慢性病毒性肝炎、恶性肿瘤等免疫系统疾病,甚至能抗 HIV;多糖还具有抗感染、抗辐射、抗凝血、降血脂和促进核酸与蛋白质的生物合成作用;多糖还具有控制细胞分裂和分化、调节细胞的生长与衰老的作用。现在,多糖已经成为典型的动植物药物来源的活性成分。

常见的药用多糖有香菇多糖、螺旋藻多糖、栀子多糖、人参多糖、黄芪多糖、虫草多糖、枸杞多糖、岩藻多糖、桑黄多糖、灵芝多糖和猪苓多糖等。

 问题 2　你对药用多糖的了解有多少?

(1) **普通多糖**　这是指单糖残基上的羟基未被取代的多糖,如白及中对皮肤、黏膜有保护作用的白及胶(又称白及甘露聚糖),香菇中有增强免疫机能的香菇多糖,人参根中具有抗肿瘤活性的中性多糖 GR-5N。

(2) **酸性多糖**　这是指糖链上有酸性基团取代的多糖,常见的酸性基团是羧基和硫酸酯基。羧基取代多糖即醛酸多糖,如柴胡根中的柴胡多糖,能明显抑制盐酸-乙醇引起的急性胃溃疡。硫酸多糖中含硫酸酯基,易与含正离子的大分子如一些酶、生长因子等结合,产生多种生理活性,例如:墨角藻中的复合硫酸多糖——岩藻多糖具有体外HIV 抑制活性;褐藻中的硫酸多糖能促进正常及免疫低下小鼠的免疫能力;从动物组织(猪皮、驴皮等)提取的硫酸皮肤素(又称硫酸软骨素 B),也属于氨基多糖,具有抗凝、抗栓、抗炎、抗病毒、抗增殖以及保护血管壁等活性;梅花鹿鹿茸中的鹿茸多糖(含硫酸基 5.8%)具有抗胃溃疡、提高免疫功能等活性。

（3）**氨基多糖**　氨基多糖又称糖胺聚糖，如甲壳素具有直接抑制肿瘤细胞和促进创面愈合等活性。甲壳素用$40\%\sim60\%$浓碱在$80\sim120℃$加热处理数小时，可部分脱去分子中氮原子上的乙酰基成为壳聚糖，具有抗菌、降血脂、保护皮肤和黏膜等活性。

（4）**络合多糖**　络合多糖是指与无机元素生成配合物的多糖，如存在于许多动植物和微生物体内的硒多糖，通常具有硒和多糖的双重生理活性。银耳中的银耳多糖与硫酸铁生成配合物后，成为对红细胞膜无损伤的补铁剂。绿茶叶子中的茶多糖，与铈（Ce^{4+}）结合后，对质粒 DNA 有一定的裂解作用。

（5）**改性多糖**　将天然多糖的结构适当衍生可得到改性多糖。多糖改性方法主要有羧甲基化、甲基化、乙酰化、硫酸酯化、生成配合物等。多糖改性后可能得到新的活性或增强原有活性。通常认为，羧甲基化的改性多糖可增强抗肿瘤活性，硫酸酯化的改性多糖能增强抗病毒活性。例如，研究发现，茯苓菌核中的茯苓多糖没有抗癌作用或作用很弱，但将其羧甲基化后，则具有明显的抗肿瘤活性。

 ## 问题 3　生活中有哪些蛋白类活性成分？

蛋白类活性成分，指的是氨基酸、肽及蛋白质这一类生物大分子。从分子结构来看，氨基酸构成小分子的多肽，多肽构成大分子的蛋白质，这三个层面都是具有生物活性的天然产物，具有抗肿瘤、抗病毒、抗凝血、抗癫痫等多种作用。

（1）**氨基酸**　指有药用活性的氨基酸，如南瓜种子中的南瓜子氨酸，具有驱绦虫、防治血吸虫的作用；绿茶叶中的茶氨酸可产生 α-脑波，具有抗疲劳作用，使人产生轻松镇静的感觉，提高学习效率，还具有降血压以及协助抗肿瘤的作用；西瓜中所含的 L-瓜氨酸为氧自由基清除剂，在体内能促进 NO 的产生。

（2）**肽**　从罂粟花粉中提取得到的 21 肽、17 肽、13 肽和 16 肽四种多肽，具有一定的提高免疫功能作用；海鞘血细胞中含有广谱抗菌活性肽；非洲爪蛙皮肤中的两个 23 肽也具有广谱抗菌活性；蝎毒多肽有抗肿瘤、镇痛、抗癫痫等作用。有关多肽的研究非常活跃，一些中药也被发现含有多种活性多肽，如梅花鹿和马鹿鹿茸中的鹿茸多肽，具有抗炎、促进表皮和成纤维细胞增殖及皮肤创伤愈合、促进骨细胞增殖及骨折愈合和促进坐骨神经再生等多种活性。

（3）**蛋白质**　蛋白质类天然活性成分非常多，是药用活性成分的研究热点之一。例如，美洲商陆抗病毒蛋白是一种天然的广谱抗病毒试剂，具有核糖体失活活性和抗病毒活性，能抗多种植物病毒和动物病毒，对烟草花叶病毒（TMV）、流感病毒、脊髓灰质炎病毒、疱疹病毒和 HIV 都有抑制作用。茅瓜中的茅瓜蛋白质、大叶木鳖子根中的大叶木鳖子根蛋白质等粗提蛋白质有显著的抑制 HIV-1 作用。

在生物体内，氨基酸、肽以及蛋白质类活性成分的含量往往较低，运用基因工程、细胞培养等现代生物技术对这类成分进行研究与开发，有可能从根本上解决这类活性成分的来源问题。

糖类和蛋白质都是生物大分子。想一想：在生物化学中，糖类的基本分子组成是什么？所谓的蛋白质四级空间结构指的是什么？

知识链接

多糖的生物活性

抗肿瘤作用　从不同生物材料中可以得到多种具有抗肿瘤活性的多糖成分。研究发现：香菇多糖对小鼠皮下移植的肉瘤 S-180 细胞有抑制作用；在灵芝、云芝、茯苓、银耳等真菌中均得到对小白鼠硬肉瘤和艾氏癌肿有不同抑制作用的活性多糖。

免疫功能　现已证实，多糖对机体特异性免疫与非特异性免疫、细胞免疫与体液免疫都有生物调节效应，主要影响网状内皮系统（RES）、巨噬细胞、淋巴细胞、白细胞、NK 细胞、补体系统，以及 RNA、DNA、蛋白质的合成、体内环腺苷酸（cAMP）与环鸟苷酸（cGMP）的含量，诱导增强抗体、淋巴因子及干扰素的生成。不同的多糖具有不同的免疫促进作用。

抗病毒活性　研究发现：蘑菇中存在抗病毒物质；香菇菌丝体和孢子的水溶液提取物对病毒 A/SW15 所引起的感冒有一定的疗效；香菇多糖与 3′-叠氮-3′-脱氧胸腺嘧啶（AZT）的联合使用对抑制 HIV 抗原表达比单独使用 AZT 的作用更强；硫酸脂多糖在抗 HIV 方面有特殊功能，对于被 HIV-1 感染的 MT-4 细胞验证时表现出较活跃的抗性。

降血糖降血脂功能　香菇具有降低血液中胆固醇的能力。在小鼠食料中添加干燥的香菇孢子体，可以降低小鼠体内的胆固醇。具有降血糖活性的多糖种类比较多。有观点认为，糖胺聚糖中的乙酰基是降低血糖活性的重要抑制因子。药理实验还证明，多糖具有澄清血清的功能，可以较好地降低血脂患者的血清胆固醇、甘油三酯，减少冠心病患者的发病率和死亡率。

除了具有上述功能外，多糖的生理功能还涉及许多重要的生命进程，如具有抗溃疡、抗衰老的功能，和类似肾上腺皮质激素、促肾上腺皮质激素等作用。

学习主题 2　油脂、生物碱、黄酮类活性成分

　问题 1　常见的油脂类活性成分都有哪些？

油脂类成分的种类很多，不少成分具有很强的生理活性，如降血脂、抗衰老等，是新药开发的重要目标。特别是含双键的不饱和脂肪酸，是人体不可缺少的脂肪酸。根据

双键个数的不同，不饱和脂肪酸可分为单不饱和脂肪酸（如油酸）和多不饱和脂肪酸（如亚油酸、亚麻酸、花生四烯酸等）；根据双键位置及功能，又将多不饱和脂肪酸分为 ω-6 和 ω-3 系列，前者主要有亚油酸和花生四烯酸，后者主要包括亚麻酸（ALA）、二十碳五烯酸（EPA）和二十二碳六烯酸（DHA）等。其中，ω-3 多不饱和脂肪酸具有很多有益的生理功能。

亚麻酸又名十八碳三烯酸或维生素 F，人体不能合成，必须从食物中摄入，属于必需脂肪酸，具有降压、抑制血小板凝聚及抑制血栓的形成、抗脂质过氧化、降血脂、增加胰岛素分泌、抗肿瘤、促神经生长分化、促进智力发育，以及延缓大脑衰老等作用，可显著提高机体免疫力。亚麻酸主要存在于植物油中（可用生物发酵法大量生产），是 ω-3 多不饱和脂肪酸的前体，可代谢转化为机体必需的生命活性因子 DHA 和 EPA。亚麻籽油、紫苏籽油富含亚麻酸。此外，奇亚籽、核桃、大豆、大麻籽等也都是获取 ω-3 脂肪酸的非常好的植物来源。

 问题 2　你了解生物碱类活性成分吗？

生物碱是一类含负氧化态氮原子的有机环状化合物，多呈碱性，在生物体内往往与酸生成盐，并以盐的形式存在，具有显著的生理活性，如吗啡镇痛、利血平降压、喜树碱抗癌等。迄今，已从自然界分离、鉴定出 10000 种以上的这类化合物，主要存在于高等植物的双子叶植物中，如黄连中的小檗碱类、乌头和附子中的乌头碱类、罂粟中的吗啡碱类、延胡索中的四氢苄基异喹啉类、颠茄中的莨菪碱类、苦参中的苦参碱类、长春花中的长春碱类等；单子叶植物也含有少量生物碱，如石蒜中的石蒜碱类、百部中的百部碱类、贝母中的贝母碱类等；少数裸子植物亦含有活性较强的生物碱，如麻黄中的麻黄碱类、三尖杉中的三尖杉碱类等。

随着组织培养技术的广泛应用，可以通过组织培养技术制备生物碱。例如，喜树碱是拓扑异构酶 I 抑制剂，主要存在于珙桐科植物喜树的根部、树皮和果实中，含量极低。以根为例，根中喜树碱含量约 0.008%，提取 1kg 喜树碱需要 12.5 吨以上的喜树根，原料来源十分紧张。通过化学合成方法获得喜树碱不仅难度大而且成本很高。组织培养技术为喜树碱的开发利用提供了新的途径。目前，已经用于开发药物的生物碱有：喜树碱、贝母碱、石蒜碱、石斛碱、半夏碱、长春碱、百合碱、黄连碱、罂粟碱、飞龙掌血碱、麦角碱、烟碱、三尖杉碱、萝芙木碱等。

 问题 3　认识一下黄酮类活性成分

黄酮，泛指具有 C_6-C_3-C_6 基本骨架的芳环化合物，可分为多种亚类（表 3-4）。

黄酮类化合物在自然界中分布非常广泛，主要存在于高等植物中，主要分布于被子植物中。很多黄酮类化合物以糖苷的形式存在。常见的黄酮有银杏黄酮、葛根异黄酮、黄芩黄酮、芦丁黄酮、水母雪莲黄酮、红花黄酮、淫羊藿黄酮、甘草黄酮、筋骨草黄酮、沙棘黄酮和元宝草黄酮。

表 3-4　黄酮化合物的类型及活性成分

类型	活性成分	活性	来源
黄酮	黄芩苷	抗炎、抗菌、利胆、解热、降压、利尿	黄芩
黄酮醇	槲皮素	祛痰、止咳、降压、降血脂、抗肿瘤	银杏
二氢黄酮	橙皮苷	抗炎、抗病毒	陈皮
二氢黄酮醇	二氢杨梅树皮素	拮抗去甲肾上腺素和高 K^+ 所致兔胸主动脉条收缩反应	藤条
异黄酮	葛根素	抗冠心病	野葛
二氢异黄酮	紫檀素、高丽槐素	抗肿瘤	山豆根
查耳酮	红花苷	抗脑缺血、抗衰老	红花
花色素	矢车菊素、飞燕草素	抗氧化	葡萄
黄烷-3-醇	儿茶素	抗氧化	儿茶
橙酮	硫黄菊苷	抗原虫	小叶鬼针草
双苯吡酮	异芒果素	止咳、祛痰、抗病毒	知母
双黄酮	银杏素	降血清胆固醇	银杏

 课堂互动

在古代，很多植物被赋予特别的寓意，如花生寓意为吉祥喜庆、长生不老、长寿多福、生生不息，是传统婚礼中必不可少的"利市果"。想一想：为什么花生被称作长生果？怎样看"黄连苦口利于心"？

知识链接

茶叶的活性成分及其药理功能

经分离鉴定，茶叶中的已知化合物已达 500 多种，以无机盐形式存在的基本元素有 50 多种，包括人体必需的 14 种微量元素。茶叶富含多种对人类机体有益的成分，具备多种药理功能，对许多现代"文明病"具有较好的预防和治疗作用。

茶多酚　包括：黄烷醇类（儿茶素类）、羟基-黄烷醇类、花色苷类、黄酮类、黄酮醇类和酚酸类。其中黄烷醇类是最主要的茶叶药效成分，具有抗氧化（清除氧自由基）、杀菌抗病毒、增强免疫、调节生理（降血脂、降血糖等）、解毒、抗衰老、抗辐射损伤等作用。

茶色素　主要是指茶黄素、茶红素、β-胡萝卜素、叶绿素等。其中，茶红素和茶黄素的含量最高，具有类似茶多酚的作用，不仅是有效的自由基清除剂和抗氧化剂，还具有抗癌、抗突变、抑菌、抗病毒、改善和治疗心脑血管疾病、治疗糖尿病等多种生理功能。

茶多糖　茶叶中茶多糖的含量变幅较大，随着茶叶原料的老化而增多。不同茶类的茶多糖含量也有差异。茶多糖的药理功能可概括为：降血糖、降血脂、防辐射、抗凝血及血栓、增强机体免疫功能、抗氧化、抗动脉粥样硬化、降血压和保护心血管等。

氨基酸　茶叶中的氨基酸有 26 种，浸出率可达 80%，其中茶氨酸的含量最多，是茶叶的特征性氨基酸，可促进神经生长，对帕金森病、阿尔茨海默病及传导神经功能紊乱等疾病有预防作用，还有增强免疫、防癌抗癌、降压安神、改善肠胃、降低胆固醇等功效。

　　生物碱　主要包含咖啡碱、可可碱和茶碱，其中咖啡碱占大部分，也是茶叶的特征性化学物质之一。茶叶中的咖啡碱不会在人体内积累，7 天左右可以完全排出体外。研究结果显示，茶叶中的咖啡碱有抗癌效果，有兴奋大脑中枢神经、强心、利尿等多种药理功效。

　　维生素　茶叶中的维生素以维生素 C 和维生素 B 的含量最高。其中维生素 C 具有抗细胞物质氧化、解毒、防止坏血病、增加机体抵抗力、促进创口愈合等功能，还可与茶多酚产生协同效应，提高两者的生理效应；维生素 B 在对癞皮病、消化系统疾病、眼病等的治疗中具有显著疗效。

　　茶皂素　主要存在于茶树种子、老叶、根茎中，其活性表现在：溶血、降低胆固醇、抗生育、抗菌、抗炎、镇静（抑制中枢神经、镇咳、镇痛等）。

　　此外，茶叶中还含有丰富的矿质元素，这些矿质元素当中的大多数对健康有益。其中，老叶中氟的含量是所有植物体中最高的，氟对预防龋齿和防治老年骨质疏松有明显效果。

学习主题 3　其他复杂物质的活性成分

 问题 1　皂苷类活性成分都有哪些?

　　皂苷，由皂苷元与糖构成的一类糖苷。根据苷元连接糖链数目的不同，可分为单糖链皂苷、双糖链皂苷及三糖链皂苷；依据苷元的类型不同又分为甾体皂苷和三萜皂苷。

　　皂苷在自然界中分布很广，以薯蓣科、百合科、五加科、毛茛科、伞形科、豆科、石竹科、远志科、葫芦科等分布最广。常见的皂苷主要有人参皂苷、西洋参皂苷、三七皂苷、竹节参皂苷、绞股蓝皂苷、薯蓣皂苷、甘草皂苷、黄芪皂苷和桔梗皂苷等。

　　由于苷元具有不同程度的亲脂性，而糖链具有较强的亲水性，皂苷实际上是一种表面活性剂，能破坏质膜中的脂类而对细胞产生影响，具有多方面的生物活性，如抗肿瘤、抗炎、免疫调节、抗病毒、抗真菌和保肝等。常用中药如人参、三七、甘草、远志、柴胡等都含有大量皂苷，药理实验证实这些皂苷类成分是它们的主要有效成分。薯蓣皂苷水解产生的薯蓣皂苷元，还是医药工业合成甾体激素的重要原料。

　　采用现代生物技术获取活性皂苷类成分的生产，研究较深入的是人参皂苷。国外已经实现其工业化生产。我国也已经开始了人参的组织培养研究，取得较大进展。人参组织培养干物质产量达到 15～20g/L，其中粗皂苷含量达 27%。

❓ 问题 2   醌/酮类活性成分有哪些？

醌类化合物可分为苯醌类、萘醌类、菲醌类和蒽醌类，酮类则泛指很多含羰基的化合物，醌/酮类天然活性成分与苯丙素或黄酮类相比相对较少。

苯醌类，如从朱砂根中分离的抗原虫和滴虫的密花醌；萘醌类，如从软紫草根中分离的抗菌、抗炎、抗肿瘤的活性成分紫草素及其衍生物；菲醌类，如从丹参根中分离的具有抗菌、扩张冠状动脉作用的活性成分丹参酮类化合物；蒽醌类，大黄素型蒽醌如从大黄根及根茎中分离的抗菌、抗炎化合物大黄素及其类似物等，茜草素型蒽醌如从茜草根中分离的抗氧化、抗菌、抗病毒、抗炎、具免疫活性的化合物茜草素。

二蒽酮类衍生物，如从番泻叶中分离得到的成分番泻苷 A 及其类似物具有强致泻、止血及影响血小板细胞、肝细胞和脑细胞内游离钙浓度等多种活性；萘骈二蒽酮衍生物，如贯叶连翘全草中存在的有抗抑郁、抗肿瘤、抗病毒、抑制 HIV 逆转录酶等活性的金丝桃素等。

❓ 问题 3   萜类活性成分有哪些？

萜类分为单萜、倍半萜、二萜、二倍半萜、三萜、四萜、多萜等。挥发油通常由单萜、倍半萜组成，还含有小分子的芳香化合物、脂肪族化合物等。

萜类活性成分很多，单萜类如从柠檬中分离得到的抗菌成分柠檬醛、从薄荷中分离得到的能使皮肤黏膜感觉清凉的薄荷醇。倍半萜类如金合欢花油中的抗菌成分金合欢醇、鹰爪根中的具强抗鼠疟原虫活性的鹰爪甲素。二萜类化合物大多具有环状结构，如维生素 A 以及穿心莲中的抗炎成分穿心莲内酯。二倍半萜类化合物在自然界分布较少，如真菌稻芝麻枯病菌中的抗癣菌、抗滴虫的化合物蛇孢假壳素 A。三萜类化合物如茯苓中利尿的有效成分茯苓酸。多萜类如烟叶中的抗癌活性成分茄尼醇等。

常见的萜类有紫杉醇、青蒿素、甜叶菊苷类、苦皮素类、龙胆苦苷、银杏中的萜内酯以及雷公藤中的萜类化合物等。

❓ 问题 4   甾类活性成分有哪些？

甾类包括植物甾醇、胆汁酸、C_{21} 甾醇、昆虫变态激素、强心苷、蟾毒配基、甾体皂苷、甾体生物碱等。

植物甾醇如从白芥子中分离的具抗大鼠实验性胃溃疡的 β-谷甾醇；胆汁酸如从棕熊胆汁中分离的具降血脂、镇痉、抗惊厥作用的熊去氧胆酸；C_{21} 甾醇如从青阳参根中分离的抗癫痫活性成分 otophyllosides A、otophyllosides B；昆虫变态激素如从牛膝根中分离的具促骨样细胞增殖活性的脱皮甾酮；强心苷如毛花洋地黄叶中所含的强心成分毛地黄毒苷；蟾毒配基如从中华大蟾蜍中分离的抗肿瘤成分脂蟾毒配基；甾体皂苷如从知母根中分离的具调控血管内皮细胞功能的活性成分知母皂苷 A-Ⅲ；甾体生物碱如从川贝母鳞茎中分离的镇咳活性化合物贝母甲素和贝母乙素。

问题 5　认识香豆素和木脂素类活性成分

香豆素类化合物大多具有芳香气味，广泛存在于芸香科、伞形科、菊科、豆科、茄科等高等植物中，在动物及微生物代谢产物中也有存在。根据环上取代基及其位置的不同，常将香豆素分为简单香豆素、呋喃香豆素、吡喃香豆素及其他香豆素。香豆素类化合物具有抗 HIV、抗肿瘤、降压、抗心律失常、抗骨质疏松、镇痛、平喘和抗菌等多方面的生物活性。香豆素类，如从当归根挥发油中分离的抗肿瘤、调节免疫的有效成分当归内酯，从蛇床子中分离的抗炎、平喘、抗骨质疏松的蛇床子素。

木脂素是一类由两分子苯丙素衍生物聚合而成的天然化合物，分布较广，具有抗肿瘤、抗病毒、保肝、抗氧化、血小板活化因子拮抗活性等药理作用。木脂素类，如从中国紫杉中分离得到的具抗肿瘤、抗骨质疏松作用的化合物异紫杉脂素。

问题 6　了解由动植物活性成分开发的天然药物

天然药物是根据动植物活性成分的主要理化性质及原料特点，通过提取、分离而制备的药物，可简单区分为动物药和植物药。动物药主要以动物的腺体、组织、器官或代谢物为原料制取，如胰脏、脑垂体、血液、胆汁、尿液等；植物药是从植物的根、茎、花、皮、叶或果实中制取，如从银杏叶中分离银杏黄酮、从麻黄草中分离麻黄碱、从卡瓦胡椒根中分离卡瓦内酯以及从金鸡纳树皮中分离奎宁等。

部分动植物药物的来源及适应证列于表 3-5。

表 3-5　部分动植物药物的来源及其适应证

品名	来源	适应证	品名	来源	适应证
蛇毒纤溶酶	蛇毒	血栓	刺乌头碱	高乌头	疼痛
尿激酶	人尿	心肌梗死	奎宁	金鸡纳树皮	疟疾
促皮质素	脑垂体	关节炎	利血平	萝芙木	高血压
胰酶	动物胰脏	消化不良	延胡索乙素	延胡索	疼痛
硫酸软骨素	动物软骨	偏头痛、关节炎	长春碱	长春花	肿瘤
绒促性素	孕妇尿	不孕	青蒿素	黄花蒿	疟疾
猪胰岛素	猪胰脏	糖尿病	齐墩果酸	齐墩果、女贞子	黄疸性肝炎
熊胆粉	熊胆汁	肝胆疾患	黄芩苷	黄芩	慢性肝炎
小檗碱	黄连根茎	感染	地高辛	毛花洋地黄	心力衰竭
银杏黄酮	银杏叶	血管硬化	靛玉红	木兰	肿瘤
L-麻黄碱	麻黄草	哮喘、过敏	左旋多巴	油麻藤	帕金森病
喜树碱	喜树	肿瘤	紫杉醇	紫杉树皮	肿瘤
麦角碱	麦角菌	偏头痛			

课堂互动

中药和天然药物的原材料都来源于动植物，但两者却有着本质的区别。砒霜是用雄黄炼制而得的 As_2O_3，是剧毒物。想一想：As_2O_3 能否用作药物？

 知识链接

药物的开发来源

药物的来源不外乎自然界或人工制备。来自自然界的为天然药物，包括中药及小部分西药；来自人工制备的为化学药物，包括大部分西药。天然药物主要有三种入药形式：第一种是原生药，即将原生药制成饮片，通过组方煎煮服用，其针对性强、灵活机动，但质量难以控制、保存困难，商品化难度大；第二种是粗提物或浸膏，即用原生药有效部位的提取物或浸膏制成特定剂型后应用，其工艺简单、成本低、易于商品化；第三种是从原料药中分离出有效成分，制成相应的剂型入药，其质量可靠，贮存及应用方便，已成为现代医药工业产品的重要组成部分。

一些天然活性成分作为合成药物的先导化合物，经过一系列的化学修饰或结构改造后，开发成为高效、低毒的新药，大大推动了现代医药工业的发展。

我国药用植物及中药材种类繁多。自20世纪60年代以来，国家先后进行了三次全国中药资源普查，第三次普查确认的中药资源为12807种，包括药用植物类11146种、药用动物类1581种、矿物类80种。进入21世纪后，国家又组织了第四次普查，历时7年的初步统计结果显示，发现新物种至少196种，确定了18888种市场流通药材的种类和分布等情况。这些丰富的资源为我们发现天然活性成分、研制新的天然药物奠定了良好的物质基础。

课后复习

1. 填空

（1）多糖是由多个____分子缩合、失水而形成、符合高分子化合物概念的____及其衍生物。

（2）从分子结构来看，____构成小分子的多肽，____构成大分子的蛋白质。

（3）____又名十八碳三烯酸或维生素 F，具有降压、抑制 ____凝聚及抑制血栓的形成、抗脂质过氧化、降血脂、增加____分泌以及抗肿瘤等作用。

（4）药理实验证实，三七、甘草、远志、柴胡等含有的大量____是其主要有效成分。

（5）木脂素是一类由两分子____衍生物聚合而成的天然化合物。

2. 选择

（1）多糖广泛存在于各种动植物材料中。根据取代基的不同，多糖可分为普通多糖、酸性多糖等。以下多糖是酸性多糖的是（　　　）。

A. 香菇多糖　　　　　B. 柴胡多糖　　　　C. 壳聚糖　　　　D. 银耳多糖

（2）从蛇床子中分离得到的蛇床子素属于（　　），具有抗炎、平喘、抗骨质疏松的功能。

A. 萘醌类　　　　　　　　　　　　　　　B. 萜类

C. 香豆素类　　　　　　　　　　　　　　D. 植物甾醇类

（3）黄酮类化合物主要分布于（　　）中。

A. 蕨类植物　　　　　B. 被子植物　　　　C. 苔藓植物　　　　D. 种子植物

（4）生物碱主要存在于（　　）中。

A. 藻类植物　　　　　B. 地衣植物　　　　C. 被子植物　　　　D. 裸子植物

3. 判断

（1）蛋白质是由氨基酸、多肽组成的，其四级空间结构是表现药物活性的结构基础。

（2）从柠檬中分离得到的柠檬醛、从薄荷分离得到的薄荷醇都属于萜类药物活性成分。

（3）中药主要是指来源于动植物及其他生物、具有明确治疗作用的单一组分或多组分药物。

4. 简述

（1）什么是皂苷？常见的皂苷有哪些？

（2）什么是生物碱？

（3）动物药主要来自动物体的哪些部位？

项目3　海洋生物材料中的活性成分

 学习目标

【知识要求】　掌握　海洋生物材料中的活性成分与典型的海洋药物
　　　　　　　熟悉　海洋药物活性成分的药用价值
　　　　　　　了解　海洋药物的材料来源与应用
【能力要求】　明白　海洋药物活性成分的种类
　　　　　　　懂得　典型海洋药物的材料来源
【素质要求】　能够　认识海洋生物，理解海洋生物、海洋环境对人类健康的意义
　　　　　　　具备　生物利用、生态保护与可持续发展的环境意识和基本的实操能力

 技能要点

　　海洋中蕴藏着极其丰富的天然产物，人们已从各种海洋生物中分离获得 20000 余种产物成分，近半数有各种生物活性，成为药物先导成分或新药来源。海洋药物成分主要包括不饱和脂肪酸、多糖、氨基酸、多肽、蛋白质、皂苷、甾醇、萜类、大环内酯、类胡萝卜素、聚醚化合物等，其药理作用包括抗肿瘤、抗菌、抗病毒、防治心血管疾病、延缓衰老及免疫调节功能等。已应用的典型海洋药物有头孢霉素、阿糖腺苷、阿糖胞苷等。

　　我国在海洋多糖及寡糖类药物研究方面具有特色，已有多种海洋药物获准上市，如藻酸双酯钠、甘糖酯、河鲀毒素、多烯酸乙酯、烟酸甘露醇酯、海力特等。

 课前引导

　☆ "陆上有的，海里都有"，这句俗语意味着什么？
　☆ 为什么说海洋是巨大的资源宝库？

问题 1　你了解海洋药物吗？

海洋蕴藏着极其丰富的天然产物，是人类寻找新药的最大库源。海洋药物是指以海洋生物中的活性成分为药源，运用现代科学方法和技术研制而成的药物。现有的海洋药物大多属于天然药物范畴，是直接从海洋生物中提取的活性成分，也有一些是将海洋生物活性成分经过人工合成或生物技术转化而获得。

目前，已从各种海洋生物中分离获得 20000 余种海洋天然产物，新发现的化合物以平均每 4 年增加 50％ 的速度递增。由于海洋生物生活在高压、高盐、缺氧、缺少光照等特殊环境条件下，在其漫长的进化过程中，产生了与陆地生物不同的、化学结构独特的次生代谢产物。在已发现的化合物中，近一半具有各种生物活性，超过 0.1％ 的化合物结构新颖、功能独特、活性显著，已成为先导化合物或新药来源。

 问题 2　海洋生物材料中都有哪些活性成分？

海洋环境的多样性决定了生物的多样性，同时也决定了化合物的多样性。同动植物药物成分相似，海洋药物成分主要类型包括不饱和脂肪酸、多糖、氨基酸、多肽、蛋白质、皂苷、甾醇、萜类、大环内酯、类胡萝卜素、聚醚化合物等，其主要的药理作用包括抗肿瘤、抗菌、抗艾滋病、抗病毒、防治心血管疾病、延缓衰老及免疫调节功能等。

例如，从海洋生物体内可以提取到大量抗肿瘤、抗菌、抗病毒、抗凝血、降压降脂等生物活性物质，目前已经从海洋生物中筛选、开发出了新型的特效抗生素；一些海洋微生物可以产生嗜热、嗜冷、嗜酸、嗜碱、嗜压、嗜盐等极端生物酶，在普通酶失活的条件下它们仍然能保持较高的活性，现已成为海洋活性物质研究的热点之一；海洋生物中还含有特殊的毒素、抗毒素活性物质、抗冻活性物质、抗辐射活性物质等，具有广阔的应用前景。

 问题 3　海洋药物有哪些临床应用？

目前，已投入应用的经典海洋药物例子有：头孢霉素、阿糖腺苷（Ara A）、阿糖胞苷（Ara C）等，这些也是最早开发成功的现代海洋药物，广泛用于临床；头孢霉素的母体化合物来源于海洋沉积淤泥中的一种真菌；抗病毒药物阿糖腺苷和抗癌药物阿糖胞苷，其原型化合物是分离自海绵中的核苷类化合物海绵胸腺嘧啶（spongothymidine）

和海绵尿核苷（spongouridine）；已成功上市的镇痛药物齐考诺肽（ziconotide）的前体化合物来自芋螺的肽类毒素。更多的海洋天然药物正在进行临床研究，多为抗癌药物。

　　我国已有多种海洋药物获准上市，如藻酸双酯钠、甘糖酯、河鲀毒素、多烯酸乙酯、烟酸甘露醇酯、海力特等，在海洋多糖及寡糖类药物研究方面形成了特色，如源于海藻多糖的藻酸双酯钠、甘糖酯等药物在临床上已成功用于心脑血管疾病的防治；聚甘古酯（抗艾滋病）、D-聚甘酯（抗脑缺血）和几丁糖酯（抗动脉粥样硬化）等一类新药，肾海康（治疗肾衰）、海生素（抗肿瘤）等二类新药均已经进入了临床研究。表 3-6 列出了国内已经应用于临床的海洋药物。

表 3-6　我国已应用于临床的海洋药物

药物名称	来源	主要成分结构类型	临床功效
藻酸双酯钠	海洋褐藻	多糖硫酸酯	抗凝血、降血黏度、降血脂
甘糖酯	海洋褐藻	低分子多糖	抗凝血、抗血栓、降血脂
海力特	昆布、麒麟菜	多糖硫酸酯	免疫调节、保肝、治肝炎
降糖宁	海藻	复方多糖	降血糖
螺旋藻	螺旋藻	脂肪酸、多糖、β-胡萝卜素等	降血脂、延缓动脉粥样硬化、增强免疫力
甲壳胺	虾、蟹甲壳	聚糖（甲壳胺）	促进创伤愈合
鱼油烯康	深海鱼类	不饱和脂肪酸	降血黏度、降血脂、降血压、抑制血栓形成
海昆肾喜	海洋褐藻	多糖硫酸酯	用于各种肾病
河鲀毒素	鲀鱼类	喹唑啉类	镇痛、局麻、解痉

课堂互动

　　海产品已经是人类餐桌上不可缺少的美食。想一想：海产品中富含哪些营养成分？

 知识链接

你了解海洋吗？

　　海洋约占地球表面积的 71%，生物量约占地球生物总量的 87%，生物种类 20 多万种，是地球上最大的资源能源宝库。

　　海洋药物研究的物质基础是海洋生物。人们已涉猎的世界各大洋和海区的浅海、近海和岛礁附近的海洋生物达 22 门、1822 属和 3018 种。报道较多的海洋生物包括海绵、海鞘、软珊瑚、软体动物、苔藓虫、棘皮动物、海藻、微藻、细菌、真菌等。

　　随着研究范围的不断拓宽，涉及的海洋生物逐渐向远海、深海、极地、高温、高寒、高压等常规设备和条件难以获得的资源和极端环境资源方面扩展。

问题 1　海洋生物材料中包括哪些不饱和脂肪酸成分?

（1）DHA　一种 ω-3 多不饱和脂肪酸，俗称"脑黄金"，是神经系统细胞生长及维持的一种主要物质，具有抗衰老、提高大脑记忆、防止大脑衰退、降血脂、降血压、抗血栓、降血黏度、抗肿瘤等多种作用。临床上用于高血压、高甘油三酯、肾上腺脑白质营养不良、类风湿性关节炎等病症。在体内，DHA 可以通过亚麻酸转化合成，但这种合成有限，必须从食物中摄入，因此 DHA 属于必需脂肪酸。

（2）EPA　为 ω-3 多不饱和脂肪酸，主要存在于某些动物性食物、海鲜和藻类中，在疏导、清理心血管方面具有不可替代的作用，可用于治疗动脉硬化和脑血栓，还有增强免疫功能和抗癌作用。与 DHA 相同，EPA 也可以通过亚麻酸的体内转化获得，但效率有限。

DHA、EPA 这类 ω-3 多不饱和脂肪酸广泛分布在海洋生物中，特别是深海冷水鱼（鲭、鲑鱼、鲱、沙丁鱼、黑鳕鱼、鳀和金枪鱼等）的含量较高，大多数鱼油中的含量均超过 12%；许多藻类中的含量也比较高，特别是单细胞海洋微藻，在特定条件下的 EPA 含量甚至达到脂质的 25%～35%，远高于鱼油中的含量。

早期的 ω-3 多不饱和脂肪酸产品是以深海鱼油为原料，通过分子蒸馏、低温结晶、尿素包合、银离子络合、超临界萃取等方法提取分离制得。后来的研究发现，鱼类体内的 DHA 和 EPA 主要是通过食物链从海藻中累积而来，因而海洋微藻逐渐成为 ω-3 多不饱和脂肪酸的主要原料来源。利用发酵技术大规模养殖海藻，再对发酵液进行提取分离，是目前 ω-3 多不饱和脂肪酸产品的主要制备工艺。

另外，从鲨鱼、海兔、鲸鱼、海马等体内也获得多种不饱和脂肪酸，均具有一定的药理活性。我国从海洋柳珊瑚中还发现了二十碳多不饱和脂肪酸的前列腺素（PG），此种 PG 有着多种生理活性（如避孕、催产、中止妊娠等），与机体生长、发育、繁殖等有着密切关系。

　问题 2　海洋生物材料中有哪些多糖成分?

具有开发潜力的海洋多糖化合物包括螺旋藻多糖、微藻硒多糖、紫菜多糖、玉足海参黏多糖、海星黏多糖、扇贝糖胺聚糖、刺参黏多糖、硫酸软骨素、透明质酸、甲壳质及其衍生物等。

（1）**螺旋藻多糖**　从蓝藻中的钝顶螺旋藻分离提取的多糖，对肿瘤细胞有一定的抑制和杀伤作用，对正常细胞基本无影响，还有很好的抗缺氧、抗衰老、抗疲劳、抗辐射及提高机体免疫功能。螺旋藻本身无毒副作用，并可治疗溃疡、贫血、糖尿病、肝炎及视觉障碍等。

（2）**紫菜多糖**　从紫菜中分离出分子量约为74000的紫菜多糖，能促进蛋白质生物合成，提高机体免疫功能，抗肿瘤、抗突变、抗肝炎、抗辐射及抗白细胞数降低。另有降血脂、抑制血栓形成的活性，对预防动脉硬化、改善心肌梗死具有重要意义。

（3）**透明质酸**　为不含硫酸基的胞外高分子多糖，可从鳖皮、鲸鱼软骨、海洋动物的心脏等提取。透明质酸有保护、润滑、防止细菌及外力伤害作用。临床用于眼科手术、外伤性关节炎、骨关节和滑囊炎。又是理想的保湿剂，常用于各种化妆品。

（4）**硫酸软骨素**　是生物体内结缔组织的基本成分，分布很广，鲨鱼软骨中含量较多。由于海洋软骨鱼的种类不同，有的硫酸基含量高，即含有较多硫酸软骨素。具有降低血脂、抗动脉粥样硬化和抗凝血作用，对心肌细胞有抗炎、修复作用，可用于因链霉素引起的听觉障碍，对冠心病也有一定疗效。

（5）**刺参黏多糖**　是由氨基己糖、己糖醛酸、岩藻糖与硫酸酯基组成的聚合物，曾制成刺参酸性黏多糖钾注射液，对肿瘤生长具有明显抑制作用，对心脑血管等栓塞性疾病的疗效不亚于肝素，对弥漫性血管内凝血也有较好的效果。

（6）**海星黏多糖**　我国海星资源丰富，从陶氏太阳海星中提取的酸性黏多糖，有显著的降胆固醇、缓和的抗凝活性及增强免疫功能。

❓ 问题3　海洋生物材料中是否有皂苷类成分？

许多陆地植物含有皂苷，而动物界中只有海洋棘皮动物中的海参和海星含有皂苷。

（1）**刺参苷**　从刺海参中分离得到的三萜类皂苷为刺参苷A、A1及C，刺参苷A、C均含磺基，A1为A的脱磺基产物。刺参苷A含葡萄糖、木糖和3-O-甲基葡萄糖，刺参苷C除含上述糖外还含半乳糖。刺参苷除有皂苷通常的溶血、抗菌及抗霉性能外，刺参苷A及C的细胞毒性均较高，故有抗肿瘤活性，刺参苷A还有很强的抗放射作用。

（2）**海参皂苷**　我国海参资源丰富，已知辐肛参属、白尼参属及海参属等近30种的海参中均含有海参皂苷A、B（或称海参素A、B），其苷元结构由于品种不同有些差异，但均具有抗肿瘤、抗真菌及抗放射等多种作用。

（3）**海星皂苷**　海星纲动物中分离得到的皂苷是甾体皂苷，一般具有抗癌、抗菌、抗炎等作用，海星皂苷的溶血作用比海参皂苷更强，稀释100万倍也能使鱼类死亡。从多棘海盘车中分离得到的海星皂苷A、B能使精子失去移动能力，间接抑制卵细胞成熟，阻止排卵；从罗氏海盘车提取的总皂苷能提高胃溃疡的愈合率。

❓ 问题4　海洋生物材料中有没有蛋白质类成分？

对比陆地生物蛋白，海洋生物富含人体易于吸收消化的必需氨基酸、多肽及蛋白质，其含量更丰富、更有益于人体健康，是药物开发的巨大天然源泉。近年来开发的几款典型药物有：

（1）**褐藻氨酸** 又名海带氨酸，为 2-氨基-6-三甲氨基己酸，具有降压、调节血脂及防治动脉粥样硬化的作用。曾制成褐藻氨酸二草酸盐，其降压效果更明显，能维持 4 小时以上。

（2）**海葵素** 海葵素（AP）是从我国沿海侧花海葵属多种海葵中提取的多肽，AP-A 为 49 个氨基酸组成的多肽，其中决定其疏水性的唯一芳香残基是 23、33 位上的色氨酸。已证实 AP 具有强心作用，但其强心活性 AP-B 大于 AP-A。因海葵的来源少、不易采集，已采用海洋生物技术，以获得更多的 AP。

（3）**芋螺毒素** 从多种芋螺的毒液中分离出来的肽类毒素，一般含 10～30 个氨基酸残基，大多含二硫键。现已确定 40 余个毒素的序列，多样性的芋螺毒素构成了药理学探针的宝库，对研究离子通道具有重要意义。芋螺毒素不但具有海洋生物活性物质的多样性，且结构新颖、功能独特，并有高亲和力、高专一性等特点。由于其分子量低，便于作为分子模式构建、构效研究，在新药设计方面有广阔应用前景。

（4）**膜海鞘素** 首先从被囊动物膜海鞘科动物中分离出的提取物，有强细胞毒活性，后经分离精制得膜海鞘素 A、B、C，为脂肽类环状缩肽，由肽键部分与非肽键联成。海鞘类生物活性物质有显著的抗病毒及抗肿瘤作用，可望开发为新颖的药物。

（5）**海兔毒素** 从海洋软体动物海兔中分离出的抗肿瘤活性肽，其抗肿瘤机制为抑制微管聚合而使细胞周期阻滞在间期，但作用位点不同于长春碱和喜树碱类有丝分裂药物。主要用于小细胞肺癌、卵巢癌和前列腺癌等实体瘤的治疗。

（6）**藻兰蛋白** 为蓝藻、红藻及隐藻中的一种水溶性蛋白质色素。螺旋藻蛋白质含量高达 70％以上，其中藻兰蛋白为 10％，经分析含有多种氨基酸，特别是人体必需的 8 种氨基酸。藻兰蛋白能够促进免疫系统，抑制癌细胞，并有光敏作用，是一种理想的光敏剂，用于激光治癌无毒性、无副作用。

（7）**海洋活性肽** 目前，已从海藻、海绵、腔肠及软体动物和微生物中，发现了数千种具有药用活性的小分子肽类。例如鳕鱼酶解物中的促内分泌肽和生长因子、鲣鱼酶解物中的血管紧张转换酶抑制肽及抗氧化活性肽、鱼虾水解物中的降钙素、沙丁鱼肉酶解物中的抗高血压小分子肽和舒缓焦虑的类肾上腺素活性肽、海鞘与海绵中的抗肿瘤活性环肽、海生线虫体内的抗菌性多肽等。

 问题 5　海洋生物材料中有哪些甾醇成分？

自 1970 年从扇贝中提取出 24-失碳-22-脱氧胆甾醇以及发现珊瑚甾醇以来，现已发现大量结构独特的甾醇，它们主要分布在硅藻、海绵、腔肠动物、被囊动物、环节动物、软体动物、棘皮动物等海洋生物体内，尤以海绵类为多。从海绵中分离出两种新的甾醇硫酸盐 A 和 B，都具有体外抗猫白血病毒作用。例如：

（1）**岩藻甾醇** 可从褐藻等多种海藻内提取，试验表明岩藻甾醇能使血液中胆固醇含量降低 83％，并可减少脂肪肝及心脏内脂肪的沉积，也有雌激素样作用。同系物异岩藻甾醇及马尾藻甾醇也有降胆固醇作用。

（2）**四羟基甾醇**　从南海甘蓝柔荑软珊瑚中分离得到的四羟基甾醇，具有抑制心肌收缩的作用，其速度与维拉帕米相似。对心律失常伴有心动过速者，效果较好。

（3）**柳珊瑚甾醇**　从南海小棒短指软珊瑚中分离得到的柳珊瑚甾醇具有明显的抗心律失常和心肌缺血的作用，能舒张血管、降低血压、减慢心率及减少心肌耗氧量，有望开发成心血管疾病药物。

❓ 问题 6　海洋生物材料中是否有萜类成分？

海洋萜类化合物主要来源于海洋藻类、海绵和珊瑚动物，包括单萜、倍半萜、二萜、二倍半萜、呋喃萜等类型。大多数海洋单萜化合物都含有较多卤素，这是其独特的结构特点。海洋倍半萜常见于红藻、褐藻、珊瑚、海绵等。

从红藻海头红属中分离出的含卤单萜、环状多卤单萜及含氧卤代单萜等，多数具有抗菌活性，多卤代单萜能抑制海拉细胞。

从南海软珊瑚中提得的 γ-绿柱虫内酯二萜，具有明显对脑缺血损伤的保护作用、保护超氧化物歧化酶（SOD）活性及抑制血小板聚集等作用，有望开发为舒张脑血管及脑缺血损伤的保护药。

❓ 问题 7　海洋生物材料中有哪些大环内酯成分？

大环内酯化合物大多具有抗肿瘤、抗菌活性，主要分布于蓝藻、甲藻、海绵、苔藓虫、被囊动物和软体动物及某些海洋菌类中。

海兔的污秽毒素及脱溴秽毒素，属于大环内酯类化合物，具有抗肿瘤作用。研究者从蓝藻门伪枝藻属中分离鉴定出 5 种大环内酯化合物：伪枝藻素 A、B、C、D 和 E，都具有很强的细胞毒性和抗菌活性。

大环内酯化合物——除疟霉素，是从浅海淤泥中分离出的灰色链球菌所产生的一类抗生素，体外试验表明具有抑制革兰阳性菌作用，体内试验则有抗疟作用。

苔藓虫素是从海洋苔藓虫中分离的新型大环内酯类衍生物。目前，已发现 20 多种苔藓虫素，临床前研究表明它们具有抗肿瘤活性和免疫调节活性，另外还具有促进血小板聚集、血细胞生成等作用。

❓ 问题 8　海洋生物材料中是否也有类胡萝卜素成分？

目前已发现的类胡萝卜素达 700 多种，根据化学结构的不同可分为两类：胡萝卜素（只含碳氢两种元素，不含氧元素，如 β-胡萝卜素和番茄红素）和叶黄素（有羟基、羧基等含氧官能团，如叶黄素和虾青素）。海洋生物材料中含 β-胡萝卜素和虾青素。

（1）**β-胡萝卜素**　β-胡萝卜素是含有 11 个共轭双键的多烯烃化合物，是维生素 A 的前体，对孕妇及儿童能起到补充维生素 A 的作用，有抗氧化、防治肿瘤作用，能阻止或延缓紫外线照射引起的皮肤癌，对慢性萎缩性胃炎和胃溃疡也有疗效，是最为人类需要的一种类胡萝卜素。盐藻所含的 β-胡萝卜素要比胡萝卜所含的高出上千倍，目前主要是从养殖盐生杜氏藻中生产。

（2）**虾青素**　主要从虾蟹中分离，但含量不高，现可从雨生红球藻的不动孢子中提取，其含量占细胞干重的 $1\%\sim2\%$，且提取相对简化。虾青素在动物体内不能转变为维生素 A，有抑制肿瘤发生、增强免疫功能等多方面的作用，其抗氧化性能较维生素 E 强 $100\sim1000$ 倍以上。与 β-胡萝卜素和维生素 A 相比，虾青素对肿瘤的抑制作用更强。

 问题 9　海洋生物材料中有没有聚醚化合物成分？

许多海洋毒素属于聚醚化合物。聚醚类毒素是一类化学结构独特、毒性强烈并且具有广泛药理作用的天然毒素，对心脑血管系统有较高的选择作用，主要来源于微藻，如岩沙海葵毒素、刺尾鱼毒素、扇贝毒素、西加毒素、大田软海绵酸等。

岩沙海葵毒素（PTX）为最早开展研究的聚醚毒素，最初发现于剧毒岩海葵，分子量为 2678.6，分子式 $C_{129}H_{223}N_3O_{54}$，1982 年发现了其全部立体结构，属于脂链聚醚毒素类，是已知结构的非肽类天然生物毒素中毒性最强和结构最复杂的化学物质。

刺尾鱼毒素（MTX）由岗比甲藻类产生，经食物链蓄积于刺尾鱼体内，是从海洋生物中分离得到的一些含有醚环结构的大环聚醚内酯化合物，可溶于水、甲醇、乙醇、二甲基亚砜，不溶于三氯甲烷、丙酮和乙腈。是已知最大分子结构的天然毒素之一。

西加毒素（CTX），其化学结构极为特殊，是梯形稠聚醚毒素并为此类中结构最复杂、毒性最强的一类化合物。

还有人从形成赤潮的涡鞭毛藻中分离到主要毒性成分短裸甲藻毒素，属于脂溶性毒素，能兴奋钠通道，16ng/mL 浓度即显毒鱼作用。

🔁 课堂互动

市场上，有许多源自深海鱼类的保健品。想一想：为什么深海鱼油会有保健作用？

 技能拓展

海洋生物活性肽的产业化开发

海洋活性肽主要从软体动物、甲壳动物、鱼类、藻类和一些海洋生物的副产品（贝类、鱼皮、内脏和肌肉）中提取，因其具有抗氧化、抗高血压和抗动脉粥样硬化等生物学特性，以及溶解性、起泡性和乳化性等功能特性，在制药、食品和化妆品行业有广泛的应用（图 3-7）。

进入体内的多肽生物活性可能会由于人体的消化系统而降低，为提高多肽的生物利用度，通常可制备成多肽微胶囊和多肽纳米胶囊，以降低胃肠消化系统对多肽的消化作用。图 3-8 描述了一些常见的多肽包埋运载系统。对于活性肽本身，除分析其分子质量、电学性质、极性、溶解度、表面活性和稳定性外，还需要研究包埋后多肽颗粒的组成、大小和形状、界面属性和聚集状态等特性。

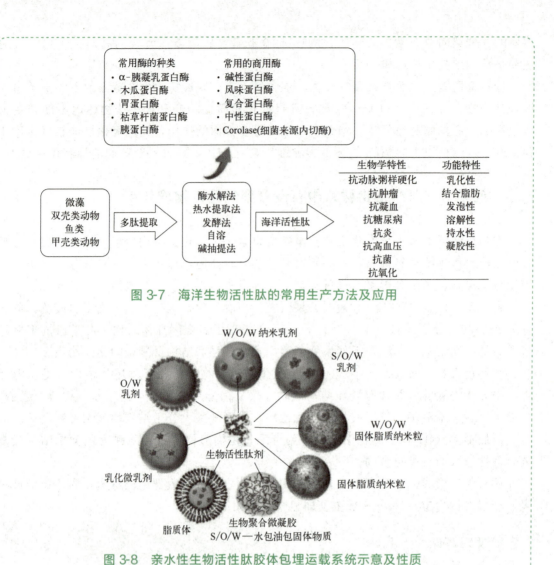

图 3-7　海洋生物活性肽的常用生产方法及应用

图 3-8　亲水性生物活性肽胶体包埋运载系统示意及性质

学习主题 3　典型的海洋药物

❓ **问题 1　抗肿瘤、抗病毒的海洋生物活性成分有哪些?**

　　(1) 抗肿瘤　现已发现,海洋生物提取物中至少有 10% 具有抗肿瘤活性,已从海绵、海鞘、软珊瑚、柳珊瑚、苔藓虫等海洋生物中分离获得了大量具有抗肿瘤活性的物质。这类物质种类繁多,活性也有所差异,主要包括核苷酸类、酰胺类、聚醚类、萜类、大环内酯类、肽类等。

1964 年，从文蛤中提取出多糖类化合物蛤素，这是最早发现的海洋抗肿瘤活性物质。来自海洋贝类提取物的临床制剂海生素，对癌症的总治愈率为 55％以上，同时又具有显著的免疫增强功能。膜海鞘素则是第一个进入临床试验的抗肿瘤海洋药物。阿糖胞苷是第一个人工合成的海绵尿苷类抗嘧啶药物，主要治疗急性白血病及消化道癌。

丰富的海洋天然产物不仅可直接作为药用资源，而且可作为新药研究的结构模式。2022 年 12 月，我国以南极褐藻为原料研制开发的注射用 BG136 进入临床试验，这是国际首个免疫抗肿瘤海洋多糖类药物，通过与免疫细胞表面糖受体结合，靶向激活机体先天免疫系统功能，拟应用于晚期实体瘤患者的治疗。

（2）抗病毒　目前已从海绵、珊瑚、海鞘、海藻等海洋生物中分离得到萜类、核苷类、生物碱类、多糖类、杂环类等具有抗病毒活性的化合物。

从不同海域海绵中分离的生物碱类及萜类物质分别具有抗 HIV、疱疹病毒、乙型肝炎病毒（HBV）等作用。海鞘中含有的多肽系列化合物在抗肿瘤、抗病毒方面都表现出很好的药理活性，能明显抑制单纯疱疹病毒（HSV）的复制，对柯萨奇病毒 A21、流感病毒、马疱疹病毒等也有显著抑制作用，但对正常细胞也表现出一定的毒性作用。从海鞘类生物中发现的化合物 cyclodidemniserinol trisulfate 在体外则可抑制 HIV-1 整合酶活性，表现出良好的抗 HIV 感染的活性。此外，从贝类、海星、海葵、藻类及微生物等多种其他海洋生物中也都发现了抗病毒活性物质。

阿糖胞苷是第一个（1955 年）被批准用于治疗人眼单纯疱疹病毒感染的抗病毒海洋药物。聚甘古酯则是我国拥有自主知识产权的第一个抗艾滋病海洋药物，这是一种活性独特、结构新颖的酯类化合物，与国外同类药物比较具有疗效显著、毒副作用小、成本低等特点，已按国家 I 类新药进行 II 期临床研究。

❓ 问题 2　治疗心脑血管疾病的海洋药物都有什么？

（1）降血压　海藻多糖及其衍生物是一类重要的降压药物。如藻酸双酯钠有明显的抗凝血、解聚、降压降脂、降低血黏度及扩张血管从而改善微循环的作用，对血栓的形成有一定的抑制作用。其换代产品甘糖酯是一种低分子量硫酸多糖类药物，疗效高、副作用少，已成为防治心脑血管疾病的新药。值得一提的是，从海带中提取的非蛋白质氨基酸藻白金，具有特殊的降压功效，通过降低胆固醇、降低血脂、抗血小板凝聚、防止动脉粥样硬化等作用，有效地预防高血压和脑出血的发生。

此外，岩藻聚糖硫酸酯低聚糖、螺旋藻多糖等藻类多糖及其衍生物也具有良好的降压作用。

以海洋生物或其代谢产物为药源的海洋降压药，具有疗效高、不产生耐药性、副作用少、能有效逆转靶器官的伤害等特点，成为新型降压药物开发的重点。

（2）防治心血管疾病　各种海洋生物代谢产生的萜类、多糖类、高不饱和脂肪酸类、喹啉酮类、生物碱类、肽类和核苷类等物质，大多具有较高药理活性，可作为预防和治疗心脑血管疾病的天然化合物。这些化合物具有扩张血管、抑制血栓形成、抗凝血、抗血小板、降血脂等作用。

从海洋生物中分离的活性多糖具有显著的心血管药理作用，成为开发治疗心血管疾病的海洋生物新药。如从海带中提取的多糖硫酸酯具有明显的抗凝血、降低血黏度、降血脂、抑制红细胞和血小板聚集以及改善微循环作用，而低分子量岩藻聚糖硫酸酯在降血脂和预防动脉粥样硬化形成方面具有较大的潜在应用价值。紫菜多糖、褐藻多糖硫酸酯等都具有显著的抑制血栓形成作用。

藻酸双酯钠片（PSS）是我国第一个自主研发、被国际认可的海洋原创药物，具有降低血液黏稠度、扩张外周血管、抑制血小板聚集、降低血脂、抑制动脉粥样硬化、降血糖、降血压、改善微循环等作用，可用于治疗脑血栓、高血压、冠心病、心绞痛等疾病。

此外，还有岩藻甾醇、硫酸软骨素、褐藻胶及褐藻酸等，都具有一定的心血管疾病改善作用。

 ## 问题3　你知道多少抗菌、消炎的海洋药物？

目前，已从红树林植物、海绵、海藻、乌贼墨、海洋微生物等多种海洋生物中分离出具有抗菌、抗炎作用的化合物，主要有脂肪酸类、糖酯类、丙烯酸类、苯酚类、溴苯酚类、吲哚类、酮类、多糖类、多肽类、N-糖苷类和 β-胡萝卜素等。

红树林植物为我国南方海滩特有的资源，该植物本身含有的萜类、甾体、多糖和生物碱等化合物，具有抗 HIV、抗肿瘤、抑菌等活性，而在从红树林上分离的真菌 hyposylon oceanicum 中则含有可显著抑制人体致病真菌的脂肽类物质。此外，海藻类、海绵及海星等多种海洋生物均已发现可产生抑菌、抗炎类活性物质。

海洋微生物是抗菌物质的主要来源，约 27% 的微生物种属具有抗菌活性，包括链霉菌属、假单胞菌属、黄杆菌属等。

最早一批海洋药物是抗菌药物，如早已用于临床的头孢菌素类抗生素。我国在开发海洋抗菌抗炎药物方面具有一定的优势，近期已开发了系列头孢菌素、玉足海参素渗透剂等海洋抗菌药物，海参中提取的海参皂苷抗真菌有效率达 88.5%，是人类历史上从动物界找到的第一种抗真菌皂苷。

 ## 问题4　还有哪些其他类型的海洋药物？

海洋生物毒素是海洋天然产物的重要组成部分，其化学结构独特、生物活性强而广泛，且大多数可高度特异性地作用于神经系统和心脑血管系统，具有开发成为神经系统或心脑血管系统药物或作为重要先导化合物的潜力。

海葵毒素是从海洋腔肠动物海葵体内提取的多肽和蛋白质毒素，主要为心脏和神经毒素，电生理试验结果表明海葵毒素可作用于细胞膜，对膜表面离子通道具有强抑制活性；从岗比毒甲藻中分离的西加毒素具有强心作用；来自麝香蛸唾液腺的麝香蛸毒素是迄今所知活性最强的降压物质，其效应比硝酸甘油强数千倍；蓝斑环蛸毒素、石房蛤毒素也有较强的降压作用；海兔毒素不仅有强心作用而且有很强的降压作用；河鲀毒素属海洋胍胺类毒素，是钠离子通道抑制剂，具抗心律失常作用，还可用作镇痛剂代替吗啡、哌替啶等治疗神经痛。

甘露寡糖二酸（GV-971）是我国原创、国际首个治疗阿尔茨海默病的一类新药，其主要活性成分甘露寡糖二酸就是从海藻中提取的多糖类分子，已于2019年成功上市。

此外，还有从海洋生物材料中开发的抗人乳头瘤病毒（HPV）新药 TGC161、骨化三醇软胶囊（盖三淳）等多个一类新药或正在进行临床前研究或已上市，均为国内自主研发的国家级新药。

 课堂互动

一段时期以来，深海保健产品在市场上十分流行。想一想：为什么螺旋藻会成为保健品中的畅销产品？

课后复习

1. 填空

（1）许多陆地植物含有皂苷，目前在动物界中只发现海洋棘皮动物中的____和____含有皂苷。

（2）俗称"脑黄金"的人体必需脂肪酸是____，简写为____，是神经系统细胞生长及维持的一种主要元素。

（3）大多数海洋单萜化合物都含有较多的____，这是其独特的结构特点。

（4）我国第一个自主研发、被国际认可的海洋原创药物是____，可用于治疗脑血栓、高血压、冠心病、心绞痛等疾病。

2. 选择

（1）以下多糖为具有抗肿瘤作用的氨基多糖的是（　　）。

A. 螺旋藻多糖　　　　B. 紫菜多糖　　　　C. 刺参黏多糖　　　　D. 海星黏多糖

（2）对某些海洋棘皮动物来说，皂苷是毒性成分，具有（　　）功能。

A. 抗血栓　　　　B. 抗肿瘤　　　　C. 降血压　　　　D. 改善微循环

（3）以下物质中已被证实具有强心作用的是（　　）。

A. 海葵素　　　　　　　　　　B. 芋螺毒素

C. 膜海鞘素　　　　　　　　　D. 海兔毒素

（4）以下海洋生物含有丰富的 β-胡萝卜素的是（　　）。

A. 虾蟹　　　　B. 海绵　　　　C. 珊瑚　　　　D. 盐藻

（5）以下是抗病毒药物的是（　　），是抗癌药物的是（　　）。

A. 阿糖腺苷　　　　　　　　　B. 阿糖腺苷

C. 阿卡糖苷   D. 阿卡胞苷

3. **判断**

（1）亚麻酸广泛分布于深海冷水鱼类中，是鱼油的主要成分。

（2）从海藻、海绵、腔肠及软体动物和微生物中，发现了数千种具有药用活性的小分子肽类，统称为海洋活性肽。

（3）从海藻中提取的甘露寡二酸是我国原创、国际首个治疗阿尔茨海默病的一类新药。

4. **简述**

（1）海洋药物成分主要包括哪些？有哪些主要的药理作用？

（2）透明质酸有哪些临床用途？

（3）现已发现的海洋生物甾醇有哪些？

项目4　典型天然活性成分的提取分离

学习目标

【知识要求】掌握　天然活性成分的一般提取方法
　　　　　　熟悉　天然生物材料中典型生物活性成分的提取、分离技术
　　　　　　了解　天然活性成分的一般鉴定方法
【能力要求】懂得　典型天然活性成分的提取分离方法
　　　　　　明白　典型天然药物的制备、鉴定和应用
【素质要求】具备　实事求是的科学态度、细致的专业精神、规范的操作能力
　　　　　　能够　运用现代分离技术解决生物活性物质分离过程中的问题

技能要点

香菇多糖、黄酮类化合物和生物碱是典型的天然活性成分，有着重要的生理活性，都可以从天然生物材料中提取获得。

常用的提取方法是溶剂萃取法，应根据提取对象的不同性质，选择合适的溶剂与合适的提取分离方法，如传统的浸渍、渗辘及回流等。

课前引导

☆ 为什么人们常说食用香菇可以提高机体免疫力？

☆"葱"向前、"姜"你军、"蒜"你狠，这是早几年形容市场供需失衡时的谐音梗。从健康养生的角度看，为什么生活中离不开葱姜蒜？

☆ 为什么烟草、槟榔能够使人上瘾？

香菇多糖的提取、分离与纯化

 问题 1　什么是香菇多糖?

香菇多糖（lentinan，LNT）含 β-D（1→3）和（1→6）葡聚糖残基的葡聚糖，属真菌多糖，溶于水、稀碱，尤其易溶于热水，不溶于乙醇、丙酮、乙酸乙酯、乙醚等有机溶剂，水溶液呈透明黏稠状。

香菇多糖生物活性表现为：可诱导产生具有免疫活性的细胞因子，增强机体免疫系统、刺激干扰素形成，起到抗病毒、抗肿瘤、调节免疫功能等作用，且没有抗肿瘤化疗药物的毒副作用，被认为是一种广谱免疫促进剂。目前，已有多种香菇多糖药物被开发出来。

问题 2　香菇多糖是怎样提取得到的?

常用的香菇多糖的制备方法是：将深层液体发酵培养的香菇菌丝体分离出来，先进行提取，得到多糖浓缩液，对其进行分离纯化，最后得到香菇多糖。

提取的原料多为优质香菇的子实体。对新鲜的香菇可采用常规提取法，对干香菇则采用复合酶解提取法。提取时，通常先根据多糖的存在形式及提取部位不同，决定是否需要预处理。含脂高的原料，多采用丙酮、乙醚、乙醇等进行脱脂处理。

香菇多糖属于极性大分子化合物，是水溶性物质，其特定的结构与免疫活性密切相关，提取时应避免在强酸、碱溶液中进行，否则极易造成多糖中糖苷键断裂及构象变化。研究表明：增加多糖的溶解度，有利于提高其生理活性；多糖的分子量过高或过低，其生理活性都会有所下降；溶于热水的多糖被证实有抗肿瘤活性，故多使用热水浸提或稀碱溶液来提取。

（1）**溶剂提取**　酸性可使多糖的糖苷键断裂，多使用稀碱、盐溶液来提取多糖。

（2）**超声波和微波提取**　除前述的超声波提取外，多糖还可以用微波提取。微波辐射能使生物材料的细胞、组织吸收微波能，温度迅速上升，细胞膨胀破裂，有利于提取活性成分。因此，微波提取对活性成分破坏小、提取效率高、溶剂少、能耗低、无污染，兼有杀菌作用、设备廉价等优点。

（3）**酶法提取**　利用生物酶可以破碎细胞，有助于多糖的提取。与单纯热水浸提等其他方法相比，采用复合酶提取香菇多糖，多糖含量可以提高 4 倍。

问题3　怎样分离香菇多糖?

从香菇中得到的多糖提取液，一般都是浸膏状的黏稠物，含有许多杂质，需要经过进一步的分离、纯化，才能得到其中的多糖成分。

(1) **多糖分离**　一般来说，多糖类化合物难溶于有机溶剂，常采用醇沉分离法，溶剂可使用乙醇或丙酮。先经过反复多次的沉淀、洗涤，除去一部分醇溶性杂质后，再对得到的多糖提取液进行脱色，分离除去溶液中的蛋白质杂质。

(2) **多糖脱色**　从菌类、植物中提取的多糖溶液，一般颜色较深，影响多糖的纯度。常用的方法有 H_2O_2 法、活性炭法和离子交换树脂法等。现在主要是采用活性炭吸附法。

(3) **除蛋白质**　蛋白质和多糖同属于生物大分子物质，易溶于水，不溶于醇类。采用水提醇沉分离多糖时，两者会混合在一起，同时被沉降下来。因此还需要从多糖中分离出蛋白质。分离除去蛋白质的方法主要有谢瓦格抽提法（Sevag 法）、三氟三氯乙烷法、三氯乙酸法等。目前主要使用的是 Sevag 法。

Sevag 法的原理：利用蛋白质在氯仿中变性的特点，将氯仿：戊醇＝5：1（或 4：1）的双溶剂体系按 1：5 加入多糖提取液中，经剧烈振摇后离心，蛋白质因与氯仿-戊醇结合而变性，形成聚集在水层和溶剂层交界处的蛋白质凝胶，再将这些变性蛋白质分离除去。

Sevag 法条件温和，但是效率不高，一般需要反复 5 次左右才能将蛋白质除尽。所以，通常需要先用酶将蛋白质水解，使其与多糖分离；再用 Seveg 法，结合透析、凝胶过滤或超滤等方法将蛋白质除去。

 问题4　分离后香菇多糖是怎样纯化、鉴定的?

采用上述方法提取得到的多糖，往往是含有多种不同化学组成、聚合度、分子形状的多糖成分的混合物，分子量的分布很宽，而有效活性成分可能只是其中的部分分子量范围，还需要进一步纯化，分离出单一组分或较窄分子量范围的多糖成分。多糖纯化又称为多糖分级，常采用的方法有：分级沉淀法、凝胶柱色谱法、离子交换柱色谱法、超滤分离法等。

(1) **分级沉淀法**　利用不同多糖成分的分子大小和溶解度不同而实现分离，常用的有两种类型：有机溶剂和季铵盐法。前者利用多糖在有机溶剂中溶解度极小的特点，使用不同浓度的有机溶剂分次沉淀，将不同的多糖成分进行分级，常用的溶剂是乙醇和甲醇；后者利用溴代十六烷基三甲胺能与酸性多糖形成不溶于水的盐，从而将酸性多糖从中性多糖中分离出来。

(2) **凝胶色谱法**　根据多糖分子量大小和形状不同进行分离，常用的凝胶有葡聚糖凝胶和琼脂糖凝胶。不同类型的凝胶可分离不同分子量的多糖，例如，先用 Sephadex G-50 分离分子量小于 1 万的多糖，再用 Sephadex G-150 进一步分离。

（3）离子交换柱色谱法和超滤分离法等如前所述。

香菇多糖的鉴定多采用蒽酮法，此法快速、简便、准确，便于工厂应用和推广，而苯酚硫酸法、费林试剂法、铜试剂法虽较准确，但操作麻烦，只适用于实验室内。

> **🔄 课堂互动**
>
> 香菇是一种食药同源的食物，具有很高的营养和药用价值。想一想：香菇多糖是纯粹的多糖化合物吗？

学习主题 2　黄酮类化合物的提取分离

❓ 问题 1　什么是黄酮类化合物？

黄酮，泛指两个具有酚羟基的苯环（A 环与 B 环）通过中央三碳原子相互连结而成的一系列化合物，其基本母核为 2-苯基色原酮，又称为黄酮类化合物，属多酚类化合物。这类化合物的结构中常连接有酚羟基、甲氧基、甲基、异戊烯基等官能团，还经常与糖结合成苷。

黄酮在植物界中分布广泛，有多种生物活性。例如：白果双黄酮和葛根总黄酮等，对心血管疾病有治疗作用；竹叶黄酮具有优良的抗自由基、抗氧化、抗衰老、降血脂、免疫调节、抗菌等生物学功效。20 世纪 60 年代，首次发现银杏叶中含有降低胆固醇的活性成分，此后，银杏叶中黄酮类成分的药理、药效与应用的研究一直是药物开发的热点，有些黄酮类成分已正式投入药物生产，如槲皮素片、黄芩苷片和银杏叶制剂等。

❓ 问题 2　黄酮类化合物的提取都有哪些方法？

（1）溶剂法　这是最常用的方法。所用的溶剂包括水和有机溶剂，提取方法主要有浸渍、渗漉、煎煮、回流和连续提取等。水提法适用于黄酮苷类成分，但提取率低，杂质（如无机盐、蛋白质、糖类等）较多，后续分离麻烦，现在很少单一使用。黄酮类化合物大多具有酚羟基，易溶于碱水，酸化后又可沉淀析出，可用碱性水（碳酸钠、氢氧化钠、氢氧化钙水溶液）或碱性稀醇（50％乙醇）浸出，浸出液经酸化后再沉淀析出；还可以根据黄酮类化合物与杂质极性的不同，选择合适的有机溶剂，常用的有乙酸乙酯、丙酮、乙醇、甲醇等。

应根据不同的原料选择不同的溶剂。一般来说，选择水或稀醇提取时，酸碱性不宜过强，以免在加热时强碱破坏黄酮，也防止在酸化时生成盐，使析出的黄酮又复分解，影响收率。例如，氢氧化钠水溶液的浸出能力高，但杂质较多，不利于纯化；当材料

（如花和果实）含有较多的果胶、黏液质、鞣质及水溶性杂质时，宜采用石灰水，使这类杂质生成钙盐而沉淀滤除，但浸出效果不如氢氧化钠水溶液好，同时有些黄酮类化合物也能与钙结合成不溶性物质被滤除。一般的游离苷元，难溶或不溶于水，但易溶于甲醇、乙醇、乙酸乙酯、乙醚、丙酮、石油醚等有机溶剂及稀碱液中，黄酮苷类易溶于水、甲醇、乙醇等强极性的溶剂中，故浓度 $90\%\sim95\%$ 的乙醇适宜提取黄酮苷元，60% 左右的乙醇适宜提取黄酮苷类。

（2）**超临界流体萃取法** 主要指超临界 CO_2 萃取（详见前述）。超临界 CO_2 是非极性溶剂，对极性较强的物质溶解能力不足。增大密度能增强溶解能力，但同时也提高了操作压力，增加运行成本。实际操作中常同时加入另一种物质以改变超临界 CO_2 的极性。例如，从甘草中提取黄酮类化合物，用 CO_2-水-乙醇溶剂体系可萃取出极性较小的甘草查耳酮，以及极性较大的甘草素和异甘草素。

（3）**酶解法** 酶能够充分破坏以纤维素为主的细胞壁结构及其细胞间相连的果胶，使植物中的果胶完全分解成小分子物质，减小提取的传质阻力，使植物中的黄酮类物质能够充分地释放出来。对于一些被细胞壁包围不易提取的黄酮类化合物原料比较实用。

（4）**微波法** 采用该法浸出时，材料细粉不凝聚糊化，操作简单、反应高效、产率高、易提纯。

薄层色谱鉴别技术

❓ 问题 3 如何开展黄酮类化合物的分离纯化？

（1）**色谱法** 包括柱色谱、薄层色谱、纸色谱、高效液相色谱和高速逆流色谱。

常用的柱色谱有三种：聚酰胺柱色谱、硅胶柱色谱和葡聚糖凝胶柱色谱。聚酰胺柱色谱的分离效果好，样品容量大，但洗脱速度慢，吸附损失较大（有时高达30%），装柱时应先用 5% 甲醇或 10% 盐酸预洗，除去低聚物杂质。硅胶柱色谱主要用于分离极性较低的黄酮类化合物，如异黄酮、黄烷类、二氢黄酮（醇）和高度甲基化或乙酰化的黄酮和黄酮醇，由于黄酮类化合物易与硅胶中的金属离子络合而不能被洗脱，应事先用浓盐酸处理硅胶，除去金属离子。葡聚糖凝胶柱色谱在分离游离黄酮时，主要靠吸附作用，吸附程度取决于游离酚羟基的数目，游离酚羟基的数目越多越难以洗脱；而在分离黄酮苷时，则主要靠分子筛的作用，分子量的大小或含糖的多少决定化合物的被洗脱顺序，分子量越大，连的糖越多，越容易洗脱。葡聚糖凝胶主要有 Sephadex LH-20 和 Sephadex—G 两种型号，可以反复使用且没有损失，其中 Sephadex LH-20 适用于从纸色谱分析、硅胶及聚酰胺柱色谱中分离出来的黄酮类化合物糖苷配基及糖苷的最终纯化。

薄层色谱法分为离心薄层色谱和制备性薄层色谱。前者分离速度快、处理量大，可以替代制备性薄层色谱，有时甚至能替代柱色谱；后者适宜小处理量的纯化。

纸色谱法适用于分离各种类型黄酮类化合物及其苷类的复杂混合物，分离的处理量可大可小，所需设备和材料的费用比较少。

HPLC法在使用中，正相系统的固定相主要有硅胶柱和氨基柱，反相系统的固定相常常用 C_{18} 柱、C_8 柱、苯基柱、氨基柱及 C_2 柱等，而流动相一般用甲醇-水或乙腈-水系统，并加入少量的酸（如乙酸、磷酸、甲酸及磷酸二氢钾）来改善分离效果。虽然

HPLC 比纸色谱、柱色谱、薄层色谱的分离效果更理想，但分离成本较高，所以实际上多用于黄酮类化合物的定性检测、定量分析或少量样品的制备等。

高速逆流色谱法也常常用于分离黄酮类化合物。其中适用于分离黄酮（醇）的溶剂系统为氯仿-甲醇-水、正丁醇-乙酸-水、氯仿-正丁醇-甲醇-水；适用于分离异黄酮的溶剂系统有氯仿-甲醇-水；分离双苯吡酮的溶剂系统有氯仿-甲醇-水。

(2) **梯度 pH 萃取法**　黄酮类化合物中有酚羟基的取代而显酸性，并且由于羟基的数目和位置不同，酸性强弱也不同，利用这一特性，将植物提取的总黄酮溶于有机溶剂中，按照弱碱至强碱、稀碱至浓碱的顺序进行萃取，可以分别萃取出不同酸性强弱的黄酮类化合物。

(3) **金属试剂络合沉淀法**　此法利用铝盐、铅盐、镁盐能与具有邻二酚羟基结构的黄酮类化合物形成配合物沉淀的特性，将其分离出来，再加酸解离还原。如前述的铅盐沉淀法，即用醋酸铅饱和水溶液来沉淀黄酮类物质。

(4) **活性炭吸附法**　该方法适用于纯化黄酮苷，尤其是初步纯化水或甲醇液粗提物中的黄酮苷非常有效。先将植物原料用水煎煮（也可直接用甲醇提取），水煎液浓缩至稠浆状，加入甲醇溶解，过滤，于滤液中分次加入活性炭，检查至溶液无黄酮反应为止。过滤，将吸有黄酮的活性炭依次用沸甲醇、沸水及 7％苯酚水溶液（即室温下饱和水溶液）洗脱，得总黄酮。

此外，还可以应用超滤、微滤、纳滤和反渗透等膜分离法，以及超临界流体萃取分离法。

❓ 问题 4　怎样测定黄酮类化合物的含量？

(1) **分光光度法**　利用黄酮结构上的酚羟基及其还原性羰基能够与金属盐试剂形成有色络合物的原理，可进行含量测定。该法设备价廉，操作简便，但样品未经分离纯化，容易受花色素、酚酸及其他酚性成分的干扰，误差较大，结果高于实际含量。

(2) **高效液相色谱法**　HPLC 已成功应用于黄酮类化合物的分析，以 C_{18} 柱与 C_8 柱最为常用。由于黄酮类化合物常带有酚羟基，在水中会部分解离，而未解离的羟基与固定相作用较强，从而导致拖尾，所以黄酮类的反相高效液相色谱中需要加入酸调节 pH 值以抑制解离克服拖尾现象。

(3) **薄层扫描法**　样品经薄层色谱分离后，直接在薄层扫描仪上，在选定的波长范围内扫描，得到薄层斑点的面积积分值，再由回归方程计算含量。该法不受其他成分干扰，简便、准确。

(4) **毛细管电泳法**　毛细管电泳法具有速度快、选择性高、分离效率高、经济、样品前处理简单、进样体积小、溶剂消耗少和抗污染能力强等优点。

🔄 课堂互动

洋葱、大蒜、生姜，这些既是餐桌上的调味品，也是健康养生的佳品。想一想：为何从医学角度上说，洋葱、大蒜、生姜有助于提高机体免疫力？

学习主题 3　生物碱的提取分离

 问题 1　什么是生物碱?

生物碱是指一类含氮杂环的有机物,有类似碱的性质,又称为赝碱。生物碱可由细菌、真菌、植物和动物等多种生物产生,有着显著的生理活性。

生物碱的结构比较复杂,种类很多,各具有不同的结构式,与其他含氮天然化合物之间的界限也不是很明确,有些结构相似、不含碱性(如中性甚至弱酸性)、来源于植物的含氮有机化合物,有明显的生物活性,也被包括在生物碱的范围内。但是,有些来源于天然的含氮有机化合物,如某些维生素、氨基酸、肽类、核苷酸、胺和抗生素等,习惯上又不属于生物碱。

大多数生物碱具有弱碱性,但也有一些是两性的(如可可碱和茶碱)。生物碱具环状结构,难溶于水,但易溶于有机溶剂(如乙醚、氯仿或1,2-二氯乙烷)。

生物碱的溶解性能是提取与纯化的重要依据。按照在不同极性溶剂中的溶解性,可分为亲脂性和水溶性两大类。亲脂性生物碱的数目较多,包括绝大多数的叔胺碱和仲胺碱,易溶于极性较低的有机溶剂(如苯、乙醚、氯仿等),在亲水性有机溶剂(如丙酮、低碳醇)中亦可较好地溶解,但在水中的溶解度非常小;水溶性生物碱的数目较少,主要指季铵碱,易溶于水和酸碱溶液,亦可在极性大的有机溶剂(如醇溶剂等)中溶解,但几乎不溶解于低极性有机溶剂中。大多数生物碱可与酸结合成各种强度的盐,可溶于酸中,碱性条件下又可恢复为游离态。通常,生物碱的盐易溶于水和低碳醇,但难溶于大多数有机溶剂。

 问题 2　生物碱是怎样提取出来的?

生物碱的提取方法较多,视其结构和性质的不同,提取方法也不尽相同,可根据其溶解度而定。大多数生物碱可以通过酸碱或溶剂萃取方法将其提取出来,再进行进一步的纯化(图 3-9)。

溶剂提取方法可分为两种:静态(如煎煮、浸渍)和动态(如回流、渗漉)。较为常用的是常温浸渍和常温渗漉。例如,在常温或温热(60~80℃)情况下,用适当溶剂浸渍处理过的药材,易溶出其中的生物碱成分,适用于有效成分遇热易破坏,含较多淀粉、树胶、果胶、黏液质的生物碱提取,浸出率较差;又如,以有机溶剂作提取溶剂,通过水浴加热回流提取,滤出提取液后回收溶剂,提取效率高于浸渍法,适用于易挥发的有机溶剂加热提取生物碱成分。

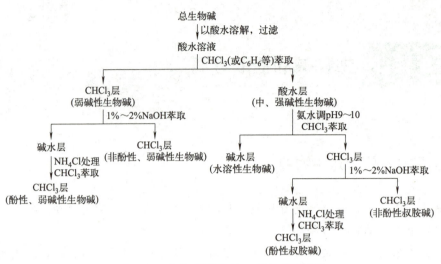

图 3-9　生物碱提取的一般工艺流程

对于一些具有挥发性、与水不发生反应、难溶或不溶于水、能随水蒸气蒸馏而不被破坏的生物碱成分，可用水蒸气蒸馏法提取。此类生物碱成分的沸点多在 100℃ 以上，且在 100℃ 左右有一定的蒸气压，如麻黄碱、烟碱等小分子生物碱可用此法提取。

传统方法存在能耗大、有效成分损耗大、杂质较多、效率较低等问题，近年来一些新技术的应用，大大提高了效率，降低了能耗，如超声波提取、微波萃取和 CO_2 超临界萃取。超声波提取法是将样品与提取溶剂一起置于适当的容器内，在超声波振荡器的作用下进行提取，提取时间一般小于 1h。通过超声波的强烈振动和击碎作用，将样品打成细小微粒，均匀地分散于提取溶剂中，提高了提取效率。操作中注意，超声波在液体中传播产生的空化作用，可促使化学反应的发生，应控制超声波的强度。

 问题 3　如何纯化分离生物碱?

经过溶剂提取后的生物碱溶液除生物碱及盐类之外，还存在大量其他脂溶性或水溶性杂质，需要进一步纯化处理。通常使用有机溶剂萃取法、色谱法和树脂吸附法。

有机溶剂萃取法是生物碱纯化的经典技术，亲脂性生物碱使用非极性和低极性有机溶剂，如苯、乙醚、氯仿等；水溶性生物碱使用极性较大的有机溶剂，如乙酸乙酯、丁醇等。

色谱法中常用吸附柱色谱来纯化生物碱成分，吸附剂多使用硅胶和氧化铝。硅胶的使用范围比较广，可用于极性和非极性生物碱的纯化；氧化铝（Al_2O_3）包括碱性、中性和酸性 3 种，其中碱性和中性的氧化铝适用于分离酸性较大、活化温度较高的生物碱类成分。Al_2O_3 的粒度对分离效率有显著影响，一般粒度范围在 $100\sim160$ 目，低于 100 目分离效果差，高于 160 目则溶液流速慢。

用离子交换树脂吸附时，按照生物碱的性质常选用强酸型阳离子交换树脂，将酸化的生物碱提取液通过树脂，生物碱盐的阳离子交换到树脂上而与其他成分和杂质分离，交换后的树脂用氨水碱化，可得到游离态生物碱，等树脂晾干后视生物碱的亲脂或亲水性质，再用相应的溶剂进行提取得到总生物碱。也可使用大孔树脂吸附。

近年来，一些新技术如分子印迹、膜分离技术得到较快的发展，相继应用在生物碱的分离中，大大简化了过程、提高了纯化效率。

 课堂互动

烟草、槟榔中都含有生物碱。想一想：尼古丁、槟榔碱，这些生物碱都有哪些生理功效？

🌱 **技能拓展**

常用的生物碱提取溶剂

（1）**非极性溶剂**　大部分亲脂性生物碱都能溶于氯仿、甲醇、乙醇等有机溶剂，不溶或难溶于水，但与酸结合成盐时则易溶于水和醇。可用10%氢氧化铵溶液浸润，使药材中与酸结合成盐的生物碱呈游离状态，再用氯仿或乙醚等提取。对于一些与酸结合比较稳定的生物碱盐类、鞣酸盐或碱性较强的生物碱盐，氢氧化铵无法将其完全分解，可用碳酸钠、碳酸氢钠、氢氧化钙或氧化镁，甚至氢氧化钠进行碱化。这种方法不能用于水溶性生物碱的提取。

（2）**极性溶剂**　对于极性较大的生物碱，可用中性/酸性甲醇、乙醇、酸水（常用0.1%～1.0%盐酸、硫酸、乙酸、酒石酸等）以及缓冲液进行提取。该方法比较简单，提取液中含较多杂质，需要进一步纯化。

（3）**混合溶剂**　用不同极性的溶剂按照不同比例混合，可以较好地提取生物碱。例如：提取麦角甾醇时，使用氯仿：甲醇：氢氧化铵（90：9：1）；提取百部碱、粉防己碱时，使用乙醚：氯仿：乙醇：氢氧化铵（25：8：25：1）。

水溶性生物碱还可采用与生物碱生成沉淀的试剂，如雷氏盐（硫氰化铬铵）、磷钨酸等。水溶性生物碱与试剂生成不溶性复盐，从水中沉淀析出。

 课后复习

1. **填空**

（1）从多糖中分离消除蛋白质时可使用Sevag法，即利用＿＿＿在＿＿＿中变性的特点，形成聚集在水层和溶剂层交界处的＿＿＿，再将这些变性＿＿＿分离除去。

（2）黄酮类化合物大多具有酚羟基，易溶于＿＿＿，＿＿＿后又可沉淀析出。

（3）生物碱可以用传统的溶剂法进行提取，包括诸如煎煮、浸渍等＿＿＿方式和诸如回流、渗漉等＿＿＿方式，比较常用的是常温＿＿＿和常温＿＿＿。

2. **选择**

（1）以下关于多糖性质描述正确的是（　　　）。

A. 香菇多糖含有β-D-葡聚糖残基，大多为碱性多糖

B. 香菇多糖可从香菇子实体中提取获得，属脂溶性极性大分子化合物

C. 提取香菇多糖时，应避免强酸、强碱的冲击，可使用热水浸提法制备

D. 香菇多糖为水溶性物质，稀酸、盐溶液可增加其溶解性，有助于提高其生理活性

（2）黄酮类属多酚类化合物，可使用溶剂法制备。以下正确的说法是（　　）。

A. 由于其分子中多具有酚羟基，可以用酸液浸出，再用碱水沉淀分离

B. 由于其分子中多具有酚羟基，可以用碱液浸出，再用酸水沉淀分离

C. 为促进黄酮的溶解，加热时应使用浸出能力较强的氢氧化钠水溶液

D. 为促进黄酮的溶解，加热时应使用可酸化成盐的酸溶液以达到更好的浸出效果

（3）生物碱的提取方法很多，可视其性质而定。当生物碱沸点较高且有一定的100℃蒸气压时，可用（　　）提取。

A. 温热煎煮法　　　　B. 常温渗漉法　　　　C. 溶剂回流法　　　　D. 蒸汽蒸馏法

（4）用离子交换树脂分离纯化生物碱，一般是使用（　　）交换树脂。

A. 强酸型阳离子　　　B. 强碱性阳离子　　　C. 强酸型阴离子　　　D. 强碱性阴离子

3. 判断

（1）提取香菇多糖时，如果原料含脂较高，常采用热水浸渍进行脱脂。

（2）应用超临界法萃取甘草类黄酮时，常使用 CO_2-水-乙醇溶剂体系。

（3）提取分离水溶性生物碱时，可使用氯仿等低极性有机溶剂。

4. 简述

为什么可以用梯度 pH 法萃取分离黄酮类化合物？

项目5　实操训练

训练任务 1　甘露醇的制备与鉴定

一、目的

了解甘露醇的化学和物理特性。

熟悉天然产物活性成分提取分离的基本方法。

掌握从海带中分离提纯甘露醇的原理和操作方法。

二、原理

甘露醇又称 D-甘露糖醇，为六元醇，呈白色结晶性粉末，具有清凉甜味，其甜度相当于蔗糖的 70％；易溶于水（5.6g/100mL，20℃）及甘油（5.5g/100mL），略溶于乙醇（1.2g/100mL），几乎不溶于乙醚等；20％水溶液呈酸性（pH 5.5～6.5）；不易被空气氧化，熔点 166℃。1g 甘露醇可产生 8.37J 热量，约为葡萄糖的一半。

甘露醇是医药工业的重要原料，可降低颅内压、眼内压，用作利尿剂、治肾药、脱水剂等；或作为药品片剂的赋形剂，固体、液体制剂的稀释剂；同时也可用作糖尿病患者食品、健美食品等，是良好的食品甜味剂；还可用于塑料材料，制备松香酸酯、人造甘油树脂、炸药、雷管等。

甘露醇在海藻、海带中含量较高。干海带上附着的白色粉末，其主要成分就是甘露醇。海带洗涤液中甘露醇的含量可达到 15g/L，是提取甘露醇的重要资源。目前，国内外工业生产甘露醇主要有两种工艺，一种是以海带为原料，在生产海藻酸盐的同时，将提碘后的海带浸泡液，经多次提取、浓缩、除杂、离子交换、蒸发浓缩后，再冷却结晶而得；一种是以蔗糖和葡萄糖为原料，通过水解、差向异构和酶异构，然后加氢而得。海带提取法是国内目前生产甘露醇的主要方法，其一般的制备流程如图 3-10 所示：

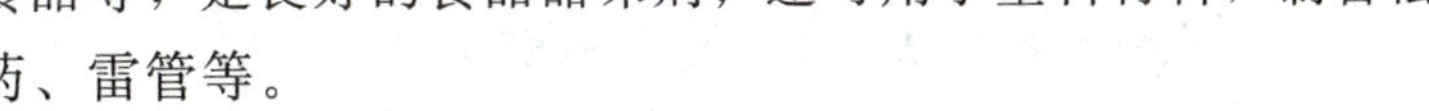

干海带 —→ 浸泡搓洗 --洗液--→ 碱化、酸化 --清液--→ 浓缩 —→ 粗品 —→ 精制 —→ 纯品

图 3-10　海带提取甘露醇流程

我国利用海带提取甘露醇已有几十年历史，此工艺简单易行，但容易受到原料资源、提取收率、气候条件、能源消耗等限制。近年来，合成法工艺取得了较大进展，利用微生物发酵蔗糖、山梨醇等底物制备甘露醇也已经成为研究的热点。

三、用品

1. 仪器与材料

pH 试纸、电炉、布氏漏斗、抽滤瓶、回流装置。

2. 试剂

海带（市售）、30％NaOH 溶液、硫酸（1∶1）、95％乙醇、粉末活性炭、1mol/L 三氯化铁溶液、1mol/L NaOH 溶液。

四、步骤

1. 浸泡、碱化、酸化

（1）将海藻或海带加 20 倍量自来水，室温浸泡 2～3h。

（2）将前一次的浸泡液套用作为第二次的原料提取溶液。一般套用 4 次后，浸泡液中的甘露醇含量已经比较高。

（3）收集浸泡液，用 30％NaOH 溶液，调至 pH 10～11，静置 8h，待海藻糖液、淀粉及其他有机黏性物充分凝聚沉淀。

（4）收集上清液，用 1∶1 H_2SO_4 中和至 pH 6～7，进一步除去胶状物，得中性提取液。

2. 浓缩、醇洗

（1）加热至温度 110～150℃，使其沸腾蒸发，期间大量盐沉淀，至呈浓缩液。此时，取小样点于玻璃板上，稍冷却应呈凝固态。

（2）将浓缩液冷却至 60～70℃，趁热加入 95％乙醇，在不断搅拌中逐渐冷却，至室温后，离心甩干除去胶质，得灰白色松散物。

3. 提取

（1）取松散物，加入 8 倍量的 95％乙醇加热回流 30min，静置 24h，2500r/min 离心甩干，得白色松散甘露醇粗品。

（2）同上操作，95％乙醇重结晶 1 次，得甘露醇粗品。

4. 精制

（1）甘露醇粗品加适量蒸馏水加热溶解，按 5％质量比加入粉末活性炭，不断搅拌，加热至沸腾。

（2）趁热过滤（或压滤），用少许水洗活性炭 2 次，合并洗液至滤液中（如浑浊需重新过滤）。

（3）将滤液高温浓缩至浓缩液相对密度 1.2 左右时，搅拌下冷却至室温，低温下结晶、抽滤，得结晶甘露醇，烘干，得甘露醇成品。

5. 鉴定

取所制得的甘露醇成品饱和溶液 1mL，加 1mol/L $FeCl_3$ 溶液与 1mol/L NaOH 溶液各 0.5mL，即生成棕黄色沉淀，振摇不消失，滴加过量的 1mol/L NaOH 溶液，即溶解成棕色溶液。符合此现象，可初步断定为甘露醇。

五、结果

1. 称重计算甘露醇的得率。
2. 讨论影响甘露醇得率的因素。

六、思考

1. 为什么要用第一次的浸泡液去浸泡新的海带？
2. 碱化的目的是什么？如果碱化时间短，是否会对甘露醇产品的得率带来影响？
3. 甘露醇成品通常为白色针状晶体。你提取得到的甘露醇粗品是否为晶体？请分析原因。

训练任务 2　甲壳素、壳聚糖的制备与测定

一、目的

掌握从虾、蟹壳中制备甲壳素、壳聚糖的制备方法。
熟悉甲壳素、壳聚糖的测定方法，及黏度计的使用。
了解甲壳素、壳聚糖的应用。

二、原理

甲壳素又称甲壳质、几丁质（chitin），是一种从海洋甲壳类动物的壳中提取出来的多糖物质，化学式为 $(C_8H_{13}O_5N)_n$，呈淡米黄色至白色，可溶于浓盐酸、磷酸、硫酸和乙酸，不溶于水、碱及其他有机溶剂。壳聚糖（chitosan）是甲壳素的脱乙酰基衍生物，不溶于水，可溶于部分稀酸。

早在 1811 年，甲壳素即被人们发现并从甲壳动物外壳中提取得到，被应用于食品、制药等多个行业中。例如，具有抑制癌细胞生长转移的抗癌作用、提高免疫力的护肝解毒作用、改善消化吸收机能、降低脂肪及胆固醇的摄取、降低血压、提高胰岛素利用率等；使用壳聚糖制成的微胶囊，是良好的药物缓释载体；此外，在轻工、环保、化妆品、美容等行业有着广泛的用途。

甲壳素广泛分布于低等植物、虾、蟹、昆虫等甲壳动物的外壳和真菌的细胞壁等，如虾、蟹等外壳中含甲壳素高达 58％～85％。甲壳素的化学结构（图 3-11）和植物纤维素相似，为六碳糖的聚合物，分子量在 100 万以上，其基本单位是乙酰葡萄糖胺。

天然存在的甲壳素都是与大量无机盐、壳蛋白紧密结合成的络合物。通过酸碱处理

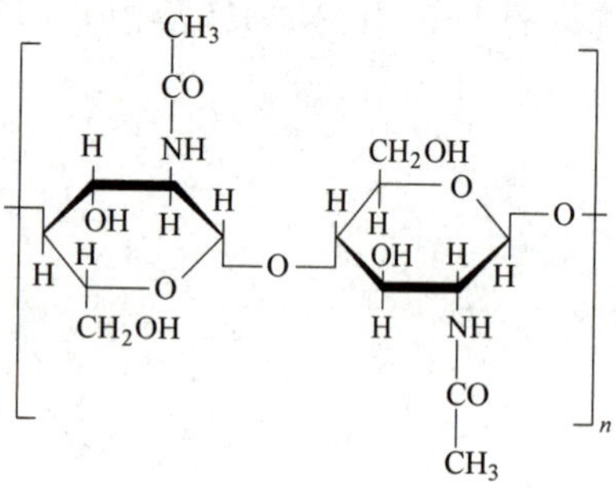

图 3-11 甲壳素的分子结构

可除去钙盐、蛋白质等杂质，色素可以通过氧化还原反应去除。采用不同方法可以获得不同脱乙酰度的壳聚糖。常用的是碱液处理法，即将已制备好的甲壳素在较高温度下用浓氢氧化钠处理，脱乙酰后得到壳聚糖。

可以通过测定壳聚糖中自由氨基的量来确定甲壳素脱乙酰基的程度。壳聚糖中自由氨基含量越高，脱乙酰度就越高。反之亦然。壳聚糖中脱乙酰度的大小直接影响其在稀酸中的溶解能力、黏度、离子交换能力和絮凝能力等。因此，壳聚糖的脱乙酰度大小是产品质量的重要标准。脱乙酰度的测定方法很多，如酸碱滴定法、苦味酸法、水杨醛法等。

苦味酸常用于不溶性高聚物的氨基含量测定。在甲醇中，苦味酸可以与游离氨基在碱性条件下发生定量反应。同样，苦味酸也可以与甲壳素和壳聚糖中的游离氨基发生反应。由于甲壳素和壳聚糖均不溶于甲醇，二异丙基乙胺能与结合到多糖上的苦味酸形成一种可溶于甲醇的盐，这种盐能从多糖上释放出来。该盐在 358nm 的吸光度值与其浓度（$0 \sim 115 \mu mol/L$）呈线性关系。通过光吸收法测定这种盐的浓度，可推算出甲壳素和壳聚糖上氨基的数量，进而计算出样品的脱乙酰度。此法的优点是：适用于从高乙酰度到不含乙酰度的较宽范围，无需复杂设备，所需样品量较少（数毫克至数十毫克）。

三、用品

1. 仪器与材料

粉碎机、低温减压干燥器、紫外分光光度计、色谱柱（内径 $0.5cm \times 10cm$）、玻璃烧杯、抽滤瓶、试管、移液管（0.5mL、1mL、10mL）。

2. 试剂

新鲜虾壳、无水乙醇、甲醇、10% HCl 溶液、40% NaOH 溶液。

10mol/L 苦味酸甲醇溶液　取 2290.0g 苦味酸（2,4,6-三硝基苯酚）定容于 1L 甲醇中；再稀释得到 0.1mol/L 和 0.1mmol/L 苦味酸甲醇溶液。

0.1mol/L 二异丙基乙胺（DIPEA）甲醇溶液　取 10.1g 二异丙基乙胺定容于 1L 的甲醇中。

四、步骤

1. 甲壳素制备

（1）操作流程（图 3-12）

虾壳 $\xrightarrow{\text{清洗、烘干、粉碎}}$ 干燥虾壳粉 $\xrightarrow[3h]{\text{脱钙}}$ 脱钙虾壳粉 $\xrightarrow[3 \sim 4h]{\text{脱蛋白}}$ 甲壳素粗品 $\xrightarrow{\text{酸处理}}$ 甲壳素

图 3-12　虾壳制备甲壳素流程

（2）操作步骤

① 预处理　将收集到的虾壳去掉枪刺，洗净，晒干或烘干后称重，粉碎过筛，得

到虾壳粉。

② 脱钙 将虾壳粉置于烧杯中，加入 2～5BV 的 10％ HCl 溶液，在室温下搅拌 3h，然后抽滤，用水洗涤滤渣至 pH 7.0，干燥后得脱碳酸盐的虾壳粉。

③ 脱蛋白 将脱碳酸盐的虾壳粉移入另一个烧杯内，加入 2BV 的 40％ NaOH 溶液，加热至 85℃，恒温搅拌 3～4h，然后抽滤，弃去滤液，洗涤滤渣至中性，干燥后得甲壳素粗品。

④ 酸处理 将甲壳素粗品移至玻璃烧杯中，加入 2～3BV 的 10％ HCl 溶液，加热至 60℃，搅拌约 15min 后抽滤，洗涤滤渣至中性后，干燥得甲壳素产品，称重。

2. 壳聚糖制备

(1) 操作流程（图 3-13）

(2) 操作步骤

① 脱乙酰基 称取一定量的甲壳素产品，置于烧杯中，加入 2BV 的 40％ NaOH 溶液，加热至 110℃ 以上，搅拌反

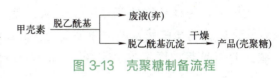

图 3-13 壳聚糖制备流程

应 1h，滤除碱液，洗涤至中性。依脱乙酰度的不同要求，重复用浓碱处理 1～2 次。收集滤渣，压紧干燥后得湿产品。

② 干燥 将湿产品置于器皿中干燥，得壳聚糖产品，称重。

3. 壳聚糖的脱乙酰度测定

(1) 标准曲线的制作

按表 3-7 配制不同浓度的二异丙基乙胺-苦味酸的甲醇溶液，测定 358nm 处的吸光度值（A_{358}）。以 A_{358} 值为纵坐标，DIPEA-苦味酸浓度（μmol/L）为横坐标，绘制标准曲线。

表 3-7 二异丙基乙胺-苦味酸甲醇溶液的配制

试管标号	1	2	3	4	5
0.1mol/L 二异丙基乙胺甲醇溶液/mL	1.0	1.0	1.0	1.0	1.0
0.1mol/L 苦味酸甲醇溶液/mL	0.1	0.2	0.3	0.4	0.5
甲醇/mL	8.9	8.8	8.7	8.6	8.5
总体积/mL	10	10	10	10	10
DIPEA-苦味酸浓度/(μmol/L)	10	20	30	40	50

(2) 脱乙酰度测定的操作

① 准备一支小玻璃色谱柱（内径 0.5cm×10cm），精确称重后，将壳聚糖样品（5～30mg）粉碎成细末后装填入色谱柱内，再次精确称重。两次称量值之差即为样品质量（mg）。

② 用 0.1mol/L DIPEA 甲醇溶液缓慢流过色谱柱，共用 15min，再用 10mL 甲醇淋洗，除去多糖样品上的残留盐。

③ 然后将 0.5～1.0mL 的 0.1mol/L 苦味酸甲醇溶液缓慢加入色谱柱中，室温下苦味酸与样品中的氨基反应 6h 形成苦味酸多糖复合物。

④ 接着用速度为 0.5mL/min 的甲醇 30mL 淋洗，使没有结合到氨基上的苦味酸完全被淋洗出来，再用 0.1mol/L DIPEA 甲醇溶液 0.5～1.0mL 缓慢加入柱内，保持 30min，然后用约 8mL 甲醇淋洗色谱柱，收集洗脱液，用甲醇准确补足到 10mL。

⑤ 测定收集的可溶性 DIPEA-苦味酸甲醇溶液在 358nm 的吸光度值（必要时做适当稀释），根据标准曲线得知其浓度。该甲醇盐溶液摩尔吸光系数为 15650L/（mol·cm），也可以利用此值直接计算出其浓度。

(3) 脱乙酰度的计算

根据下式计算出样品的脱乙酰度。

$$脱乙酰度 = \frac{m - 161n}{M + 42n}$$

式中，m 为样品质量，mg；n 为从样品上洗脱出来的苦味酸的物质的量，mmol；161 表示 D-葡萄糖胺残基的摩尔质量，mg/mmol；42 为 N-乙酰-D-葡萄糖胺的摩尔质量减去 D-葡萄糖胺摩尔质量的差值，mg/mmol；M 为二异丙基乙胺的摩尔质量，mg/mmol。

五、结果

1. 计算甲壳素产品得率。
2. 根据脱乙酰度的测定，分析影响壳聚糖得率的原因。
3. 填写实践报告及分析。

六、思考

1. 用酸液浸泡虾壳时，为何要用 10％的 HCl 溶液？
2. 制备壳聚糖时，重复用 40％ NaOH 溶液反应的次数不同，对结果会产生怎样的影响？
3. 测定脱乙酰度时，为何要缓慢流经色谱柱？

模块四　生化反应制药

项目1　发酵工程制药

 学习目标

【知识要求】　掌握　发酵工程制药的一般工艺流程及技术特点

　　　　　　　熟悉　发酵工程制药的过程控制与技术操作

　　　　　　　了解　主要的发酵技术药物的生产工艺

【能力要求】　懂得　发酵工程制药的一般工艺流程及技术特点

　　　　　　　明白　发酵工程技术在制药领域中的应用

【素质要求】　具备　化学、微生物学、药学、化工等基础知识和无菌操作技能

　　　　　　　能够　遵循药品生产管理要求，具备团队协作意识，协助创新研发

 技能要点

　　发酵工程是利用生物细胞（包括微生物细胞、动物细胞、植物细胞及其固定化细胞）的特定功能，通过现代工程技术手段（主要是发酵罐或生物反应器的自动化、高效化、功能多样化和大型化）生产各种特定的有用物质，或者把微生物直接用于某些工业化生产的一种生物技术。

　　发酵工程制药的一般工艺流程：菌种→孢子制备→种子制备→发酵→发酵液预处理→提取及精制→成品检验→成品包装。

　　根据操作方式的不同，发酵过程主要有分批发酵、连续发酵和补料分批发酵三种类型。控制发酵工艺的主要参数有温度、pH值和溶解氧等。

　　主要的发酵技术药物包括：抗生素类、维生素类、核酸类、氨基酸类、药用酶和辅酶类及其他药理活性物质等。

 课前引导

　☆ 酸奶是怎么制作出来的？

　☆ 啤酒、米醋和酱油，这几种生活中常见的饮料或调味品，在制备上有什么共同点？

　☆ 你吃过哪些发酵食品？

问题 1　什么是发酵工程?

"发酵"(fementation)一词来源于酵母菌作用于果汁或发芽谷物,获得乙醇并产生二氧化碳的现象。法国人巴斯德最早探讨了酵母菌乙醇发酵的生理意义,提出发酵是酵母菌在无氧状态下的呼吸过程,即无氧呼吸,是生物获得能量的一种方式。

从微生物学角度看,发酵指微生物细胞将有机物氧化释放的电子直接交给中间产物、释放能量并产生各种不同的代谢产物。从生物化学角度看,发酵被定义为在无氧条件下,底物在酶催化下脱氢后所产生的还原氢[H]不经过呼吸传递、直接交给中间代谢产物的一类低效产能反应。现在,人们把利用微生物在有氧或无氧条件下的生命活动,大量生产或积累微生物细胞和各种代谢产物的过程,统称为发酵。一般指利用微生物制造工业原料或工业产品的过程。发酵可以在无氧或有氧的条件下进行。前者如乙醇发酵、乳酸发酵,以及丙酮、丁醇发酵,后者如抗生素发酵、乙酸发酵、氨基酸发酵和维生素发酵等。

利用发酵来制造工业原料或工业产品的工程技术,称为发酵工程。这是结合了微生物学、生物化学、化学工程等的基本原理和技术的生物工程技术,可利用微生物的发酵现象来规模化生产各种特定的有用物质,实现生物制造的产业化。随着基因工程、组织细胞工程等技术的发展,发酵工程技术被应用到动、植物细胞的规模化培养中,简称为生物细胞培养(反应)过程或者是发酵过程。发酵工程技术也被引入传统的中药炮制过程中,利用微生物的代谢作用,提高药效,改善口感和质量,减少药物的毒副作用。

 问题 2　发酵工程的类型有哪些?

从化工角度来说,发酵工程是以细胞为催化剂的化学反应工程,但习惯上,人们将其称为微生物工程。发酵工程中的许多内容和特点都是依据微生物的代谢反应来阐明的,例如,生产菌种的选育、发酵工艺的类型与条件优化控制、反应器设计、发酵产物分离、产品纯化精制等。目前,已知具有生产价值的发酵类型大概有以下几种:

菌体发酵　以获得微生物菌体为目的。如用于面包制作的酵母发酵、单细胞蛋白发酵,以及香菇类、与天麻共生的密环菌、产名贵中药荻苓的荻苓菌、含灵芝多糖的灵芝菌、虫草等药用真菌等。通过发酵生产，可以获得与天然药用真菌具有同等疗效的药用产物。

酶发酵　酶普遍存在于各类生物体中。微生物具有种类多、产酶面广、生产容易、成本低等特点，在工业上有着越来越广泛的应用。如淀粉酶、糖化酶用于葡萄糖的生产，青霉素酰化酶用来生产半合成青霉素的中间体——6-氨基青霉素等。

代谢产物发酵　这种发酵类型的应用最多，目前已知的微生物代谢产物中，大部分都属于药物，如氨基酸、核苷酸、蛋白质、糖类等都是细胞生长繁殖所必需的，称为初级代谢产物；在微生物生长过程中，往往能产生一些与细胞的生长没有直接的关系的产物，如抗生素、生物碱、细菌毒素、植物生长因子等，称为次级代谢产物。次级代谢产物可以赋予细胞一些特殊的功能，如抗生素具有广泛的抗菌、抗病毒、抗癌等生理活性作用。近年来，基因工程技术快速发展，通过基因操作技术，获得"工程菌株"或者"杂交细胞"，再进行发酵培养以获得特定产物（如胰岛素、干扰素、单克隆抗体等），也属于这一类发酵。

转化发酵　又称为酶工程技术，利用微生物细胞的一种或多种酶把一种化合物转化成结构相关的更有经济价值的产物，如将甾体、薯蓣皂苷转化成促肾上腺皮质激素、氢化可的松等。

 问题 3　发酵工程经历了怎样的发展阶段?

早在几千年前，人们就利用自然发酵现象，从事酒、酱、醋、奶酪等产品的生产。发酵多在嫌气状态下进行，是非纯种培养、凭经验操控的天然发酵过程，产品质量不稳定。

自显微镜发明以后，人们对微生物的认识逐渐深入，通过实验证明了发酵原理，明确了不同的微生物能引起不同类型的发酵。此后，微生物纯种分离、培养技术逐步建立起来，使发酵技术从天然发酵转变为纯粹培养发酵，并发展了消除杂菌、有利于纯种培养的密闭式发酵罐与灭菌设备，开始用于乙醇、甘油、丙酮、丁醇、乳酸、柠檬酸、淀粉和蛋白质等的微生物纯种发酵生产。

第二次世界大战期间，青霉素的大量生产，极大地推动了发酵工程技术的进步，链霉素、金霉素等抗生素相继问世，抗生素工业迅速崛起。这段时间建立起的微生物液态深层发酵技术，成为发酵工程技术发展的里程碑之一。随后，由于生物化学、酶化学、微生物遗传学等基础生物学科的发展，和微生物代谢调控技术的广泛应用，几乎所有的氨基酸和核苷酸物质都可以通过发酵生产。同时，伴随石油工业的开发，发酵原料也由单一性碳水化合物向非碳水化合物过渡。

重组 DNA 技术的发展，使得人们可以按照预定方案把外源目的基因克隆到容易大规模培养的微生物（如大肠埃希菌、酵母菌）细胞中，通过微生物发酵来生产原来产量有限甚至没有的物质，如胰岛素、干扰素、白细胞介素和多种细胞生长因子等，给发酵工程带来了划时代的变革。

问题 4　发酵工程在制药领域中的应用

利用发酵工程技术来获取药物成分，可称为发酵工程制药，其实质是生物反应过程，即利用生物催化剂生产生物产品的过程。发酵工程与化学工程的联系非常紧密，化学工程的许多单元操作在发酵工程中都有广泛应用，两者之间有很多共性。不同的是，发酵工程的对象是微生物细胞，诸如空气的除菌、培养基灭菌系统等都是发酵工程所特有的。

通过发酵工程获得的药物成分称为发酵技术药物，包括抗生素（具有抗细菌、抗真菌、抗肿瘤、抗高血压、抗氧化、免疫调节活性）等，大都是微生物的代谢产物，具有相似的生物合成机制、筛选研究程序和生产工艺。发酵技术药物可分为：

抗生素类　主要包括青霉素、头孢菌素、链霉素、红霉素、四环素、林可霉素等。

维生素类　主要包括维生素 B_1、维生素 B_6、维生素 B_{12}、维生素 C、维生素 A、维生素 D、维生素 E、维生素 K 等。

核酸类　主要包括肌苷、鸟苷、一磷酸肌苷（IMP）、一磷酸鸟苷（GMP）、三磷酸腺苷（ATP）等。

氨基酸类　主要包括色氨酸、苏氨酸、蛋氨酸、缬氨酸、赖氨酸、亮氨酸、异亮氨酸、苯丙氨酸、胱氨酸、酪氨酸、精氨酸、丝氨酸、甘氨酸等。

药用酶和辅酶类　主要包括助消化酶（胃蛋白酶、胰酶）、抗炎酶（溶菌酶、菠萝蛋白酶）、心血管疾病的治疗酶（纤溶酶、尿激酶）、抗肿瘤酶（天冬酰胺酶、谷氨酰胺酶）、细胞色素 C、超氧化物歧化酶（SOD）等。

其他药理活性物质　主要包括蛋白酶抑制剂、糖苷酶抑制剂、脂肪酸合成酶抑制剂、腺苷脱氨酶抑制剂、醛糖还原酶抑制剂、免疫修饰剂、受体激动剂与受体拮抗剂等。

 问题 5　发酵工程制药的工艺是怎样的?

按照微生物培养的一般流程，可将发酵工程制药工艺流程分为两个阶段：发酵过程和下游操作。发酵过程是指菌种在一定培养条件下生长繁殖、合成产物的过程，包括发酵原料的选择及预处理、微生物菌种的选育及扩大培养、发酵设备选择及工艺条件控制等；下游操作指利用物理化学方法，对发酵液中的产物进行提取和精制的过程，包括发酵产物的分离提取、废弃物的处理等，通常所说的生化工程，指的就是这个阶段。发酵工程制药的一般工艺流程如图 4-1 所示。

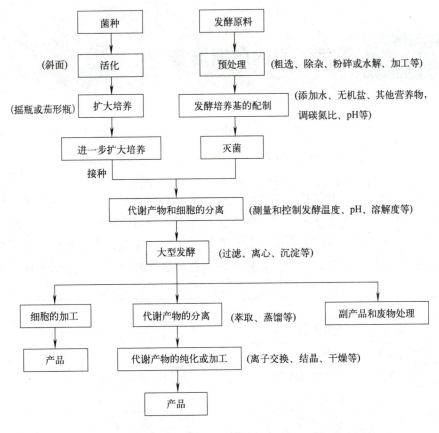

图 4-1 发酵工程制药的一般工艺流程

 课堂互动

你一定吃过面包，喝过酸奶，还和朋友们一起畅饮过啤酒。想一想：酿醋、制酒、发面制作馒头和面包，这些发酵与氨基酸、抗生素的发酵有何不同？

知识链接

巴斯德揭示发酵过程的本质

19 世纪，法国微生物学家巴斯德在研究酒质变酸问题过程中，明确指出发酵是微生物的作用，不同的微生物会引起不同的发酵过程。这改变了以往认为微生物是发酵的产物，发酵是一个纯粹的化学变化过程的错误观点。同时，巴斯德通过大量实验提出：环境、温度、pH 值和基质的成分等因素的改变，以及有毒物质都以特有的方式影响着不同的微生物。例如酵母菌发酵产生乙醇的最佳 pH 值为酸性，而乳酸杆菌却喜欢 pH 值为中性的环境条件。

巴斯德揭开了发酵的奥秘，并把微生物发酵原理广泛应用于工业生产，开创了"微生物工程"，被人们尊称为"微生物学之父"。

问题 1　如何获得发酵菌种?

在发酵工程中,衡量其生产水平的因素主要有生产用菌种、发酵、提取工艺和生产设备。其中最重要的是生产用菌种。菌种的质量好坏直接影响发酵产品的产量、质量及其成本,应满足以下条件:不能产生有害成分、有较大的生产能力、产物有利于分离纯化、具有良好的繁殖能力、原料来源广泛、有较好的抗性和遗传稳定性。常用的菌种见表 4-1。

表 4-1　发酵工程制药的常用菌种

类别	菌种	产物	用途
细菌	枯草杆菌	淀粉酶、蛋白酶	制葡萄糖、糊精、糖浆
	大肠埃希菌	酰胺酶	制新型青霉素
	短杆菌	谷氨酸、肌苷酸	医药、食品
	蜡状芽孢杆菌	青霉素酶	青霉素检定
酵母菌	酵母	甘油、乙醇	医药、食品等
	假丝酵母	石油蛋白	医药、酵母菌体蛋白等
	啤酒酵母	细胞色素 C、辅酶 A、酵母片、凝血素	医药
霉菌	黑曲霉	柠檬酸、单宁酶、糖化酶	医药、化工、食品
	根霉	糖化酶、甾体激素	医药
	青霉菌	青霉素、葡萄糖、糖化酶	医药、食品(蛋白脱糖、贮存等)
	犁头霉	甾体激素	医药
	灰黄霉菌	灰黄霉素	医药
	黄曲霉菌	淀粉酶	医药、化工
放线菌	各类放线菌	链霉素、金霉素、氯霉素、新生霉素、卡那霉素、土霉素、红霉素	医药
	小单孢菌	庆大霉素	医药
	球孢放线菌	甾体激素	医药

发酵所用菌种,最初都是从自然界中分离筛选出来的,后来相继产生了杂交育种、转导和转化、原生质体融合等方法。应用微生物遗传和变异方法,经过筛选获得优良菌种,称为菌种选育。菌种选育过程一般包括四个步骤:样品采集、增殖培养、纯种分离和生产性能测定。任何一个菌种,在生产和保藏的传代过程中,总会有不断的变异、衰退现象。因此,在生产过程中,应不断改造菌种性能、培养优良菌株的育种,同时还必须做好菌种的保藏与复壮,恢复菌种的优良性能。

问题 2　怎样制备培养基?

微生物的生长、繁殖，需从外界吸收营养物质，从中获得能量并合成新的细胞物质，排出废物。培养基是人工配制的供微生物细胞生长、繁殖、代谢和合成各种产物的营养物质和原料，提供生长所必需的环境条件，对微生物生长、产物形成、提取工艺、产品质量和产量等都有很大的影响。大多数发酵类型使用液体培养基生产。

培养基的种类很多，按照组成可分为天然培养基、半合成培养基和合成培养基；依据生产用途，可分为三种：孢子培养基（制备孢子培养）、种子培养基（孢子发芽和菌体生长繁殖）和发酵培养基（菌体生长繁殖和合成大量代谢产物）。各类培养基中，一般都含有微生物生长所必需的基本营养条件，包括碳源、氮源、无机盐及微量元素等，这些称为基本营养源（见表 4-2）。

表 4-2　基本营养源

类型		基本成分	原料来源	备注
碳源	大分子碳源	（半）纤维素、淀粉、脂肪、脂肪酸	秸秆、棉籽壳、土豆粉、玉米粉、糖蜜、各种动物油	一般需要降解成单糖或低聚糖后再被利用
	小分子碳源	低聚糖（葡萄糖、蔗糖等）、有机酸（柠檬酸等）、醇类（乙醇、甘油）等		可直接利用
氮源	大分子氮源	蛋白质、多肽	玉米粉、牛肉膏、酵母膏等	一般需要降解成氨基酸或短肽后再被利用
	小分子氮源	氨基酸、氨、无机氮盐类（硝酸盐、铵盐等）	游离氨基酸、氨水、硝酸铵等	可直接被吸收利用
无机盐及微量元素	常用无机盐	镁、磷、钾、硫、钙等	硫酸镁、磷酸二氢钾、磷酸氢二钠、碳酸钙、氯化钾等	可直接被吸收利用
	微量元素	钴、铜、铁、锰、锌等	主要是相应的盐	可直接被吸收利用

 问题 3　如何进行菌种的扩大培养?

菌种扩大培养是发酵生产的第一道工序，又称为种子制备或种子扩大培养，目的是增加菌量，供发酵生产使用。其过程一般包括孢子制备和种子制备（图 4-2）。孢子制备是种子制备的开始，孢子的质量、数量对以后菌丝的生长、积累和发酵产量都有明显影响。不同的菌种，孢子制备工艺不同。种子制备是将固体培养基上培养出的孢子或菌体转到液体培养基中继续培养，使其繁殖成大量菌丝或菌体，所使用的培养基和工艺条件应有利于种子的发芽和菌丝繁殖。

菌种扩大培养的关键是做好种子罐的扩大培养。影响种子罐培养的主要因素有：培养基、培养条件、染菌控制、种子罐的级数和接种量的控制等。

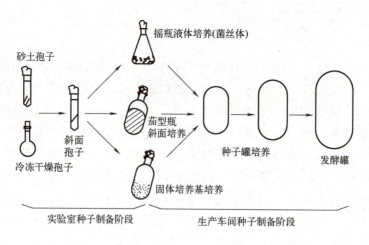

图 4-2　种子扩大培养流程

 问题 4　如何进行灭菌操作?

灭菌是指利用物理或化学的方法杀死或除去物料及设备中所有的微生物,包括营养细胞、细菌芽孢和孢子。消毒是利用物理或化学的方法杀死物料、容器、器具内外及环境中的病原微生物,一般只能杀死营养细胞而不能杀死细菌芽孢。消毒不一定能达到灭菌要求,灭菌则可达到消毒的目的。发酵过程中常用的灭菌方法有:干热灭菌法、湿热灭菌法、射线灭菌法、化学灭菌法和过滤灭菌法。

培养基和发酵设备的灭菌多使用湿热灭菌法,其原理是利用高压的饱和蒸汽所具有的大量潜热和热穿透力,使细胞中的蛋白质发生不可逆的凝固变性,导致细胞死亡。湿热灭菌法有两种方式:分批法和连续法。分批灭菌也称为实罐灭菌、间歇灭菌或者实消,将配制好的培养基放入发酵罐或灭菌容器内,通入蒸汽,使培养基和发酵设备一起灭菌,实验室和中小型发酵罐常使用这种方式。连续灭菌也称连消,在将培养基向发酵罐输送时,经过一套加热灭菌设备(如连消塔),连续完成整个灭菌过程;并事前向尚未装入培养基的空发酵罐内通入蒸汽进行湿热灭菌,这种空罐灭菌也称为空消。空消是配合连消使用的。常用的培养基与设备、管道湿热灭菌条件如表4-3所示。

表 4-3　常用的培养基与设备、管道湿热灭菌条件

类型	材料	条件(饱和水蒸气)
灭菌锅灭菌	固体培养基	0.098MPa,20~30min
	液体培养基	0.098MPa,15~20min
	玻璃器皿	0.098MPa,30~60min
设备及管道空消		0.147MPa,45min

类型	材料	条件(饱和水蒸气)
实消	种子培养基、发酵培养基	121℃,30min
连消	发酵培养基	130℃,5min(谷氨酸发酵培养基,115℃,6~8min)
消泡剂		121℃,30min

过滤灭菌法常用于制备洁净空气。大多数的发酵都属于好氧发酵，少数也有嫌气发酵。在好氧发酵中，一般将空气作为氧的来源通入发酵系统。通入的空气必须为国家《药品生产质量管理规范》(GMP)要求的洁净空气。另外，菌种的培养鉴定、生物制品和药品生产等场所也需要符合空气洁净度的要求。洁净空气的除菌方法很多，过滤除菌是工业中最常用的方法。空气过滤除菌的常用流程为：空压机→冷却→分油水→总过滤器→分过滤器。

课堂互动

广东人在餐饮中有个良好的习惯，即餐饮前用开水或热水烫洗餐具。想一想：从专业的角度看，烫洗餐具依据的是什么原理？

知识链接

中药发酵

中药发酵又称为发酵炮制，是先将具有药食同源性的中药材有效部位/成分，结合微生物酿制方法，得到更易被机体吸收的药物，目的在于提高药效、改善药性、增加新的功效。

传统的中药发酵可分为两类：一是由药料、麦粉制成，如神曲(由青蒿、杏仁等与面粉混合发酵制成的曲剂，有消食化积、健脾和胃等功效)等；二是由药料和稻米制成，如红曲(由红曲霉属真菌接种于蒸熟的大米上发酵而成，有健脾消食、活血化瘀的功效)等。发酵质量的好坏与许多因素有关，如发酵菌种、发酵温度、湿度、氧气等。传统发酵过程完全是凭主观经验来控制，充满不确定性，满足不了现代大工业生产的需求。

现在，人们认识到微生物的转化作用，将益生菌与微生物发酵技术引入中药炮制过程，利用微生物的分解转化能力，产生丰富的次生代谢产物，这称为现代中药发酵。与传统方法相比，加强了药效，产生了更多的有益成分，口感更好，良药不"苦口"。

按照发酵形式，中药发酵可分为两大类：固体发酵和液体发酵。前者在整个发酵过程中可以较好地控制参与发酵菌种的种类和数量，同时对温度、湿度、酸碱度、通气等实现动态控制，提高质量稳定性；后者应用液体发酵控制技术，较大幅度地提高了发酵反应过程中的传质效率，易于实现自动化控制，保证产品质量的稳定性。

学习主题 3　发酵过程的操作控制

❓ 问题 1　发酵过程有哪几种类型?

　　根据操作方式的不同,发酵过程主要有三种类型:分批发酵、连续发酵和补料分批发酵。

　　(1) 分批发酵　将营养物和菌种一次性加入,直到培养结束,其间除了控制温度和pH及通气以外,与外部没有物料交换,不进行任何其他控制,操作简单。这是比较原始、常见的发酵模式。这样的培养系统只能在一段有限的时间内维持菌体增殖,微生物在限制性条件下生长,表现出典型的生长周期。图4-3显示了典型的微生物分批培养的生长曲线。在延滞期,细胞数量增加不多,生产上要求尽可能缩短这段时间,如采用生长旺盛期(对数生长期)的种子、适当加大接种量。经过对数生长期后,培养基中的营养物质被迅速消耗,加上代谢产物的积累,细胞的生长速率逐渐下降,进入减数期。随着营养物质的耗尽和代谢产物的大量积累,细胞浓度不再增大,保持相对稳定,此时细胞浓度达到最大值。

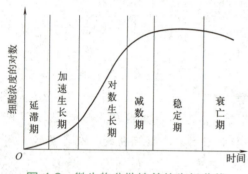

图 4-3　微生物分批培养的生长曲线

　　(2) 连续发酵　指以一定的速度向发酵罐内添加新鲜培养基,同时以相同速度流出培养液,维持发酵液的体积不变,微生物在这种稳定状态下生长,其环境条件,如营养物浓度、产物浓度、pH等都能保持相对恒定,细胞的浓度及其比生长速率也维持不变。与分批发酵相比,在这种发酵模式下,微生物的生长环境稳定,可以保持相对恒定的产物产率和产品质量,容易实现自动化,缩短生产时间,提高设备利用率;但是也存在容易染菌、菌种易变异、对设备要求较高等缺点。目前主要用于研究微生物生理特性、发酵动力学参数测定及过程条件优化试验等,以及葡萄糖酸、酵母蛋白和乙醇等少数产品的规模化生产。

　　(3) 补料分批发酵　又称半连续发酵,是以分批发酵为基础,间歇或连续地补加新鲜培养基的一种发酵方法,是介于分批发酵和连续发酵之间的一种发酵模式。通过向培养系统中补充物料,可以使培养液中的营养物浓度在较长时间里稳定在一定范围内,既保证微生物的生长需要,又不会造成不利影响,从而达到提高产率的目的。例如,在酵母培养中,如果麦汁太多,会使细胞生长旺盛,造成供氧不足,因厌氧发酵而生成乙醇。为增加酵母细胞的产量,在发酵开始时先降低麦汁的初始浓度,让微生物生长在营养不太丰富的培养基中，在发酵过程中再补加营养物，可以提高酵母的产量，阻止乙醇的产生。如今，补料分批发酵的应用已经十分广泛，包括单细胞蛋白、氨基酸、生长激素、抗生素、维生素、酶制剂、有机酸等，几乎遍布整个发酵行业。

这种发酵模式可分为两种类型：单一补料分批发酵和反复补料分批发酵。发酵开始时投入一定量的基础培养基，在适当时期，连续补加碳源或（和）氮源或（和）其他必需基质，直到发酵液体积达到最大操作容积后，停止补料，最后将发酵液一次全部放出。这称为单一补料分批发酵。该模式受发酵操作容积的限制，发酵周期只能控制在较短的范围内。反复补料分批发酵是在单一补料分批发酵的基础上，每隔一定时间按一定比例放出一部分发酵液，使发酵液体积始终不超过最大的发酵操作容积，理论上可以延长发酵周期，直至发酵产率出现明显下降时，再将发酵液全部放出。这既保留了单一补料分批发酵的优点，又避免了其缺点。

与分批发酵和连续发酵相比，补料分批发酵兼有两者的特点，能在发酵系统中维持较低的基质浓度，以利于维持适当的菌体浓度，并避免在培养基中积累有毒代谢物。

 问题 2　发酵工艺控制的参数都有哪些？

发酵过程中，为了能对生产过程进行必要的控制，需要对有关工艺参数进行定期测定或进行连续测量。反映发酵过程变化的参数可以分为两类：一类是可以直接采用特定的传感器检测的参数，如温度、压力、搅拌功率、转速、泡沫、发酵液黏度、浊度、pH、离子浓度、溶解氧、基质浓度等，称为直接参数；一类是至今尚难用传感器来检测的参数，包括细胞生长速率、产物合成速率等，这些参数需要在一些直接参数的基础上，借助于电脑计算和特定的数学模型才能得到，因此被称为间接参数。上述参数中，对发酵过程影响较大的有温度、pH、溶解氧等。

 问题 3　怎样控制发酵过程的温度？

温度对发酵过程的影响是多方面的，如各种酶的反应速率、菌体代谢产物的合成方向、微生物代谢的调控机制、发酵液的理化性质等。

最适温度是最适合菌体生长和代谢产物合成的温度，随菌种、培养基成分、培养条件和菌体生长阶段不同而改变。菌体生长的最适温度不一定是产物合成的最适温度。发酵过程中，温度可通过温度计或自动记录仪表进行检测，通过向发酵罐的夹套或蛇形管中通入冷水、热水或蒸汽进行调节。在实际生产中，多数发酵过程会释放热量，此时通常需要冷却，以保持恒温发酵。

 问题 4　发酵过程的 pH 值是否需要控制？

在微生物的生长繁殖和产物合成过程中，pH 主要影响酶的活性、改变细胞膜的通透性、影响微生物对营养物质的吸收及代谢产物的排出、影响培养基中某些组分和中间代谢产物的解离等。

发酵过程中，pH 的变化取决于所用的菌种、培养基成分和培养条件，是菌体在一定环境下代谢活动的综合结果。各种菌都有最适生长 pH。大多数细菌生长的最适 pH 值为 6.3～7.5，霉菌和酵母菌为 3～6，放线菌为 7～8。菌体生长与产物合成的最适 pH 往往不一样，应根据试验来确定。发酵过程中，各阶段最好均处于最适 pH 范围，因此需要不断调节和控制 pH 值。

图 4-4
pH 电极

控制 pH，首先应考虑发酵培养基的配方，应有适当的碳氮配比，可加入适量的酸（如 H_2SO_4）、碱（如 NaOH）或者生理酸性物质 [如 $(NH_4)_2SO_4$] 和生理碱性物质（如氨水），使发酵过程中 pH 值变化在合适的范围内；其次，在发酵过程中，利用 pH 电极（图 4-4）连续测定发酵液中 pH 值的变化，通过电信号来自动控制酸碱的加入，也可采用补料方式控制 pH 值在预定范围内。例如，在青霉素发酵过程中，与恒定加糖速率结合酸或碱控制 pH 的工艺相比，通过控制葡萄糖的补加速率来控制 pH 的补料工艺，可使青霉素产量提高 25％。

 问题 5 **如何调节发酵过程的溶解氧？**

溶解氧是好氧发酵最重要的参数之一。由于氧在水中的溶解度很小，在培养基中的溶解度更小，所以必须不断地通风与搅拌，才能满足发酵需氧的要求。溶解氧可采用溶氧电极（图 4-5）来检测。

发酵期间，影响溶解氧变化的因素有很多，包括设备供氧能力、菌龄、加料措施（如补糖、补料、加消泡剂、补水）、通气量等。所以，应从供需氧两方面维持溶氧。在供氧方面，可通过调节搅拌转速或通气速率来提高氧的供给，同时还要适当控制需氧量，使其不超过设备的供氧能力。在影响溶解氧的各因素中，菌体浓度的影响最为明显，菌体浓度越大，发酵液中氧的传递就越不容易。因此可以控制合适的菌体浓度，使产物的比生产速率维持在最大值，又不会导致需氧大于供氧。这可以通过控制基质浓度来实现，如控制补料速率等。除控制补料速度外，还可通过调节温度（降低培养温度可提高溶氧浓度）、中间补水、添加表面活性剂等，来改善溶氧水平。

图 4-5
溶氧电极

发酵过程中各参数的控制十分重要，自动化是发酵工艺控制的发展方向。开发更多、更有效的过程参数检测传感器，对于发酵终点的判断也同样重要。生产不能只单纯追求高生产力，而不顾及产品的成本，必须把二者结合起来。合理的放罐时间是通过实验来确定的。确定放罐的指标有：发酵产物产量，发酵液过滤速度，发酵液中氨基氮含量，菌丝形态，发酵液 pH、外观和黏度等。发酵终点的确定，需要综合考虑这些因素。

🔄 **课堂互动**

你是否尝试过自制酸奶？想一想：为什么制备酸奶时最好用水浴恒温？能不能将牛奶液直接倾入带有残留酸奶的玻璃奶瓶中发酵？

 **技能拓展**

学习主题 4　发酵工程的下游操作

 问题 1　什么是发酵工程的下游操作？

从发酵液中分离、精制有关产品的过程称为发酵工程的下游加工过程，简称为下游操作。

发酵液是含有细胞、代谢产物和剩余培养基等多组分的多相系统，黏度通常很大，从中分离固体物质很困难；发酵产品在发酵液中浓度很低，且常常与代谢产物、营养物质等大量杂质共存于细胞内或细胞外，形成复杂的混合物；欲提取的产品通常很不稳定，遇热、极端 pH、有机溶剂后会分解或失活；另外，由于发酵是分批操作，生物变异性大，各批发酵液不尽相同，这就要求下游加工有一定的弹性；发酵的最后产品纯度要求比较高。上述种种原因使得下游操作成为许多发酵生产中最重要、成本费用最高的环节。例如抗生素、乙醇、柠檬酸等的分离和精制成本占整个工厂投资的 60％ 左右，而且还有继续增加的趋势。

下游操作由许多化工单元操作组成，通常包括：发酵液预处理、发酵活性产物提取、产品精制和成品加工。

 问题 2　怎样进行发酵液的预处理？

发酵液预处理是下游操作的第一步，内容主要有：改善发酵液性质、进行固液分离。前者常用酸化、加热、加入絮凝剂等方法；后者常用过滤、离心等方法。如果欲提取的产物存在于细胞内，还需先对细胞进行破碎。细胞破碎方法有机械法、生物法和化学法。大规模生产中常用高压匀浆器、球磨机等来破碎细胞。细胞碎片的分离通常用离心、两水相萃取等方法。

 问题 3　如何提取发酵液中的活性物质？

经过预处理后，发酵液中的活性物质存在于滤液或离心上清液中。此时，液体内活性物质的浓度比较低，需要进行提取，以达到浓缩、纯化的目的。常用的提取方法有：

吸附法　对于抗生素等小分子物质可用吸附法，常用的吸附剂为大网格聚合物，还可用活性炭、白土、氧化铝、树脂等。

离子交换法　极性化合物可用离子交换法提取，该法亦可用于精制。

沉淀法　广泛用于提取、浓缩蛋白质，也用于一些小分子物质的提取，常用盐析、等电点沉淀、有机溶剂沉淀和非离子型聚合物沉淀等方法。

萃取法　是一种重要的提取方法，包括溶剂萃取、两水相萃取、超临界流体萃取、逆胶束萃取等方法。其中，溶剂萃取法仅用于抗生素等小分子物质，不能用于蛋白质的提取；两水相萃取法更适用于蛋白质的提取。

超滤法　利用具有一定截断分子量的超滤膜进行溶质的分离或浓缩，可用于小分子物质提取中去除大分子杂质和大分子物质提取中的脱盐浓缩等。

 问题 4　发酵产物怎样进行精制加工？

经过提取过程的初步纯化后，发酵液的体积已经大大缩小，但纯度还需要提高，还要进一步去除杂质。这是精制过程。提取过程的某些操作，如沉淀、超滤等也可应用于精制。大分子（如蛋白质）的精制可用色谱分离。色谱分离中的主要困难是介质的机械强度差。小分子物质的精制可用结晶操作来完成。

根据产品应用要求，有时还需要浓缩、无菌过滤和去热原、干燥、加稳定剂等加工步骤。浓缩可采用升膜或降膜式的薄膜蒸发，或者采用膜过滤等方法。对热敏性物质可用离心薄膜蒸发进行浓缩，对大分子溶液可用超滤膜过滤，对小分子溶液可用反渗透膜过滤进行浓缩。用截留分子量为 10000 的超滤膜可除去分子量在 1000 以内的产品中的热原，同时也达到了过滤除菌的目的。如果最后要求的是结晶性产品，则上述浓缩、无菌过滤等步骤应放于结晶之前。干燥通常是固体产品加工的最后一道工序。根据物料性质、物料状况等具体条件，可选用合适的干燥方法，如真空干燥、红外线干燥、沸腾干燥、气流干燥、喷雾干燥和冷冻干燥等。

课堂互动

发酵过程其实就是微生物代谢反应的过程。想一想：是不是所有的发酵液预处理都需要进行细胞破碎？

知识链接

发酵技术的发展趋势

自古以来，发酵就用于制作食品和药物。随着科技的进步，发酵技术也有了新的发展。

（1）基因编辑与合成生物学　基因编辑技术可以对微生物基因组进行精确修改，增加产量、提高质量；合成生物学可以设计、构建新的代谢途径，实现高效的产物合成。

（2）智能化与自动化　人工智能和自动化技术的发展，使传统的试错方法正在被智能算法取代，提高了工艺效率和稳定性；自动化技术可以实现发酵过程的实时监控，保证产品的一致性和质量。

（3）微生物多样性与功能开发　微生物是发酵工程的核心。通过高通量测序和生物信息分析，可以实现对微生物群落结构更深入地认识，进而筛选、改造和培育优势菌株，来提高质量和产量。

（4）可持续发展与环保意识　在全球环境问题日益突出的背景下，减少能源消耗、降低废弃物排放、提高资源利用率、开发更加环保和可持续的发酵工艺，已经成为业内的关注焦点。例如，利用废弃物作为发酵底物，开发新型能源和生物塑料等。

（5）食品、医药和能源领域的应用　发酵技术已经被广泛应用于抗生素、酶类药物和生物制剂的生产，可以制备出更健康、营养丰富且口感独特的食品产物（如酸奶、面包和豆制品等），还可以利用微生物代谢产生氢气和甲烷等可再生能源。

课后复习

1. 填空

（1）发酵工程制药工艺通常分为两个阶段：____和____。前者指菌种在一定培养条件下生长繁殖、合成产物的过程，包括____的选择及预处理、_____的选育及扩大培养、____选择及工艺条件控制等；后者指利用物理化学方法，对____中的产物进行提取和精制的过程。

（2）人工配制的供微生物细胞生长、繁殖、代谢和合成各种产物的营养物质和原料，提供生长所必需的环境条件的物质被称作是____。

（3）利用高压的饱和蒸汽所具有的大量潜热和热穿透力，使细胞中的蛋白质发生不可逆的凝固变性，导致细胞死亡，培养基和发酵设备大多是依据这种原理完成灭菌，这称为____。

2. 选择

（1）19世纪中叶，巴斯德通过实验证明了（　　　）。

A. 酸奶的形成是由于厌氧菌的代谢增殖

B. 人伤口发炎流脓是由于病原菌感染

C. 不同的微生物能引起不同类型的代谢反应

D. 微生物代谢分为好氧代谢和厌氧代谢

（2）大多数已知的微生物代谢产物都属于药物。以下不属于次级代谢产物的是（　　）。

A. 谷氨酸　　　　　B. 链霉素　　　　　C. 秋水仙碱　　　　　D. 黄曲霉毒素

（3）以下不属于菌种自然选育过程的步骤是（　　）。

A. 样品采集　　　　B. 性能测试　　　　C. 转导转化　　　　D. 纯种分离

（4）利用物理或化学的方法杀灭物料及设备中的病原微生物称为（　　）。

A. 间歇灭菌　　　　B. 连续灭菌　　　　C. 干热灭菌　　　　D. 理化消毒

3. 判断

（1）菌体生长的最适温度就是产物合成的最适温度。

（2）青霉素发酵时，可以通过控制葡萄糖的补加速率来控制 pH。

（3）当微生物生长达到稳定时，表明细胞不再生长，不消耗培养基中的营养成分。

（4）在好氧发酵中，溶解氧的变化受供氧和需氧两个方面的影响，在供氧条件不变时，菌体生长越活跃，则发酵液中的溶解氧就越大。

4. 简述

（1）如何理解发酵的概念？目前生产中主要使用哪几种发酵类型？

（2）培养基对微生物生长有很大影响。依据不同的生产用途，培养基都有哪些种类和用途？

（3）灭菌的方法都有哪些？酵母菌发酵培养基的灭菌常使用哪种灭菌方法？

项目2　抗生素类药物的制备

学习目标

【知识要求】 掌握　抗生素发酵生产的一般工艺流程

熟悉　青霉素发酵生产的工艺控制与技术特点

了解　青霉素提取精制的工艺过程

【能力要求】 懂得　抗生素生产制备的一般工艺流程

明白　青霉素发酵制备的技术特点

【素质要求】 具备　微生物培养、发酵控制等实践操作技能和一定的安全生产能力

能够　了解并遵循相关的法律法规，具备一定的创新思维和研发能力

技能要点

抗生素的工业生产方法主要有发酵法、化学合成法和半化学合成法。抗生素是微生物的次级代谢产物。抗生素发酵一般有两个阶段，即产生各种初级代谢的中间体和在初级代谢产物的基础上进一步合成抗生素。发酵工艺的影响因素主要有供氧、温度、pH、底物浓度等。可以采用离心和过滤、固液萃取、色谱分离、结晶等化工单元操作来分离纯化抗生素。

青霉素是第一个应用于临床的 β-内酰胺类抗生素，常用的生产菌种为产黄青霉菌株。青霉素发酵培养基应加入特定的前体物。在青霉素发酵的菌体生长和产物合成两个阶段中，应分别控制不同的温度、pH 值、碳氮源补加方式。青霉素的碱金属盐易溶于水，青霉素游离酸则易溶于有机溶剂。利用青霉素的这一性质，可用溶剂萃取法来提取和精制。

课前引导

☆ 你使用过抗生素吗？

☆ 你对抗生素有多少了解？

☆ 你知道抗生素是怎样生产出来的吗？

学习主题 1　抗生素的概念

? 问题 1　什么是抗生素？

抗生素是生物（包括微生物、动物和植物）在其新陈代谢过程中所产生的（有些是化学或生物学方法的衍生物）、能在低微浓度下有选择地抑制或杀灭其他生物功能的一类有机化学物质。例如，由放线菌中的链霉菌产生的链霉素，由真菌产生的青霉素，某些植物产生的蒜素、鱼腥草素，以及某些动物产生的鱼素等。用化学方法合成的氯霉素"仿制品"、具有抗肿瘤作用的博来霉素、青霉素母核加入不同侧链的半合成青霉素等，习惯上也称之为抗生素。改造天然抗生素，使其具有更优越的性能，这样得到的抗生素叫半合成抗生素。

抗生素具有很强的选择性，例如，医用的抗生素仅对造成人类疾病的细菌或肿瘤细胞有很强的抑制或杀灭作用，而对人体正常细胞损害很小。

目前已经发现的抗生素有 6000 多种，约 60％ 来自放线菌。抗生素的种类繁多，其分子结构、化学性质和生化代谢途径都比较复杂。表 4-4 描述了常见的抗生素分类。

表 4-4　抗生素的分类

分类方法	抗生素种类	产物举例
生物来源	放线菌	链霉素、四环素、红霉素、制霉菌素等
	真菌	青霉素、头孢霉素等
	细菌	多黏菌素、杆菌肽等
	动植物	蒜素、鱼素、肝素、黄连素等
抗性	广谱抗生素	氨苄西林等
	抗革兰阳性菌	青霉素等
	抗革兰阴性菌	链霉素等
	抗真菌	制霉菌素等
	抗病毒、抗肿瘤	四环类抗生素、阿霉素等
化学结构	β-内酰胺类	青霉素、头孢菌素等
	氨基糖苷类	链霉素、庆大霉素等
	大环内酯类	红霉素、麦迪霉素等
	四环类	四环素、土霉素等
	多肽类	多黏菌素、短杆菌肽等

分类方法	抗生素种类	产物举例
作用机制	抑制细胞壁合成	青霉素、头孢菌素等
	影响细胞膜功能	多烯类抗生素等
	抑制病原菌蛋白质合成	四环素等
	抑制核酸合成	丝裂霉素等
	抑制生物能作用	抗霉素等
合成途径	氨基酸、肽类衍生物	青霉素、头孢菌素等
	糖类衍生物	链霉素等
	乙酸、丙酸衍生物	红霉素等丙酸衍生物

 问题2 抗生素有哪些工业生产方法？

抗生素工业生产方法主要有发酵法、化学合成法和半化学合成法。

发酵法 利用微生物的代谢反应，使用专一的菌种，将营养底物转化成抗生素。这是目前抗生素的主要工业生产方法。

化学合成法 只能用于化学结构清楚且比较简单的抗生素，通过若干化学反应在化学反应釜中将底物转化成抗生素。应用化学合成法生产的抗生素只有氯霉素、磷霉素等少数抗生素。

半化学合成法 采用化学方法，将发酵法制得的抗生素分子进行结构修饰，得到高效低毒的抗生素衍生物。这种方法现已被广泛采纳，如半合成青霉素类、半合成头孢菌素类、多西环素等都是用半化学合成法生产的。

抗生素是微生物的次级代谢产物，这决定了其发酵工艺控制区别于一般微生物发酵。从代谢机理上看，可以将抗生素的发酵分为两个阶段：产生各种初级代谢中间体的前阶段，在初级代谢产物的基础上进一步合成抗生素的后阶段。如果从工业生产流程来看，可以分成三个阶段：种子培养阶段、发酵制备阶段和提取分离阶段（图4-6）。

图4-6 抗生素的工业生产流程

🔄 **课堂互动**

顾名思义，抗生素就是抵抗生物活性的物质要素。想一想：抗生素能否抑制所有生物细胞的活性？

青霉素的发现

1928 年，英国人弗莱明（图 4-7）无意中发现一只闲置的培养皿长了绿霉，在绿霉菌斑周围的葡萄球菌落发生溶解，说明该菌的代谢物能够杀死葡萄球菌。弗莱明意识到这一现象的巨大科学价值。他设法取出霉菌的孢子单独培养，确认是青霉菌，并将这种具有抗菌活性的物质命名为青霉素。十年后，经过无数实验，人们终于从培养基中成功提取出青霉素，并在第二次世界大战期间大量生产，挽救了无数伤病员的性命。为了表彰这一造福人类的贡献，弗来明与另两位科学家共同获得了 1945 年度诺贝尔生理学或医学奖。

图 4-7　弗莱明

青霉素的商业化开发，推动了其他药物的发现，随后又陆续发现了链霉素（1944 年）、新霉素（1949 年）、土霉素（1950 年）、红霉素（1952 年）和四环素（1953 年）等，形成了蓬勃发展的抗生素产业。

学习主题 2　抗生素的发酵过程与控制

 问题 1　抗生素发酵的种子培养过程是怎样的？

抗生素发酵的种子培养过程一般包括菌种选育、孢子制备与种子制备三个阶段。

（1）**菌种选育**　一般来源于土壤中能产生抗生素的微生物，经分离、选育和纯化后，可作为抗生素工业生产菌种。得到的菌种可用冷冻干燥法或砂土管法保存。前者是用脱脂牛奶或葡萄糖液等与孢子混合后，置于超低温（−196～−190℃）环境下真空冷冻、升华干燥后长期保存；后者是放在 0℃ 下保存，适合短期、临时性存放，不适合长期保存。为避免在多次生产移植后出现的变异退化现象，必须经常进行菌种的选育和纯化，以提高其生产能力。

（2）**孢子制备**　孢子是能够直接或间接发育成新个体的无性生殖细胞，细菌、真菌、放线菌、藻类等微生物都能产生孢子。孢子制备也是抗生素生产菌种的主要保存形式。只有经过纯化和生产能力检验的生产菌株，才能用来制备发酵生产用的种子。

在无菌操作下，将保藏的休眠孢子接种至灭菌后的固体斜面培养基上，在一定温度下进行 5～7 日或更长时间的培养，必要时可进一步在固体培养基（如小米、大米、玉米粒或麸皮）上进行扩大培养，以获得生产所需的更多数量的孢子。可以这样理解：孢子制备的本质是将休眠状态下的菌种（孢子）在固体培养基上进行复壮培养。

（3）**种子制备**　指将复活后的孢子进一步培养增殖，使其适应大规模发酵环境的扩大培养过程。种子培养一般是在液体环境中进行，往往需要多级扩大。扩大的级数多少，取决于菌种的性质、发酵生产规模的大小和生产工艺的特点。通常采用二级或三级扩大培养。

一级扩大培养多采用摇瓶形式，在锥形瓶内装入一定量的液体培养基，灭菌后用无菌操作接种固体培养基上复壮培养的孢子，在摇床上恒温振荡培养，得到孢子悬浮液或菌丝。

二级或三级扩大培养多采用发酵罐形式，称为一级或二级种子罐培养。种子罐培养时，接种前的设备和培养基都必须经过灭菌处理，再在无菌操作下接种摇瓶培养的孢子悬浮液或菌丝。接种量视需要而定，一般来说，一级种子罐的接种量为 0.1%～2.0%（体积分数，相对于种子罐内的培养基）；二级种子罐的接种量为 5%～20%。

种子扩大培养的温度一般在 25～30℃（细菌为 32～37℃）。种子罐培养时，需要控制搅拌和通入无菌空气；培养过程中，应时刻注意观察菌丝形态，测定种子液中的发酵单位，进行生化分析，防止染菌情况发生。培养后的合格种子可移种入发酵罐中。

问题 2　如何配制抗生素发酵的培养基？

抗生素发酵生产中，各菌种的生理、生化特性不同，采用的工艺不同，所需的培养基组成也不相同。即便是同一菌种，在种子培养阶段和不同的发酵时期，其营养要求也不是完全一样的。因此，需要根据不同的需求来选用不同的培养基。

（1）**碳源**　提供菌体生长所需的能量，也参与抗生素合成，常用的有淀粉、葡萄糖和油脂等。有时用玉米粉替代淀粉以节约成本。使用葡萄糖时，必要时可采用流加工艺，有利于提高产量。油脂类往往还兼用作消泡剂。在个别抗生素发酵中，也用麦芽糖、乳糖或有机酸等作为碳源。

（2）**氮源**　主要是构成菌体代谢物质和含氮代谢物（包括含氮抗生素），可分为两类：有机氮和无机氮。有机氮包括黄豆饼粉、花生饼粉、棉籽饼粉、玉米浆、蛋白胨、尿素、酵母粉、鱼粉、蚕蛹粉等。无机氮包括氨水（即作为氮源，也用来调节 pH 值）、硫酸铵、硝酸盐和磷酸氢二铵等。一般来说，含有机氮源的培养基中，菌丝体的生长速度较快，菌丝量也比较多。

（3）**无机盐和微量元素**　主要指硫、磷、镁、铁、钾、钠、锌、铜、钴、锰等，其存在往往会影响菌种的生理活性，应选择合适的配比和浓度。此外，也可以用碳酸钙作为缓冲剂来调节 pH 值。

（4）**前体**　指抗生素生物合成中，被用来构成抗生素分子中的一部分，其本身没有明显改变的物质，除直接参与抗生素生物合成外，在一定条件下还控制菌体合成抗生素的方向，增加抗生素的产量。例如，苯乙酸或苯乙酰胺可用作青霉素发酵的前体，丙醇或丙酸可作为红霉素发酵的前体。前体往往具有一定的毒性，应适度加入，过量会增加成本与毒性，不足则会降低抗生素产量。

有时，发酵过程中还需要加入某种促进剂或抑制剂。例如：在四环素发酵中用 M-促进剂（2-巯基苯并噻唑）作为氯化酶的抑制剂；用溴化钠作为竞争性抑制剂，进行四环素的定向发酵，以抑制金霉素的生物合成，增加四环素的产量。

（5）培养基的质量 培养基的质量必须严格控制，必要时通过摇瓶实验来验证，以保证发酵水平。应注意培养基储存条件对其质量的影响。此外，如果在培养基灭菌时温度过高、受热时间过长，亦能引起培养基成分的降解或变质。培养基配制时的 pH 值调节应严格按规程执行。

 问题 3　抗生素的发酵过程应该怎样控制？

控制发酵过程的目的是使微生物分泌大量抗生素，必须在发酵环境、发酵工艺等方面进行良好的控制。发酵开始前，设备与培养基应先做灭菌处理；通常，发酵接种量应达到或大于 10％（体积分数），视抗生素品种和发酵工艺来确定发酵周期；在整个发酵过程中，需要不断通入无菌的洁净空气和连续搅拌，以确保一定的罐压和溶氧；通过换热装置来维持发酵液的温度；此外，还需要适时加入消泡剂以控制泡沫，加入酸碱来调节发酵液 pH 值；有的品种还需要流加葡萄糖、铵盐或者前体，以促进抗生素的产生。发酵期间还应每隔一定时间取样进行镜检、生化分析等。

常见的分析控制参数有：菌丝形态和浓度、残糖量、氨基氮、抗生素含量、溶解氧、pH 值、通气量、搅拌转速、液面控制等。其中，有些参数可以在线控制、自动检测，有些则需要通过采样、生化测定等手段进行分析。

（1）温度 这是抗生素发酵中需要严格控制的因素。在菌体生长和抗生素合成的两个阶段里，温度的控制是不相同的。例如：青霉素产生菌生长的最适温度是 30℃，而青霉素合成的最适温度是 20～25℃；在四环素发酵中，低于 30℃ 时产金霉素能力强，30～34℃ 时产四环素能力强，35℃ 时则只产四环素而不产金霉素。

（2）pH 值 抗生素发酵过程的前期，pH 值的控制以适合菌体生长繁殖为主；中后期则以利于抗生素合成为主。pH 值不仅影响菌体生长和抗生素合成的速度，而且还能改变其代谢途径。一些抗生素的菌体生长和抗生素合成的最适 pH 值见表 4-5。

表 4-5　一些抗生素的菌体生长和抗生素合成的最适 pH 值

pH	青霉素	四环素	土霉素	灰黄霉素	链霉素	红霉素
生长最适 pH	6.5～6.9	6.1～6.6	6.0～6.6	6.4～7.0	6.3～6.6	6.6～7.0
合成最适 pH	6.2～7.0	5.9～6.3	5.8～6.1	5.8～6.5	6.7～7.3	6.8～7.1

（3）供养和需氧 抗生素发酵过程中所需的氧气是由通气和搅拌来提供的。因抗生素种类和菌种的不同，发酵中的需氧要求也不相同。一般来说，在发酵初期菌数较少，需氧较少；生产菌进入对数生长期后，菌数量剧增，需氧也随之达到高峰；抗生素合成期间，需氧也很大；发酵后期，需氧逐渐减少。

（4）底物 包括碳、氮、磷等微量元素以及前体等。发酵期间必须对底物的浓度变化进行控制。例如，发酵前期，由于菌体生长繁殖迅速，碳源消耗较高；发酵中、后期，碳源主要用于抗生素的合成，消耗较平稳，此时如果碳源浓度过高，会导致菌体生长太快，降低抗生素的合成。

控制碳源浓度可用动力学方法和一般方法。动力学方法指，以碳比消耗速率、菌体比生长速率、抗生素比生产速率等动力学参数为依据，控制流加碳源的速度；一般方法指，以 pH、菌体浓度、发酵液黏度等指标来综合考虑在不同发酵阶段维持残糖的浓度水平，这其实是一种凭经验控制碳源浓度的方法。

氮的浓度可参考残留氮的浓度，通过间歇补入各种有机氮和无机氮，或连续通入氨来控制。

一般来说，无机磷酸盐对许多抗生素的合成都有抑制作用。抗生素生产中，应该将磷酸盐浓度控制在合适的水平上。例如，链霉素为 1.5～15mmol/L，卡那霉素为 2.2～5.7mmol/L，新生霉素为 9.4mmol/L，制霉菌素为 1.6～2.2mmol/L，短杆菌肽为 0.1～1mmol/L。

前体的添加时机和添加量对菌体生长和抗生素产量的影响十分显著。添加过早、过多，会抑制菌体的生长，降低抗生素的产量；添加过晚、过少，会影响抗生素的合成，最终也会降低产量。

抗生素发酵工艺控制中还包括泡沫的控制、发酵终点的判断、发酵液黏度控制以及异常发酵的处理和染菌控制等。

🔄 课堂互动

任何生物体，都需要一个合适的生长温度。想一想：在青霉素发酵过程中，刚接种的发酵液温度和发酵液菌体浓度达到最大时的温度是否相同？如果不同，应分别控制在多少？

 知识链接

抗生素的临床应用特性

抗生素新品种不断涌现，到目前为止，已经应用于临床的抗生素品种有 120 多种，如果把半合成抗生素计算在内，估计不少于 150 种。医疗用抗生素必须具备以下特性：

（1）**选择性毒力**　抗生素应对人体组织和正常细胞毒性轻微，而对某些致病菌或肿瘤细胞有强大毒性；

（2）**抗生效能**　抗生素应在人体内发挥其抗生效能，不被血液、脑脊液及其组成成分所破坏，且不应大量与血浆蛋白结合；

（3）**易吸收性**　口服或注射给药后，抗生素应能很快被吸收，并迅速分布至被感染的器官和组织；

（4）**无耐药性**　良好的抗生素应不易使机体产生耐药性；

（5）**理化性质**　应具有较好的理化性质，以利于提取、精制及贮藏。

学习主题 3　抗生素的提取精制

 问题 1　抗生素发酵液的提取精制包括哪些内容?

　　提取和精制的目的是从发酵液中分离纯化，得到符合药典标准的抗生素高纯度成品。发酵液成分十分复杂，抗生素又是具有生物活性的热敏性物质，含量比较低，通常只占发酵液的 0.1%～0.3%。这给抗生素的分离和纯化带来很多困难，步骤多，周期长；费用高、一般大于生产成本的 90%。

　　抗生素的分离纯化采用的是传统的化工单元操作，如离心和过滤、固液萃取、色谱分离（离子交换和吸附法等）、结晶等。

问题 2　怎样进行抗生素发酵液的预处理?

　　预处理的目的不仅需要分离菌丝，还需要除去杂质。对于多数抗生素品种来说，发酵生产时，抗生素是分泌于细胞外，存在于发酵液中；但也有部分品种，其抗生素是分泌于细胞内，存在于菌丝中，此时，就需要先进行细胞破碎，使抗生素从菌丝中析出，转入发酵液中。

　　发酵液过滤的目的是除去发酵液中的菌体，过滤的难易程度与发酵培养基、工艺条件及是否染菌等因素有关。常用的过滤设备有板框压滤机、鼓式真空过滤机等。板框压滤机的劳动强度较大，后续的环保卫生处理较难；工业生产中较多采用鼓式真空过滤机，必要时还需加入 1%～10% 的助滤剂，如硅藻土、珠光石、活性白土、$CaCO_3$ 等，以提高过滤速度。另一方面，过滤操作也常常会带来 10%～20% 的抗生素损失。

　　发酵液中蛋白质和无机盐对抗生素的分离纯化影响很大。例如，Ca^{2+}、Mg^{2+}、Fe^{3+} 等在离子交换过程中不利于树脂对抗生素的吸附；蛋白质萃取时会产生乳化现象，干扰溶剂/水的相分离等。调节发酵液的 pH 值可使蛋白质变性。例如，加入草酸可与钙离子生成草酸钙，促使蛋白质凝固；加入磷酸（或磷酸盐）能降低钙离子浓度，易于去除镁离子；加入亚铁氰化钾及硫酸锌，有利于去除铁离子、凝固蛋白质，二者协同作用所产生的复盐有助于对蛋白质的吸附。

$$Na_5P_3O_{10}+Mg^{2+}\!=\!\!=\!\!=\!MgNa_3P_3O_{10}+2Na^+$$
$$2K_4Fe(CN)_6+3ZnSO_4\!=\!\!=\!\!=\!K_2Zn_3[Fe(CN)_6]_2\downarrow+3K_2SO_4$$

　　对一些热稳定的抗生素，可用加热使蛋白质变性，降低其溶解度和发酵液黏度，加快过滤速度。例如，在链霉素生产中用草酸或磷酸调节 pH 值至 3.0 左右，再加热至

70℃约 30min，可去除蛋白质，增大过滤速度 10～100 倍，滤液黏度降低至 1/6。对热稳定性差的抗生素不应采用此法。

还可以用加入絮凝剂法去除蛋白质。絮凝剂含有很多的可离子化基团（如—NH₂—COOH、—OH 等），其携带的电荷影响着胶体粒子的稳定性。当这些基团与蛋白质发生絮凝时，改变了蛋白质溶液的胶体性质，使蛋白质沉淀。发酵液滤液中的多数胶体粒子带有负电荷，因此阳离子絮凝剂的功效比较高。例如，可用含有季铵基团的聚苯乙烯衍生物絮凝剂，当分子量在 26000～55000 范围时，加入絮凝剂后析出的杂质可过滤除去，有利于后续的提取操作。

 问题 3　如何从发酵液中提取抗生素？

大多数抗生素不是很稳定，在发酵液中容易被污染。故整个提取过程应时间短、温度低，选择对抗生素比较稳定的 pH 值范围，注意清洗消毒（包括厂房、设备、管路，应特别注意死角）。

常用的抗生素提取方法有溶剂萃取法、离子交换法、吸附和沉淀等。选用何种提取方法应根据抗生素的理化性质来确定。这些理化性质有溶解度、极性或非极性、pK_a 值和 pI 值、官能团反应、分子量、熔点等。

(1) **溶剂萃取法**　pH 值不同时，抗生素的化学状态（游离酸、碱或盐）不同，会呈现出不同的水/溶剂溶解度。可以使用调节 pH 值的方法，使抗生素在不同液相（如发酵滤液和有机溶剂）之间转移，达到浓缩和提纯的目的。所选用的溶剂应与水互不相溶或仅很少部分互溶，且在一定 pH 值时对抗生素有较大的溶解度和选择性。例如，青霉素、红霉素、麦迪霉素、赤霉素、新生霉素、林可霉素等，均采用此法。制霉菌素、灰黄霉素、两性霉素 B、球红霉素、曲古霉素等分泌于菌丝体内，也可以用固液萃取的提取方法。

(2) **离子交换法**　利用一些抗生素解离为阳离子或阴离子的特性，可使用离子交换树脂，先将其吸附在树脂上，分离出杂质后，再用适当的条件将其从树脂上洗脱下来，达到浓缩和提纯的目的。应选择对抗生素有特殊选择性的树脂，使其纯度在离子交换后有较大的提高。此法具有成本低、设备简单、操作方便的特点。链霉素、卡那霉素、庆大霉素、新霉素、多黏菌素等的制备均采用此方法。但此法也有较明显的缺点，如生产周期长，不适用于某些 pH 变化大、稳定性差的抗生素品种等。

(3) **吸附**　利用各种吸附剂（如活性炭、白土、氧化铝以及大网格吸附剂等），在特定条件下吸附抗生素，然后改变条件，用适宜的有机溶剂（如甲醇、丙酮）或其水溶液，将其解吸，达到分离和浓缩的目的。红霉素、林可霉素、四环素、土霉素等能用 XAD-2 大孔吸附树脂来吸附；丝裂霉素、放线酮等可采用活性炭吸附。必要时，可加入稀酸、稀氨水来帮助洗脱。

(4) **沉淀**　四环素、土霉素、金霉素等抗生素具有两性性质，可利用等电点沉淀，或与水互溶的有机溶剂（如丙酮）沉淀，或者加入某种离子形成复合物沉淀，进行提取；这是抗生素提取方法中最简单的一种。例如，提取四环类抗生素时，发酵液在用草酸酸化后，加入亚铁氰化钾、硫酸锌沉淀杂质，过滤得滤液后用脱色树脂脱色，再将得到的四环素碱液调节 pH 值至等电点，析出游离的四环素碱粗品，必要时也可将碱转化成盐酸盐。

 问题 4　提取后的抗生素如何纯化？

提取后的抗生素粗品，还含有色素和热原等杂质，需要精制，这是抗生素生产的最后工序。精制的步骤主要有脱色和去热原、结晶和重结晶。

（1）**脱色和去热原**　这是注射用抗生素精制过程中不可缺少的一步，关系到成品的色级和热原试验等质量指标。一般来说，色素多是发酵产生的代谢产物，与菌种和发酵条件有关。热原指注入人体后能引起体温异常升高的致热物质，是某些微生物代谢所产生的一种内毒素，必须除去！可用高温加热、酸碱氧化处理或吸附等方法除去，例如：280℃下加热 4h 能被破坏 90％，180～200℃加热 0.5h 或 150℃加热 2h 能被彻底破坏；也能用强酸、强碱、氧化剂（如高锰酸钾）等破坏。热原能通过一般的过滤器，但能被活性炭、石棉滤材等吸附。也可使用微滤、超滤方法来去除。

生产中，常使用活性炭来脱色、去除热原。操作中需注意脱色时的 pH 值、温度、活性炭用量及吸附时间等因素，还应考虑抗生素的吸附问题，否则会影响产品收率。也有的用树脂（如酚醛树脂）来脱色。

（2）**结晶和重结晶**　这是进一步精制获得高纯度抗生素的有效方法。常用的结晶方法有：

① 改变温度　利用溶剂中抗生素的溶解度随温度改变而呈现显著变化的特性来实现结晶。例如，制霉菌素浓缩液在 5℃、4～6h 的条件下可完全结晶，去除母液、洗涤、干燥后即得到成品。

② 利用等电点　抗生素在等电点时的溶解度最低，调节溶液 pH 值可使其沉淀析出。例如，6-氨基青霉烷酸（6-APA）水溶液在 pH 值为等电点（pI 4.3）时，6-APA 即从溶液中沉淀析出。

③ 加成盐剂　在抗生素溶液中加入成盐剂（酸、碱或盐类），可使其成盐，从溶液中沉淀。例如，在青霉素或头孢菌素的浓缩液中加入乙酸钾后，即生成钾盐析出。

④ 加入不同溶剂　利用抗生素在不同溶剂中有不同溶解度的特点，在某一溶剂的抗生素溶液中加入另一种溶剂，使抗生素结晶析出。例如，巴龙霉素易溶于水而不溶于乙醇，在其浓缩的水溶液中加入 10～12 倍体积的 95％乙醇，并调节 pH 值至 7.2～7.3，可使巴龙霉素结晶析出。

还有其他精制方法，例如：共沸蒸馏法（用丁醇或乙酸丁酯共沸蒸馏精制青霉素）、柱色谱法（通过氧化铝色谱分离丝裂霉素的 A、B、C 三种组分）、盐析法（在头孢噻吩水溶液中加入氯化钠使其饱和，析出粗结晶后再进一步精制）、中间盐转移法（四环素碱与尿素形成复盐沉淀后再将其分解析出四环素碱，提高其质量和纯度）和分子筛法（用葡萄糖凝胶 G-25 分离除掉青霉素粗品中含有的高分子聚合物杂质）等。

学习主题 4 青霉素的发酵生产

❓ 问题 1 什么是青霉素?

青霉素（penicillin/盘尼西林），又称为青霉素 G，分子中含有青霉烷，能破坏细菌的细胞壁。在细菌细胞的繁殖期发挥杀菌作用的一类 β-内酰胺类抗生素（青霉素族），包括青霉素类、头孢菌素类、碳青霉烯类、单环类、头霉素类等，已发现的天然存在的青霉素有青霉素 X、青霉素 G、青霉素 F、青霉素二氢 F、青霉素 K、青霉素 O、青霉素 V 和青霉素 N 等。

青霉素是一种游离酸，易溶于醇、酮、酯和酰类物质，在水中的溶解度很小；青霉素能与碱金属或碱土金属、有机胺结合成盐类，易溶于水和甲醇，而不溶于丙醇、丙酮、氯仿等。青霉素具有一定的吸湿性，青霉素水溶液很不稳定。青霉素产品纯度越高，吸湿性越小，也越容易存放。

❓ 问题 2 青霉素发酵生产应怎样准备菌种与培养基?

青霉素是第一个应用发酵技术大规模制备的抗生素，其工业生产包括上下游两个阶段：上游的菌种准备与发酵培养，下游的提取精制。图 4-8 描述了上游阶段的发酵工艺流程。

目前，常用的青霉素发酵生产菌种为两种，均为产黄青霉菌株，分别是产绿色孢子和产黄色孢子。不少曲霉也能产生青霉素。按照深层培养中菌丝的形态，可分为球状菌和丝状菌。国内青霉素生产大都采用绿色丝状菌。根据青霉菌的生长特点，其工业生产菌种的准备（即发酵液种子制备）分为孢子培养和种子培养两个过程。前者目的是产生丰富的孢子，后者目的是获得大量优质菌丝体。孢子和菌丝的质量对青霉素产量都有着直接的影响。

孢子培养 通过斜面和固体培养方式完成生产孢子的制备。冷冻干燥或砂土管贮存的孢子（菌种），在甘油、葡萄糖和蛋白胨组成的斜面培养基

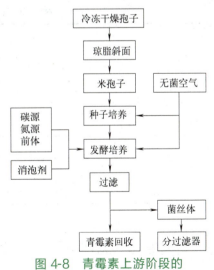

图 4-8 青霉素上游阶段的发酵工艺流程

上复壮培养后，移至大米固体培养基，25℃下培养 7d，孢子成熟后（称为米孢子）可进行真空干燥，低温保存备用。

种子培养 即发酵种子的制备，用种子罐进行多级（一般为二级）培养。一级种子以葡萄糖、乳糖和玉米浆等为培养基，培养基接种量不少于 200 亿孢子/吨，于 25℃ 培养 40h 左右，菌丝浓度达到 40%（体积分数）以上，此阶段主要是让孢子萌芽生成正常形态的菌丝；再按照 10% 的接种量接种到以葡萄糖、玉米浆等为培养基的二级种子罐内，25℃ 培养 10~14h，使菌丝体积分数达到 40% 以上，残糖在 1% 左右；无菌检查后，按 10%~15% 的接种量移入发酵罐，开始发酵培养。

发酵培养基的组成一般为葡萄糖、花生饼粉、麸皮粉、尿素、硝酸铵、硫代硫酸钠、苯乙酰胺和碳酸钙等，配制时应关注以下几点：

碳源 乳糖、蔗糖、葡萄糖等都可以作为青霉菌培养的碳源。其中，乳糖是青霉素合成的最好碳源，葡萄糖次之。生产中普遍采用的是淀粉酶解的葡萄糖糖化液，用流加方式进行供给。

氮源 玉米浆是玉米淀粉生产时的副产物，含有多种氨基酸，如精氨酸、谷氨酸、苯丙氨酸等，是青霉素发酵最好的氮源。常用的有机氮源还有花生饼粉、棉籽饼粉、麸皮粉、尿素等。常用的无机氮源有硫酸铵、硝酸铵等。

前体 生产青霉素时，需加入含苄基的物质，如苯乙酸或其衍生物苯乙酰胺、苯乙胺等。这些前体对青霉菌有一定毒性，加入量不能大于 0.1%。加入硫代硫酸钠能减少其毒性。

无机盐 青霉菌的生长和青霉素的合成需要硫、磷、钙、镁和钾等盐类。其中，三价铁离子对青霉素生物合成有着显著影响，一般发酵液中铁离子浓度应控制在 30μg/mL 以下。对于铁制容器罐壁应涂环氧树脂等保护层，否则，铁离子浓度过高，将对青霉菌造成毒害作用。

发酵阶段的工艺要求见表 4-6。

表 4-6 青霉素发酵的一般工艺要求

操作变量	要求	操作变量	要求
发酵罐容积/m³	150~200	初始菌丝浓度/[kg(干重)/m³]	1~2
装料率/%	80	补料液中葡萄糖浓度/(kg/m³)	约 500
输入机械功率/(kW/m³)	2~4	葡萄糖补加率/[kg/(m³·h)]	1.0~2.5
通气量/[m³/(m³·h)]	30~60	氨氮浓度/(kg/m³)	0.25~0.3
罐压/MPa	0.035~0.07	前体浓度/(kg/m³)	1
发酵液温度/℃	25	溶氧浓度/%	>30
发酵液 pH 值	6.5~6.9	发酵周期/h	180~220

 问题 3 怎样进行青霉素发酵生产的控制？

依据青霉菌生长的不同代谢时期，青霉素发酵可分成两个过程：菌体生长和产物合成。

(1) 菌体生长 这是菌丝生长繁殖的时期，培养基中的糖、氮源被迅速利用，孢子发芽长出菌丝，分支旺盛，菌丝浓度快速增加。此时的工艺应控制为适宜青霉菌的生长条件，如30℃、pH6.8～7.2。这个阶段的青霉素分泌很少。实际生产中，并不是菌丝量越多就越有利于青霉素的合成。相反，在该阶段末期应降低菌丝的生长速度，以确保在后一个阶段里，菌丝浓度仍然有继续增加的余地。这一点可通过限制糖的供给来实现。为了易于控制，可从基础培养基中抽出部分培养基另行灭菌，待发酵液内菌丝稠密不再明显增加时，将其补入发酵罐内（这称为前期补料），加入量主要取决于耗糖速度、pH值变化、菌丝量及培养液体积，控制残糖量在0.3%～0.6%范围内。此间，泡沫的产生主要是由花生饼粉和麸皮粉引起的。可间歇搅拌，不宜多加消泡剂。

（2）产物合成 即青霉素的分泌期。此时菌丝生长趋势减弱，需间歇添加葡萄糖作碳源和花生饼粉、尿素作氮源，并加入前体，控制pH值6.2～6.4。若pH上升可补加糖、天然油脂，pH下降可加入$CaCO_3$、NH_3或提高通气量。目前生产上趋向于直接用酸、碱来自动调节。提高通气量时，搅拌应充分，否则会影响菌体的呼吸。后期pH值如果高于7.0或低于6.0，青霉菌的代谢会出现异常，青霉素产量显著下降。此间，可用消泡剂控制泡沫，必要时降低通气量，应尽量少加消泡剂。

当青霉菌生长进入菌丝自溶期时，通过镜检可发现：菌丝的形态发生了变化，菌丝空泡增加并逐渐扩大自溶。此时应根据菌丝形态变化或发酵过程中生化曲线测定进行补糖，既可以调节pH值，又可提高和延长青霉素发酵单位。另外，补加氮源也可以提高发酵单位。

发酵时间的长短从以下三个方面考虑：一是累计产率（发酵累计总产量与发酵罐容积及发酵时间之比值）最高；二是单产成本（发酵过程的累计成本投入与累计总产量之比值）最低；三是发酵液质量最好（抗生素浓度高、降解产物少、残留基质少、菌丝自溶少）。这三个方面在发酵中的变化往往不同步，需根据发酵过程的整体来综合考虑。

 问题4 如何从发酵液中提取和精制青霉素？

从发酵液中提取青霉素的方法，早期曾使用活性炭吸附法。由于青霉素可与碱金属生成水溶解度很大的盐，而其游离酸则易溶于有机溶剂，所以可用溶剂萃取法来提取青霉素。目前的工业制备多用这种方法进行，即先将青霉素从酸性溶液中转入有机溶剂（乙酸丁酯、氯仿等）中，再转入中性水相中。经过反复萃取，达到提取和浓缩的目的。典型的溶剂萃取法制备流程见图4-9。由于青霉素的性质不稳定，整个提取和精制过程应在低温、快速、严格控制pH下进行，注意设备的清洗和消毒，减少污染，减少青霉素效价的损失。

发酵液放罐后，首先要冷却，避免破坏青霉素的活性。蛋白质的乳化会使溶剂相与水相难以分层分离，应通过预处理除去蛋白质。蛋白质能在酸性溶液中与一些阴离子如三氯乙酸盐、水杨酸盐、苦味酸盐、鞣酸盐等形成沉淀，在碱性溶液中与Ag^+、Cu^{2+}、Zn^{2+}、Fe^{2+}等阳离子形成沉淀，可过滤除去。

生产上，多采用二级逆流萃取的方式。溶剂常用乙酸丁酯（BA）和戊酸丁酯。一般来说，从发酵液萃取到BA相时，pH值选择在1.8～2.2，从BA相反萃取到水相时，

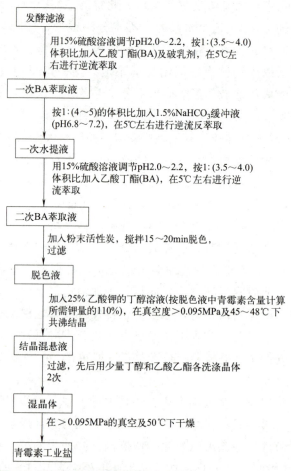

图 4-9　青霉素的提取精制（溶剂萃取法）工艺流程

pH 选择在 6.8～7.4。应选择合适的浓缩比，如果 BA 用量过多，虽然萃取收率较高，但达不到结晶要求，增加溶剂消耗量；如果 BA 用量太少，则萃取不完全，影响收率。萃取分离采用碟片式离心机。处理量比较小时，也可采用管式离心机。

青霉素游离酸在与某些金属或有机胺结合成盐后，由于极性增大、溶解度减少而自有机溶剂中析出。如在含青霉素游离酸的 BA 提取液中加入乙酸钾、乙酸钠，会分别析出青霉素钾盐、钠盐的结晶。通过结晶，青霉素的纯度可以从二次 BA 萃取液中的 70％左右提高至 98％以上。

？ 问题 5　回顾总结青霉素发酵生产的工艺要点

① 青霉素大规模生产常采用三级发酵，接种量约为 20％。发酵过程中，要特别注意严格操作，防止出现染菌。在接种前后、种子培养过程中及发酵过程中，应随时进行无菌检查，以便及时发现染菌，并在染菌后进行必要处理。

② 用葡萄糖作为碳源必须控制其加入的浓度，因为它易被菌体氧化而产生阻遏作用。加糖主要控制残糖量，加入量取决于耗糖速度、pH 变化、菌丝量及培养液体积，

加糖率一般不大于 0.13％/h。

③ 严格控制培养基内前体的浓度，除在基础培养基中加入 0.07％以外，应根据发酵过程中合成青霉素的需要加入，其含量不应超过 0.1％。否则，前体对青霉菌的生长会产生毒害作用。

④ 青霉素发酵的最适 pH 为 6.5～6.9，应尽量避免 pH 超过 7.0，因为青霉素在碱性条件下不稳定，易水解破坏。如果 pH 过高，可以通过补糖、加油、加硫酸或加无机氮源等方法调节；如果 pH 过低，可以采取加碳酸钙、加碱、加尿素或补氨水等方法调节。

⑤ 青霉素发酵的最适温度随所用菌种的不同可能稍有差异。对于菌丝生产和青霉素合成来说，最适温度是不一样的。一般菌丝生长的最适温度为 27℃，而分泌青霉素的最适温度在 20℃左右。生产上常采用变温控制法，使温度适合不同发酵阶段的需要。

⑥ 青霉素产生菌是需氧菌，深层发酵培养中保证足够的溶解氧对青霉素产量有很大的影响，一般要求发酵液中溶解氧浓度不低于饱和状态下溶解氧浓度的 30％。适宜的每分钟通气比为 1:（0.8～1）（空气与发酵液体积比）左右，采用适宜的搅拌速率以保证通入空气能与发酵液混合，以提高溶解氧，同时搅拌又能使发酵罐中培养基均匀地被菌体利用。由于菌体各阶段生长情况和耗氧量不同，所以，搅拌转速需按各发酵阶段不同而进行调整。

⑦ 发酵过程中产生的大量泡沫影响发酵罐体积的有效利用，可以通过加入适宜青霉菌利用的天然油脂（如豆油、玉米油等）来消沫。近年来以化学合成消泡剂——泡敌（聚醚树脂类消泡剂）部分代替天然油脂，效果较好。

⑧ 从发酵液中提取青霉素，目前多采用溶剂萃取法。由于青霉素性质不稳定，整个提取过程应在低温、快速、严格控制 pH 情况下进行，尽量避免或减少青霉素效价的破坏损失。

课堂互动

菌种的培养是抗生素发酵制备中的重要一环。想一想：青霉素发酵中，为什么要将种子培养分成两个阶段？

 知识链接

青霉素和头孢菌素

青霉素和头孢菌素同属抗生素药物。

分类特性　广义上，青霉素包括天然青霉素和半合成青霉素；狭义上，青霉素指天然青霉素，包括青霉素钾和青霉素钠。头孢菌素是通过微生物发酵制备的半合成抗生素药物，依据其侧链修饰的不同，可分为：一代头孢（如头孢噻吩、头孢唑林、头孢氨苄等）、二代头孢（如头孢呋辛等）、三代头孢（如头孢噻肟等）、四代头孢（如头孢吡肟等）、五代头孢（如头孢吡普等）。各代的抗菌作用特点不同，临床上应选择性使用，不存在三代比二代好、四代比三代好的情况。

两者异同　均属于 β-内酰胺类，是一大类药物中的两种药物，核心结构相似、杀菌方式（通过干扰敏感细菌细胞壁，使其破损溶解而死亡）相同，都有部分交叉过敏现象（对青霉素过敏者，对头孢类药物也有可能过敏）等。不同点在于：天然青霉素不能口服，使用前须皮试；头孢菌素类药物的抗菌谱更广、结构更稳定，过敏反应少，使用前无需皮试，可以口服且品种较多。

　　目前，临床上多数轻中度感染选择头孢菌素，头孢菌素的应用比例有增加的趋势。青霉素对破伤风梭菌、梅毒螺旋体、炭疽杆菌等有特效，与头孢菌素各有长短，相辅相成，都是临床抗感染中重要的抗菌药物。

 课后复习

1. 填空

（1）抗生素是生物在其____过程中所产生的、能在____浓度下有选择地抑制或杀灭其他生物功能的一类____物质。

（2）青霉素指分子中含有____，能阻止繁殖期细菌____形成从而起到杀菌作用的一种抗生素，属于____类抗生素，又称青霉素 G。

（3）孢子指能够直接或间接发育成新个体的____，细菌、真菌、放线菌、藻类等微生物都能产生孢子，也是抗生素____的主要保存形式。

（4）溶剂萃取法是利用了抗生素在不同____时会以不同的化学状态（游离酸、碱或盐）存在，在水及与水互不相容的溶剂中有不同____的特性，使其从一种液相转到另一种液相中，以达到____和____的目的。

2. 选择

（1）在抗生素发酵控制过程中，既提供菌体代谢氮源，又可调节发酵液 pH 值的是（　　）。

A. 玉米粉　　　　　B. 氨水　　　　　C. 油脂　　　　　D. 尿素

（2）以下不属于抗生素发酵的种子培养过程的阶段是（　　）。

A. 菌种选育　　　　B. 孢子制备　　　C. 种子制备　　　D. 提纯精制

（3）青霉素产生菌生长的最适温度是（　　），而青霉素合成的最适温度是（　　）。

A. 20～25℃　　　　B. 25～30℃　　　C. 30～34℃　　　D. 35～38℃

3. 判断

（1）在青霉素母核中加入不同侧链得到的半合成青霉素，习惯上也称为抗生素。

（2）一般来说，色素多是发酵过程中产生的代谢产物，与菌种和发酵条件无关。

（3）青霉素是一种游离酸，易溶于水，能与碱金属或碱土金属等结合成不溶于水的盐类。

（4）发酵制备青霉素时，孢子培养的目的就是获得大量的优质菌丝。

4. 简述

（1）发酵生产青霉素的前体都有哪些？应该在什么时候加入？

（2）青霉素发酵过程中如何控制泡沫的产生？

（3）从青霉菌发酵液中提取青霉素应注意哪些方面？如何使用乙酸丁酯萃取剂？

项目3　维生素类与核酸类药物的制备

学习目标

【知识要求】	掌握	常见维生素药物发酵生产的一般工艺流程
	熟悉	典型核酸药物发酵生产的工艺控制与技术特点
	了解	发酵制备维生素类、核酸类药物的提取精制过程
【能力要求】	懂得	维生素类与核酸类药物发酵制备的一般工艺流程
	明白	常见维生素类与核酸类药物发酵制备的技术特点
【素质要求】	具备	生物化学、药理学与有机化学的基本原理与实验操作技能
	能够	熟悉相关的药品生产法规，增强持续学习与团队协作创新能力

技能要点

维生素是维持人体正常代谢功能所必需的生物活性物质，如维生素 B_1、维生素 B_2、维生素 B_{12}、维生素 H、维生素 C 及维生素 A 原等都可以用微生物发酵制备，或者微生物发酵制备前体物质后再经化学合成而制得，如维生素 C 采用两步发酵法，先用细菌发酵获得 L-山梨醇，再用两种菌混合发酵获得 2-酮基-L-古龙酸，最后经化学合成获得维生素 C。

核酸类药物的生产方法主要有酶解法、化学合成法和发酵法。其中，发酵法生产的主要有肌苷、肌苷酸和鸟苷酸等。

课前引导

☆ 你知道水果中富含哪种营养成分吗？

☆ 你了解核酸吗？核酸类药物都有哪些？

问题 1　什么是维生素?

维生素是维持人体正常代谢功能所必需的生物活性物质,体内含量很少且大多数都不能在体内合成,必须从外界摄取。维生素的种类很多,化学结构各不相同。与糖、蛋白质、脂肪不同,维生素不能供给能量,也不是组织细胞的结构成分,但对调节物质代谢过程却有十分重要的作用。当人体内缺乏某种维生素时,会引起多种代谢功能失调,易患各种特殊疾病,这些症状称为维生素缺乏症。最近又发现,某些维生素能防治肿瘤和冠心病等。

许多维生素均能由微生物合成,但大部分产量较低,目前在生产上只有少数几种能够完全或部分应用微生物发酵方法制备,如:维生素 B_1、维生素 B_2、维生素 B_{12}、维生素 H、维生素 C,及维生素 A 原等。这里主要介绍维生素 A 原、维生素 B_2 和维生素 C 的发酵生产。

 问题 2　β-胡萝卜素是怎样制备的?

维生素 A 是一个具有脂环的不饱和一元醇,具有维持上皮组织的正常结构与功能、促进组织视色素的形成、促进糖胺聚糖合成及骨形成等生理作用。β-胡萝卜素是维生素 A 的前体物质,也称为维生素 A 原,是一类黄色和红色的色素,广泛存在于高等植物和藻类、真菌、细菌等微生物中,动物自身不能合成。β-胡萝卜素在人肠黏膜中可水解转变成维生素 A。

可采用三孢布拉霉菌的雄株(+)和雌株(-)的混合培养合成 β-胡萝卜素。图 4-10 是其发酵工艺流程。

菌种培养基　玉米浆 70g/L、玉米淀粉 50g/L、KH_2PO_4 0.5g/L、$MnSO_4 \cdot H_2O$ 0.1g/L、盐酸硫胺素 0.01g/L,加水。

发酵培养基　玉米淀粉 60g/L、豆饼水解液 30g/L、棉籽油 30g/L、抗氧剂 0.35g/L、$MnSO_4 \cdot H_2O$

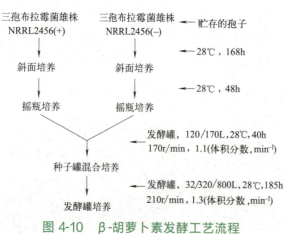

图 4-10　β-胡萝卜素发酵工艺流程

0.2g/L、盐酸硫胺素 0.5g/L、异烟肼 0.6g/L、煤油 20mL、pH6.3。

发酵控制要点　发酵培养基除无机盐和硫胺素外，以各种淀粉的水解糖作为碳源；发酵温度控制在 20～35℃，大部分在 28℃；发酵 pH 值控制在 3.7～5.5；发酵 2d 后，加入前体 β-紫罗兰酮，同时加入异烟肼和 5％煤油以提高产量；3～6d，通 100℃蒸汽 10～15min，杀菌以终止发酵，阻止 β-胡萝卜素酶解。

β-胡萝卜素分泌于菌丝体内。发酵后过滤，取菌丝体，先真空干燥 16～20h（50～55℃），再用石油醚提取，最后用柱色谱法分离提纯，得 β-胡萝卜素成品（最高产量可达 2870mg/L）。

 问题 3　如何制备核黄素？

核黄素是维生素 B_2 的别称，是黄素酶的辅基，参与生物氧化还原反应。当机体缺乏时，会出现舌炎、唇炎、口角炎等病患，绿叶蔬菜、黄豆、酵母及动物肝、肾、心、乳汁中的含量较多。核黄素化学合成的步骤多、成本高。目前工业制备核黄素是采用微生物发酵法。

能产生维生素 B_2 的微生物有：阿舒假囊酵母、棉阿舒囊霉、根霉、曲霉、青霉、梭状芽孢杆菌、产气杆菌、大肠埃希菌等。生产中主要使用阿舒假囊酵母及棉阿舒囊霉。图 4-11 是其生产工艺流程。

菌种 $\xrightarrow{\text{移接}}$ 菌种斜面 $\xrightarrow[4～5d]{28℃}$ 无菌水孢子悬浮液 $\xrightarrow[35～40h]{30℃}$ 种子液 $\xrightarrow[20h]{30℃}$ 二级种子液 $\xrightarrow[1kgf/cm^2,160h]{30℃}$ 终止发酵

图 4-11　维生素 B_2 的发酵工艺流程

菌种培养基　葡萄糖 2％、蛋白胨 0.1％、麦芽浸膏 5％、琼脂 2％、pH 值 6.5。

发酵培养基　米糠油 4％、玉米浆 1.5％、鱼粉 1.5％、KH_2PO_4 0.1％、NaCl 0.2％、$CaCl_2$ 0.1％、$(NH_4)_2SO_4$ 0.02％。补料：米糠油 3％、骨胶 1.8％、麦芽糖 0.5％。

发酵工艺　一般采用三级发酵，先将产孢子菌种斜面于 28℃培养 4～5d 后，用无菌水制成孢子悬浮液，接入种子培养基中培养；30℃下培养 35～40h 后，接种到二级发酵罐中，继续在 30℃下通风搅拌培养；20h 后，转接到三级发酵罐中，30℃，通风发酵 160h，补加一定量的米糠油、骨胶及麦芽糖。

发酵过程中保持良好通风，可促进膨大菌体的形成，迅速提高维生素 B_2 的产量，缩短发酵周期。发酵结束后，发酵液用稀酸水解，释放出核黄素，再加亚铁氰化钾和硫酸锌除去杂质，发酵滤液加 3-羟基-2-萘甲酸钠与核黄素形成复盐，经分离纯化，精制得到核黄素成品。

 问题 4　你知道抗坏血酸是如何得到的吗？

维生素 C 又称抗坏血酸，有维持骨骼组织的正常机能、增强人体的免疫功能等多

种作用，临床上可用于防治坏血病、抵抗传染疾病、促进创伤和骨折愈合等。人体不能合成维生素 C，完全依赖于食物摄取，新鲜水果及绿叶蔬菜中维生素 C 含量最为丰富。

维生素 C 的生产始于 20 世纪 20 年代，最早从柠檬、辣椒、肾上腺等动植物组织中提取，价格昂贵。现在，主要通过莱氏法和发酵法进行工业化制备。

莱氏法 这种方法以葡萄糖为原料，经催化加氢制取得到 D-山梨醇，再用黑醋菌发酵生成 L-山梨醇后，经酮化及 NaClO 化学氧化、水解后得到 2-酮基-L-古龙酸（2-KLG），然后进行化学合成得到维生素 C。这种方法于 1933 年被发明，是国外的重要生产方法。

发酵法 该法以 D-山梨醇为原料，在细菌作用下转化为 L-山梨醇，再经细菌发酵得到维生素 C 的前体 2-KLG，其特点是：第二步发酵由大、小两种菌株伴生培养、混合发酵完成，缺一不可，故称为"两步串联发酵法"。其中小菌（氧化葡萄糖酸杆菌）为产酸菌，但单独培养传代困难，产酸能力很低；大菌（巨大芽孢杆菌）不产酸，是小菌的伴生菌。研究表明，大菌通过释放某些代谢活性物质促进小菌产酸。工艺流程如图 4-12 所示。与莱氏法相比，该法以混合发酵取代了化学合成，避免使用丙酮、NaClO 等溶剂，改善了操作条件，缩短了生产周期，大幅度降低了生产成本。

该法是我国科学家于 20 世纪 70 年代发明的，是目前唯一成功应用于维生素 C 的工业发酵方法，也是我国维生素 C 生产的主要方法。

$$D\text{-葡萄糖} \xrightarrow[\text{}]{H_2 \text{ 催化剂}} D\text{-山梨醇} \xrightarrow[\text{（第一步）}]{\text{微生物}} L\text{-山梨醇} \xrightarrow[\text{混合发酵（第二步）}]{\text{大菌、小菌}} 2\text{-酮基-L-古龙酸} \xrightarrow{\text{化学转化}} \text{维生素 C}$$

图 4-12 维生素 C 发酵制备的工艺流程

也有采用重组 DNA 技术构建工程菌的"一步发酵法"，从葡萄糖直接发酵生成 2-KLG。此法的转化率尚低，距离应用还有较大差距。这为维生素 C 生产菌的选育和深入研究开辟了新的途径。

🔄 课堂互动

青霉素和维生素 B_2 都是利用微生物发酵制备得到的。想一想：两者工艺有什么异同点？

知识链接

维生素的那点事儿

词的来历 古人很早就发现食用动物肝脏可以治愈夜盲症。1912 年，波兰人冯克从米糠中提取出能够治疗脚气病的"白色物质"，当时认为是一种胺类，称为"生命胺"，用拉丁文 vita（生命）和-amin（氨）缩写成 vitamin（维生素），后来证明事实并非如此，但名称被保留下来，简称为"V"。随后，人们又相继发现各种不同类型的维生素，能分别治疗不同的疾病，使用不同字母来加以区分，形成了现在的命名方式，如维生素 A、维生素 B_2、维生素 C、维生素 D_3、维生素 E、维生素 K_1 等。vitamin 曾有维生素、维他命等多种中文译名，其中，维生素因有"维持生命的营养素"的意思而被广为接受。实际上，即使缺乏维生素，生物体也不一定会死亡。

数码下标　随着发现的维生素种类越来越多，为了方便记忆，人们把这些维生素排列起来，称为维生素 A、维生素 B、维生素 C 等。为了区分同一大类中不同功能用途的维生素，又加上了下标，如维生素 B_1、维生素 B_6、维生素 B_{12} 等。有些维生素的化学结构和性质相近但来源不同，也用下标来区分。比如：维生素 D_3 表示来自鱼肝油，维生素 D_2 表示来自植物，维生素 D_1 后来被发现是一种混合物，称号已被取消。具有促进凝血功能的维生素 K 共有 4 种，其中维生素 K_1（存在于植物体中）和维生素 K_2（由动物肠内细菌生成）是天然脂溶性维生素，维生素 K_3 和维生素 K_4 则是人工合成的。维生素 B 族的种类最多，各品种从化学结构到生理功能均相差甚远，如维生素 B_1 对糖代谢产生影响，维生素 B_2 在呼吸链中发挥递氢作用，维生素 B_3、维生素 B_4、维生素 B_6 和维生素 B_{12} 等的化学结构与生理功能均无相同之处。有趣的是，不同数码下标的维生素 D 和维生素 K，由于生理功能相同，一般均可相互替代使用；而不同数码下标的维生素 B，基本上都不能相互替代。

习惯用名　根据不同的功能，一些维生素还有习惯上的别名。例如：维生素 C 用来治疗坏血病，又叫作抗坏血酸；维生素 A 对眼睛有好处，叫作抗干眼醇或视黄醇；维生素 E 对生育有帮助，称为生育酚；维生素 D_2 是由植物油和酵母中的麦角固醇转变而来的，叫麦角钙化醇；维生素 D_3 是人和动物皮肤中的 7-脱氢胆固醇转化而成的，叫胆钙化醇。还有，维生素 B_1 叫硫胺素，维生素 B_2 叫核黄素，维生素 B_3 叫泛酸，维生素 B_4 叫 6-氨基嘌呤，维生素 B_6 称为吡哆醇，维生素 B_{12} 又称钴胺素；维生素 K_1 叫叶萘醌，维生素 K_2 叫甲萘醌，维生素 K_3 叫亚硫酸氢钠甲萘醌，维生素 K_4 叫乙酰甲萘醌。

学习主题 2　核酸类药物的发酵制备

 问题 1　核酸类药物有哪些?

核酸类药物可分为两大类：一类是核酸类物质本身，包括肌苷、辅酶 A、ATP、鸟苷三磷酸（GTP）、胞苷三磷酸（CTP）、尿苷三磷酸（UTP）、腺苷、辅酶 Ⅰ、辅酶 Ⅱ 等；另一类是碱基、核苷、核苷酸的结构类似物或聚合物。前者是生物体合成的原料，或者是在蛋白质、脂肪、糖的生物合成与降解中能量代谢的辅酶，多数可由生物体自身合成，或经微生物发酵，或从生物资源中提取，广泛应用于放射病、血小板减少症、白细胞减少症、急/慢性肝炎、心血管疾病、肌肉萎缩等病症的治疗；后者是治疗病毒感染性疾病、肿瘤的重要手段，也是产生干扰素、免疫抑制的临床药物，如三氮唑核苷、叠氮胸苷、阿糖腺苷等。此外，还有 8-氮杂鸟嘌呤、6-巯基嘌呤、氟胞嘧啶、氟尿嘧啶、阿糖胞苷、无环鸟苷等。

核酸类药物的生产方法可分为化学合成法、酶解法和发酵法三种。其中发酵法以糖质为原料，生产核苷酸类物质，一方面符合人们的食用习惯，另一方面生产成本低、效益高。基因工程育种技术及高产优化控制技术的采用，大大降低了发酵法的生产成本，使发酵法的优势更为明显。

❓ 问题 2　肌苷是怎样制备得到的?

肌苷又名次黄嘌呤核苷，是次黄嘌呤与核糖的缩合物，对不同类型的心脏病及肝脏病有较好的疗效且无毒副作用，是唯一能代替人体内辅酶 A 功能的药物，可用发酵法生产。产生肌苷的主要微生物为细菌，如枯草芽孢杆菌、短小芽孢杆菌、产氨短杆菌、谷氨酸棒状杆菌、谷氨酸小球菌、节杆菌、铜绿假单胞菌、大肠埃希菌等。一些酵母和霉菌也可产生肌苷，如粟酒裂殖酵母等。

肌苷的生产工艺流程见图 4-13，其生产菌株多为腺嘌呤缺陷型菌株，需要在培养基中加入适量的腺嘌呤或含有腺嘌呤的物质（如酵母膏等），这不仅影响菌体生长，还影响肌苷积累。腺嘌呤对肌苷积累有一个最适浓度，这个浓度通常比菌体生长所需要的最适浓度小一些，称为亚适量。

斜面 —35℃，18~24h→ 菌种 摇瓶 —30℃，12h→ 种子液 二级 —34℃，10~12h→ 种子液 发酵 —35~37℃，43~48h→ 培养 → 放罐 → 洗脱吸附 → 结晶 → 产品

图 4-13　肌苷的生产流程

肌苷发酵中，大多使用淀粉水解液的葡萄糖作为碳源。发酵过程中添加氨基酸，可促进菌体生长、增加肌苷积累、节约腺嘌呤用量。组氨酸、亮氨酸、异亮氨酸、蛋氨酸、甘氨酸、苏氨酸、苯丙氨酸及赖氨酸等都有这种促进作用。其中组氨酸是必需的，其他氨基酸可以用高浓度的苯丙氨酸来代替。肌苷的含氮量很高（20.9%），所以必须有足够的氮源供应，常用的氮源是氯化铵、硫酸铵或尿素等，并用氨水来调节 pH。

磷酸盐对肌苷生成有很大影响。采用短小芽孢杆菌时，可溶性磷酸盐（如磷酸钾）能显著抑制肌苷的累积，不溶性磷酸盐（如磷酸钙）则可以促进肌苷生成。相反，采用产氨短杆菌时，肌苷发酵不需要维持无机磷的低水平，即使添加 2% 磷酸盐，也能累积大量的肌苷。

发酵条件也是影响肌苷积累的重要因素。肌苷积累的最适 pH 值为 6.0~6.2；枯草芽孢杆菌的最适温度为 30℃，短小芽孢杆菌为 32℃；供氧不足可使肌苷的生成受到抑制；通气搅拌可以减少 CO_2 对肌苷发酵的抑制作用。

❓ 问题 3　肌苷酸的生产方法是怎样的?

肌苷酸是肌苷的磷酸酯，由核酸、磷酸和次黄嘌呤组成。肌苷酸可参与机体能量代

谢及蛋白质合成，可应用于白细胞减少、急/慢性肝炎、肺源性心脏病、中心性视网膜炎、视神经萎缩等病症的治疗，同时作为助鲜剂在调味品领域有着广泛的用途。

肌苷酸的生产方法主要有：提取分离细胞内的呈味核苷酸、从微生物细胞中提取核酸并进行酶降解、发酵法或合成法制得肌苷酸前体再进行微生物转化、选育肌苷酸高产菌株直接发酵制备。国外采用枯草芽孢杆菌、产氨短杆菌的营养缺陷型等菌株，以糖等为基质进行发酵。发酵工艺流程如下：

试管斜面培养→摇瓶种子培养→二级种子罐培养→三级种子罐培养→发酵→过滤→脱色→吸附→结晶→精制。

 **课堂互动**

核酸是构成生命的基本物质之一。想一想：核酸是如何承载生命信息的？

 课后复习

1. 填空

（1）维生素 A 原是____的前体物质，又称为____，是一类黄色和红色的____，广泛存在于____植物体内。

（2）核黄素是____的别称，是____的辅基，参与生物氧化还原反应。

（3）肌苷又名____，是____与核糖的缩合物，是唯一能代替人体内____功能的药物。

2. 选择

（1）维生素 A 是分子结构中含有脂环的（　　　）。

A. 不饱和一元醛　　　B. 饱和一元醇　　　C. 不饱和一元醇　　　D. 饱和一元酮

（2）在 β-胡萝卜素的发酵制备中，工艺控制错误的是（　　　）。

A. 应以各种淀粉的水解糖作为碳源　　　B. 应控制发酵温度为 20～35℃

C. 应控制发酵 pH 值为 6.5～7.7　　　D. 应加入 β-紫罗兰酮、异烟肼、5％煤油

（3）以下物质的发酵制备采用了大小两种菌伴生混合发酵方式的是（　　　）。

A. 核黄素　　　B. β-胡萝卜素　　　C. 抗坏血酸　　　D. 肌苷酸

3. 判断

（1）发酵制备核黄素时，应抑制菌体的生长以促进目标产物的生成。

（2）两步法发酵制备维生素 C 时，发酵的直接产物是 2-酮基-L-古龙酸。

4. 简述

（1）什么是维生素 C 的两步合成法？

（2）为什么肌苷发酵生产中需要加入氨基酸？

项目4　氨基酸类和酶类药物的制备

学习目标

【知识要求】　掌握　典型氨基酸发酵生产的一般工艺流程
　　　　　　　熟悉　一般酶蛋白的发酵生产工艺
　　　　　　　了解　不同酶蛋白的发酵工艺差异
【能力要求】　懂得　氨基酸、蛋白酶发酵生产的一般工艺特征
　　　　　　　明白　氨基酸提取精制的技术特点
【素质要求】　具备　生物发酵技术、细胞培养技术、生物制药技术等实践操作技能
　　　　　　　能够　遵循 GMP、适应制药技术的发展和新工艺的探索

技能要点

　　氨基酸的制备方法主要有：蛋白质水解法、化学合成法、微生物发酵法与酶法。微生物发酵法已成为氨基酸制备的主要方法。发酵法包括直接发酵法和添加前体发酵法。谷氨酸是发酵法制备的产量最大的氨基酸。发酵法获得的氨基酸还需要经过提取精制获得氨基酸成品。

　　酶类药物的实质就是应用于医药领域的蛋白酶制剂，可以由微生物发酵产生。微生物发酵生产蛋白酶的方法一般有固态发酵法和液体深层发酵法。按照蛋白酶生产菌的最适 pH 划分，可分为酸性蛋白酶、中性蛋白酶和碱性蛋白酶。这些产蛋白酶的菌在适宜的发酵条件下分泌产生对应的蛋白酶，再经沉淀、过滤及离子交换色谱等方法进行提取，获得蛋白酶产品。

课前引导

　　☆ 回顾一下：蛋白质的基本组成单位是什么？
　　☆ 生命体内的新陈代谢反应，都是在什么物质的催化下完成的？

学习主题 1　氨基酸类药物的发酵制备

 问题 1　氨基酸是怎样制备的?

氨基酸是人体及动物的重要营养物质,在医药、食品、化妆品、农业等领域有着广泛的用途。

制备氨基酸的技术最早开始于 1820 年的蛋白质水解法,1850 年出现了化学合成法,1956 年发酵法生产谷氨酸获得成功,后来又出现了酶法,这是目前工业制备的四种方法。例如:利用废蛋白质原料(如动物毛发)水解获得复合氨基酸;利用化学合成法生产 DL-蛋氨酸、甘氨酸、DL-丙氨酸等;利用酶法生产 L-丙氨酸、L-色氨酸、L-丝氨酸等。蛋白质水解法、酶法和化学合成法由于前体物的成本高、工艺复杂,工业化生产受到很多限制。现在,微生物发酵法已经成为氨基酸制备的主要方法,60％以上的氨基酸是采用发酵法进行生产的,其中,产量最大的是谷氨酸,约占总产量的 75％;其次是赖氨酸,约占总产量的 10％。

发酵法最突出的优点是能直接获得具有活性的 L 型氨基酸。发酵法可分为直接发酵和添加前体发酵。根据生产菌株的特性不同,直接发酵又包括:

① 使用野生型菌株,直接由糖和铵盐发酵生产,如谷氨酸、丙氨酸和缬氨酸。

② 使用营养缺陷型突变株,直接由糖和铵盐发酵生产,如赖氨酸、苏氨酸和苯丙氨酸。

③ 由氨基酸结构类似物的抗性突变株进行生产,如色氨酸、亮氨酸和精氨酸。

④ 使用营养缺陷型兼抗性突变株来生产氨基酸,如异亮氨酸、瓜氨酸。

 问题 2　认识谷氨酸的发酵生产

目前,应用于谷氨酸生产的菌株有:谷氨酸棒状杆菌、乳糖发酵短杆菌、黄色短杆菌、球形节杆菌等,我国常用的是北京棒杆菌、钝齿棒杆菌和黄色短杆菌等,这些菌株都有一些共同的特点,如菌体为球形、短杆或棒状、无鞭毛、不运动、不形成芽孢、呈革兰阳性、需要生物素作生长因子、需在通气条件下培养产生谷氨酸。

谷氨酸的生产原料有碳源、氮源、无机盐和生长因子等。

碳源　现有的谷氨酸生产菌均不能利用淀粉,只能利用葡萄糖、果糖等,有些还能利用乙酸、正构烷烃等碳源。葡萄糖一般都来自于淀粉原料,如玉米、小麦、甘薯、大米等,其中甘薯淀粉最为常用。也可用糖蜜作为碳源,如甘蔗糖蜜、甜菜糖蜜。在一定范围内,增加葡萄糖浓度会增加谷氨酸产量,但浓度过高对菌体生长不利。通常,采用流加方式加入糖质，浓度为125~150g/L。

氮源　对谷氨酸发酵的影响与碳源相比更大，约85%都被用于合成谷氨酸。目前，生产上多采用尿素作为氮源，在发酵中分批流加，流加时温度不宜过高（≤45℃），否则，游离氨过多会使pH值升高，抑制菌的生长。

无机盐和生长因子　以糖质为碳源的谷氨酸生产菌几乎都是生物素缺陷型，需要以生物素为生长因子。当生物素缺乏时，菌种生长十分缓慢；当生物素过量时，则谷氨酸发酵转为乳酸发酵。因此，一般将生物素控制在亚适量的水平。生产中常通过添加玉米浆、麸皮粉、水解液、糖蜜等，来满足谷氨酸生产菌必需的生长因子。磷酸盐是谷氨酸发酵过程中必需的，但浓度不能过高，否则，谷氨酸发酵会转向缬氨酸发酵。

 问题3　谷氨酸发酵的工艺控制

谷氨酸发酵生产的工艺流程见图4-14。

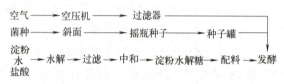

图4-14　谷氨酸发酵工艺流程

接种量　应根据谷氨酸菌种、菌龄、发酵培养基成分等的不同来确定，一般为0.6%~1.7%。

温度　在发酵前期，主要是长菌阶段，如果温度过高，菌种容易衰老，严重影响菌体的生长繁殖，因此，温度宜控制在32℃；在发酵中后期，菌体生长基本结束，为了满足谷氨酸的大量合成，可适当提高温度，控制在34~37℃。

pH值　谷氨酸发酵的最适pH一般为中性或微碱性。在发酵前期，将pH控制在7.5~8.0较为合适；在发酵中后期，将pH控制在7.0~7.6对提高谷氨酸产量有利。通常采用流加氨水或尿素的方法调节pH，同时也添加了氮源。

溶氧浓度　谷氨酸发酵是好氧发酵，发酵液中溶氧浓度对菌体生长和谷氨酸积累有很大影响。在前期的菌体生长阶段，若供氧过量，则在生物素限量的情况下会抑制菌体生长，表现为耗糖慢、长菌慢，这个阶段以低通风量为宜；在发酵阶段，若供氧不足，发酵的主产物会由谷氨酸变为乳酸，此阶段以高通风量为宜。生产上，用气体转子流量计来控制通气量，另外，发酵罐大小不同，搅拌转速和通气量也不同。

 问题4　了解谷氨酸发酵液的提取分离

提取谷氨酸的常用方法有等电点法、离子交换法、锌盐沉淀法及纳滤法等。其中，等电点法最简单，目前使用较多。在pH<3.22时，谷氨酸α-羧基的电离被抑制，谷氨酸呈阳离子状态；当pH>3.22时，则以阴离子形式存在；而pH＝3.22（即等电点）

时，谷氨酸呈中性，此时的溶解度最小，从溶液中析出。经过滤、离心，可提取出谷氨酸晶体。采用该方法时应注意以下要点：

谷氨酸含量　提取时，要求谷氨酸含量在 4% 以上，否则，应先浓缩或加晶种后，再提取。

结晶温度　谷氨酸的溶解度随温度降低而降低，要求温度应低于 30℃，且降温速度要慢。

加酸　加酸的目的是调节溶液 pH 至等电点，在前期加酸应稍快，中期（晶核）形成前加酸速度要减缓，后期加酸要慢，直至降至等电点。

加入晶种与育晶　加入晶种有利于提高谷氨酸收率。通常，5% 的谷氨酸，在 pH4.0～4.5 时加入晶种；而 3.5%～4.0% 的谷氨酸，在 pH3.5～4.0 时加入晶种。晶种的投放量约为发酵液的 0.2%～0.3%。

搅拌　搅拌有利于晶体的长大，但过快容易导致晶体破碎，一般以 20～30r/min 为宜。

 问题 5　你知道赖氨酸是如何发酵生产的吗？

赖氨酸可以促进儿童发育，增强体质。可产生赖氨酸的微生物有两类：细菌和酵母菌。生产菌多是以谷氨酸生产菌为出发菌通过诱变获得的突变株，主要有谷氨酸棒状杆菌、北京棒杆菌、黄色短杆菌和乳酸发酵短杆菌等。

赖氨酸的发酵生产工艺与谷氨酸相似，可以使用玉米、山芋等淀粉作为培养基，也可以使用糖蜜。发酵中的氮源多用硫酸铵和氯化铵。

与谷氨酸发酵不同的是：赖氨酸发酵菌属于生物素缺陷型，对生物素的需求比较敏感，限量添加会导致发酵转向谷氨酸方向而积累谷氨酸；过量添加，又会使谷氨酸对谷氨酸脱氢酶的产物有抑制作用，转向天冬氨酸途径而积累天冬氨酸。同时，赖氨酸生产菌又属于高丝氨酸缺陷型，苏氨酸和蛋氨酸是赖氨酸生产菌的生长因子。如果培养基中两者含量丰富，就会只长菌、不产或少产赖氨酸，所以在发酵时，宜将苏氨酸和蛋氨酸控制在亚适量水平，以提高赖氨酸产量。

研究还发现，发酵过程中添加红霉素、氯霉素、铜离子等一些物质，可以提高赖氨酸产量。

赖氨酸下游加工包括发酵液预处理、提取、精制三个阶段。先将发酵液过滤或离心除去菌体，澄清滤液用盐酸调节 pH4.0；再用铵型强酸性阳离子交换树脂选择性地提取赖氨酸；然后将洗脱液进行真空浓缩以除去氨，结晶后的粗品再用活性炭脱色、过滤后得到赖氨酸盐酸盐成品。

> 🔄 **课堂互动**
>
> 氨基酸可以通过发酵法来制备。想一想：除芽孢杆菌外，为什么现有的谷氨酸发酵菌都需要生物素作为生长因子，才能发酵制备谷氨酸？

其他氨基酸的发酵法制备

利用发酵法还可以制备苏氨酸、缬氨酸、异亮氨酸、亮氨酸、天冬氨酸、色氨酸等。目前我国在这些氨基酸的发酵生产方面尚未形成规模。市场上的氨基酸产品多为国外产品。

苏氨酸的制备有化学合成、发酵和蛋白质水解三种方法。发酵生成的苏氨酸都是L-苏氨酸。苏氨酸发酵菌主要有大肠埃希菌、黏质沙雷菌和短杆菌，均为营养缺陷型或抗性突变菌株，同时具有多重缺陷型和结构类似物抗性的突变菌株，能增加产苏氨酸的能力。

近年来发现，L-缬氨酸是一种高效免疫抗生素的原料，使得缬氨酸的年需求量猛增。缬氨酸的生物合成是由丙酮酸生成的 α-乙酰乳酸经还原脱水得到 α-酮基异戊酸，最后生成缬氨酸。

异亮氨酸、亮氨酸均有甲基侧链，具有相近的化学性质。异亮氨酸有两种发酵制备方法：添加前体发酵法和直接发酵法。前者在发酵时添加 D-苏氨酸、α-氨基丁酸等前体，后者应用抗反馈调节突变菌株或营养缺陷型菌株，直接发酵获得。亮氨酸发酵的前体是缬氨酸的中间体 α-酮基异戊酸，生产菌同样是抗性突变菌株或营养缺陷型菌株。

天冬氨酸和色氨酸都可以用发酵法制备，但目前的生产主要是以酶法为主。

学习主题 2　酶类药物的发酵制备

 问题 1　酶类药物有哪些发酵制备方法？

酶是生物体内具有高度专一性和极高生物催化活性的生物大分子，绝大多数都是蛋白质。存在于细胞内的称为胞内酶；分泌到细胞外的称作胞外酶。19 世纪，人们从麦芽浸提液中提取出第一个具有活力的淀粉酶。20 世纪 60 年代，首次出现了酶类药物的概念。按照酶的最适 pH 来区分，可分为三类：酸性蛋白酶、中性蛋白酶和碱性蛋白酶。按临床应用来区分，则主要有以下几种：

① 消化类　如胃蛋白酶、胰酶、淀粉酶、纤维素酶、木瓜酶、凝乳酶、无花果酶、菠萝酶等。

② 抗炎净创类　如胰蛋白酶、糜蛋白酶、α-淀粉酶、木瓜蛋白酶、黑曲霉蛋白酶等。

③ 血凝和解凝类　从血液中提取出来的，如凝血酶、纤维蛋白溶解酶、蚓激酶、蛇毒凝血酶等。

④ 解毒类　主要有青霉素酶、过氧化氢酶和组织胺酶等。

⑤ 诊断类　常用的有葡萄糖氧化酶、β-葡萄糖苷酸酶和尿素酶等。

酶类药物的制备，可以看作是蛋白酶制剂的制备。制曲酿酒是最具有代表性的发酵制备酶类方法。后来，通风搅拌的深层培养技术被成功应用到酶类的工业化生产。目前，酶类药物几乎都是通过发酵法制备的，发酵法分为固态发酵法和液体深层发酵法。这两种方法在工艺上有较大差别，在原料处理、菌种培育、无菌要求、发酵控制以及提取纯化等各方面均有不同。总体来说，固态发酵法工艺要求较为简单，液体深层发酵法工艺较为复杂。

(1) 固态发酵法　起源于古代制曲技术，适用于霉菌的生产，一般使用麸皮粉作为培养基，将菌种与培养基充分混合后，在浅盘或帘子上铺成薄层，放置在多层架子上，根据不同微生物的需要控制不同的培养温度和湿度。待培养基中长满菌丝，酶活力达到最高值时，停止培养，进行酶的提取。这种方法具有生产简单易行、成本低等优点，但劳动强度高。

(2) 液体深层发酵法　指在通气搅拌的发酵罐中进行微生物培养，是目前广泛使用的方法，具有机械化程度高、培养条件容易控制等特点。另外，酶的产率高、质量好。但是，此法无菌要求比较高，生产时要特别注意防止染菌。

 问题 2　发酵制备酸性蛋白酶的工艺条件是怎样的?

菌种　目前产生酸性蛋白酶的工业化生产菌有 30 余种，应用较普遍的主要是黑曲霉和宇佐美曲霉，如黑曲霉 AS3.301、AS3.350 等。

培养基　主要是用麸皮粉、米糠、玉米粉、淀粉、豆饼粉、玉米浆、饲料鱼粉等作为碳氮营养物，再加入适量的无机盐。黑曲霉 AS3.350 的发酵培养基（pH=5.5）组成如表 4-7 所示。

表 4-7　黑曲霉 AS3.350 的发酵培养基配方

项目	含量/%	项目	含量/%	项目	含量/%
豆饼粉	3.75	氯化铵	1.0	豆饼、石灰水解液	10.0
玉米粉	0.625	氯化钙	0.5		
饲料鱼粉	0.625	磷酸二氢钾	0.2		

接种量　一般控制在 10% 以下。有研究表明，对宇佐美曲霉 537 菌株来说，5% 比 10% 更为适宜。

pH 值　培养基的起始 pH 对酸性蛋白酶的产量有较大影响，不同菌种对起始 pH 的要求各有不同，如：微紫青霉 pH 为 3.0、斋藤曲霉 pH 为 5.0、根霉 pH 为 4.0 等。

温度　酸性蛋白酶对温度变化很敏感，应根据不同菌种的特性来控制发酵温度。黑曲霉正常发酵温度为 30℃ 左右，斋藤曲霉以 35℃ 为宜，而根霉和微紫青霉则以 25℃

为佳。

通风量　产酸性蛋白酶要求有较大的通风量，同时还因菌种、培养基种类不同而异。如宇佐美曲霉变异株 537 对通风量的要求较高，发酵前期通风量不宜过大，但在发酵后期（48h 后）通风量应控制在 1.0～1.1 m³/h 之间；通风不足不影响黑曲霉菌丝体的生长，但会明显降低产酶量。

发酵过程中加入正十二烷等作为氧载体，能加快培养基中氧的传递速度，提高酸性蛋白酶产量。

酸性蛋白酶的提取常用沉淀结晶和离子交换柱色谱等方法。

 问题 3　中性蛋白酶是如何发酵制备的？

中性蛋白酶的产生菌主要有枯草芽孢杆菌、巨大芽孢杆菌、地曲霉、米曲霉、酱油曲霉和放线菌中的灰色链霉菌等，其中以放线菌 166 株的使用较为普遍。该放线菌株的中性蛋白酶属于胞外酶，但同时具有内肽酶与外肽酶的性质，分解能力强，对目前已知各种蛋白质，放线菌蛋白酶均能作用，且可分解至氨基酸，应用十分广泛。以 5000L 发酵为例，中性蛋白酶发酵制备的过程简述如下：

将沙土管保存的菌种接入高氏二号斜面培养基中，28℃下培养约 10 天得到孢子斜面；制成孢子悬液菌种后，接入 500L 种子发酵罐，在 28～29℃、180r/min、1∶0.4（20h 前）～1∶0.5（20h 后）的通风条件下培养约 40h，转入发酵；在接种量 10%、28～29℃、180r/min 条件下进行搅拌发酵，通风量分别控制为 1∶0.4（20h 前）、1∶0.6（20～24h 后）和 1∶0.8（40～50h）；发酵过程中，pH 控制为 5.5（24h 后）或更低一些；大约 34h 后 pH 开始上升，进入产酶阶段，酶开始逐步积累、泡沫急剧增加，应注意加油消泡，直至发酵结束。发酵结束时，残糖含量不超过 1.5%。发酵结束后，向发酵液中加入氯化钙溶液，再用硫酸铵沉淀，过滤、干燥后既得蛋白酶成品。放线菌中性蛋白酶在 35℃下稳定，最适反应 pH 为 7～8，钙离子对其有激活作用，明矾、乙二胺四乙酸（EDTA）对其有失活作用。

 问题 4　碱性蛋白酶是怎样用发酵法制备的？

碱性蛋白酶的生产菌株主要为芽孢杆菌，如地衣芽孢杆菌、解淀粉芽孢杆菌、短小芽孢杆菌，以及灰色链霉菌、费氏链霉菌等。其中，由地衣芽孢杆菌 2709 生产的碱性蛋白酶，是我国最早（1971 年）投产、产量最大的一类碱性蛋白酶，占商品酶制剂总量的 20% 以上。以地衣芽孢杆菌 2709 为例，培养基配方如表 4-8 所示，生产过程简述如下：

将贮存于 5℃下的斜面菌接入茄型瓶中，培养并制成菌悬液，再接入种子罐，经 18～20h 培养后接入发酵罐。10000L 发酵罐接入培养基 5000L，36℃下通风培养，通风量在前期为 1∶1.5、在后期为 1∶0.2，搅拌 40h 后，酶活性可达到最大，结束发酵。

表 4-8　地衣芽孢杆菌 2709 发酵制备碱性蛋白酶的培养基配方

培养基	牛肉膏	蛋白胨	黄豆饼粉	玉米粉	氯化钠	Na_2HPO_4	NaH_2PO_4	Na_2CO_3	琼脂	pH
斜面	1%	1%			0.5%				2%	7.2
茄形瓶	1%	1%			0.5%				2%	7.2
种子罐			3%	2%		0.4%	0.1%	0.1%		自然
发酵罐			3%	2%*		0.3%				9.0

注：* 用麸皮粉替代玉米粉。

　　地衣芽孢杆菌由于菌体比较小，发酵液黏度大，不宜使用常规的固液分离方法。目前，国内多采用无机盐凝聚法或者直接将发酵液进行盐析。前者是向发酵液中加入一定量的无机盐，使菌体和杂蛋白等凝集到一块形成较大颗粒，然后进行压滤；后者是直接将发酵液进行盐析，得到酶、菌体、杂蛋白的混合体系，再进一步提纯、精制。

课堂互动

　　想一想：固态发酵法和深层液体发酵法在工艺控制上有什么不同？

课后复习

　　1. 填空

　　（1）最早的氨基酸制备技术采用的是____，至 1956 年实现了发酵法生产____，才开始大规模工业化生产氨基酸。

　　（2）以糖质为碳源的谷氨酸几乎都是____缺陷型，发酵过程中必须加入____；但如果添加过量，则谷氨酸发酵转为____发酵，因此应将添加量控制在____的水平。

　　（3）酶是生物细胞合成的，存在于细胞内的称为____；由细胞内合成而分泌到细胞外起作用的称作____。

　　（4）按照生产菌的最适 pH 来区分，蛋白酶一般划分为____、____和____三类。

　　2. 选择

　　（1）目前，工业化制备氨基酸的主要方法是（　　）。

　　A. 蛋白质水解法　　　B. 化学合成法

　　C. 微生物发酵法　　　D. 高效酶水解法

　　（2）以下几种氨基酸，采用野生型菌株，直接由糖和铵盐发酵生产的是（　　）。

　　A. 丙氨酸　　　　B. 赖氨酸　　　　C. 亮氨酸　　　　D. 瓜氨酸

　　（3）目前使用的谷氨酸生产菌不能利用的碳源是（　　）。

　　A. 葡萄糖　　　　B. 果糖　　　　C. 淀粉　　　　D. 正烷烃

　　（4）发酵法生产赖氨酸时，为提高产量，（　　）应控制在亚适量水平。

　　A. 缬氨酸　　　　B. 苏氨酸　　　　C. 色氨酸　　　　D. 甘氨酸

3. **判断**

（1）以糖质为碳源的谷氨酸生产菌几乎都是生物素缺陷型，因此，谷氨酸发酵时应以生物素为生长因子并确保其含量充足。

（2）酸性蛋白酶对温度变化很敏感，应根据不同菌种的特性对发酵温度进行控制，例如根霉正常发酵温度以 35℃为宜。

4. **简述**

（1）谷氨酸发酵过程中，应如何控制通气量？

（2）赖氨酸生产菌与谷氨酸生产菌相比，两者在菌体营养类型上有什么异同点？

项目5 实操训练

训练任务 1　四环素类抗生素药物的发酵制备

一、目的

加深对抗生素代谢调控发酵的理解。

掌握抗生素研究、生产中常用的比色、纸色谱等实验技术。

二、原理

四环素族抗生素包括金霉素、四环素和土霉素，三者均以并四苯为基本母核，拥有不同的环上基团或不同的基团位置。例如，金霉素与四环素的结构相同，但比四环素多一个氯离子。利用这一特性，在发酵过程阻止氯离子进入四环素分子，可使菌种产生较多的四环素。利用溴离子在生物合成过程中对氯离子有竞争性抑制的原理，加入 2-巯基苯并噻唑（即 M-促进剂）抑制氯化酶的作用，可增加四环素产量。四环素和金霉素的效价通过比色法测定：在酸性条件下加热，四环素和金霉素均可产生黄色的脱水金霉素和脱水四环素，色度与含量成正比；碱性条件下，四环素较稳定，金霉素则会生成无色的异金霉素。根据上述原理，先在酸性条件下，利用比色法测定四环素、金霉素混合液的总效价；然后在碱性条件下使金霉素生成无色的异金霉素，再于酸性条件下使四环素生成黄色的脱水四环素，比色测定四环素效价。总效价与四环素效价两者之差即为金霉素效价。

在发酵液中加入乙二胺四乙酸二钠盐（EDTA-2Na）作为螯合剂，可消除金属离子的干扰；优化四环素脱水条件（降低酸度或延长加热时间），可以减少发酵液中所含杂质对比色反应的干扰。

三、用品

1. 仪器与材料

摇瓶（三角瓶）、容量瓶、吸管、滤纸、展开槽、分光光度计等。

2. 试剂

（1）培养基　孢子培养基：小麦麸皮粉 35g/L、琼脂 20g/L、合成溶液 [$MgSO_4$ 0.1g/L、KH_2PO_4 0.2g/L、$(NH_4)_2HPO_4$ 0.3g/L]，蒸馏水配制，自然 pH。

种子培养基：黄豆饼粉 20g/L、淀粉 40g/L、酵母粉 5g/L、蛋白胨 5g/L、$(NH_4)_2HPO_4$ 3g/L、$MgSO_4$ 0.25g/L、KH_2PO_4 0.2g/L、$CaCO_3$ 4g/L。

发酵培养基：黄豆饼粉 40g/L、淀粉 100g/L、酵母粉 2.5g/L、蛋白胨 15g/L、$(NH_4)_2HPO_4$ 3g/L、$MgSO_4$ 0.25g/L、$CaCO_3$ 4g/L，α-淀粉酶（活力为 10^5 U/mL）0.1mL。

（2）试剂　草酸、EDTA-2Na、HCl、NaOH、pH 3.0 柠檬酸缓冲液、正丁醇、氨水、pH2.5 磷酸缓冲液、KCl、NaBr、M-促进剂。

（3）菌种　金色链霉菌（*Streptomyces aureofaciens*）。

四、步骤

1. 孢子制备

孢子斜面培养基灭菌，接种金霉素霉菌，37℃培养 5d，使孢子长成灰色。

2. 种子制备

将 25mL 种子培养基加入 250mL 摇瓶中，杀菌后接种 1cm² 斜面孢子，置 28℃培养 20h，观察浓度，达到要求时可转接发酵。

3. 发酵

将发酵培养基分为四组，分别加入下列成分：A 组 0.2% NaBr；B 组 0.2% KCl；C 组 0.2% NaBr 和 0.0025% M-促进剂（原始溶液浓度为 50%）；D 组 对照（除发酵培养基外不加入其他物质）。

于 500mL 摇瓶中装入发酵培养基 50mL，杀菌后接入 10% 种子，在 28℃摇床培养 5d，每隔 12h 分别采用纸色谱法测定效价、质量测定法测定菌体量，比较这四组中四环素产生的情况。

4. 四环素效价测定

取一定量发酵液，加草酸调节 pH 至 1.5～2.0 后过滤，取滤液 1mL（效价约为 1000U/mL）于 50mL 容量瓶中，加入 1% 的 EDTA-2Na 溶液，加水 9mL，再加入 1mL 3mol/L 的 NaOH 溶液，20～25℃保温 15min 后，加入 2.5mL 6mol/L 的 HCl 溶液，煮沸 15min 后冷却，在分光光度计上于 440nm 处测定吸光度值。

5. 纸色谱鉴定

在 pH 2.5 的磷酸缓冲液中将滤纸条（长 24cm）浸湿，取出后用干滤纸将多余的缓冲液吸去，晾干。用毛细管将四种发酵液和四环素以及金霉素标准品溶液分别滴在处理过的滤纸上，圆点直径不大于 0.4cm，间距 3cm；一般效价控制在 1000U/mL 以上滴 3 点，500～1000U/mL 滴 4 点，200～500U/mL 滴 5 点。滴好样品后将滤纸放入展开剂中饱和 6h 以上；用 pH 3.0 柠檬酸缓冲液饱和的正丁醇作展开剂，在室温下展开 6～8h（与温度有关）。展开后将滤纸取出，于溶剂前沿画记号、晾干，用氨水熏数秒后即可在紫外灯下显影，画出黄色斑点后再分别计算。

五、数据处理

发酵培养时，每一种培养基用 500mL 摇瓶 12 只，分别在 0h 和间隔 12h 取 1 瓶，除测定四环素效价外，采用质量法测定菌体量，记录结果于表 4-9 中。

表 4-9　不同发酵时间菌体生长状况及四环素的效价

时间/h	四环素效价/(U/mL)	菌量/(g/L)	单位菌量/(U/g)	菌生产率/[U/(g·h)]	时间/h	四环素效价/(U/mL)	菌量/(g/L)	单位菌量/(U/g)	菌生产率/[U/(g·h)]
0					72				
12					84				
24					96				
36					108				
48					120				
60									

六、思考

1. 除上表给出的数据外，以时间为横坐标，表中数据为纵坐标绘图，分析各量的变化规律。

2. 在实验报告中给出完整的实验步骤，讨论各步骤的注意事项与必要性。

训练任务 2　青霉素的萃取与萃取率计算

一、目的

学会利用溶剂萃取的方法对料液进行提纯。

掌握碘量法测定青霉素含量的方法，并计算出青霉素的萃取率。

二、原理

萃取过程是利用在两个不混溶的液相中各组分溶解度的不同，而达到分离组分的目的。当 pH＝2.3 时，青霉素在乙酸丁酯中比在水中的溶解度大，因而可以将乙酸丁酯加到青霉素溶液中，并使其充分接触，使青霉素被萃取浓集到乙酸丁酯中，达到分离提纯的目的。

$$青霉素萃取率＝\frac{萃取前青霉素含量－萃取后青霉素含量}{萃取前青霉素含量}×100\%$$

萃取前、后青霉素含量的测定采用碘量法。碘量法的基本原理为青霉素类抗生素经碱水解的产物青霉噻唑酸，可与碘作用（8mol 碘原子可与 1mol 青霉素反应），根据消耗的碘量可计算青霉素的含量。利用碘量法测定青霉素含量时，为了消除供试样品中可能存在的降解产物及其他能消耗碘的杂质的干扰，还应做空白试验。做空白试验时，青霉素不经碱水解。剩余的碘用 $Na_2S_2O_3$ 滴定（$Na_2S_2O_3 : I_2 = 2 : 1$）。

三、用品

1. 仪器与材料

分液漏斗、烧杯、电子天平、酸式滴定管、移液管、容量瓶、量筒、玻棒、pH 试纸等。

2. 试剂

青霉素钠、无水乙醇、甲醇、10% HCl 溶液、40% NaOH 溶液、$K_2Cr_2O_3$、NaOH 溶液（1mol/L）、HCl 溶液（1mol/L）、淀粉指示剂、乙酸丁酯、稀 H_2SO_4、蒸馏水。

$Na_2S_2O_3$（0.1mol/L）：取 $Na_2S_2O_3$ 约 2.6g 与无水 Na_2CO_3 0.02g，加新煮沸过的冷蒸馏水适量溶解，定容到 100mL。

碘溶液（0.1mol/L）：取碘 1.3g，加 KI 3.6g 与水 5mL 使之溶解，再加 HCl 1～2 滴，定容到 100mL。

乙酸-乙酸钠缓冲液（pH 4.5）：取 83g 无水乙酸钠溶于水，加入 60mL 冰醋酸，定容到 1L。

四、步骤

1. $Na_2S_2O_3$ 滴定液（0.1mol/L）标定

取 $K_2Cr_2O_3$ 0.15g 于碘量瓶中，加入 50mL 水使之溶解，再加 KI 2g，溶解后加入稀 H_2SO_4 40mL，摇匀，密塞，在暗处放置 10min。取出后再加水 250mL 稀释，用 $Na_2S_2O_3$ 滴定临近终点时，加淀粉指示剂 3mL，继续滴定至蓝色消失，记录 $Na_2S_2O_3$ 消耗的体积。

2. 青霉素的萃取

用电子天平称取 0.12g 青霉素钠，溶解后定容到 100mL（以此模拟青霉素发酵液进行实验操作）。

准确移取 10mL 青霉素钠溶液，用稀 H_2SO_4 调节 pH 2.3～2.4，取 15mL 乙酸丁酯液，与青霉素钠溶液混合，置分液漏斗中，摇匀，静置 30min。

待溶液分层后，将下方萃余相置于烧杯中备用，将上方萃取液回收。

3. 萃取率的测定

(1) 测定萃取前青霉素钠溶液消耗的碘　取 5mL 定容好的青霉素钠溶液于碘量瓶中，加 NaOH 溶液（1mol/L）1mL 后放置 20min，再加 1mL HCl 溶液（1mol/L）与 5mL 乙酸-乙酸钠缓冲液，精密加入碘滴定液（0.1mol/L）5mL，摇匀，密塞，在 20～25℃的暗处放置 20min，用 $Na_2S_2O_3$ 滴定液（0.1mol/L）滴定，临近终点时加淀粉指示剂 3mL，继续滴定至蓝色消失，记录 $Na_2S_2O_3$ 消耗的体积（$V_前$）。

(2) 测定空白消耗的碘　另取 5mL 定容好的青霉素钠溶液于碘量瓶中，加入 5mL 乙酸-乙酸钠缓冲液，再精密加入碘滴定液（0.1mol/L）5mL，摇匀，密塞，在 20～

25℃的暗处放置 20min，用 $Na_2S_2O_3$ 滴定液（0.1mol/L）滴定，临近终点时加淀粉指示剂 3mL，继续滴定至蓝色消失，记录 $Na_2S_2O_3$ 消耗的体积（$V_{空白}$）。

（3）测定萃取后萃余相中青霉素钠消耗的碘　取萃余相 5mL 于碘量瓶中，按步骤（1）的方法进行测定，记录 $Na_2S_2O_3$ 消耗的体积（$V_{后}$）。

五、数据处理

实验数据处理如下：

（1）青霉素含量计算　因青霉素：I_2＝1∶4，若把青霉素所消耗的碘简写为青 I_2，则青霉素含量＝青 I_2/4。而青 I_2＝总 I_2－杂 I_2－余 I_2，所以，青霉素含量可按下式计算：

$$青霉素含量＝（总 I_2－杂 I_2－余 I_2）/4$$

式中，总 I_2 为滴定时总的碘含量；杂 I_2 为青霉素以外的杂质所消耗的碘；余 I_2 为青霉素和杂质消耗剩余的碘。

$$总 I_2＝0.1×5×10^{-3}（mol/L）$$
$$杂 I_2＝总 I_2－c_{Na_2S_2O_3}×V_{空白}/2$$

式中，$c_{Na_2S_2O_3}$ 为 $Na_2S_2O_3$ 的浓度。

$$余 I_2＝c_{Na_2S_2O_3}×V_{Na_2S_2O_3}/2$$

式中，V_{Na-S} 为计算萃取前的青霉素含量时代入 $V_{前}$、计算萃余后的青霉素含量时代入 $V_{后}$。

（2）萃取率＝（萃取前青霉素含量－萃取后青霉素含量）/萃取前青霉素含量×100%

六、思考

1. 讨论：pH 的调节在提高青霉素萃取效率方面有哪些重要性？
2. 填写实践报告及分析。

模块五 酶工程与固定化技术制药

项目1 酶工程与固定化技术

 学习目标

【知识要求】 掌握 固定化酶与固定化细胞的制备方法
熟悉 固定化酶与固定化细胞的特性
了解 酶工程、固定化酶与固定化细胞的定义
【能力要求】 懂得 怎样制备固定化酶与固定化细胞
【素质要求】 具备 扎实的理论基础、实践能力、创新思维和团结协作的能力
能够 关注酶工程领域的最新进展，了解前沿技术，持续学习

技能要点

  酶是由细胞产生的、具有催化活性的蛋白质。可以将酶或者包含酶的生物细胞装载于生物反应装置中，利用酶的催化功能来生产有用物质的酶应用技术称为酶工程。酶工程的主要内容包括酶的制备、酶的分离纯化、酶的固定化、酶及固定化酶的反应器、酶的修饰与改造、酶与固定化酶的应用等。将酶限制或固定于特定的空间，使其既有生物催化活性，又能被固定而不易流失，这称为酶的固定化。酶产生于细胞内，将酶固定化技术延伸，即细胞的固定化。酶固定化技术大多可以用于细胞的固定化。酶与细胞的固定化是酶工程的中心任务。

  酶和细胞的固定化主要有载体结合法、包埋法和交联法。针对不同的酶和细胞，可采用相同或不同的固定化方法与固定化载体。

 课前引导

☆ 将一颗麦粒含在嘴里，过一会儿会感觉嘴里有甜味，这是为什么？
☆ 酶反应和微生物发酵反应之间有什么内在的联系？
☆ 传统的酿造工艺和现代深层液体发酵工艺，有哪些相同与不同之处？

学习主题 1　酶工程与固定化概念

❓ 问题 1　酶工程的概念

酶普遍存在于动植物和微生物中，酶的获得属于比较特殊的蛋白质制备。化学合成可以制备酶，但很难获得实际应用。早期的酶是从动植物体中提取分离得到的，如从猪颌下腺中提取激肽释放酶、从菠萝中制取菠萝蛋白酶等，显然，这种酶的制备方法不适合大规模生产。以工业生产为目的，通过特定的反应器和反应条件来大量制备酶，并应用其催化特性，获得有用物质或达到特殊的目的，这便是酶工程。

酶工程包括：酶的制备、酶的分离与纯化、酶的固定化、酶及固定化酶的反应器、酶的修饰与改造、酶与固定化酶的应用等，是酶学与工程学结合渗透、涉及酶的工程化应用。这里，重点关注酶的大规模制备工艺。

目前，市场上的酶制剂大多采用微生物发酵法来制备。凡是动植物体内存在的酶几乎都能从微生物中得到。产菌和目的酶不同，酶的发酵制备工艺也各不相同。常用的产酶微生物见表 5-1。

表 5-1　常用的产酶微生物

菌种	工业酶品种	菌种	工业酶品种
大肠埃希菌	谷氨酸脱羧酶、天冬氨酸酶、青霉素酰化酶、β-半乳糖苷酶	青霉菌	葡萄糖氧化酶、青霉素酰化酶、5′-磷酸二酯酶、脂肪酶
枯草杆菌	α-淀粉酶、β-葡萄糖氧化酶、碱性磷酸酯酶	木霉菌	纤维素酶
啤酒酵母	转化酶、丙酮酸脱羧酶、乙醇脱羧酶	根霉菌	淀粉酶、蛋白酶、纤维素酶
黑（黄）曲霉	糖化酶、蛋白酶、淀粉酶、果胶酶、葡萄糖氧化酶、氨基酰化酶、脂肪酶	链霉菌	葡萄糖异构酶

❓ 问题 2　为什么要进行酶的固定化？

酶反应几乎都是在水溶液中进行的，属于均相酶反应系统，反应均匀、效率高，但也有缺点：溶液中的游离酶只能一次性使用，酶产物分离难，酶性质不稳定。如果能将酶制成固定催化剂，既保持催化活性、性能稳定，又不溶于水，则可以大大提高酶的利用率。

固定化酶，指用物化方法限制或固定于特定空间位置的酶，使其不易随水流失，又能发挥催化作用的酶制剂。制备固定化酶的过程称为酶的固定化，固定化所采用的酶，可以是经提取分离后得到的有一定纯度的酶，也可以是结合在菌体（死细胞）或细胞碎片上的酶或酶系。同样，分泌产生酶的细胞也可以进行固定化。固定化的细胞既有细胞的特性功能，也具有酶的催化特点。

酶和细胞固定化是酶工程的中心任务，是当今酶工程技术开发的热点。

 问题 3　固定化酶有哪些技术特点？

形状　固定化酶可以根据应用目的、反应器类型、反应基质性质和固定化方法的不同，制成颗粒状（酶珠、酶块、酶片和酶粉等）、纤维状（酶纤维、酶布）、膜状（酶膜）和管状（酶管）等多种形状，用于不同模式的工业生产。例如：由海藻胶溶液与含酿酒酵母的酶液混合制成的固定化的酵母酶珠，可以用连续的液相转化反应大规模生产乙醇；纤维状固定化酶（木瓜酶、葡萄糖氧化酶、过氧化物酶、氨基酰化酶和脲酶等）、用尼龙等管状载体偶联制备出的酶管（糖化酶、转化酶和脲酶等），可用于填充床反应器和列管式反应器，进行连续、自动化的工业生产。

活性　经过固定后，酶分子从水溶液中的游离状态转变为固定状态，由于扩散限制、空间障碍、微环境变化和化学修饰等因素的影响，酶的活性会下降。一般情况下，固定化制备反应的条件温和，在固定化反应体系中加入抑制剂、底物或产物，可以保护酶的活性中心。例如：在用聚丙烯酰胺凝胶对乳糖酶进行包埋固定化时，加入乳糖酶抑制剂（葡萄糖酸-δ-内酯），可以获得高活性的固定化乳糖酶；在用聚丙烯酰胺凝胶包埋天冬氨酸酶时，在天冬氨酸底物（延胡索酸铵）或其产物（L-天冬氨酸）的存在下，也可以获得高活性的固定化天冬氨酸酶。

稳定性　酶固定化后，由于分子间的相互作用受到限制，分子构型的牢固程度得到加强，酶的稳定性一般会提高，主要表现在如下几个方面：

① 操作周期　这是能否实际应用的关键因素，通常用半衰期表示，即酶的活性下降为 50% 初始活性时的连续操作时间。一般来说，半衰期需达到一个月以上，才会有工业应用价值。

② 贮存时间　在贮存液中添加底物、产物、抑制剂等，并置于低温下，可显著延长酶的贮存期。例如，固定化胰蛋白酶在 0.0025mol/L 磷酸缓冲液中，于 20℃ 下可保存数月，其活性仍不减弱。

③ 热稳定性　固定化酶的热稳定性越高，工业意义就越大。许多酶固定化后的热稳定性高于游离酶，如游离的葡萄糖异构酶用胶原固定后，于 70℃ 连续操作，半衰期达到 50 天。

④ 抗蛋白酶干扰　大多数天然酶经固定化后对蛋白酶的耐受力有所提高，对工业应用十分有利。如用尼龙或聚丙烯酰胺凝胶包埋的固定化天冬酰胺酶对蛋白酶非常稳定，而在同样条件下的游离酶则几乎完全失活。

⑤ pH 环境　多数固定化酶的酸碱稳定性高于游离酶，稳定 pH 范围变宽。极少数酶固定化后稳定性下降，可能是由固定化过程使酶活性构象的敏感区受到牵连而导致的。

课堂互动

利用酿酒酵母的液态发酵可以制备工业乙醇，利用啤酒酵母在麦芽汁内发酵可以制备啤酒饮料，利用传统的酿造工艺可以生产各类香型的白酒。关于这些发酵过程中起催化作用的反应酶，想一想：这些酶催化的反应类型是否相同？酶的催化效率是否也相同呢？

知识链接

酶的发现

我国早在 4000 年前的夏禹时代，就盛行酿酒，酒是酵母菌发酵的产物，是其中酶作用的结果；在 3000 年前的周朝，用麦芽粉制造饴糖（麦芽糖）。麦芽糖是麦芽中的淀粉酶水解淀粉的产物。虽然古人已经利用了酶的催化作用，但是，他们并不知道酶的本质。1896 年，德国巴克纳兄弟从酵母的无细胞抽提液中发现了能将葡萄糖转变成乙醇和 CO_2 的酶。这一重大发现，促进了酶的分离提纯、理化性质、酶促反应动力学等研究。1961 年国际生物化学联合会酶学委员会按酶所催化的反应类型，将酶分成六大类：氧化还原酶类、转移酶类、水解酶类、裂合酶类、异构酶类与合成酶（或称连接酶）类。

学习主题 2　固定化酶的制备

迄今为止，酶固定化方法达百种以上，但没有一种固定化技术能普遍适用于每一种酶，所以应根据酶的应用目的和特性，来选择合适的固定化方法。按照所用载体和操作方法的差异，酶的固定化方法可分为载体结合法、交联法及包埋法。

 问题 1　什么是酶固定的载体结合法？

载体结合法，指将酶固定到非水溶性载体上。根据固定方式的不同，可以分为物理吸附法、离子结合法、共价结合法。

物理吸附法　利用水不溶性的固相载体表面直接吸附酶。常用的载体有活性炭、氧化铝、高岭土、多孔玻璃、硅胶、石英砂、纤维素、胶原、淀粉等，其中以活性炭应用最广，如固定化的 α-淀粉酶、糖化酶、葡萄糖氧化酶等。操作时，可先将酶的水溶液与载体混合，洗去杂质和未吸附的酶，得到固定化酶。这种方法不会明显改变酶分子的高级结构，不易破坏酶活性中心，缺点是酶分子与载体间的相互作用较弱，吸附容量比较低，酶容易脱落。

离子结合法　利用离子键使酶与载体结合。载体是不溶于水的离子交换剂，常用的有二乙氨乙基（DEAE）-纤维素、三乙基氨基（TEAE）-纤维素、2,3-环氧丙基三乙基氯化铵（ECTEOLA）-纤维素、羧甲基（CM）-纤维素等。操作时，先将解离状态的酶溶液与离子交换剂混合，洗去未吸附的酶和杂质，得固定化酶。该法操作简便，处理条件较温和，能得到活性较高的固定化酶。与物理吸附法相比，离子交换剂对蛋白质的结合能力虽然较强，但容易受缓冲液种类和 pH 的影响，在较大离子强度下，酶分子容易从载体上脱落。

共价结合法　使酶分子上的非活性部位功能团（如氨基、羧基、羟基、咪唑基、巯基等）与载体表面的反应基团之间形成共价结合，将酶固定在载体上。形成共价键的方法有数十种，如重氮化法、叠氮化法、酸酐活化法、酰氯法、异硫氰酸酯法、缩合剂法、溴化氰活化法、烷基化及硅烷化法等。操作时，必须先活化载体，获得能与酶分子发生特异反应的活泼基团；同时，酶分子上提供共价结合的功能团不能影响酶的催化活性；反应条件尽可能温和。与离子结合、物理吸附相比，酶与载体结合比较牢固，一般不会因底物浓度高或存在盐类等而轻易脱落。但这种方法的反应条件苛刻、操作比较复杂，反应条件容易引起酶蛋白三级结构的变化，破坏部分活性中心，造成固定化酶活性不高，甚至会出现酶的专一性等发生改变等情况。

 问题 2　能否用交联法制备固定化酶？

交联法是使用双功能或多功能试剂，使酶分子之间相互交联成网状结构的一种固定化方法，常分为 4 种：交联酶法（酶分子内或分子间的交联）、酶与辅助蛋白交联法（辅助蛋白与酶分子间的交联）、吸附交联法（先将酶或细胞吸附于载体表面后再交联）及载体交联法（在酶与载体之间进行交联）。参与交联反应的酶蛋白功能团有 N-末端的 α-氨基、赖氨酸的 ε-氨基、酪氨酸的酚基、半胱氨酸的巯基，以及组氨酸的咪唑基等。交联剂有戊二醛、双重氮联苯胺-2,2-二磺酸、1,5-二氟-2,4-二硝基苯及己二酰亚胺二甲酯等，最常用的交联剂是戊二醛。

交联法单独使用所制备的固定化酶活性较低，常与吸附法、包埋法联合使用。例如，先使用明胶包埋，再用戊二醛交联；或先用尼龙（聚酰胺类）膜或活性炭、Fe_2O_3等吸附后，再进行交联。由于酶的功能团（如氨基、酚基、羧基、巯基等）也参与了反应，容易引起酶活性中心结构的改变，导致酶活性下降。为减少这种影响，常在被交联的酶溶液中添加一定量的辅助蛋白（如牛血清白蛋白），来提高固定化酶的稳定性。

与共价结合法一样，交联法也是利用了共价键来固定酶，所不同的是不使用载体，制备条件比较苛刻。一般用交联法所得到的固定化酶颗粒小、结构性能差、酶活性较低。降低交联剂的浓度、缩短反应时间，可以提高固定化酶的活性。

 问题 3　怎样使用包埋法制备固定化酶？

包埋法可分为两种：网格型和微囊型。将酶包埋在高分子化合物形成的细微网格中的称为网格型包埋法，将酶包埋在高分子半透膜中的称为微囊型包埋法。

网格型包埋法 也称为凝胶包埋，使用的高分子化合物分为天然型（如淀粉、明胶、胶原、海藻胶和卡拉胶等）与合成型（包括聚丙烯酰胺、聚乙烯醇和光敏树脂等）两类。操作的基本过程是：先将凝胶材料与水混合，加热使之溶解，再降温至凝固点后，加入预保温的酶液，混合均匀，冷却凝固成型，破碎即成固定化酶；也可以向酶、混合单体及交联剂缓冲液中加入催化剂，在聚合生成凝胶的同时，将酶限制在网格中，经破碎后即成为固定化酶。操作中，调节凝胶材料的浓度可以改变包埋率和固定化酶的机械强度，凝胶材料的浓度越大，包埋率越高、固定化酶的机械强度就越大。为防止已经固定化的酶渗漏出网格，也可以在包埋后再交联，使酶更牢固地保留于网格中。由于没有酶蛋白的氨基酸残基参与反应，酶的空间结构很少改变，酶活性损失较少。

微囊型包埋法 将酶定位于具有半透性膜的微小囊内，酶存在于类似细胞内的环境中，不易脱落，增加了酶的稳定性。包有酶的微囊半透膜的表面积与体积比很大，包埋酶量也多。微囊型包埋法的反应条件要求高，制备成本也高。常用于制造微胶囊的材料有聚酰胺、火棉胶、乙酸纤维素等。该方法的制备条件温和，不改变酶的结构，操作时保护剂及稳定剂均不影响酶的包埋率，适用于多种酶制剂的固定化。但也有缺点，即制得的固定化酶只适用于小分子底物及小分子产物的转化反应，不适用于催化大分子底物或产物的反应，而且因扩散阻力会导致酶活性降低。

 问题 4　固定化方法与载体选择的依据是什么？

方法的选择 同一种酶，如果采用不同的固定方法，制得的固定化酶的性质可能相同，也可能相差甚远。不同的酶也可以采用相同的固定方法，得到不同性质的固定化酶。因此，应比较各种固定化方法的特点，根据试验进行摸索，并考虑制备的试剂和原材料，以价廉易得、简便易行为原则。一般来说，选择固定化方法时，应考虑下述几个因素：

① 应用安全性　必须了解所用试剂的毒性和残留性，按照药物和食品领域的检验标准作出必要检查，尽可能选择无毒性试剂。

② 操作稳定性　应考虑酶和载体的连接方式、连接键的多少和单位载体的酶活性，能在较长的时期内反复操作使用，以降低使用成本。

③ 固定化成本　包括酶、载体和试剂费用，以及水、电、气、设备及劳务投资。酶、载体及试剂的价格通常较高，应尽可能采用操作简单、活性及回收率高、载体试剂价格低廉的固定化方法。

各种固定化方法和特性的比较见表 5-2。

表 5-2　固定化方法及其特性的比较

特性	物理吸附法	离子结合法	包埋法	交联法	共价结合法
制备	易	易	难	易	难
结合力	弱	中	强	强	强

特性	物理吸附法	离子结合法	包埋法	交联法	共价结合法
酶活性	中	高	高	低	高
载体再生	能	能	不能	不能	极少用
底物专一性	不变	不变	不变	变	变
稳定性	低	中	高	高	高
固定化成本	低	低	中	中	高
应用性	有	有	有	无	无
抗微生物能力	无	无	有	可能	无

载体的选择 酶的固定化载体种类很多，其来源、结构和性质各不相同，但均需符合如下条件：固定化过程中不引起菌的变性，对酸碱有一定的耐受性，有一定的机械强度，有一定的亲水性及良好的稳定性，有一定疏松、均匀的网状结构，具有可共价结合的活化基团，有耐受酶和微生物细胞的能力，以及廉价易得。常见的载体见表 5-3。

表 5-3　常用的固定化酶载体

物理吸附法		离子结合法	包埋法	共价结合法
矾土	淀粉	DEAE-纤维素	卡拉胶	葡聚糖凝胶
膨润土	皂土	TEAE-纤维素	海藻胶	琼脂
火胶棉	多孔玻璃	羧甲基纤维素	聚丙烯酰胺凝胶	琼脂糖
碳酸钙	二氧化硅	DEAE-葡聚糖凝胶	甲壳素	苯胺多孔玻璃
活性炭	煤渣	阳离子交换树脂	硅胶	对氨基苯纤维素
氧化铝	磷酸钙凝胶	阴离子交换树脂	丙烯酸高聚物	聚丙烯酰胺
纤维素	羟基磷灰石		琼脂	胶原
石英粉			琼脂糖	多聚氨基酸
			明胶	金属氧化物

工业生产中，最好选择已实现大量应用的廉价工业化载体，如聚乙烯醇、卡拉胶、海藻胶、离子交换树脂、金属氧化物及不锈钢碎屑等。还应考虑底物的性质。例如，因为包埋型载体不适用于转化反应，所以对于大分子底物，只能用可溶性的固定化酶；对于可完全溶解或黏度大的小分子底物，宜采用密度高的不锈钢碎屑或陶瓷等材料来制备吸附型的固定化酶。

🔄 课堂互动

酶是由细胞产生的、有催化活性的蛋白质。想一想：在制备固定化酶时，应如何避免酶活性的损失？

微囊型包埋的基本制备方法

微囊型包埋的基本制备方法主要有界面沉降法及界面聚合法两类：

界面沉降法 利用某些在水相和有机相界面上溶解度极低的高聚物的成膜过程将酶包埋，形成固定化酶。常用的高聚物有硝酸纤维素、聚苯乙烯及聚甲基丙烯酸甲酯等。微囊化的条件温和，制备过程不易引起酶的变性，但完全除去半透膜上残留的有机溶剂比较难。

界面聚合法 利用不溶于水的高聚物单体在油-水界面上聚合成膜的过程制备微囊，属于化学制备法。成膜的高聚物有尼龙、聚酰胺及聚脲等。

此外，还有近年开发的脂质体包埋法，通过由表面活性剂和磷脂酰胆碱等形成的液膜包埋酶，其特征是底物或产物的膜透性不依赖于膜孔径的大小，只依赖于对膜成分的溶解度。

学习主题 3　固定化细胞的制备与特性

 问题 1　固定化细胞有哪些技术特性？

将细胞限制或定位于特定空间位置的方法称为细胞固定化技术，被限制或定位于特定空间位置的细胞称为固定化细胞，它与固定化酶同被称为固定化生物催化剂。这是酶固定化技术的延伸，被称为第二代固定化酶，比固定化酶的应用更为普遍，现在已扩展至动植物细胞，甚至线粒体、叶绿体及微粒体等细胞器的固定化。

特性　兼有生物催化和固相催化的特点，与固定化酶相比，优点在于：保持细胞酶的原始状态，无需进行酶的分离纯化；制备过程中酶的回收率高；细胞本身含多酶体系，可催化一系列反应，胞内酶的辅因子可以自动再生；抗污染能力强。有很多种已经实现工业应用，例如：固定化大肠埃希菌（$E.coli$）生产 L-天冬氨酸或 6-氨基青霉烷酸，固定化黄色短杆菌生产 L-苹果酸，固定化假单胞杆菌生产 L-丙氨酸等。缺点是：主要适用于胞内酶，要求底物和产物容易透过细胞膜，细胞内不存在产物分解及其他副反应；否则，应有相应的消除措施。

形状　固定化细胞的形状与固定化酶基本相同，如珠状、块状、片状或纤维状等。细胞的固定化方法主要是包埋法、交联法，或二者的结合。工业上应用最多的是包埋法。

活性　固定化细胞中利用的主要是胞内酶，不适用于大分子底物的催化反应。无论用哪种固定化方法，都需用适当的措施来提高细胞膜的通透性，以提高酶的活性和转化效率。

pH 环境　细胞固定化后，最适 pH 的变化没有特定的规律。例如，用聚丙烯酰胺凝胶包埋的 *E. coli*（含天冬氨酸酶）和产氨短杆菌（含延胡索酸酶），与各自游离的细胞相比，其最适 pH 均向酸侧偏移；但用同一方法包埋的无色杆菌（含 L-组氨酸脱氨酶）、恶臭假单胞菌（含 L-精氨酸脱亚氨酶）和 *E. coli*（含青霉素酰胺酶）的最适 pH 均没有变化。因此，可选择适当的细胞固定化方法，使其最适 pH 符合反应要求。

温度　细胞固定化后，最适温度通常与游离细胞相同。例如，用聚丙烯酰胺凝胶包埋的 *E. coli*（含天冬氨酸酶、青霉素酰胺酶）和无色杆菌（含 L-组氨酸脱氨酶），和游离细胞相比，最适温度相同，但用同一方法包埋的恶臭假单胞菌（含 L-精氨酸脱亚胺酶）的最适温度却能够提高近 5℃。

稳定性　固定化细胞的稳定性一般都比游离细胞高。例如，用三乙酸纤维素包埋的 *E. coli*（含天冬氨酸酶）生产 L-天冬氨酸，在 37℃ 连续运行两年后，仍保持原活性的 97%；用卡拉胶包埋的黄色短杆菌（含延胡索酸酶）生产 L-苹果酸，在 37℃ 连续运转一年后，活性保持不变。

 问题 2　固定化细胞有哪些制备方法？

固定化细胞的制备方法有载体结合法、包埋法、交联法及无载体法等。

载体结合法　将细胞悬浮液直接与水不溶性载体相结合，原理与吸附法制备固定化酶基本相同，载体主要为阴离子交换树脂、阴离子交换纤维素及聚氯乙烯等。优点是操作简单，符合细胞的生理条件，不影响细胞的生长及活性；缺点是吸附容量小，结合强度低。目前已有采用有机材料与无机材料构成杂交结构的载体，以及将吸附的细胞通过交联和共价结合来提高细胞与载体结合强度的方法，但该方法在工业上尚未得到推广应用。

包埋法　将细胞定位于凝胶网格内，是固定化细胞中应用最多的方法，常用的载体有卡拉胶、聚乙烯醇、琼脂、明胶及海藻胶等，操作方法与包埋酶的方法相同。优点在于细胞容量大，操作简便，酶的活性、回收率高；缺点是扩散阻力大，容易改变酶的动力学行为，不适用于催化大分子底物与产物的转化反应。现在，已有凝胶包埋的 *E. coli*、黄色短杆菌及玫瑰暗黄链霉菌等多种固定化细胞，已实现 6-氨基青霉烷酸、L-天冬氨酸、L-苹果酸及果葡糖的工业化生产。

交联法　用多功能试剂对细胞进行交联固定，所用化学试剂的毒性能破坏细胞，损害细胞活性。例如，用戊二醛交联的 *E. coli* 细胞，其天冬氨酸酶的活性仅为原细胞活性的 34.2%。因此，这种方法的应用较少。

无载体法　依靠细胞自身的絮凝作用，经助凝剂或热变性的方法实现细胞的固定。例如，含葡萄糖异构酶的链霉菌细胞经柠檬酸处理，使酶保留于细胞内，再加絮凝剂脱除乙酰甲壳素，获得的菌体干燥后即为固定化细胞。优点是能获得高密度细胞，条件温和；缺点是机械强度差。

课堂互动

有一种说法认为固定化细胞技术是第二代固定化酶技术。想一想：在保持酶活性方面，哪一个更具有优势？

知识链接

固定化原生质体

细胞与原生质体的区别在于是否有细胞壁。固定化原生质体和固定化细胞一样，都是对含有生物酶的细胞进行固定化操作，但与固定化细胞相比，固定化原生质体有着明显的不同。

活性不同　由于解除了细胞壁的扩散屏障，增加了细胞膜的通透性，固定化原生质体更有利于氧、营养物质的传递吸收和胞内物质分泌，表现为催化活性更高。

稳定性不同　尽管没有细胞壁，但由于有载体的保护，固定化原生质体仍能保持较好的稳定性，可反复和连续使用较长的时间，特别是在低温下长时间保存后仍能保持生产能力，但需要在反应体系内添加渗透压稳定剂（如无机盐、糖类、糖醇等），以防止原生质体破裂，反应结束后可用色谱或膜分离等方法除去。

破壁方法不同　固定化原生质体时，需先用专一的细胞壁溶解酶破坏细胞壁。不同类型的细胞，因细胞壁不同，需用不同的细胞壁酶。例如：制备细菌原生质体时主要采用溶菌酶，对酵母原生质体多采用β-1,3-葡聚糖酶，制备霉菌原生质体时需有几丁质酶与其他有关酶共同作用，对于植物原生质体则主要应用纤维素酶和果胶酶。溶解酶的种类和浓度、酶作用温度、pH值和作用时间等反应参数，必须经过试验确定。

 课后复习

1. 填空

（1）酶是由____产生的、具有催化活性的____。

（2）将酶包埋在由高分子化合物形成的细微网格中的固定方法称为____包埋法，而将酶包埋在高分子半透膜中的固定化方法称为____包埋法。

2. 选择

（1）以下不是直接从生物细胞分泌或代谢液中提取的是（　　）。

A. 木瓜蛋白酶　　　　　　B. 菠萝蛋白酶

C. 激肽释放酶　　　　　　D. 葡萄糖氧化酶

（2）以下是固定化酶的技术特点的是（　　）。

A. 高效催化性　　　　　　B. 专一选择性

C. 连续使用性　　　　　　D. 反应温和性

（3）以下不是选择固定化方法的主要考虑因素的是（　　）。

A. 应用安全性　　　　　　　　B. 操作稳定性

C. 反应高效性　　　　　　　　D. 固定化成本

3. **判断**

（1）交联法固定和共价结合法固定的化学本质相同，都是通过共价键来实现酶的固定。

（2）大多数情况下，选择良好的固定化载体与合适的固定化方法后，制备得到的固定化酶活性会显著提高。

（3）所有酶都是由生物体细胞产生的，因此细胞的固定化技术适用于所有的生物酶。

4. **简述**

（1）酶和细胞的固定化有什么区别？

（2）酶的固定化方法有很多种，请简述物理吸附法与离子结合法之间的异同点。

（3）应如何选择酶和细胞的固定化载体？请简述。

项目2 固定化技术制药

学习目标

【知识要求】 掌握　固定化酶在氨基酸和核苷酸类药物制备中的原理

熟悉　固定化酶制备氨基酸和核苷酸类药物的应用工艺

了解　固定化酶在氨基酸和核苷酸类药物制备中的应用

【能力要求】 明白　怎样利用固定化酶制备氨基酸和核苷酸等药物

【素质要求】 具备　固定化技术的基础理论知识、基本实践操作

能够　持续学习、获取生物制药领域的最新动态，保持良好的团队合作

技能要点

酶促反应的专一性强，反应条件温和。利用固定化酶和固定化细胞，通过酶促反应，可以制备氨基酸、核苷酸等众多产品。

氨基酸工业产品一般都是由化学合成与酶解法的结合制备的。氨基酸分为 D、L 两种构型。只有 L-氨基酸才具有生理活性。经蛋白质水解所得的氨基酸均为 L-氨基酸；而经化学法合成的则为 DL-氨基酸，需要再用氨基酰化酶进行光学拆分。将氨基酰化酶固定化，可以连续拆分 DL-氨基酸，得到 L-氨基酸，使生产成本大大降低。

$5'$-磷酸二酯酶可以将 RNA 分解为 AMP、CMP、UMP 和 GMP。因此，可以将由微生物发酵或者植物材料中提取得到的 $5'$-磷酸二酯酶进行固定化，通过固定化酶反应，来分解 RNA 底物（一般是由酵母菌培养获得），制备 $5'$-复合单核苷酸。

6-氨基青霉烷酸是众多广谱抗菌药物的基本原料，可以通过青霉素酰化酶的固定化反应转化而得，而青霉素酰化酶活性则通过培养大肠埃希菌后，将获得的细胞进行固定化，再用于青霉素的钾盐转化，制备得到 6-氨基青霉烷酸。

课前引导

☆ 与化学催化反应相比，固定化技术应用的最大特点是什么？

☆ 和深层液体发酵相比，应用固定化技术有什么优势？

问题 1　了解工业氨基酸的生产原理与方法

目前，用作药物的氨基酸有一百几十种，主要是用来制备复方氨基酸注射液，也用作治疗药物、合成多肽药物（如激素、抗生素、抗癌剂等）的原料，已实现工业生产的多肽有谷胱甘肽、促胃液素、催产素、促肾上腺皮质激素（ACTH）及降钙素等。

氨基酸拥有不对称的碳原子，呈 D、L 两种旋光性。组成蛋白质的氨基酸，都属于 L 型。经蛋白质水解所得的氨基酸均为 L-氨基酸。现在商业上的氨基酸多为人工合成。通过化学合成法得到的氨基酸都是无光学活性的 DL-外消旋混合物，需要进行光学拆分后获得 L-氨基酸。外消旋氨基酸拆分的方法有物理化学法、酶法等，其中酶法最为有效，能够产生纯度较高的 L-氨基酸。图 5-1 描述了氨基酰化酶拆分 DL-氨基酸外消旋混合物的反应原理。

$$\text{DL-}\underset{\underset{NH-CO-R'}{|}}{\overset{\overset{R-CH-COOH}{|}}{}} +H_2O \xrightarrow{\text{氨基酰化酶}} \text{L-}\underset{\underset{NH-CO-R'}{|}}{\overset{\overset{R-CH-COOH}{|}}{}} + \text{D-}\underset{\underset{NH-CO-R'}{|}}{\overset{\overset{R-CH-COOH}{|}}{}}$$

图 5-1　氨基酰化酶拆分 DL-氨基酸外消旋混合物

N-酰化-DL-氨基酸经过氨基酰化酶的水解得到 L-氨基酸和未水解的 N-酰化-D-氨基酸，这两种产物的溶解度不同，很容易分离。未水解的 N-酰化-D-氨基酸经过外消旋作用后又成为 DL 型，可再次进行拆分。

问题 2　固定化酶法生产氨基酸的工艺是怎样的?

世界上第一个适用于工业生产的固定化酶产生于 1969 年，通过离子交换法将氨基酰化酶固定在 DEAE-葡聚糖载体上，能够连续拆分 N-酰化-DL-氨基酸，制备方法如下。

将预先用 pH 7.0、0.1mol/L 磷酸盐缓冲液处理的 DEAE-葡聚糖 A-25 溶液 1000L，在 35℃下与 1100～1700L 的天然氨基酰化酶水溶液一起搅拌 10h，过滤得 DEAE-葡聚糖-酶复合物，再用水洗涤后得到固定化氨基酰化酶。将此酶装柱，可以连续拆分 DL 型外消旋氨基酸。针对不同 L-氨基酸的生产，控制不同的底物（N-酰化-DL-氨基酸）流速，例如，乙酰-DL-蛋氨酸加入的体积流速为 2.8L/[h·L（床体积）]，乙酰-DL-苯丙氨酸的体积流速为 2L/[h·L（床体积）]（图 5-2）。这种工艺还有几个特点：

① 水解反应速率与底物溶液流向无关，但由于溶液升温会产生气泡，常采用自上而下的进料流向；

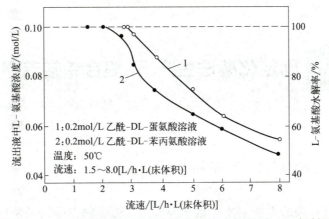

图 5-2　DEAE-葡聚糖-氨基酰化酶酶柱水解乙酰-DL-氨基酸

② 只要酶柱充填均匀、溶液流动平稳、体积相同，则酶柱尺寸大小对反应率没有影响；

③ DEAE-葡聚糖-氨基酰化酶酶柱的操作稳定性很好，半衰期可达 65 天；

④ 只需加入一定量的游离氨基酰化酶，便能使酶柱完全活化，实现再生。

将酶柱的流出液蒸发浓缩，调节 pH，使 L-氨基酸在等电点条件下沉淀析出。离心分离后，可收集得到 L-氨基酸粗品和母液。粗品在水中进行重结晶，进一步纯化。母液中可加入适量乙酐，加热到 60℃，使其中的乙酰-D-氨基酸发生外消旋反应，产生乙酰-DL-氨基酸混合物。在 pH 1.8 左右时析出外消旋混合物，收集后，重新作为底物进入酶柱水解。

这种工艺的产物纯化简单，收率更高，所需要的底物量少；固定化后的酶非常稳定，减少了酶的使用成本；生产工艺可以自动控制，降低了劳动成本，总操作费用相当于溶液酶分批式生产工艺的 60%。

↻ 课堂互动

在前述学习中已经了解到氨基酸可以通过微生物代谢发酵生产。想一想：固定化细胞法生产氨基酸和发酵法生产氨基酸，两者的生产工艺有什么主要区别？

知识链接

L-甲硫氨酸的制备

L-甲硫氨酸是人体及动物必需的氨基酸，具有重要的生理功能，并被广泛应用于医药、食品等行业。在医药领域，L-甲硫氨酸主要应用于复方氨基酸注射液、片剂、胶囊剂、颗粒剂和口服液等。同样，L-甲硫氨酸的生产也是用拆分 DL-甲硫氨酸的方法，所使用的酶是脱乙酰基酶，该酶只能使 L-乙酰甲硫氨酸脱去乙酰基，对 D-乙酰甲硫氨酸则无此作用，因此可使得两种构型的氨基酸得以分离。这种酶一般有三种来源：利用米曲酶发酵制得；从猪肾提取；利用 DNA 重组技术构建工程菌来表达产生。基因工程菌产生的酶，具有来源方便、成本低、活性高、拆分效果更优的特点，应用 DNA 重组技术表达脱乙酰基酶，并将其固定化，展示出更加广阔的应用前景。

问题 1　工业上怎样制备核苷酸?

工业化生产核苷酸的方法主要有化学合成法、微生物发酵法及酶解提取法，其中以酶解提取法为主。

核糖核酸（RNA）经 5′-磷酸二酯酶作用可分解为腺苷、胞苷、尿苷及鸟苷的一磷酸化合物，即 AMP、CMP、UMP 和 GMP。四种 5′-复合单核苷酸可用于治疗白细胞下降、血小板减少及肝功能失调等疾病。5′-磷酸二酯酶存在于橘青霉菌、谷氨酸发酵菌及麦芽根等生物材料中。利用橘青霉发酵生产出的核酸酶与从酵母中提取的 RNA 反应，可得到四种 5′-核苷酸的混合物，将该混合物经离子交换树脂分离纯化可以得到四种核苷酸的纯品。还可以从麦芽根中提取 5′-磷酸二酯酶，再利用其固定化酶来制备 5′-核苷酸。

 问题 2　怎样使用固定化酶法制备 5′-复合单核苷酸?

酶解法生产 5′-核苷酸是历史最长、技术最成熟的生产方法。这里，介绍以麦芽根为材料制取 5′-磷酸二酯酶，并用其固定化酶水解酵母，生产 5′-复合单核苷酸注射液的工艺方法（图 5-3）：

麦芽根 ──水提取→ 酶液 ──固定化→ 固定化酶
　　　　　　　　　　　　　　　　↓转化
RNA ──水溶解→ RNA液 ──过滤→ 滤液 ──→ 转化液 ──浓缩→ 浓缩液 ──717树脂→ 吸附柱
　　　　　　　　　　　　　　　　　　　　　　　　　　　　　　　　　↓洗脱
成品 ←灌封、灭菌── 滤液 ←过滤除菌── 料液 ←配料── 滤液 ←活性炭过滤── 浓缩液 ←浓缩── 洗脱液

图 5-3　固定化酶法生产 5′-复合单核苷酸的技术路线

制备 5′-磷酸二酯酶　取干麦芽根，加 9～10 倍体积（以干麦芽根质量计）的水，用 2mol/L HCl 溶液调 pH 至 5.2，于 30℃条件下浸泡 15～20h，然后加压去渣，浸出液过滤，滤液冷却至 5℃；然后，在 5℃下，加入 2.5 倍体积（以滤液体积计）的 95% 经预冷的工业乙醇，静置 2～3h；再吸去上层清液，回收乙醇，下层离心收集沉淀，用少量丙酮及乙醚先后洗涤 2～3 次，真空干燥，粉碎得 5′-磷酸二酯酶，备用。

制备固定化 5′-磷酸二酯酶　取上述磷酸二酯酶 0.2kg（控制固定化后的固定化酶比活性在 100U/g 以上），用 1.5% 的 $(NH_4)_2SO_4$ 溶液溶解，过滤得酶液；另取湿

ABXE-纤维素 40kg，在 0～5℃下，加入预冷的蒸馏水至 80L，再先后加入 1mol/L HCl 和 5% NaNO₂ 溶液各 10mL，搅拌下反应 150min 后，抽滤，滤饼迅速用预冷的 0.05mol/L HCl 溶液和蒸馏水各洗三遍，抽干后将滤饼投入上述 5′-磷酸二酯酶溶液中，搅拌均匀后用 1mol/L Na₂CO₃ 溶液调 pH 8.0，搅拌反应 30min，用冷水洗 3～4 次，抽干，得固定化 5′-磷酸二酯酶，备用。

转化反应 取 2kg RNA，缓慢加入预热至 60～70℃的 360L、pH 5.0 的 10^{-3}mol/L ZnCl₂ 溶液中，用 1mol/L NaOH 溶液调至 pH 5.0～5.5，滤除沉淀，将清液升温至 70℃，加入上述湿的固定化 5′-磷酸二酯酶 40kg（酶的比活性＞100U/g），于 67℃维持 pH 5.0～5.5，搅拌反应 1～2h。根据增色反应，用紫外吸收法判断转化反应平衡点。转化完成后，滤出转化液，用于分离 5′-单核苷酸。固定化酶再继续用于下一批转化反应。

5′-复合单核苷酸的分离纯化 将上述转化液用 6mol/L HCl 溶液调 pH 至 3.0，滤除沉淀，滤液用 6mol/L NaOH 溶液调 pH 至 7.0，加入已处理好的氯型阴离子交换树脂柱（Φ30cm×100cm），流速为 2～2.5L/min，吸附后，用 250～300L 去离子水洗涤柱床，然后用 3% NaCl 溶液以 1～1.2L/min 的流速洗脱，当流出液 pH 达到 7.0 时开始分部收集，直至洗脱液中不含核苷酸钠为止，合并含核苷酸钠的洗脱液进行精制。

精制及灌封 上述核苷酸钠溶液用薄膜浓缩器减压浓缩后，测定核苷酸含量，再用无热原水稀释至 20mg/mL，加入 0.5%～1.0%（g/mL）药用活性炭，煮沸 10min 脱色和除热原，滤除活性炭，滤液经 6 号除菌漏斗或 0.45μm 孔径的微孔滤膜过滤除菌后灌封，即为 5′-复合单核苷酸注射液。

> 🔄 **课堂互动**
>
> 以 RNA 为底物酶解生产 5′-核苷酸的磷酸二酯酶是从麦芽根中提取的。想一想：制备好的磷酸二酯酶是通过什么类型的反应实现固定化的？固定化的载体是什么？

学习主题 3　固定化细胞法生产 6-氨基青霉烷酸

 问题 1　如何制备固定化 E. coli 细胞？

6-氨基青霉烷酸（6-APA）是青霉素经青霉素酰化酶作用，水解除去侧链后的产物，是生产半合成青霉素的基本原料，可用固定化细胞法生产，工艺与设备流程如图 5-4、图 5-5 所示。

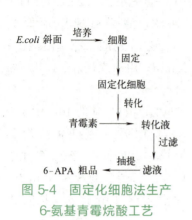

图 5-4 固定化细胞法生产
6-氨基青霉烷酸工艺

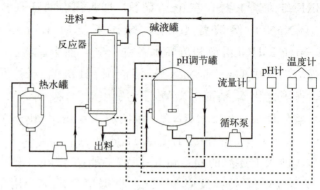

图 5-5 青霉素酰化酶转化的设备流程

E. coli 培养 斜面培养基为普通肉汁琼脂培养基。发酵培养基为蛋白胨 2%、NaCl 0.5%、苯乙酸 0.2%，自来水配制，用 2mol/L NaOH 溶液调至 pH7.0，在 55.16kPa 压力下灭菌 30min 后备用。

在 250mL 三角烧瓶中加入发酵培养液 30mL，将培养 18～30h 的 E.coli D816（产青霉素酰化酶）斜面菌，用 15mL 无菌水制成菌细胞悬浮液，取 1mL 悬浮液接种至装有 30mL 发酵培养基的三角瓶中，在 28℃，170r/min 下振荡培养 15h，如此依次扩大培养，直至 1000～2000L 规模的通气搅拌培养。培养结束后用高速管式离心机离心收集菌体，备用。

E. coli 固定化 取 E. coli 湿菌体 100kg，置于 40℃反应罐中，在搅拌下加入 50L 的 10%明胶溶液，搅拌均匀后加入 25%戊二醛溶液 5L，再转移至搪瓷盘中，使之成为 3～5cm 厚的液层，室温放置 2h，再转移至 4℃冷库过夜，待形成固体凝胶块后，经粉碎、过筛，获得直径为 2mm 左右的颗粒状固定化 E.coli 细胞，用蒸馏水及 pH7.5、0.3mol/L 磷酸缓冲液先后充分洗涤，抽干，备用。

 问题 2 怎样进行 6-APA 的固定化细胞反应？

固定化 E. coli 反应柱制备 将上述充分洗涤后的固定化 E. coli 细胞（产青霉素酰化酶）装填于带保温夹套的填充床式反应器中，即成为固定化 E. coli 反应柱，规格为 Φ70cm×160cm。

转化反应 取 20kg 青霉素钾盐，加入 1000L 配料罐中，用 0.03mol/L、pH7.5 的磷酸缓冲液溶解并使青霉素钾盐浓度为 3%，用 2mol/L NaOH 溶液调 pH 至 7.5～7.8，将反应器及 pH 调节罐中反应液温度升到 40℃，维持反应体系 pH 在 7.5～7.8，以 70L/min 的流速使青霉素钾盐溶液通过固定化 E.coli 反应柱，进行循环转化，直至转化液 pH 不再变化为止。循环时间一般为 3～4h。反应结束后，放出转化液，再进入下一批反应。

6-APA 的提取 上述转化液经过滤澄清后，滤液用薄膜浓缩器减压浓缩至 100L 左右；冷却至室温后，于 250L 搅拌罐中加 50L 乙酸丁酯，充分搅拌 10～15min；取下层水相，加 1%（g/mL）活性炭于 70℃下搅拌脱色 30min，滤除活性炭；滤液用 6mol/L HCl 溶液调 pH 至 4.0 左右，5℃下放置，结晶过夜；次日滤取结晶，用少量冷水洗涤，抽干，115℃烘 2～3h，得成品 6-APA。按青霉素计，收率一般为 70%～80%。

还可以将产天冬氨酸-β-脱羧酶的假单胞菌，用凝胶包埋法制成固定化天冬氨酸-β-脱羧酶，生产 L-丙氨酸。

 知识链接

6-APA 与 β-内酰胺类抗生素的开发

尽管 1928 年就发现了青霉素，但直至 1940 年，青霉素的提纯和战争的需求，才推动了青霉素的工业生产，使其与"原子弹、雷达"并称为二战期间的"三大发明"，由此开启了抗生素的药物时代。

早期的天然青霉素是一种不稳定游离酸，容易与碱金属或碱土金属结合形成青霉素钾盐、钠盐、钙盐等，使用后不久，即不断发现对青霉素耐药的细菌（如金黄色葡萄球菌）。到 20 世纪 60 年代，青霉素耐药现象已经非常严重。

后来，人们利用 X 射线衍射法成功确定了青霉素的分子结构，其核心分子结构如图 5-6 所示，搞清楚青霉素的杀菌机制后，开始了青霉素的优化和改造研究，获得了 6-氨基青霉烷酸（6-APA），并实现了工业生产。

将 6-APA 的不同侧链酰化，可以得到耐酸青霉素、耐酶青霉素、广谱青霉素、抗铜绿假单胞菌广谱青霉素等半合成青霉素（图 5-7）。除了 6-APA 之外，人们又相继发现了与青霉素机理类似的头孢类化合物，分离出核心结构——7-氨基头孢烷酸（7-ACA），通过连接不同的侧链，可以形成各种半合成头孢菌素。

头孢菌素与青霉素同属于 β-内酰胺类抗生素，抗菌机制相似，但抗菌谱广、性质更稳定、副作用更低，制剂类型也更多。7-ACA 的发现促进了半合成头孢菌素的广泛开发。目前，半合成青霉素已经更新到了第四代，包括半合成青霉素和半合成头孢菌素等在内的 β-内酰胺类抗生素品种已超过 70 个，成为主要的抗生素种类。我国已经成为世界上主要的抗生素生产基地。

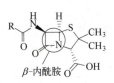

图 5-6 青霉素的核心分子结构

图 5-7 以 6-APA 为母核的半合成青霉素

 课后复习

1. 填空

（1）氨基酸拥有不对称的____，因空间排列位置不同而分为 D、L 两种构型。组成蛋白质的氨基酸，都属于____型。

（2）化学合成法得到的氨基酸还需要进行____，其方法有物理化学法、酶法等，其中以____最为有效。

（3）世界上第一个适用于工业生产的固定化酶是____，是通过____法固定在____载体上，实现了外消旋混合氨基酸的连续拆分。

2. **选择**

（1）组成蛋白质的氨基酸，在旋光性上都属于（　　）。经蛋白质水解所得的氨基酸均为 L-氨基酸。

A. L 型　　　　　B. D 型　　　　　C. DL 型　　　　　D. 都不是

（2）固定化氨基酰化酶是第一个用于工业化生产的固定化酶，其酶反应形式是（　　）。

A. 载体颗粒床　　B. 凝胶包埋体　　C. 纤维膜管　　　　D. 树脂交换柱

（3）6-APA 可以通过固定化酶法生产，以下描述正确的是（　　）。

A. 6-APA 是在发酵培养青霉菌获得青霉素酰化酶后，在该酶的作用下水解除去青霉素侧链后的产物，可作为半合成青霉素的基本原料

B. 生产 6-APA 时，切除青霉素侧链的青霉素酰化酶可由细菌发酵培养后获得

C. 生产 6-APA 的青霉素酰化酶，必须在产青霉素酰化酶的固定化 $E.coli$ 细胞作用下才能完成

D. 产生青霉素酰化酶的 $E.coli$ 细胞，须悬浮在含青霉素钾盐的反应器中完成转化反应

3. **判断**

（1）通过化学合成法得到的氨基酸没有光学活性，必须进行光学拆分后才能用药。

（2）固定化氨基酰化酶柱连续拆分氨基酸时，水解反应的速率与底物溶液的流速无关。

（3）从麦芽根中制备 5'-磷酸二酯酶时，应使用 75% 的预冷工业乙醇进行数小时的浸泡。

（4）固定化磷酸二酯酶转化 RNA 水解液分离单核苷酸时，根据 pH 值的变化判断反应终点。

（5）使用固定化 $E.coli$ 细胞转化青霉素盐制备 6-APA 时，应持续加入适量碱以维系转化反应的进行。

4. **简述**

（1）酶法生产 L-氨基酸工艺中的固定化酶是何种酶？采用何种反应形式？

（2）5'-复合单核苷酸固定化酶法的底物原料是什么？所使用的固定化酶是哪一种？来自何种材料？

（3）固定化细胞法生产 6-氨基青霉烷酸时，是否需要微生物的发酵培养？如果需要，其目的是什么？

项目3 实操训练

训练任务 海藻酸钠固定中性蛋白酶

一、目的

了解中性蛋白酶的性质。

掌握中性蛋白酶的固定化方法。

二、原理

酶的固定化是利用化学或物理手段将游离酶定位于限定的空间区域，并使其保持活性和可反复使用的一种技术。固定化方法主要有吸附法、包埋法、共价键结合法、肽键结合法和交联法等。其中包埋法不需要化学修饰酶蛋白的氨基酸残基，反应条件温和，很少改变酶结构，应用最为广泛。包埋法对大多数酶、粗酶制剂甚至完整的微生物细胞都适用，包埋材料主要有琼脂、琼脂糖、卡拉胶、明胶、海藻酸钠、聚丙烯酰胺、纤维素等，其中海藻酸钠具有无毒、安全、价格低廉、材料易得等特点，是食品酶工程中常用的包埋材料之一。

中性蛋白酶是一种来源于枯草杆菌的胞外蛋白水解酶，它能迅速水解蛋白质生成肽类和部分游离氨基酸。近年来，许多研究者致力于中性蛋白酶的固定化研究，但由于固定化条件不同，其固定化酶的稳定性较差，不能在实际生产中广泛应用。因此，本试验对影响海藻酸钠固定化中性蛋白酶的主要因素进行了研究，确定了中性蛋白酶固定化的最佳条件，并对固定化酶的稳定性进行了研究，以为固定化中性蛋白酶的应用提供理论依据。

三、用品

1. 仪器与材料

分光光度计、电热恒温水浴槽、循环水式多用真空泵、恒温磁力搅拌器、台式水浴恒温振荡器、10mL注射器、8♯针头、精密pH计、手提式压力蒸汽灭菌器、电热鼓风干燥箱、电子调温电热套等。

2. 试剂

中性蛋白酶粉、海藻酸钠、干酪素、L-酪氨酸、pH7.0磷酸盐缓冲液、3％氯化钙溶液。

四、步骤

1. 中性蛋白酶的固定化

称取一定量的中性蛋白酶粉，用 0.02mol/L（pH7.0）的磷酸盐缓冲溶液稀释 250 倍，制成中性蛋白酶溶液。取适量酶液加入一定浓度的海藻酸钠溶液中，充分搅拌均匀。用灭菌后的注射器吸入上述混合液，以约 5 滴/s 注入浓度为 3％ 的 $CaCl_2$ 溶液中制成凝胶珠，将形成的凝胶珠在 0～4℃ 的 $CaCl_2$ 溶液中放置一段时间使其进一步硬化。然后抽滤得到硬化的凝胶珠，用无菌生理盐水洗涤 3～5 次，以洗去表面的 $CaCl_2$ 溶液，即得到直径为 1.5～2.0mm 的球状固定化中性蛋白酶。

2. 酶活性的测定

游离中性蛋白酶和固定化中性蛋白酶活性测定均采用福林酚法。游离中性蛋白酶是用 0.02mol/L、pH 7.0 磷酸盐缓冲溶液溶解后测定，活性单位为 U/mL；固定化中性蛋白酶是分别测定固定化前酶的活性和固定化后上清液酶的活性，然后计算固定化酶活性，单位为 U/g。

3. 固定化率测定

分别测定固定化过程中加入游离酶的总活性以及固定化后上清液酶的总活性，计算固定化率。

固定化率＝(加入游离酶的总活性－上清液酶的总活性)/加入游离酶的总活性×100％

五、思考

1. 计算用此法制备固定化酶的固化率。
2. 固化酶的活性是多少？

模块六　免疫与细胞工程技术制药

项目1　免疫学基础与细胞工程

→| 学习目标

【知识要求】　掌握　免疫学、细胞工程的基本概念
　　　　　　　熟悉　免疫技术与细胞工程技术在制药领域的应用
　　　　　　　了解　细胞工程技术与免疫技术药物发展的现状与趋势
【能力要求】　懂得　免疫学技术的基本原理
　　　　　　　明白　如何进行细胞的培养
【素质要求】　具备　科学思维方法、学术诚信和良好的专业素质
　　　　　　　能够　主动获取知识，进行基本的实验操作、团队合作与创新

技能要点

　　免疫是指机体识别和排除抗原性异物，免除传染性疾病的能力，由免疫器官、免疫细胞、免疫活性介质担负机体的保护性功能。当病原体或抗原异物侵害机体时，机体会通过非特异性免疫和（或）特异性免疫作用，通过免疫细胞释放抗体、细胞因子等物质抵御或预防。

　　细胞工程是指应用细胞生物学和分子生物学方法，利用工程学手段，在细胞整体水平或细胞器水平上，按照人们的意愿来改变细胞内的遗传物质或获得细胞产品的一门综合技术科学。

　　应用细胞融合、核移植、胚胎移植和细胞组织培养等技术，可生产多种单克隆抗体、激素、细胞因子、疫苗和具有特殊功能的效应细胞等。

课前引导

　　☆ 大家小的时候一定都打过疫苗。想一想：常言说小孩子和老人容易生病，这是为什么呢？为什么即便是健康人也需要打疫苗？

　　☆ 传统的杂交，指的是不同种甚至属之间的动植物体融合，那么，在细胞之间是否也存在这种融合呢？

免疫学概论

? 问题 1　什么是免疫？免疫有哪些功能？

所谓"免疫"是由拉丁词汇"immunis"而来，原意为"免除税收"，也有"免于疫患"之意。现在指生物体对一切进入机体的非己组分进行自我识别与对抗排斥的过程，是维持机体相对稳定的一种保护性生理反应，是一种普遍的生物学现象。研究这种机体自我识别、排斥外来异物的反应的学科就是免疫学，机体的排斥反应称为免疫应答，产生这种反应的能力称为免疫功能（也称为免疫性或免疫力），刺激机体产生排斥反应的外来异物称为抗原，机体内执行排斥反应的物质称为抗体。机体的免疫功能具体表现为：

免疫防御　指机体排斥外源性抗原异物的能力，包括机体抗感染的功能（即传统的免疫概念）和机体排斥异种或同种异体的细胞和器官的功能。

免疫稳定　指机体识别和清除自身衰老残损的组织、细胞的能力，即免疫调节作用。这是机体维持正常体内环境稳定的重要机制。

免疫监视　指机体发现和清除异常突变细胞的能力。

当免疫功能发生异常时，会导致机体平衡失调，造成识别紊乱，出现一些病理变化。如，免疫防御反应过度（变态反应、过敏），或免疫稳定失衡（免疫缺陷病），或免疫监视缺失（癌症或持续性感染）。

现在，免疫应答反应已经应用于机体的生长、遗传、衰老、感染、肿瘤、移植以及自身免疫疾病的发生机理等许多方面，用来制备各种免疫学药物和诊断试剂，如：各类常见疫苗（脊髓灰质炎疫苗、麻疹疫苗、白喉疫苗、百日咳疫苗、破伤风疫苗等），动植物毒素（白喉毒素、破伤风毒素、蓖麻毒素、巴豆毒素、蛇毒、蜘蛛毒等），以及放射免疫、免疫荧光和酶免疫等新型的生物试剂和研究手段。

 问题 2　免疫功能的执行者都是谁？

机体的免疫应答是一个十分复杂的过程，是抗原递呈、淋巴细胞活化、免疫分子形成等许多反应综合作用的结果，包括体内淋巴细胞、巨噬细胞、粒细胞、抗体、补体等多种免疫分子均参与其中，并受到基因的遗传控制。机体内的这种体系，与神经系统、循环系统、呼吸系统、内分泌系统等相似，专门执行体内免疫应答反应，被称为免疫系统，由免疫器官、免疫细胞和免疫分子组成。

免疫器官　由淋巴组织组成，是机体免疫应答进行的地点，也是免疫细胞产生、分化、成熟的场所。免疫器官可分为中枢免疫器官与外周免疫器官。前者包括胸腺（分泌胸腺激素，如胸腺素、胸腺生成素 Ⅰ 和 Ⅱ、泛素等）、骨髓（分化产生各种免疫细胞）及鸟类的法氏囊，是免疫细胞产生、分化、成熟的场所。后者包括淋巴结（包含 B 淋巴细胞、网状细胞、巨噬细胞、树突细胞及成熟的浆细胞等）、脾脏和肠道相关淋巴组织，是接受抗原刺激产生免疫应答的场所，也是成熟的 T 细胞、B 细胞等定居之处。

免疫细胞　指具有识别抗原，能进一步增殖分化为具有不同免疫应答功能的细胞，主要是 T 细胞（T 淋巴细胞）、B 细胞（B 淋巴细胞），因抗原刺激而活化、分裂增殖，发生免疫应答。此外，还有 K 细胞（K 淋巴细胞）、NK 细胞（NK 淋巴细胞）、肥大细胞和巨噬细胞等。

T 细胞（又称胸腺依赖性淋巴细胞）来源于骨髓，成熟于胸腺，是一个复杂群体，能在体内不断更新，可以同时存在不同发育阶段或功能的亚群，按照免疫应答的不同，可分成若干亚群：辅佐 T 细胞（TH，协助体液免疫和细胞免疫）、抑制性 T 细胞（TS，抑制细胞免疫及体液免疫）、效应 T 细胞（TE，释放淋巴因子）、细胞毒 T 细胞（TC，杀伤靶细胞）、迟发型超敏 T 细胞（TD，释放淋巴因子，激活其他免疫细胞）、放大 T 细胞（TA，作用于 TH 和 TS，扩大免疫效果）、记忆 T 细胞（TM，记忆特异性抗原刺激，再次感染后可诱发机体产生更快、更强的效应）等。不产生抗体，直接发挥免疫作用，称为"细胞免疫"。

B 细胞（又叫骨髓依赖性淋巴细胞）来源于骨髓的多能干细胞，主要执行体液免疫功能，在受到抗原刺激后，增殖分化出大量浆细胞（可产生特异性抗体），其发育分为抗原非依赖性和抗原依赖性两个阶段。通过产生抗体来发挥免疫作用，称为"体液免疫"。大多数的抗体形成过程中需要 T 细胞的协助。有时，T 细胞能抑制 B 细胞；同样，B 细胞也有控制或增强 T 细胞的功能。

K 细胞（又称抗体依赖淋巴细胞）是直接从骨髓的多能干细胞衍化而来的，能杀伤靶细胞，但必须先识别靶细胞，这种识别完全依赖于特异性抗体的识别作用。

NK 细胞（也叫自然杀伤细胞），个体较大，含有胞浆颗粒（又称为大颗粒淋巴细胞），可在不需要抗原致敏和抗体参与的情况下非特异性地直接杀伤靶细胞，这些靶细胞主要是肿瘤细胞、病毒感染细胞、较大的病原体（如真菌和寄生虫），以及同种异体移植的器官、组织等。

肥大细胞位于结缔组织和黏膜上皮内，是一种具有强嗜碱性颗粒的组织细胞。这种颗粒含有肝素、组织胺、5-羟色胺，可在组织内引起速发型过敏反应（炎症）。

巨噬细胞（亦称单核吞噬细胞）是一类具有强烈吞噬及防御机能的细胞群，包括巨噬细胞、单核细胞及幼稚单核细胞，均起源于造血干细胞，能进行变形运动及吞噬活动。许多疾病都能引起巨噬细胞的大量增生，表现为肝、脾淋巴结肿大。

免疫分子　包括免疫球蛋白、补体、细胞因子（如淋巴因子和单核因子）等。

免疫球蛋白（Ig）指机体受抗原（如病原体）刺激后产生的、具有抗体活性的动物蛋白质。主要存在于血浆、体液、组织分泌液中，可以分为五类：IgG、IgA、IgM、

IgD 和 IgE，分子结构相似，都有两对长短不同的"Y"型肽链，长链称为重链（H链）、短链称为轻链（L 链），其免疫应答有两个重要特征：特异性和多样性。前者是与抗原起免疫反应，发生特异性结合，生成抗原-抗体复合物，阻断病原体对机体的危害；后者是与体内组织细胞或蛋白质成分相互作用，表现出多种不同效应，如活化补体、巨噬细胞吞噬异物及微生物、触发肥大细胞释放血管活性物质等，使病原体失去致病作用。有时，Ig 也有致病作用，如临床上的过敏症状〔如花粉引起的支气管痉挛、青霉素导致全身过敏反应、皮肤荨麻疹（俗称风疹块）等〕。

其中，IgG 占总 Ig 的 70%～75%，有较强的抗感染、中和毒素和免疫调理作用，大多数抗菌、抗毒素和抗病毒性的抗体都属于 IgG；IgA 主要由黏膜相关淋巴组织中的浆细胞产生，具有杀菌和抗病毒活性；IgM 主要分布于血液中，具有补体激活功能，属于高效能的抗体，其杀菌、溶菌、促吞噬和凝集作用比 IgG 高 500～1000 倍，在机体的早期防御中起着重要的作用；IgD 是 B 细胞的重要标志，在防止免疫耐受方面发挥作用；IgE 仅占总 Ig 的 0.002%，主要由鼻咽部、扁桃体、支气管、胃肠道等黏膜固有层的浆细胞产生，这些部位是超敏源（又称变应原）进入机体的主要门户，可引起 I 型超敏反应。

补体是存在于高等动物血清、体液及组织液中的一组非特异性血清蛋白，有增强抗体的补助功能和溶解细胞、促进吞噬、参与炎症等防御功能，在变态反应性疾病和自身免疫性疾病的发病机制中具有重要作用。

细胞因子指一类由免疫细胞（淋巴细胞、单核巨噬细胞等）和相关细胞（纤维细胞、内皮细胞等）产生的调节细胞功能的多活性、多功能蛋白质多肽分子，在机体免疫应答中发挥重要作用。例如，白介素 IL-2、干扰素 IFN-γ、肿瘤因子 TNF-β 等参与激活细胞免疫；IL-4、IL-5、IL-6、IL-10 等参与激活体液免疫。

课堂互动

大家都有过生病去医院诊病的经历。想一想：为什么生病时，通过检验血液中白细胞数量可以判断机体是否有炎症？

知识链接

免疫现象的发现

早在 1000 多年前，人们就发现了免疫现象，并用来预防传染病。我国最早发明用人痘痂皮接种以预防天花，这种方法在 15 世纪中后期的明朝隆庆年间得到较大改进，并获得广泛应用，先后传播到日本、朝鲜、俄国、土耳其和英国等许多国家。后来，英国医生琴纳据此研究出用牛痘菌预防天花的方法。全世界能在 20 世纪 70 年代末消灭天花，接种牛痘菌发挥了巨大作用。至 19 世纪末，法国人巴斯德在琴纳的启发下，用减毒炭疽杆菌菌株制成的疫苗来预防动物的炭疽病，用减毒狂犬病毒毒株制成疫苗来预防人类的狂犬病等，由此引起了医学实践的重大变革。

学习主题 2　免疫机制

 问题 1　你知道免疫的过程机制吗？

适应性免疫应答

　　免疫系统具有特殊的"自我识别"能力，能识别机体的自我物质与异己物质。对于前者，免疫系统不产生反应；对于后者，免疫系统会免疫应答产生排斥反应，使其失活、解毒、分解清除，确保机体处于相对的平衡和稳定。所以，免疫应答有识别与清除两种作用，根据识别能力的大小和清除效率的高低，可分为非特异性免疫与特异性免疫。

　　非特异性免疫又称先天免疫或自然免疫，指机体先天即有、相对稳定、无特殊针对性的免疫应答，识别作用较粗放，只能区别自我与异物，无特异识别性，清除效率较低，主要表现为吞噬细胞的吞噬作用或炎症反应。特异性免疫又称为获得性免疫或适应性免疫，是机体在后天受内外环境因素的刺激而获得的免疫应答，具有识别特异性，能识别不同的异物，清除效率很高。

　　按照免疫获得方式的不同，特异性免疫又可分为主动免疫与被动免疫（图 6-1）。前者指由机体自身接受刺激而产生的免疫；后者指从其他已建立免疫的个体接受或人工输入免疫组分而产生的免疫。按照机体免疫应答方式的不同，特异性免疫还可分为体液免疫与细胞免疫。前者指在抗原刺

特异性免疫 { 自然免疫 { 自然主动免疫——患传染病或隐性感染
自然被动免疫——经胎盘或乳汁传递
人工免疫 { 人工主动免疫——注射疫苗、类毒素等抗原
人工被动免疫——输入免疫细胞、抗体等

图 6-1　按不同获得方式区分的特异性免疫

激下，B 细胞发生增殖并分化为浆细胞，合成抗体并释放到体液中发挥免疫作用；后者指在抗原刺激下，由细胞毒性 T 细胞直接攻击靶细胞，产生特异性细胞毒性的杀伤作用，或由迟发型变态反应 T 细胞介导，间接地释放一些淋巴因子，发挥特异性的免疫作用。

　　正常情况下，免疫应答是机体识别与排除异己的生理适应过程。但在免疫系统功能异常时，也能造成机体组织损伤，产生免疫病理作用或形成免疫性疾病。

 问题 2　认识抗原和抗体

　　抗原（antigen，Ag）又叫免疫原，能刺激机体免疫系统引发免疫应答（称为免疫原性），并与免疫应答产物抗体和致敏淋

抗原　　　　抗体

巴细胞在体外结合，发生特异性反应（称为反应原性）。兼有两种性质的抗原称为完全抗原（简称抗原），如病原体（细菌、病毒等）、异种动物血清等；只有反应原性、没有免疫原性的称为半抗原，如青霉素、磺胺、绝大多数多糖（如肺炎球菌的荚膜多糖）和所有的类脂等。半抗原不会引起免疫反应，但在某些情况下能和大分子蛋白质结合后获得免疫原性而变成完全抗原。例如：青霉素进入体内后，如果其降解物和组织蛋白质结合，就获得了免疫原性，刺激免疫系统产生抗青霉素抗体；当青霉素再次注射入体内时，抗青霉素抗体立即与青霉素结合，产生病理性免疫反应，出现皮疹或过敏性休克，甚至危及生命。

还可以根据抗原与宿主亲缘相关性分为异种抗原、同种异型抗原和自身抗原，或根据抗原的化学性质分为蛋白质抗原、多糖抗原和核酸抗原等，或根据抗原的制备方法分成天然抗原、人工抗原与合成抗原，或根据抗原刺激 B 细胞产生抗体时是否需要 T 细胞的协助，分为胸腺依赖性抗原（TD-Ag）和胸腺非依赖性抗原（TI-Ag）等。异种抗原指来源于不同物种的抗原，免疫原性比较强，容易引起较强的免疫应答。对于人来说，细菌、病毒等病原微生物、动物蛋白质、细菌外毒素、类毒素等都是异种抗原。来源于同一物种的不同个体的抗原称为同种异型抗原，如来自另一个个体的血型抗原、主要组织相容性抗原等。自身抗原指来自自身的抗原，如眼晶状体蛋白等。此外，在动物、植物、微生物及人类中，还存在着不同物种间的共同抗原，称为异嗜性抗原，如溶血性链球菌与肾小球基底膜和心肌组织等可存在着共同的抗原。在临床上常借助异嗜性抗原对某些疾病作辅助诊断。

抗体（antibody） 是机体在抗原刺激下，由 B 淋巴细胞分化成的浆细胞所产生的、可与相应抗原发生特异性结合反应的免疫球蛋白（Ig），主要存在于血液中，也见于其他体液与外分泌液中，是构成机体体液免疫的主要成分。

Ig 有多种不同分类方法。按作用对象，可分为抗毒素抗体、抗菌抗体、抗病毒抗体和亲细胞抗体（能与细胞结合，吸附在靶细胞膜上）；按理化性质和生物学功能，可分为 IgM、IgG、IgA、IgE、IgD 五类；按与抗原结合后是否出现可见反应，可分为完全抗体（在介质参与下出现可见结合反应）和不完全抗体（不出现可见反应但能阻抑抗原与其相应的完全抗体结合）；按来源，可分为天然抗体和免疫抗体。

Ig 具有与一般球蛋白相同的理化特性，不耐热（$60 \sim 70 ℃$ 即被破坏），易被各种酶及蛋白质凝固变性物质所破坏，可被中性盐类沉淀等。在生产上常用硫酸铵或硫酸钠从免疫血清中沉淀出含有抗体的球蛋白，再经透析法将其纯化。其生物学功能主要有：

① 结合特异性抗原 依靠其分子上的特殊结合部位与特异性抗原结合，在体内导致生理或病理效应，在体外产生各种直接或间接的、可见的抗原抗体结合反应；

② 激活补体 与相应抗原结合后，借助暴露的补体结合点去激活补体系统（溶菌、溶细胞等）的免疫作用；

③ 结合细胞 不同类别的免疫球蛋白，可结合不同种的细胞，参与免疫应答；

④ 自然被动免疫 IgG 能通过胎盘进入胎儿血液中，使胎儿形成自然被动免疫；IgA 可通过消化道及呼吸道黏膜，实现黏膜局部抗感染免疫；

⑤ 具有抗原性 刺激机体产生免疫应答，不同的 Ig 具有不同的抗原性。

抗体的免疫应答存在以下规律：初次反应产生抗体（抗原第一次进入时，有一定的潜伏期，产生量不多，维持时间较短）；再次反应产生抗体（相同抗原第二次进入后，抗体效价迅速增加几倍到几十倍，留存时间较长）；回忆反应产生抗体（经过一定时间后，抗体会逐渐消失，若再次接触抗原，已消失的抗体会快速回升）。这种相同抗原再次刺激引起的抗体免疫应答，称为特异性回忆反应；若与初次反应不同，则称为非特异性回忆反应。非特异性回忆反应引起的抗体的上升是暂时性的，短时间内即很快下降。

🔄 课堂互动

抗原-抗体之间存在着特异性免疫反应。想一想：除机体免疫之外，还可以有哪些用途？

📖 知识链接

艾滋病

艾滋病的全称是获得性免疫缺陷综合征（AIDS），是人体感染人类免疫缺陷病毒（HIV）后，自身免疫系统功能部分或完全丧失而引起的一种综合症状。由于免疫系统的消弱，使人体极易感染上各种"机会性感染病"，如：肺炎、脑膜炎、肺结核等。也可以这样说，AIDS是一种无法抵抗其他疾病的状态。人不会死于AIDS，但会死于由此引起的相关疾病。

自身免疫性疾病

指在某些因素影响下，机体的组织成分或免疫系统本身出现了某些异常，致使免疫系统误将自身成分当成外来物进行攻击。这时，免疫系统会产生针对机体自身一些成分的抗体及活性淋巴细胞，损害破坏自身组织脏器，导致疾病。如果不加以及时有效的控制，其后果十分严重，最终甚至危害生命。常见的有系统性红斑狼疮、类风湿性关节炎等，都需要用免疫抑制剂来抑制针对自身机体的免疫反应。

学习主题 3　细胞工程概念

❓ 问题 1　什么是细胞工程？

简单讲，细胞工程是细胞水平上的操作，指应用细胞生物学、遗传学、发育生物学和分子生物学方法，按照事前的设计和需要，在细胞水平上研究改造生物遗传特性和生物学特性，以获得特定的细胞、细胞产品或新生物体的一门综合性技术。广义上，包括所有的生物组织、器官及细胞离体操作和培养；狭义上，专指动植物细胞的培养与融合，其研究内容包括细胞遗传操作（基因工程）、细胞培养、细胞保藏以及将已转化的细胞用于生产实践（动植物细胞的大规模培养）等。按照研究对象的不同，可分为植物细胞工程和动物细胞工程；按照遗传操作的不同，又可分为细胞融合工程和细胞拆分工程等。

在早期，细胞工程主要用于疫苗生产，例如，20世纪20年代的流感疫苗、伤寒疫苗、霍乱疫苗等。20世纪50年代初，出现了细胞体外培养液，进入动植物细胞的规模化培养时代。至20世纪60年代，细胞贴壁培养载体问世后，可以像培养微生物细胞一样在搅拌反应器中培养动物细胞，大大提高了生产效率。20世纪80年代出现的基因重组技术和杂交瘤技术，使得外源基因可以转入细胞并高效表达，极大推动了细胞工程的发展。

在真核生物细胞中表达真核生物基因，所翻译、修饰和加工的蛋白质更加接近于天然产物，因而，哺乳动物细胞逐渐成为一种比较合适的宿主表达细胞，用于大规模生产多种单克隆抗体、激素、细胞因子、疫苗和具有特殊功能的效应细胞等。

 问题 2　认识动植物细胞的培养

动物细胞培养
技术简介

动植物细胞的培养是开展细胞工程的基础，其基本的培养技术与微生物细胞培养（发酵）有相似之处，但也有本质上的区别，这主要是由其细胞的生长特点所决定的。动植物细胞有着与微生物细胞类似的基本结构：细胞膜、细胞质和细胞核（图6-2、图6-3），细胞质中均含有各种细胞器或者显微结构，有些相同（如线粒体、高尔基体、核糖体等），有些不同（如液泡、叶绿体、中心粒等）。从细胞培养的角度看，动植物细胞间最显著的区别在于：动物细胞没有细胞壁，植物细胞含有细胞壁。因此，动植物细胞具有不同的生理特点。

动物细胞　绝大多数（体液细胞例外）都需要贴附在一定的基质上才能生长，当增殖到细胞之间相互接触（汇聚成片）时，会停止增殖，这称为接触抑制现象，但如果细胞转为异倍体，则该抑制可解除；由于没有细胞壁，细胞对环境极为敏感，环境参数（渗透压、酸碱度、离子浓度、剪切力、微量元素等）的微小变化，都会影响其生长；细胞的生长缓慢，要求有更好、更持久的稳定环境控制；细胞合成的蛋白质多数为糖蛋白，需要进行糖基化（细菌细胞不需要该过程），可以分泌到细胞外，更接近于天然蛋白，适合临床应用；细胞的培养传代次数有限，但如果在培养基中加入表皮生长因子，或者（经过自然和人为因素）转为异倍体之后，则可转为无限细胞系，更适合于大规模生产。

动物细胞的生理特点，决定了其营养要求非常高，除需要多种必需氨基酸、维生素、无机盐、微量元素、葡萄糖以外，还需要多种细胞生长因子和贴壁因子；培养工艺也极为苛刻，常采用空气、氧气、CO_2和氮气的混合气体供氧，并及时清除代谢物。培养期间，除去与培养微生物相同的必需检测项目外，还需要对细胞形态结构、倍增时间、产物表达情况、表达产物结构特征等进行检测和控制，检控指标繁多；绝大多数的动物细胞需要附着在载体上生长，所以必须采用贴壁培养的方式。常用的细胞生长载体有两种：中空纤维和微载体。部分哺乳动物细胞既可以和体液细胞一样悬浮培养，也可以贴壁培养。

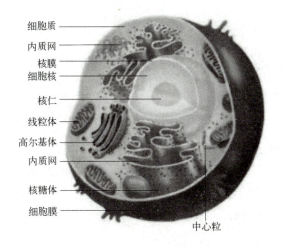

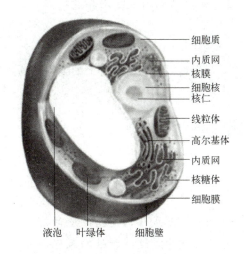

图 6-2　动物细胞显微结构示意图　　　图 6-3　植物细胞显微结构示意图

植物细胞　具有细胞壁，有一定的抗剪切性；细胞生长较慢，培养时需添加抗生素；培养过程中容易聚集成团，需适当地搅拌；培养时需供氧，但不能耐受强力通风搅拌；细胞具有结构和功能的全能性，可以分化成完整的植株。

广义的植物细胞培养包括幼苗及较大植株的培养（植物培养）、从植物体各种器官的外植体增殖而形成愈伤组织的培养（愈伤组织培养）、能够保持较好分散性的离体细胞或较小细胞团的液体培养（悬浮培养）、离体器官的培养（器官培养）和未成熟或成熟胚胎的离体培养（胚胎培养）；狭义的植物细胞培养单指植物细胞的悬浮培养。一般所说的植物细胞培养，指的是植物组织培养和植物细胞培养。通常，在离体条件下，将植物细胞的愈伤组织或其他易分散的组织置于液体培养基中进行震荡，得到分散成游离的悬浮细胞，再通过继代培养使细胞增殖，获得大量细胞群体。根据培养对象的不同，可分为单细胞培养、单倍体培养、原生质体培养等；按照培养系统的不同，可分为悬浮培养、液体培养、固体培养、固定化培养等。

简单地说，微生物的细胞个体具有独立性，可独立生长与增殖，培养要求相对简单；植物细胞具有全能性，几乎所有体细胞都能够发育成完整的组织、器官、个体；绝大多数的动物细胞具有生长依赖性（仅受精卵、干细胞等具有发育的全能性），其培养则困难许多，工艺条件比较严格、苛刻。

由于哺乳动物细胞的表达产物与人体有更好的免疫同源性，所以哺乳动物细胞培养成为细胞工程在制药领域的研究热点。通常所说的细胞培养，多指的是动物细胞的体外培养与操作，即模拟动物体内的生理环境，使单独的细胞在体外人工环境中生长、增殖。依据细胞的增殖情况，可分为原代培养、传代培养等；依据细胞的生长模式，可分为贴壁培养、悬浮培养、贴壁-悬浮培养；依据细胞的来源不同，可分为成纤维细胞培养、表皮细胞培养、干细胞培养等。

例如，心肌细胞、平滑肌细胞、成骨细胞、皮肤细胞、肠管上皮细胞等，培养时必须有可以贴附的支持物表面，在该表面上，细胞可依靠自身分泌或培养基中提供的贴壁因子生长和繁殖；又如淋巴细胞等，可在培养液中悬浮生长，无需依赖于支持物表面；借助于微载体，可以使贴壁生长的细胞悬浮于培养液中，即贴壁-悬浮培养，这种方式兼有悬浮培养和贴壁培养的特点。

 课堂互动

生物机体是由一个个细胞构成的。想一想：细胞工程和发酵工程有什么区别与联系？

知识链接

细胞全能性

这是指细胞经过分裂和分化之后，仍然具有产生完整有机体或者分化成其他各种细胞的潜能和特性，其基础在于细胞核含有发育成完整个体所需的全部遗传信息，理论上具有形成任何类型细胞的能力，只要条件许可，都可发育成完整的个体。在不同类型细胞中，这种特性的表现不同：

受精卵 一种特异性细胞，拥有本物种所特有的全部遗传信息，具有最高全能性，能够发育成一个完整的生物体。

生殖细胞 虽然分化程度较高，但仍具有较高的全能性，例如蜜蜂的孤雌生殖现象。

体细胞 高度分化的植物细胞保持着细胞全能性，具有发育成完整植物体的能力。一个植物细胞，只要有完整的膜系统和细胞核，就拥有一套发育成一个完整植株的遗传基础，在适当的条件下可以通过分裂、分化，由单个细胞形成愈伤组织，成为胚状体，进而生成完整植株。这一点通过胡萝卜组织培养实验得到了证实。高度分化的动物体细胞全能性较低，随着细胞分化程度的提高，细胞分化潜能越来越窄，但细胞核仍然保持着全部遗传物质，具有潜在的全能性，需要借助卵细胞细胞质中的特殊物质激活，才能表现出来。这在克隆羊"多莉"的诞生中得到了证明。此外，动物体内存在着多种干细胞，如胚胎干细胞和成体干细胞，它们具有不同程度的分化潜能。

细胞全能性的大小与细胞的分化程度、分裂能力、细胞类型有关。通常，受精卵的全能性最高，其次是生殖细胞，然后是体细胞。在体细胞中，干细胞的全能性高于器官细胞，而幼嫩细胞的全能性高于衰老细胞。

学习主题 4 动植物细胞培养

 问题 1 生产中常见的动物细胞都有哪些？

生产中使用的动物细胞是按照生产条件选择、驯化的，适用于大量培养，用于制备生物产品。通常用于生产的主要有四种动物细胞系：

原代细胞系 即直接取自动物组织/器官、经破碎消化获得的细胞，如鸡胚细胞、原代兔肾细胞或鼠肾细胞、血液淋巴细胞等。

二倍体细胞系 是原代细胞经传代培养后仍然具有二倍染色体特征、具有明显贴壁依赖性和接触抑制性、仅有有限增殖能力且无致瘤性等"正常"细胞特点的细胞，如WI-38、MRC-5等成纤维细胞。

连续细胞系 是从正常细胞转化而来，分化不够成熟，获得无限增殖能力的一种细胞，常由于染色体异常而变成异倍体，失去"正常"细胞的特点，又称为转化细胞系。直接从肿瘤组织获得的细胞也属于这一类。这类细胞具有无限的生命力，倍增时间短、对生长条件要求低，特别适用于大规模生产使用。常用的类型有从中国仓鼠卵巢中分离的上皮样细胞（CHO-K1细胞，用于构建工程菌）、从仓鼠幼鼠肾脏中分离的成纤维细胞（BHK-21细胞，用于构建工程菌）、从非洲绿猴肾中分离的成纤维细胞（Vero细胞，用于制备疫苗）和淋巴瘤细胞（Namalwa细胞，用于生产干扰素）。

基因工程细胞系 通过基因工程技术手段，将编码蛋白质的基因在分子水平上设计、改造、重组后再转移到新的宿主细胞而获得的细胞。

 问题 2　如何进行动物细胞的保藏与规模化培养？

细胞保藏 可以有效降低生产成本，保持良好的细胞特性。动物细胞的保藏一般使用冷冻法。在低于−70℃的超低温条件下，细胞内部的生化反应极慢，甚至终止。当以适当方法将冻存的细胞恢复至常温时，又可恢复正常的细胞活性。

不同的细胞，冷冻保存的温度可以不同。一般来说，−40～0℃范围内，细胞保存的效果不佳；短期内，−80～−70℃的保存对细胞活性无明显影响，但随着冻存时间的延长，细胞存活率有明显的降低；液氮的温度是−196℃，在这个温度下，大多数细胞可以保存10年以上，是目前最理想的冷冻保存温度。此外，还必须有最佳的冷冻速率、合适的冷冻保护剂，复苏时也必须有最佳的复温速率。冷冻保护剂是可以保护细胞免受冷冻损伤的溶液，常用的有两类：可渗透到细胞内的小分子类，如甘油、二甲基亚砜（DMSO）、乙二醇、丙二醇、乙酰胺、甲醇等；不能渗透到细胞内的大分子类，如聚乙烯吡咯烷酮（PVP）、蔗糖、聚乙二醇、葡萄糖、白蛋白、羟乙基淀粉等。目前，多将两种以上的冷冻保护剂联合使用。一般来说，只有红细胞、极少数哺乳动物细胞和大多数微生物细胞，可以悬浮在不加冷冻保护剂的水溶液或简单盐溶液中，在最适冷冻速率下获得具有活性的冻存物；绝大多数哺乳动物细胞冻存时都必须加入冷冻保护剂。

规模化培养 由于大多数动物细胞具有生长依赖性和接触抑制现象，所以借助于微载体进行的贴壁-悬浮培养模式，是其主要的形式。微载体是一种由天然葡聚糖或者合成聚合物等制成的无毒多孔性材料，多呈$\Phi 60\sim 250\mu m$的球状或片状等，可在持续搅动的液流中呈悬浮状态，适合于细胞在其表面上贴附生长。常见的有大孔明胶载体、聚苯乙烯微载体、甲壳质微载体、聚氨酯泡沫微载体、藻酸盐凝胶微载体及磁性载体等多种类型。目前，这种方法已经广泛应用于成肌细胞、Vero细胞、CHO细胞等的规模化培养，生产疫苗、蛋白质等各种产品。

和微生物培养类似，也可以按照操作方式的不同，将动物细胞的培养分为分批式培养、分批补料培养（流加培养）和连续培养；还可以按使用的培养装置与培养规模的不同，分成细胞工厂培养、灌注式反应器培养、中空纤维生物反应器培养和通风搅拌培养等。其中，流加培养是当前的主流工艺和研究热点，工艺的关键是基础培养基和流加浓缩的营养培养基，流加的总体原则是维持细胞生长相对稳定的培养环境。流加的营养成分主要有：葡萄糖、谷氨酰胺、氨基酸、维生素及其他成分。动物细胞培养的一般工艺流程见图 6-4。

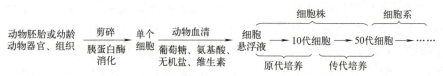

图 6-4 动物细胞培养的一般工艺流程

 问题 3 培养动物细胞应注意什么？

细胞培养施舍
与设备

动物细胞培养需要满足以下条件：

无菌、无毒的环境 培养液、培养材料均应无菌、无毒，适合细胞贴壁培养。通常还要添加一定量的防止污染的抗生素，并定期更换培养液，以防止代谢产物积累对细胞造成危害。

适宜的温度、湿度和光线 最适温度是 $35\sim37\,^\circ\!C$，$39\,^\circ\!C$ 以上细胞受损甚至死亡。在 $0\sim34\,^\circ\!C$ 下，细胞能生存，但代谢降低，分裂延缓。开放环境中培养时相对湿度宜控制在 95%。紫外线、可见光可造成核黄素、酪氨酸、色氨酸等产生有毒的光产物，抑制细胞生长，降低其贴壁能力，因此需避光培养。

渗透压 细胞必须生长在等渗环境中，有一定渗透压耐受性。人血浆渗透压为 656.9kPa，可视为培养人体细胞的理想渗透压。鼠细胞渗透压在 724.8kPa 左右。一般来说，588.9~724.8kPa 的渗透压适用于大多数哺乳动物细胞的培养。

营养成分 培养基必须含有 12 种必需氨基酸和葡萄糖；生物素、叶酸、烟酰胺、泛酸、维生素 B_{12} 等是常见成分；还需要钠、钾、镁等基本无机元素和铁、锌、硒等微量元素；生长因子、各种激素对促进细胞生长、维持细胞功能、保持细胞状态有十分重要的作用，如胰岛素能促进细胞利用葡萄糖和氨基酸，氢化可的松可促进表皮细胞生长，泌乳素有促进乳腺上皮细胞生长的作用。

pH 值和气体环境 适宜的 pH 值和气体环境是细胞生存的必需条件。氧是必需的，CO_2 既是代谢产物，也是生长所需成分，主要是维持培养液 pH 值。开放培养时，一般是将细胞置于 95%空气和 5%CO_2 的混合气体环境中培养；密闭培养时，则需要加入碳酸盐缓冲体系，常用 HEPES（羟乙基哌嗪乙硫磺酸）结合 $NaHCO_3$ 使用，可提供有效的缓冲体系。

培养基常分为三类：天然培养基包括生物体液（如血清）、组织浸出液（如胚胎浸出液）、凝固剂（如血浆）、水解乳蛋白等，具有营养成分丰富、培养效果好的优点，但成分复杂、来源有限、价格昂贵；合成培养基是用化学物质模拟天然培养基成分、再添加 5％～10％ 的小牛血清，以提供基本营养物质、激素、各种生长因子、结合蛋白、促接触和伸展因子，使细胞贴壁、保护细胞等；无血清培养基是在合成培养基基础上添加激素、生长因子、结合蛋白、贴壁和生长因子等，避免因此带来的细胞差异，提高了细胞培养的重复性，便于结果分析。

问题 4　怎样进行植物组织的培养？

植物细胞具有全能性，可以在无菌条件下，将离体的植物器官（根尖、茎尖、叶、花、未成熟的果实、种子等）、组织（形成层、花药组织、胚乳、皮层等）、细胞（体细胞、生殖细胞等）、胚胎（成熟和未成熟的胚）、原生质体（脱壁后仍具有活性的原生质体），培养在人工配制的培养基上，给予适宜的培养条件，诱发产生愈伤组织，最终发育成完整植株。培养过程见图 6-5。

离体的植物细胞、组织、器官在培养了一段时间后，会通过细胞分裂，形成愈伤组织。这个过程也称为植物细胞的去分化。去分化产生的愈伤组织继续进行培养，又可以重新分化成根或芽等器官，这个过程叫作再分化。再分化形成的试管苗，移栽到地里，可以发育成完整的植物体。

培养要求　组织培养应注意三个基本问题：适当的培养基、合适的外植体、良好的除菌消毒。

植物组织的培养基组分一般包含四类：基本成分（如氮、磷、钾、钙、镁等）、微量成分（如锰、锌、钼、铜、硼等）、有机成分（如维生素、甘氨酸、肌醇、烟酸、糖等）、生长调节物质（如细胞分裂素、生长素等）。不同的培养基之间，生长调节物质的变化幅度最大。

外植体是能用来诱发产生无性增殖系的植物器官或组织切段（如单个芽、茎等）。选择合适的外植体是植物组织培养成功的前提，应综合考虑外植体的大小、分化能力、分化程度和分化类型。一般来说，以幼嫩的器官或组织作为外植体比较有利。

植物材料消毒 → 接种到诱导培养基 → 诱导出愈伤组织 → 愈伤组织转接到继代培养基上 → 大量愈伤组织 → 愈伤组织接种到分化培养基上 → 分化出幼苗 → 幼苗接种到生根培养基上 → 完整植株 → 移栽到大田

图 6-5　植物组织培养工艺流程

应尽可能除净外植体表面的微生物。消毒剂的选择、处理时间长短与外植体对所用试剂的敏感性密切相关。通常，幼嫩材料处理时间比成熟材料要短些。除菌一般程序是：外植体→自来水多次漂洗→消毒剂处理→无菌水反复冲洗→无菌滤纸吸干。所有工作都应在无菌环境下（超净工作台上）完成。

愈伤组织的诱导与继代培养　从植物受伤部位或组织培养物产生的、由分化和未分化细胞组成的一类薄壁组织称为愈伤组织，这类组织具有活跃的分裂能力，可在营养充分时无限制生长。对外植体上切下的新增殖组织进行的培养称为"第一代培养"；连续多代的培养称为继代培养，这是愈伤组织培养的主要方式。

培养的第一步是诱导产生愈伤组织，使外植体进行细胞分化。可将表面消毒后的外植体切成小段，插入或平放在培养基上，或者把外植体浸没在无菌的液态培养基中振荡培养。为确保诱导成功，一般在培养基中添加较高浓度的生长激素，原则上无需光照。待愈伤组织长出后，经过4～6周的细胞分裂，培养基水分及营养成分大量消耗，积累了较多的代谢物，已不适合细胞的生长，必须进行转移（继代培养），使细胞迅速扩增，以利于产生更多的胚状体或小苗。

愈伤组织的分化与植株再生　愈伤组织只有经过重新分化才能形成胚状体或根、茎等器官，继而长成小苗。在这一阶段，通常要将愈合组织移植于含有合适的细胞分裂素和生长素的分化培养基上，有利于更多的胚状体形成。光照是此阶段的必备条件。

人工培养条件下长出的小苗，要及时移栽到户外，在适度光照、温度、湿度条件下生长。

 ## 问题5　如何进行植物细胞的培养？

相对于动物细胞，植物细胞的培养比较宽松一些，其细胞的全能性使其在体外培养时，可以通过细胞分裂形成细胞团，再经分化形成各种组织器官。如果控制条件使细胞不发生分化（抑制其全能性），则可以像培养微生物那样通过悬浮培养来获得大量的单细胞，用以生产特定产品。

植物细胞培养基同组织培养基类似，除氮、磷、钾等大量元素和铁、锰、锌等微量元素外，还需要氨基酸作为有机氮源（尤其是甘氨酸）；碳源主要有蔗糖、果糖和葡萄糖等，维生素主要有维生素 B_1、维生素 B_3、维生素 B_6、维生素 C、生物素、叶酸、泛酸等，以及植物生长素等生长调节素。

培养植物细胞时应特别注意控制温度。多数细胞的适宜生长温度范围比较窄，通常是25℃，并需要适度光照。与微生物相比，悬浮培养时的需氧量较少，但在次代培养时，耗氧量会短期内激增，应及时调整通气量。

大规模培养植物细胞的方式主要有成批培养和连续培养。成批培养相当于微生物的分批培养，存在着同样的细胞生长规律；连续培养同微生物、动物细胞的连续培养相同。

 课堂互动

生物机体是由一个个细胞构成的。想一想：为什么动物细胞要分散成单个细胞培养？用胰酶消化的是什么物质？

技能拓展

动物细胞培养的几个概念

细胞培养中的"一代"是一种习惯说法，指从细胞接种到分离再培养时的一段时间，与细胞倍增的含义不同。例如，某一细胞系为第153代细胞，即指该细胞系已传代153次。它与细胞世代（generation）或倍增（doubling）不同；在细胞的一代中，细胞能倍增3～6次。

动物细胞培养
模式与特征

动物细胞分散成单个细胞、细胞群（团）后容易培养，细胞所需的营养容易供应，其代谢废物容易排出。分散的细胞培养方式，可实现很多细胞水平上的操作技术。细胞间的贴壁因子主要有胶原蛋白、层粘连蛋白、纤连蛋白、弹性蛋白等，可用胰酶使其消化（消除其活性），从而实现细胞间的分离。Ca^{2+}、Mg^{2+}等能抑制胰酶活性的降低。

鉴于高压蒸汽灭菌会破坏多种培养基成分，动物细胞培养基常用 $0.22\mu m$ 的微孔滤膜进行过滤。血清中可能含有支原体，通常还要用 $0.1\mu m$ 的滤膜进行再过滤。

学习主题 5　细胞融合技术

 问题 1　什么是细胞融合？

细胞融合（图6-6）又称细胞杂交，指在外力（诱导剂或促融剂）作用下，两个或两个以上的异源（种、属间）细胞或原生质体相互接触，发生膜融合、胞质融合和核融合并形成杂种细胞的现象。由于这种融合实际上是发生在原生质体之间，所以又称为原生质体融合。融合后形成的单核细胞有着原来两个或多个细胞的遗传信息，称为杂交细胞。

图 6-6　细胞融合

 问题 2　怎样进行动物细胞的融合？

一般是在离体条件下将两个或两个以上的体细胞合并在一起，属无性杂交，可获得四倍体或多倍体细胞，能在种内、种间、属间，甚至是动物和植物之间发生，能克服远缘杂交的不亲和性，是研究细胞遗传、细胞免疫、肿瘤和生物新品种培育的重要手段。

融合的方法主要有：生物法（病毒）、化学法（聚乙二醇）和物理法（电融合）。

生物法（病毒）　一些致癌、致病病毒（如疱疹病毒、天花病毒等）能诱导细胞融合。仙台病毒（HVJ）是研究最早、应用最多的促融剂，是一类被膜病毒，属于副黏液病毒属，毒性低、对人的危害小、易被紫外线等灭活。病毒颗粒表面的被膜是促使细胞浆膜融合的主要因素。病毒颗粒附在受体细胞膜上，加剧了细胞间的凝集。因病毒的作用，凝集细胞的细胞膜破损，极易发生原生质体融合。细胞凝集在 4℃ 进行，细胞融合则需要在较高温度下完成，一般是 37℃；不同细胞的融合速度不同，快的仅需要几分钟。

化学法（聚乙二醇）　很多化学试剂都能促进细胞融合，如 $NaNO_3$、KNO_3、$NaCl$、$CaCl_2$、$MgCl_2$、$BaCl_2$、葡聚糖硫酸钾、葡聚糖硫酸钠等，应用最广的是聚乙二醇（PEG），这是因为 PEG 比病毒更容易制备和控制、活性稳定、使用方便、促细胞融合能力更强。研究发现，PEG 与 DMSO 并用，效果更佳；另外，使用化学促融剂时，必须有 Ca^{2+} 的存在。

物理法（电融合）　高频电场脉冲可以促进细胞膜通透性的增加。但如果电场强度过大、脉冲间隔过长，则容易导致细胞膜发生不可逆变化，最终使细胞受损。控制好脉冲电场的频率和强度，可以使细胞膜达到一种可逆性降解，同时还必须使细胞能紧密接触。双向电泳是一种能使细胞紧密接触的技术。在双向电泳中，中性或带电荷颗粒（细胞）在非均匀交流电场中形成紧密排列的链状。此时施加适当强度的高频脉冲，会在两个紧密接触的细胞之间形成膜通道，以利于细胞质的交换，实现原生质体的融合。

 问题3　如何进行植物细胞的融合?

将两个来自不同植物的体细胞融合成一个杂种细胞，并培育成新的植物体，属于体细胞杂交。融合过程（图 6-7）主要包括：细胞分离、原生质体制备、促融因素诱导、原生质体融合、杂种细胞筛选及鉴定、愈伤组织诱导分化、获得完整植株。

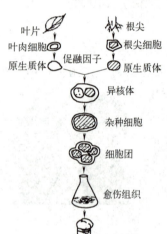

图 6-7　植物细胞的杂交过程

通常，制备原生质体的材料以叶片、愈伤组织及悬浮培养细胞较多；其次是茎尖、根尖、子叶及胚胎组织细胞。实际上，植物体的任何部位，只要是没有木质化，都可制备出原生质体。

因植物细胞含有细胞壁，需要先破除细胞壁，主要是用酶解法，将愈伤组织或悬浮细胞液置于 $17\sim20℃$ 的酶液中静置 30min 后在 $28\sim34℃$ 下保温以达到质壁分离。有时，需要事先将外植体置于愈伤组织培养基上培养 $5\sim7$ 天后再进行酶解破壁；或是先将在室温下生长 $5\sim7$ 周的植物材料在黑暗中放置 30h 以上（暗培养），再消除细胞壁；或者将叶片于光照下 $2\sim6$ 个小时使其萎蔫，有利于原生质体的分离。常用的酶主要有纤维素酶、果胶酶、半纤维素酶及蜗牛酶等，这些酶需要配制在含甘露醇、山梨醇、葡萄糖、葡萄糖硫酸酯、$CaCl_2 \cdot 2H_2O$（$0.1\sim10mmol/L$）及 KH_2PO_4（$0.75mmol/L$）等渗透稳定剂中，以维持原生质体的完整性。酶解后的反应液还需要经过 $200\sim400$ 目的筛网过滤，或者低速离心，以除去残留的组织和破碎的细胞，得到纯度较高的原生质体液。

原生质体自发融合的效率很低，通常采用与动物细胞融合类似的人工诱导方法，主要有化学法（PEG）、物理法（电融合）。融合后产生的是由原亲本细胞、两亲本细胞的同源和异源融合体组成的混合物，需要通过培养及筛选，除去不需要的细胞，得到目的杂交细胞。

问题 4　怎样进行原生质体的培养?

植物原生质体的培养主要分固体培养和液体培养两种方法。

固体培养是将固体琼脂培养基（1.2%琼脂）熔化后冷却，与等体积的原生质体液混合制平板后，静置培养。液体培养又分为浅层法、悬滴法和双层培养法。浅层法是将约1mL的原生质体悬浮液置于培养皿或三角瓶中，使其呈悬浮薄层液后静置培养；悬滴法是将原生质体悬浮液悬浮于原生质体培养基中，使其呈 $50\sim100\mu L$ 的小滴，静置培养；双层培养法是先制成固体培养基，再将原生质体悬浮液置于固体培养基上培养。

原生质体培养基的要求与植物细胞相似。在培养中可以通过添加营养或抗性成分等进行互补法筛选，也可以根据颜色、标记等进行机械法筛选。互补法筛选包括基因互补法、抗性互补法和营养互补法；机械法筛选可分为天然颜色标记分离法和荧光素标记分离法两种。

通常，筛选得到的原生质融合体在培养 $2\sim4d$ 后会失去其特有的球形外观，这是再生形成新的细胞壁的象征。细胞壁的形成与细胞分裂有直接关系，不能再生细胞壁的原生质体不能进行正常的有丝分裂。能够分裂的原生质体再生细胞继续分裂，$2\sim3$ 周后可长出细胞团，进而形成愈伤组织。此时，可将其移到不含渗透剂的培养基中，进行一般的组织培养，可获得重新分化的胚状体或根、芽等器官，最后形成完整植株。

 课堂互动

你听说过柑橘橙子、柠檬柚子这些通过嫁接种植得到的水果吗？想一想：传统的植物嫁接和植物细胞杂交之间有什么关系？

 技能拓展

植物的嫁接

嫁接是把一株植物的枝或芽，接到另一株植物的茎或根上，利用植物的愈合机制，使两个部分结合并长成一个完整的植株，属于无性繁殖中的营养生殖，是植物的人工繁殖方法之一。

嫁接时，两个伤面的形成层应紧密结合，因细胞增生，彼此愈合成维管组织连接在一起形成一个整体。接上去的枝或芽叫作接穗，被接的植物体叫作砧木或台木。接穗一般选用有 $2\sim4$ 个芽的苗，嫁接后成为植物体的上部或顶部，砧木嫁接后成为植物体的根系部分。影响嫁接成活的主要因素是接穗和砧木的亲和力、嫁接技术、嫁接后的管理。所谓亲和力，是指接穗和砧木的内部组织结构、生理和遗传等彼此相同或相近，能互相结合在一起的能力。亲和力高，嫁接成活率高；反之，则成活率低。一般来说，植物亲缘关系越近，亲和力就越强。例如，苹果嫁接于沙果，梨嫁接于杜梨、秋子梨等，亲和力都很好。在本质上，亲和力是受植物细胞的遗传控制的。接穗和砧木的形成层紧密贴合，是嫁接操作成功的关键。嫁接的方式可分为枝接和芽接。前者以春秋季为宜，春季成活率较高；后者以夏季为宜。

嫁接对一些不产生种子的果木（如柿、柑橘等）的繁殖意义重大，既能保持接穗品种的优良性状，又能利用砧木的有利特性，达到早结果、增强抗寒、抗旱、抗病虫害的能力，增加苗木数量，常用于果树、林木、花卉的繁殖，以及瓜类蔬菜的育苗等。生产实践中，嫁接对改良品种、提高经济价值非常重要。例如，普通水杉的市场价值为1元，嫁接培育成金叶水杉后，经济价值可提高20余倍；再如，普通大叶女贞嫁接培育成彩叶桢后，经济价值提高近百倍。

 课后复习

1. 填空

（1）各种免疫细胞都是从_____中的多能干细胞分化而来的，接受抗原刺激产生免疫应答的场所是_____，执行体液免疫功能的主要是_____，而细胞免疫则主要指的是_____的免疫作用。

（2）所有的免疫球蛋白都含有两对长短不同的肽链，组成_____结构，其中的长链称为_____、短链称为_____。

（3）抗原又称为_____，是一种能刺激机体_____引发_____反应，并能与其反应得到的产物_____和致敏淋巴细胞在体外结合，发生_____的物质。

2. 选择

（1）以下免疫球蛋白中，具有补体激活功能的是（　　　）。

A. IgG　　　　　　B. IgA　　　　　　C. IgM　　　　　　D. IgD 和 IgE

（2）以下哪一项不是抗体的功能？（　　　）

A. 激活补体　　　B. 结合细胞　　　C. 具有抗原性　　　D. 主动免疫

（3）以下不是培养动物细胞使用的培养基的是（　　　）。

A. 胚胎浸出液　　B. 小牛血清　　　C. 营养琼脂液　　　D. 水解乳蛋白

3. 判断

（1）免疫应答是机体在抗原刺激下发挥识别自己、排除非己能力的反应，是有益的生理现象。

（2）起源于骨髓，成熟于胸腺的胸腺依赖性淋巴细胞又叫作 B 淋巴细胞，简称 B 细胞。

（3）植物愈伤组织的培养主要是连续多代的诱导培养。

4. 简述

（1）请简述人体免疫系统的组成。

（2）生产中常用哪些动物细胞系？

项目2　疫苗与免疫蛋白

技能要点

　　疫苗是将病原微生物（如细菌、病毒等）及其代谢产物（如类毒素），经过人工减毒、灭活或利用基因工程等方法制成的用于预防传染病的主动免疫制剂。疫苗的制备主要是通过病毒培养、微生物培养或者细胞培养来完成的。培养后的细胞液或者病毒原液还需要经过减毒、灭活、纯化等操作获得制剂。活菌疫苗制剂常常需要冻干以保证其免疫活性。

　　免疫蛋白是另一类通过人工免疫动物制备抗毒素，从血液中纯化获得的免疫制剂，是血液制品的一部分，包括免疫球蛋白、白蛋白，或者通过基因工程制备的细胞因子等。

课前引导

　　☆ 一些流行性疫情，给人们的日常生活与工作带来了巨大冲击。想一想：

　　☆ 疫情期间，社会上的热点是什么？

　　☆ 为什么说疫苗是建立社会群体免疫屏障的根本措施呢？

免疫预防

? 问题 1　疫苗有哪些种类?

疫苗指将病原微生物（如细菌、病毒等）及其代谢产物（如类毒素），经过人工减毒、灭活或利用基因工程等方法制成的用于预防传染病的主动免疫制剂，是典型的免疫类药物，保留了病原菌刺激动物体免疫系统的特性。当机体接触到这种不具伤害力的病原菌后，免疫系统便会产生一定的保护物质，如免疫激素、活性生理物质、特殊抗体等；当再次接触到这种病原菌时，机体的免疫系统会依循原有的记忆，制造更多的保护物质来阻止病原菌的伤害。

疫苗的种类有很多：可从制备的角度，按照疫苗成分、来源的不同，分成细菌类疫苗（俗称菌苗）、病毒类疫苗（俗称毒苗）、类毒素疫苗，以及新型的亚单位疫苗、结合疫苗、合成肽疫苗及核酸疫苗等；也可按照毒性大小，分为失去繁殖力但保留免疫原性的灭活疫苗、毒力减弱或基本无毒的减毒活疫苗，以及失去毒性但保留免疫原性的类毒素疫苗等。在我国，从管理的角度，又将疫苗分成两类：国家免费提供按计划接种的第一类疫苗，公民自费并自愿受种的第二类疫苗。

? 问题 2　疫苗制备是怎样发展的?

疫苗的制备其实就是细菌、病毒等微生物或细胞的培养，与基因工程技术结合而完成的生物产品加工过程。

早期的疫苗是用减毒或弱化的病原体制成的，称为第一代疫苗，如百日咳疫苗、结核疫苗（卡介苗）、脊髓灰质炎灭活疫苗等。

20 世纪 70 年代以后，基因工程技术被用来生产疫苗，将病原体的抗原基因克隆在细菌或真核细胞内，由细菌或真核细胞生产病原体的抗原，利用抗原而不是病原体本身作为疫苗，安全性得到很大提高；另外，还可以将同一个病原体的不同抗原簇重组在一个基因上表达出多表位抗原，提高免疫效果；也可以将不同病原体的抗原克隆在同一个工程菌内，制成可以表达不同病原体抗原的多价疫苗。这类疫苗称为第二代疫苗。

进入 90 年代后，核酸疫苗（DNA 疫苗）获得了迅速发展，通过直接将含有编码蛋白基因序列的质粒载体导入宿主体内，利用宿主细胞表达系统表达抗原蛋白，诱导宿主的免疫应答反应。这类疫苗兼有基因工程疫苗的安全性和减毒活疫苗激发机体增强免疫反应的双重性，免疫效果持久，制备简便，被称为第三代疫苗。

课堂互动

　　大家可能都有过接种疫苗的经历。想一想：不久前社会上流行的新型冠状病毒疫苗有哪些种类？你接种的又是哪一种？

 知识链接

基因工程疫苗

　　这是一类利用基因工程技术，通过外源目的基因的表达来使宿主获得免疫力的疫苗，又分为基因工程活疫苗和重组 DNA 疫苗。前者是将可表达某种致病性抗原蛋白的外源基因导入已知的相对安全的病毒或细菌 DNA 中，再用这种重组病毒或重组细菌来诱导机体的免疫性，分为基因缺失疫苗和载体疫苗两类；后者是将所需抗原的基因通过重组菌表达后提取抗原蛋白，经纯化后制成的重组蛋白制剂。基因工程疫苗充分利用抗原来诱导机体的免疫性，同时尽可能避免了病原体对机体的致病性，安全性得到很大提高。还可以将同一病原体的不同抗原簇，重组在一个基因上以表达含不同抗原决定簇的多表位抗原，提高免疫效果；或者将不同病原体的抗原基因克隆于同一工程菌或工程细胞内，可表达不同病原体的抗原，制备成多价疫苗。

学习主题 2　病毒类疫苗制备

? 　**问题 1　如何选择制备疫苗的病毒？**

　　病毒类疫苗是由病毒制备而成的，其抗原毒性来自病毒，其制备有两个方面：具有同类抗原毒性的病毒种类的选择（毒种的选择）和病毒活性的降低（毒种的减毒）。图 6-8 描述了制备这类疫苗的一般性流程。

　　毒种的选择　用于制备病毒类疫苗的毒株，应具备以下条件：

① 必须持有特定的抗原性，能使机体诱发特定的免疫力，以阻止相应疾病的发生。

② 应有非典型的形态和感染特定组织的特性，能在传代中长期保持这种特性。

③ 毒种在特定的组织中能大量繁殖。

④ 毒种在人工繁殖过程中，不产生神经毒素或能引起机体损害的其他毒素。

⑤ 制备活疫苗时，毒种在人工繁殖过程中应无恢复原致病能力的现象。

⑥ 毒株在分离和形成毒种的全过程中应不被其他病毒所污染，并有历史记录。

　　毒种的减毒　用于制备活疫苗的毒种，往往需要在特定的条件下将毒株经过长达数

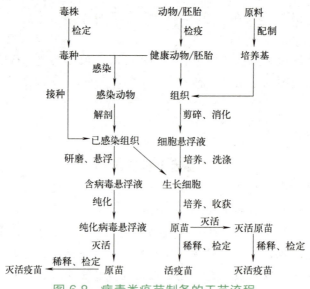

图 6-8 病毒类疫苗制备的工艺流程

十次或上百次的传代，降低其毒性，直至无临床致病性，才能用于生产。例如，制备流感活疫苗的甲型 H1N1、甲型 H3N2 和乙型不同亚型的毒株，需分别在鸡胚中传 6～9、20～25 及 10～15 代后才能使用。又例如，制备麻疹活疫苗的 Schwarz 株，需传代 148 代后方能合乎要求。

 问题 2　制备疫苗时，怎样增殖病毒？

所有的病毒，都只能在活细胞中复制、增殖。若需要大量的病毒，则要寻找可被病毒感染的活细胞。常用的增殖方法如下：

动物培养　将病毒接种于动物的鼻腔、腹腔、脑腔或皮下，使之在相应的细胞内繁殖。例如，将牛痘病毒接种到牛的皮下、将狂犬病毒接种到羊的脑腔中等。这种方法有潜在病毒传播的危险，已在生产中淘汰，仅限于在分离和鉴别病毒等部分实验中应用。

鸡胚培养　将病毒接种到 7～14 日鸡胚的尿囊腔、卵黄囊或绒毛尿囊膜等处。鸡胚的生成管理虽较动物方便，但亦有沙门菌、支原体和鸡白血病病毒污染等潜在的危险，成本高，不适宜规模生产，仅黏病毒（如流感病毒、麻疹病毒等）和痘病毒（如牛痘病毒等）等少数仍在使用。

组织培养　从 20 世纪 50 年代开始，组织培养被广泛用于病毒培养。目前差不多所有的人类和动物组织都能在试管中进行培养。

细胞培养　这是目前生产中增殖病毒的主要方式，下面专门对其进行论述。

 问题 3　用于增殖病毒的细胞是怎样培养的？

通过动物细胞的培养来增殖病毒，主要涉及以下三个方面：

培养模式　包括原代细胞培养和传代细胞培养。前者是将动物组织进行一次培养而不传代，常用的细胞有猴肾细胞、地鼠肾细胞和鸡胚细胞等；后者是用细胞株进行长期传代，常用的有人胚肺二倍体细胞（如 WI-38 和 MRC-S 细胞株）、非洲绿猴肺细胞（如 DBS-FRHL-2、DBS-FCL-1 和 DBS-FCL-2 细胞株）等。这些细胞在长期传代中有可能因染色体成为异倍体或不成倍数而转为恶性细胞，所以在生产中，传代次数应控制在一定的范围内。

培养液　多用 Eagle 氏液、199 综合培养基或 RPMI 1640 培养基作为维持液，如果作为细胞生长液则还需加入小牛血清。Eagle 氏液亦可掺入部分水解乳蛋白以替代部分氨基酸；199 综合培养基包括 858、1066、NCTC 109 等多种配方，其成分均很复杂，包括氨基酸、维生素、辅酶、核酸衍生物、脂类、碳水化合物和无机盐等。

培养条件　细胞培养的条件控制如前所述，通常包括 pH 值、CO_2 和氧的供给、温度和时间的控制，最关键的还是培养器内壁的洁净度和细菌污染的控制。疫苗生产多采用贴壁培养法。如果容器内壁不清洁，会严重影响细胞的贴壁生长。传统的器壁清洁剂是硫酸-铬酸混合液，这是一种强氧化剂，使用中应注意防止腐蚀和污染环境；洗涤后，用大量水冲去残余的酸和铬酸离子，以防止细胞"中毒"；这种混合液也可以用许多合成洗涤剂来代替，但必须通过试验确定用来代替的洗涤剂对细胞和人体均是安全的，方能用于疫苗生产。也可以在培养液中加入一定量的抗生素，如青霉素和链霉素，来抑制可能污染的细菌生长。

 问题 4　培养后的细胞能否直接作为疫苗？

培养后的细胞不能直接用作疫苗，必须进行灭活，减弱病毒的活性；还要进行纯化，去除伴生杂质（主要是多量的动物组织、残存的培养基等）；还需要进行冻干处理，便于长期贮存。

疫苗灭活　可以用甲醛溶液（如乙型脑炎疫苗、脊髓灰质炎灭活疫苗和斑疹伤寒疫苗等），或者酚溶液（如狂犬疫苗）。疫苗不同，灭活的方法不同。

灭活剂浓度与所含动物组织的量有关。例如，鼠脑疫苗、鼠肺疫苗等含有多量的动物组织，一般需较高浓度灭活剂（如 0.2%～0.4%甲醛溶液）；组织培养疫苗一般含动物组织量少，灭活剂浓度可低些（如 0.02%～0.05%甲醛溶液）。

灭活的温度和时间，需要视病毒的生物学性质和热稳定性质而定，以尽可能低的温度和最短时间来尽量减少疫苗免疫力的损失，同时应以足够的高温和足够的时间破坏疫苗毒性，一般是通过试验来确定最适的灭活温度和时间。例如，脊髓灰质炎灭活疫苗需在 37℃下灭活 12 天，斑疹伤寒疫苗需在 18～20℃下灭活 3 天。

疫苗纯化　目的是去除存在的动物组织，降低疫苗接种后可能引起的不良反应。细胞培养疫苗的动物组织量少，一般不需特殊的纯化，但需在培养过程中用换液法除去培养基残存的小牛血清。动物组织疫苗可用乙醚纯化，或透析、浓缩、超速离心等方法提纯，工艺较复杂，目前，已逐渐被细胞培养疫苗所取代。

冻干　疫苗的稳定性较差，一般在 2～8℃下能保存 12 个月；但当温度升高后，疫苗的效力会很快降低。在 37℃下，许多疫苗只能稳定几天或几小时，不利于室温下的运输。冻干法可大大提高疫苗的稳定性，有效期可以延长一倍或以上，效价损失也比较少。冻干工艺的操作要点是：

① 冷冻　将疫苗冷冻至其熔点以下。

② 真空升华　在真空状态下将水分直接由固态升华为气态。

③ 升温缓慢　即升温的过程尽量缓慢，不使疫苗在任何时间下有融解情况发生。

④ 密封保存　冻干后置于真空或充氮密封保存，残余水分＜3％，保持良好的稳定性。

 课堂互动

如果不小心被狗咬伤，或者被猫抓伤，打狂犬病疫苗是控制狂犬病发作的有效方法。想一想：狂犬病疫苗是属于哪一类疫苗？你能简单描述一下狂犬病疫苗的基本制备流程吗？

技能拓展

流感全病毒灭活疫苗的制备实例

生产流程参见图6-8。生产用鸡胚来源于封闭房舍内饲养的无特定病原体（SPF）健康鸡群，选用9～11日龄无畸形、血管清晰、活动的鸡胚；毒种以世界卫生组织（WHO）推荐的甲型、乙型流行性感冒病毒毒株为基础，传代建立主种子批和工作种子批，至成品疫苗病毒总传代不得超过5代（冻干毒种保存在－20℃以下，液体毒种保存在－60℃以下）；鸡胚尿囊腔接种后置33～35℃培养48～72小时；筛选活鸡胚，置2～8℃一定时间冷胚后，收获尿囊液于容器内（即收获病毒）；单型流感病毒的尿囊液经检定合格后可合并为单价病毒合并液，加入终浓度不高于0.2mg/mL的甲醛，于适宜的温度下灭活，离心后再经超滤浓缩、柱色谱纯化，加入适宜浓度的硫柳汞作为防腐剂，即为单价病毒原液，置2～8℃保存；根据各单价病毒原液血凝素含量，将各型流感病毒按同一血凝素含量进行半成品配制；半成品检定合格后，分批、分装和冻干制成品，于2～8℃避光保存和运输。合格后，自生产之日起，有效期为12个月。

学习主题3　细菌类疫苗制备

 问题1　如何选择菌苗？

这是一类抗原毒性来自细菌本身的疫苗，包括类毒素疫苗，其制备就是细菌的培养。由于类毒素是细菌代谢分泌的外毒素，所以类毒素疫苗的制备也是从细菌培养开始。图 6-9 为细菌类菌苗和类毒素疫苗制备的工艺流程。用作细菌培养的菌种，称为菌苗。能够用于菌苗的菌种，应具备以下条件：

① 有特定的抗原性，能诱发机体产生特定的免疫力，以阻止有关病原体的入侵或防止机体发生相应的疾病。

② 有典型、稳定的形态和培养特性。

③ 容易在人工培养基上培养。

④ 如制备死菌苗，菌种的毒性应比较小。

⑤ 如制备活菌苗，菌种应无恢复原毒性的现象，以免在使用时引发相应的疾病。

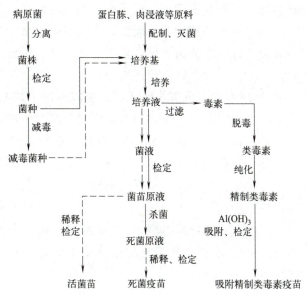

图 6-9　细菌类疫苗和类毒素疫苗制备的工艺流程

⑥ 如制备类毒素疫苗，则菌种在培养的过程中应能产生大量的典型毒素。

总之，制备菌苗和类毒素疫苗的菌种，应该是生物学特性稳定、副作用小、安全性好、可产生高效力产品的菌种。

 问题 2　细菌疫苗的制备工艺是怎样的？

如前所述，细菌的培养工艺包括培养基、培养条件。

培养基　水、糖、有机酸和脂类等碳源，动、植物蛋白质的降解物和各类氨基酸等氮源，钾、镁、钴、钙、铜等元素，硫酸盐和磷酸盐等无机盐类，都是培养微生物所需要的一般营养要素。有些微生物需要一些特殊的营养物才能生长，例如，结核杆菌需以甘油作为碳源，有些糖分解能力较差的梭状芽孢杆菌以氨基酸作为能量及碳、氮的来源，百日咳杆菌生长需要谷氨酸和胱氨酸作为氮源，病毒则需在细胞内寄生。培养致病菌时，除一般碳源、氮源和无机盐成分外，往往还需要添加某种生长因子。不同的细菌需要不同的生长因子。

培养条件　各种细菌在生长时往往需要控制培养环境中的氧分压，例如，好氧菌需要较高的氧分压，厌氧菌则需要限制氧分压。不同的菌有各自不同的最适生长温度和 pH 值，必须在最适的温度和 pH 值下制备菌苗，以获得最大产量并保持其生物学特性和抗原性。菌苗通常都不需要光线的照射，不应在阳光或 X 射线下培养，以防止其核糖核酸分子的变异。

培养完成后，还需要对培养液进行后处理，其过程如发酵部分所叙。这里重点强调两个方面：

① 杀菌处理　制备死菌疫苗制剂时，应将发酵得到的原液进行灭菌；制备活菌疫

苗制剂时，不需要灭菌，但需要减弱细菌的活性。菌苗不同，灭菌或杀菌的方法也不尽相同，但总目标是相同的，既要减弱或消除细菌的致病性，又要保持其抗原性，不影响防病效力。以伤寒菌苗为例，可用加热杀菌、甲醛溶液杀菌、丙酮杀菌等方法杀灭伤寒杆菌。

② 制剂加工　杀菌处理后，菌液需要加工成制剂。这个过程主要包括稀释、分装和冻干。一般情况下，需要用含防腐剂的缓冲生理盐水稀释至所需的浓度，进行无菌分装、容器封口后，保存于2～10℃备用。有些菌苗，特别是活菌苗，亦可分装后冷冻干燥，以延长其有效期。

 知识链接

细菌疫苗的发展

　　早在唐代，《千金要方》就记载了治疗小儿疣目的民间偏方，宋代《痘疹定论》中也详细记载了人痘接种法。至18世纪末，欧洲人提出了接种牛痘来预防感染天花，出现了疫苗的概念。

　　细菌疫苗　19世纪末，法国人巴斯德在人工培养基上制成减毒炭疽活疫苗，标志着细菌疫苗的问世，相继出现了用于动物免疫的类毒素疫苗、霍乱弧菌灭活疫苗、减毒卡介苗，以及百日咳杆菌、伤寒杆菌、鼠疫耶尔森菌等细菌疫苗。减毒活疫苗和灭活疫苗成为细菌疫苗研究的基础。细菌疫苗成分复杂，存在可能会引起免疫副反应的物质，安全性及有效性有待进一步提高。

　　20世纪后期，随着基础科学的进步，出现了组分疫苗、DNA疫苗等多种现代新型细菌疫苗。

　　组分疫苗　在抗原携带的多种特异性抗原决定簇中，仅少量部位对保护性免疫应答起作用。人们提取筛选出致病菌上存在的保护性免疫原组分（即具有免疫活性的片段），将其制成疫苗，即为组分疫苗，可划分为多糖疫苗和蛋白疫苗。多糖疫苗首先被开发出来（1974年，A群流脑多糖疫苗），随后又开发了重组酵母成功表达的乙型肝炎病毒表面抗原（HBsAg，第一个上市的蛋白疫苗）。随着蛋白质组学和基因组学技术的进步，蛋白疫苗已成为主要的开发方向，如霍乱弧菌、伤寒杆菌、痢疾杆菌、幽门螺杆菌等蛋白疫苗。

　　DNA疫苗　可在同一个质粒载体上克隆多个目的基因从而达到一种疫苗预防多种疾病的效果，能够模拟自然状态下机体感染后表达抗原、诱生免疫反应的过程，安全性好，制备、储存方便。目前，已有多种细菌DNA疫苗的研究正在全球范围内展开。

超级细菌疫苗　在抗生素的使用中，超级细菌日渐流行。针对超级细菌开发的强特异性疫苗，延缓细菌耐药的出现和传播，打破了"抗生素使用—耐药—抗生素滥用—泛耐药"的恶性循环，克服了抗生素使用导致菌群失调的副作用，已经引起世界各国的重视。

学习主题 4　免疫蛋白制备

 问题 1　什么是免疫蛋白？

临床上，并没有免疫蛋白的概念。在一般意义上，免疫蛋白指的就是免疫球蛋白。如前所叙，免疫球蛋白是具有抗体活性的一类蛋白质，广泛存在于人体的血液、组织液、体液中，是 B 细胞分泌、由两条相同的轻链和两条相同的重链通过链间二硫键连接而成的四肽链结构。

除此之外，用于免疫动物使之产生抗体所用的抗原刺激物也属于免疫使用的蛋白质，不同于人用的免疫球蛋白。所以，免疫蛋白是一类免疫药物，包括人体注射用抗毒素、免疫球蛋白、白蛋白或细胞因子等。这一类蛋白质制品，不是由被接种者自己产生的，但可以调节机体的免疫机能，起到治疗或紧急预防感染的作用，均属于被动免疫。

 问题 2　怎样制备抗毒素？

抗毒素是指细菌毒素（通常指外毒素）的对应抗体或含有这种抗体的免疫血清，具有中和相对应外毒素毒性的作用。外毒素经甲醛处理后，可丧失毒性而保持免疫原性，成为类毒素。应用类毒素进行免疫预防接种，可使机体产生相应的抗毒素以预防疾病。

制备抗毒素时，通常是选择健康的马，用细菌的外毒素、类毒素或其他毒物（如蛇毒等）进行免疫注射，使其产生抗毒素，然后取其血清，经浓缩提纯制成抗毒素。这种动物来源的抗毒素血清，对人体具有双重性：一方面为患者提供了特异性抗毒素抗体，可中和体内相应的外毒素，起到防治的作用；另一方面，异种蛋白的抗原性能刺激人体产生抗马血清蛋白的抗体，当再次接受马的免疫血清时，可引发超敏反应。用胃蛋白水解酶水解提纯的 IgG 分子，既能保留其抗体活性，又能除去特异性抗原决定簇，大大提高了效价并减少了发生超敏反应的机会。常用的抗毒素有破伤风抗毒素、白喉抗毒素、气性坏疽抗毒素及肉毒抗毒素等。

问题 3　如何制备免疫球蛋白？

如前所叙，免疫球蛋白主要存在于人的血浆中，其制剂是用特异性抗体的血浆制备的球蛋白制剂，属于血液制品。免疫球蛋白具有抗体活性。因不同地区和人群的免疫状况不同，抗体活性也不完全一样，不同批号制剂所含抗体的种类和效价不尽相同。为保证免疫球蛋白在有效期内的稳定性，往往将其制成冻干制剂。

人免疫球蛋白系从血浆中分离纯化而得（图 6-10）。取健康的新鲜血浆或保存期不超过 2 年的冰冻血浆，每批应由 1000 名以上健康献血者的血浆混合，用低温乙醇沉淀法分段沉淀提取免疫球蛋白组分，经超滤或冷冻干燥脱醇、浓缩和灭活病毒处理等工序制得，免疫球蛋白纯度应不低于 90%。然后配制成蛋白质浓度为 10% 的溶液，加适量稳定剂、防腐剂，除菌滤过，无菌灌装制成。具有免疫替代和免疫调节的双重治疗作用。

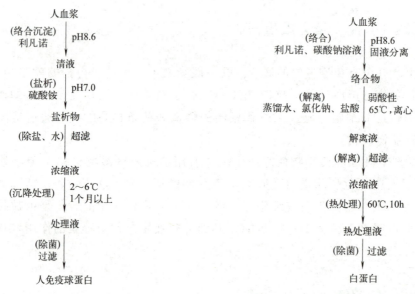

图 6-10　人免疫球蛋白制备工艺流程　　　　图 6-11　白蛋白制备工艺流程

白蛋白又称清蛋白，是血浆中含量最多的蛋白质，约占总蛋白质的 55%，可溶于水和半饱和的硫酸铵溶液，一般当硫酸铵的饱和度为 60% 以上时析出沉淀。对酸较稳定，受热后可聚合变性。在白蛋白溶液中加入 NaCl 或脂肪酸钠盐，能提高白蛋白的热稳定性。利用这种性质，可使白蛋白与其他蛋白质分离。人血浆中分离的白蛋白有两种：一种是从健康人血浆中分离制得的，称为人血清白蛋白；另一种是从健康产妇胎盘血中分离制得的，称为胎盘血白蛋白，呈淡黄色略黏稠的澄明液体或白色疏松状（冻干）固体。

白蛋白的制备工艺（图 6-11）与人免疫球蛋白相似，其过程如下：

① 络合　又称利凡诺沉淀。将收集的人血浆在搅拌下用碳酸钠溶液调至 pH 8.6，再混合入等体积的 2% 利凡诺（2-乙氧基-6,9-二氨基吖啶乳酸盐，血浆蛋白制备过程中的沉淀分离剂）溶液，充分搅拌后静置 2～4h，分离上清液（上清液生产人丙种球蛋白

用）与络合沉淀。

②解离　沉淀加灭菌蒸馏水稀释，0.5mol/L HCl 溶液调节 pH 至弱酸性，加 0.15％氯化钠溶液，不断搅拌进行解离。

③加温　充分解离后，65℃下恒温 1h，再立即用自来水冷却。

④分离　冷却后的解离液用离心机分离，分离液再澄清过滤。

⑤超滤　澄清滤液进行超滤浓缩。

⑥热处理　浓缩液在 60℃下恒温处理 10h。

⑦澄清和除菌　澄清过滤，再用冷灭菌系统除菌。

⑧分装　白蛋白含量及全项检查合格后，分瓶灌装，即得白蛋白的成品。

 课堂互动

人及动物体内都存在免疫球蛋白。想一想：能否从动物体内提取制备人用免疫球蛋白？

 知识链接

狂犬病免疫球蛋白的发展

狂犬病免疫球蛋白（RIG）的应用可以追溯到 1890 年，当时的动物体内试验表明了其有效，但始终缺乏其有效的结论性证据。直至 1945 年，才通过一系列严格控制下的动物试验，进行了严格的评估。通过一系列试验确定了 RIG 的最优使用方法。

RIG 可以通过多种动物来生产，马抗血清可以大量制备，应用最多。由于马抗狂犬病血清没有进行纯化，使用过程中出现了严重的副反应事件（如过敏反应和血液病等）。1960 年末，高纯度和酶消化的马源狂犬病免疫球蛋白（ERIG）被制备出来，减少了副反应的发生。

1959 年，出现了用人血清生产 RIG。1971 年，实现了制备人源狂犬病免疫球蛋白（HRIG）的过程标准化并确定了最佳剂量。1972 年，WHO 狂犬病专家委员会推荐使用 HRIG，并于 1974 年获准上市，开始工业化生产。

学习主题 5 　细胞因子制备

? 问题 1　什么是细胞因子？

细胞因子是指由活化免疫细胞或非免疫细胞（如骨髓或胸腺中的基质细胞，血管内皮细胞、成纤维细胞等）合成分泌的能调节细胞生理功能、介导炎症反应、参与免疫应答和组织修复等多种生物学效应的小分子多肽，是除免疫球蛋白和补体之外的又一类分泌型免疫分子。

分类　依据功能不同可粗略分为白细胞介素（IL）、干扰素（IFN）、集落刺激因子（CSF）、肿瘤坏死因子（TNF）和生长因子（CF）五大类。依据来源不同可分为淋巴因子和单核因子。前者指由活化淋巴细胞产生的能调节白细胞和其他免疫细胞增殖分化，产生免疫效应或引起炎症反应的生物活性介质，目前已知的有 IL-2、IL-3、IL-4、IL-5、IL-6、IL-9、IL-10、IL-11、IL-12、IL-13，以及 TNF-β 和 IFN-γ 等；后者指由单核吞噬细胞产生的能诱导淋巴细胞和其他免疫细胞活化、增生、分化、产生免疫效应和引起炎症反应的生物活性介质，主要包括 IL-1、IL-8、TNF-α、IFN-α 等。

生物学功能　主要有以下作用。

① **抗感染和抗肿瘤**　某些细胞因子作为免疫效应分子可通过直接对组织细胞或肿瘤细胞作用，产生抗感染和抗肿瘤效应，例如：IFN 可使正常组织细胞产生抗病毒蛋白，抑制病毒在细胞内的复制，防止病毒感染和扩散；TNF 可发挥抗病毒作用，具有直接抑瘤和杀瘤作用。有些细胞因子可激活效应细胞，例如：IL-2、IL-12、TNF 和 IFN 等细胞因子单独或联合使用，可增强 NK 细胞、淋巴因子激活的杀伤细胞（LAK 细胞）、杀伤 T 细胞（TC 细胞）和巨噬细胞的杀瘤活性或对胞内寄生微生物的杀伤清除作用。

② **免疫调节**　大多数细胞因子如 IL-1、IL-2、IL-5、IL-6、IL-7、IL-12 等具有上调免疫功能的作用，可促进 T 细胞、B 细胞活化、增生、分化，合成分泌抗体和/或形成致敏（效应）淋巴细胞，产生体液和/或细胞免疫效应。有些细胞因子如转化生长因子-β（TGF-β）、IL-4、IL-10 和 IL-13 等具有下调免疫功能的作用，其中 TGF-β 为典型的免疫抑制因子，可抑制各种正常细胞如造血干细胞、T 细胞、B 细胞、上皮细胞和内皮细胞的生长，抑制巨噬细胞和 NK 细胞的吞噬和杀伤活性；IL-4 和 IL-10 可抑制巨噬细胞活化、抑制 IFN-γ、IL-2 和 TNF-β 等细胞因子的产生，降低机体的细胞免疫功能。

③ **刺激造血细胞增生分化**　有些细胞因子可刺激造血干细胞或不同发育分化阶段的造血细胞增生分化。研究表明，干细胞因子（SCF）和 IL-3 可刺激早期造血干细胞增生分化，红细胞生成素（EPO）对红系干细胞起作用，IL-6 和 IL-11 对巨核系干细胞起作用，而 IL-7 则对淋巴系血细胞即前 B 细胞和前 T 细胞起作用。

④ **参与和调节炎症反应**　炎症是机体对于外来刺激产生的一种复杂的病理反应过程，主要表现为局部的红肿热痛，病理检查可发现感染局部有大量炎性细胞浸润和组织坏死。研究表明，某些细胞因子可直接参与和促进炎症反应的发生。如 IL-1、IL-8 和 TNF-α 等具有趋化作用，可吸引单核吞噬细胞、中性粒细胞等炎性细胞聚集于炎症部位，引起或加重炎症反应。此外，IL-1 还可直接作用于下丘脑发热中枢，引起发热，表现出急性炎症的特征。下调细胞免疫功能的细胞因子如 TGF-β、IL-4、IL-10 和 IL-13 等具有抑制炎症反应的作用。

问题2 细胞因子是怎样制备的?

细胞培养、提取,是细胞因子的主要制备方法,其操作与动物细胞的规模化培养相同,需严格控制培养基中的营养物和调节因子,以及 pH、温度、离子强度、渗透压、通气量等环境状态,通常得率很低。制备过程可归纳为两个过程:倍增生长细胞体积,制备同步化的细胞,核糖体 RNA(rRNA)的合成可作为细胞增大的指标;生长细胞复制 DNA,包括蛋白质含量的变化,DNA 可作为细胞增殖的指标。以上过程可以单独进行,也可以同步进行。制备中应特别注意以下几点:

① 必须保证生产条件的一致性,以免影响质量;

② 使用转化细胞系(特别是肿瘤原性细胞系)作为制备细胞因子的基质,应使用严格的纯化手段,以除去可能引起安全性问题的污染物;

③ 在外来宿主中表达的天然基因编码的细胞因子,其结构、生物学或免疫学性质可能与天然的细胞因子不同;

④ 生长过程中可能带来有害的中间产物,如内毒素、表达产物中潜在的致癌性 DNA。

 课堂互动

细胞因子是小分子多肽,通过培养细胞,从培养液中提取制备,得率很小。想一想:能否用氨基酸合成肽链的方法来大规模制备细胞因子?

知识链接

重组细胞因子

目前国内批准上市的重组细胞因子类产品多为重组 DNA 产品,即采用含有目的产物基因的重组质粒转化工程菌(大肠埃希菌、酵母菌、假单胞菌)或重组质粒转染工程细胞(CHO),表达目的蛋白,经过提取、纯化制得。例如,促红细胞生成素(EPO)最早是从人尿中纯化获得;重组人促红细胞生成素(rhEPO)则是采用含有人促红细胞生成素基因的重组质粒转染的二氢叶酸还原酶缺陷型(CHO-dhfr)细胞,表达目的糖蛋白,经过提取、纯化制得的。

糖基化对 rhEPO 的活性至关重要,对 EPO 在体内的半衰期影响极大。若糖链完全或部分去除后,在体内能很快地被肝细胞表面的去唾液酸糖蛋白受体摄取,在体内几乎不体现活性。从人尿中提取的天然 EPO 在天冬氨酸(Asn)24、Asn38 和 Asn83 上各有一条复杂的 N-糖链。通过基因重组表达的 rhEPO 为糖链相对简单的 EPO,不能"忠实"反映出天然蛋白的糖型,所以要采用优化培养条件、严格控制工艺,尽可能保证 rhEPO 良好的糖基化水平,保证产品的质量。

课后复习

1. 填空

（1）由于病毒只能在_____中复制、增殖，大量制备时，需要寻找可被_____感染的_____。

（2）制备死菌疫苗制剂时，发酵原液需要进行_____；制备活菌疫苗制剂时，不需要_____，但需要减弱细菌的_____。

（3）_____是指细菌毒素的对应抗体或含有这种抗体的_____，具有中和相对应_____毒性的作用。

（4）淋巴因子指由活化_____产生的能调节白细胞和其他免疫细胞_____，产生免疫效应或引起炎症反应的生物活性介质，目前已知的有白细胞介素、TNF-β 和 IFN-γ 等。

2. 选择

（1）使用基因工程技术，将病原体的抗原基因克隆在细菌或真核细胞内，制备得到的疫苗称为（　　）代疫苗。

A. 第一　　　　　　B. 第二　　　　　　C. 第三　　　　　　D. 第四

（2）使病原体失去繁殖力，但保留其免疫原性，由此制备得到的疫苗称为（　　）。

A. 灭活疫苗　　　B. 减毒疫苗　　　C. 核酸疫苗　　　D. 类毒素疫苗

（3）以下疫苗的抗原毒性来自病毒的是（　　）。

A. 霍乱疫苗　　　B. 卡介苗　　　C. 类毒素疫苗　　　D. 麻疹活疫苗

（4）以下细胞因子具有上调免疫功能、可促进 T 细胞活化、增生等作用的是（　　）。

A. IL-2　　　　　B. IL-4　　　　　C. TGF-β　　　　D. IFN-γ

3. 判断

（1）从本质上说，疫苗的制备就是细菌、病毒等微生物或细胞的培养。

（2）病毒类疫苗的抗原毒性来自致病菌，特别是其胞壁上分泌的荚膜。

（3）制备活疫苗时，毒种在人工繁殖过程中应保持原致病力的复制能力，以便保持抗原活性。

（4）用于免疫动物使之产生抗体所用的抗原刺激物不属于人用免疫蛋白药物。

4. 简述

（1）什么是疫苗？疫苗的发展经历了几个阶段？

（2）制备病毒类疫苗为什么要进行减毒？如何减毒？

（3）为什么菌苗制备后还要进行灭活？菌苗的灭活都有哪些方法？

（4）疫苗为什么要冻干？请简述冻干工艺的操作要点。

项目3 单克隆抗体和免疫诊断试剂

 学习目标

【知识要求】　掌握　单克隆抗体的概念、主要免疫诊断试剂的种类
　　　　　　　熟悉　单克隆抗体的制备方法、主要免疫诊断试剂的组成与制备方法
　　　　　　　了解　单克隆抗体、主要免疫诊断试剂的应用
【能力要求】　明白　什么是单克隆抗体、免疫诊断试剂
　　　　　　　懂得　单克隆抗体、主要免疫诊断试剂的制备原理
【素质要求】　具备　相关领域的基础知识、基本的实验操作技能和数据分析能力
　　　　　　　理解　相关的行业标准和法规要求、伦理问题，尊重隐私和权益

技能要点

　　抗体是在抗原分子上的不同抗原表位刺激下由 B 细胞产生的，每种 B 细胞能合成一种抗体，不同的 B 细胞可以合成不同的抗体。由单一细胞克隆产生的针对单一抗原表位的抗体称为单克隆抗体。B 细胞能分泌抗体但不能在体外培养，骨髓瘤细胞能在体外长期培养并可低温保存。通过 B 细胞与骨髓瘤细胞的融合，可获得兼有两者特性的杂交瘤细胞，用单克隆化的杂交瘤细胞可以进行单克隆抗体的生产，用于人类疾病的诊断、预防、治疗等。

　　免疫诊断试剂是利用放射免疫诊断技术（RIA）、酶免疫测定技术（ELISA）、荧光免疫技术、胶体金免疫技术等实现生物学诊断的一类试剂，主要有放射免疫诊断试剂、免疫荧光诊断试剂、胶体金试剂和放射免疫诊断试剂。免疫诊断试剂在临床检验、生物学研究中得到了广泛应用。

课前引导

　　以往，一些免疫抗体的应用常常会有比较严重的副作用。过去的一段时间，我们先后遭遇了非典、甲型 H1N1 流感、新型冠状病毒感染等传染疫情。想一想：
　　☆ 为什么马血清抗体应用容易产生较强烈的副作用？
　　☆ 当各种疫情来临的时候，人们是怎样快速鉴定并采取预防、治疗措施的？

问题 1　抗体是如何产生的?

　　免疫反应的基础是抗原-抗体间的特异性。如前所述，抗原进入机体后，刺激机体 B 细胞产生特异性的抗体，发生免疫反应。脾脏中有上百万种不同的 B 细胞，每个 B 细胞能合成一种抗体，不同的 B 细胞可以合成不同的抗体。抗体的特异性取决于抗原分子的决定簇，这是能够被机体免疫系统识别并与之发生特异性结合的区域，由数个连续或不连续的氨基酸残基组成，决定着抗原的免疫原性与特异性，又称为抗原决定基或抗原表位。一个抗原分子可以有很多个抗原表位，不同的抗原表位能分别激活不同的 B 细胞。绝大多数的抗原分子都同时具有多个抗原表位。

　　B 细胞被激活，分裂增殖形成的细胞子代，称为克隆。多个抗原表位分别激活多个不同的 B 细胞，能形成多个克隆，合成出不同的抗体。动物免疫应答所产生的抗体实为多种抗体的混合物。

　　传统的抗体制备方法是用特定的、包含多种抗原表位的抗原来免疫动物，刺激多细胞克隆，产生针对多种抗原表位的不同抗体，再取其血液，分离血清得到目的抗体。这类抗体称为多克隆抗体（PcAb，简称多抗），是含有千百种不同的特异性免疫球蛋白的混合物。多抗的特异性不高，易引发严重的过敏反应，质量难以控制，不易标准化，严重影响治疗可靠性和检验准确性。

 问题 2　了解单抗的基本制备过程

　　如果挑选出只由一个抗原表位激活的 B 细胞进行培养，得到由单细胞经分裂增殖而形成的细胞群（单细胞克隆），就可以产生针对专一抗原表位的特定抗体。这种由单一 B 细胞克隆产生的针对特定抗原表位的抗体称为单克隆抗体（McAb，简称单抗）。单抗的蛋白结构完全相同，成分高度均一，特异性强，生物活性高，具有三种独特的作用机制：靶向效应、阻断效应、信号传导效应。可直接用于人类疾病的诊断、预防、治疗，以及免疫机制的研究，是免疫学领域的重大突破。

单克隆抗
体的制备

　　例如：测定蛋白质的精细结构，寻找淋巴细胞亚群的表面新抗原与组织相容性抗原，分析激素和药物的放射免疫（或酶免疫），肿瘤的定位和分类，纯化微生物和寄生虫抗原，以及免疫治疗和与药物结合的免疫-化学疗法（即"导弹"疗法，利用单克隆抗体与靶细胞特异性结合，将药物带至病灶部位）。

　　要获得单克隆抗体，必须先获得能合成专一性抗体的单克隆 B 细胞，但这种 B 细胞是不能在体外生长的。后来的研究发现，骨髓瘤细胞可在体外生长繁殖。应用细胞杂交技术使骨髓瘤细胞与参与免疫的淋巴细胞合二为一，可得到杂种的骨髓瘤细胞。这种杂种细胞具有两种亲代细胞的特性，即同时具有 B 细胞合成专一抗体的特性和骨髓瘤细胞能在体外培养增殖的特性。应用这种来源于单个融合细胞培养增殖的细胞群，可制备出由单一抗原表位决定的单抗。

学习主题 2   单抗制备技术

单抗制备的基本过程如图 6-12 所示。

 问题 1   单抗制备前应如何准备？

抗原提纯 制备抗体，要求抗原的纯度越高越好，尤其是初次免疫所用的抗原。如为细胞抗原，可取 1×10^7 个细胞作腹腔免疫。可溶性抗原需加入佐剂并充分乳化，常用的佐剂为福氏完全佐剂、福氏不完全佐剂；如为聚丙烯酰胺电泳纯化的抗原，可将抗原所在的电泳条带切下，研磨后直接用于动物免疫。

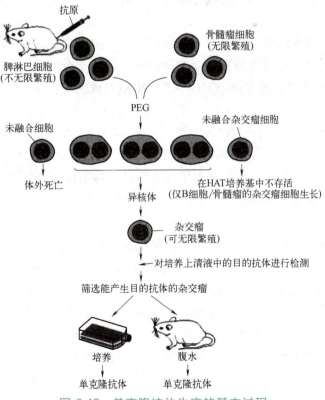

图 6-12　单克隆抗体生产的基本过程

动物免疫 常用的骨髓瘤品系来自 BALB/c 小鼠和 LOU 大鼠，多选用 8～12 周鼠龄的纯种 BALB/c 小鼠。为避免小鼠反应不佳或在免疫过程中死亡，可同时免疫 3～4 只，免疫间隔 2～3 周。一般被免疫动物的血清抗体效价越高，融合后细胞产生高效价特异抗体的可能性就越大，单抗的质量与免疫小鼠血清抗体的效价和亲和力密切相关。末次免疫后 3～4 天，分离出用于融合的脾细胞。动物免疫方案见表 6-1。

表 6-1　动物免疫方案

免疫方案	可溶性抗原		颗粒抗原	
	抗原剂量	注射方式	抗原剂量	注射方式
初次免疫	1～50μg 加福氏完全佐剂	皮下多点注射或脾内注射 （一般 0.8～1mL，0.2mL/点）	1×10^7/0.5mL	IP
3 周后第二次免疫	剂量同上，加福氏 不完全佐剂	皮下或腹腔内注射（IP） （IP 剂量≤0.5mL）	1×10^7/0.5mL	IP
3 周后第三次免疫	剂量同上，不加佐剂	IP（5～7 天后采血测其效价）	1×10^7/0.5mL	IP 或 IV
2～3 周后加强免疫	50～500μg	IP 或静脉内注射（IV）		
3 天后	取脾融合		取脾融合	

问题 2　如何进行骨髓瘤细胞的增殖？

小鼠骨髓瘤细胞在体内、体外均可无限增殖。选择骨髓瘤细胞株时，必须注意应与待融合的 B 细胞同源，这样才能提高杂交融合率，也便于产生大量 McAb。通常选择次黄嘌呤-鸟嘌呤磷酸核糖基转移酶（HGPRT）缺陷型或胸苷激酶（TK）缺陷型的骨髓瘤细胞。

培养骨髓瘤细胞时，可用一般的培养液，如 RPMI 1640、DMEM 培养基。小牛血清的浓度一般在 10%～20%；应选择处于对数生长期、细胞形态和活性佳的细胞，浓度以 10^4～5×10^5 个/mL 为宜。可事先用含 8-氮鸟嘌呤的培养基作适应培养，在细胞融合的前一天，用新鲜培养基调细胞浓度为 2×10^5 个/mL，一般情况下，次日即为对数生长期细胞。

饲养细胞 通常，在体外培养条件下，单个或少数分散的细胞不易生长，往往依赖于适当的细胞密度，因此可加入其他活细胞（即饲养细胞）来促进目的细胞的生长繁殖。在 McAb 的制备过程中，许多环节都需要加入饲养细胞，如杂交瘤细胞的筛选、克隆化和扩大培养等。常用的饲养细胞有：小鼠腹腔巨噬细胞（较为常用）、小鼠脾脏细胞或胸腺细胞、大鼠或豚鼠的腹腔细胞。使用小鼠的腹腔细胞时，可将冷冻果糖液注入小鼠腹腔，轻揉腹部数次，吸出液体中即含小鼠腹腔细胞。注意：切忌使针头刺破动物的消化器官，否则所获细胞会有严重污染。饲养细胞浓度需调至 1×10^5 个/mL，提前一天或当天置板孔中培养。

问题 3　怎样筛选出杂交瘤细胞？

先进行骨髓瘤细胞与脾细胞融合，再通过检测，筛选出可表达特异性抗体的杂交瘤细胞。

获得 B 细胞　例如，用绵羊红细胞（SRBC）免疫小鼠，待其在脾内形成激活的 B 细胞后，取出脾脏，制成 B 细胞悬液。这种 B 细胞能产生大量抗体，但不能在体外无限增殖。

融合细胞　将获得的 B 细胞与骨髓瘤细胞进行 PEG 融合，这是杂交瘤技术的中心环节，基本步骤是：将两种细胞混合后，加入 PEG 使细胞彼此融合；融合后再将培养液稀释，消除 PEG 的作用；将融合后的细胞适当稀释，分置培养板孔中培养。融合过程中应特别注意以下几点：

① 细胞比例　骨髓瘤细胞与 B 细胞的比值可从 1∶2 到 1∶10 不等，常用 1∶4 的比例。应保证两种细胞在融合前都具有较高活性。

② 反应时间　在两种细胞的混合细胞悬液中，第 1min 滴加 4.5mL 培养液；间隔 2min 滴加 5mL 培养液，然后加培养液 50mL。

③ 培养液的成分　良好的培养液对融合细胞尤其重要，其中的小牛血清（NCS）、各种离子和营养成分均需严格配制。如融合效率降低，应随时核查培养基情况。

筛选、增殖杂交瘤细胞　PEG 融合会形成多种细胞的混合体，需要筛选出由一个 B 细胞和一个骨髓瘤细胞融合而形成的融合细胞，即杂交瘤细胞。一般使用 HAT 选择培养基（H 为次黄嘌呤、A 为氨基蝶呤、T 为胸腺嘧啶核苷）进行筛选。由于骨髓瘤细胞缺乏胸苷激酶或次黄嘌呤-鸟嘌呤核糖转移酶，未融合的骨髓瘤细胞在 HAT 选择培养液中不能合成 DNA，无法生长繁殖；未融合的 B 细胞也不能在体外存活；只有融合的杂交瘤细胞具有上述两种酶，在 HAT 选择培养液中可以生长繁殖，因此能够生长的细胞都是融合后的杂交瘤细胞。

一般的操作是：在用 HAT 选择培养液选择培养 1～2 天内，有大量的骨髓瘤细胞死亡；3～4 天后骨髓瘤细胞消失，杂交细胞形成小集落；7～10 天后更换 HAT 选择培养液；维持 2 周，再改用一般培养液。选择培养期间，一般每 2～3 天换一半培养液。当杂交瘤细胞布满孔底 1/10 面积时，即可开始检测特异性抗体，筛选出所需要的杂交瘤细胞系。这样筛选出来的是由一个杂交瘤细胞产生的克隆，再经过抗体检测、反复克隆和培养增殖后，获得能产生目的抗体、单一且稳定的杂交瘤细胞。

检测抗体　根据抗原性质、抗体类型的不同，选择不同的检测方法，以快速、简便、特异、敏感为原则。McAb 的 Ig 类型和亚型可用抗小鼠 Ig 类型和亚型的标准抗血清，经琼脂扩散法或 ELISA 夹心法测定；其特异性可用免疫荧光法、ELISA 法、间接血凝和免疫印迹等技术鉴定，同时还需做免疫阻断等试验；其效价可用凝集反应、ELISA 法或放射免疫测定。必要时还可以测定单抗的亲和力和识别抗原表位的能力。测定方法不同，得到的效价也不同。例如，采用凝集反应，腹水效价为 5.0×10^4；采用 ELISA 法检查，腹水效价可达 1.0×10^6。单抗的效价以培养上清液和腹水的稀释度来表示。

问题 4　如何获得大量的单抗？

获得杂交瘤细胞后，应及早进行抗体的制备，以获得大量的单抗。常用的制备方法有两种：

增量培养法　即杂交瘤的克隆化，将杂交瘤细胞在体外培养，从培养液中分离出单克隆抗体。以 ELISA 法为例，对微孔板中呈阳性的抗体孔进行克隆。经过 HAT 选择培养基筛选后，一个微孔内可能会有多个克隆，包括抗体分泌细胞、抗体非分泌细胞等。通常，抗体非分泌细胞的生长速度快于抗体分泌细胞，二者竞争会使抗体分泌细胞丢失。所以，应尽早进行检测抗体阳性杂交细胞的克隆操作（即克隆化）。克隆化后的杂交瘤细胞也需要定期进行再克隆，以防止杂交瘤细胞的突变或染色体丢失，丧失产生抗体的能力。

克隆化一般应用无血清培养基，以利于单克隆抗体的浓缩和纯化。常用的操作方法是有限稀释法和软琼脂平板法。前者是将融合细胞进行有限稀释（一般稀释细胞至 0.8 个/孔）后，待细胞培养至覆盖≤20%孔底时，吸取培养上清液，用 ELISA 法检测抗体含量，视抗体的分泌情况，筛选出高抗体分泌孔；再将孔中细胞进行克隆化，用 ELISA 法测定抗原的特异性，选取高分泌特异性细胞株，扩大培养或冻存。后者是用 2 倍浓缩的 RPMI 1640（含 20%NCS）制成的软琼脂培养基（内含饲养细胞），来培养需克隆的细胞悬液。

小鼠腹腔接种法　这是普遍采用的方法。选用 BALB/c 小鼠或其亲代小鼠，先用降植烷或液体石蜡注射小鼠腹腔，一周后，将杂交瘤细胞接种到小鼠腹腔中。接种细胞的数量应适当，一般为 5×10^5 个/只，可根据腹水生长情况适当增减。接种一周后通常会有明显的腹水产生，收集 5~10mL/只小鼠的腹水。该法制备的腹水抗体含量高，每毫升可达数毫克甚至数十毫克水平。腹水中的杂蛋白也较少，便于抗体的纯化。

筛选出的阳性细胞株应及早冻存。冻存的温度越低越好，冻存于液氮的细胞株活性仅有轻微的降低，而冻存在−70℃冰箱则活性改变较快。细胞不同于微生物菌种，冻存过程中需格外小心。二甲基亚砜（DMSO）是普遍应用的冻存保护剂。冻存细胞复苏后的活性多在 50%~95%之间。如果低于 50%，则说明冻存、复苏过程有问题。

> 🔄 **课堂互动**
>
> 结合前面所学的细胞培养知识，想一想：抗体是由体内 B 细胞分泌产生的，为什么制备单克隆抗体时却要先培养骨髓瘤细胞？

 知识链接 --

生物导弹

导弹是长了眼睛的武器，能击中事先被选中的目标。单抗就好比是导弹，能特异性地准确识别体内的敌人——病原。但是，仅仅依靠单抗本身，对病原的攻击力量有限，尤其是对癌细胞，往往还需要增强单抗的攻击力，如抗癌药物。目前正在研究的"生物导弹"（又称"药物导弹"或免疫毒素）是一种导向性极强的药物，单抗是其运输载体，而"弹头"则是对癌细胞有巨大杀伤力的药物，例如白喉毒素、绿脓杆菌外毒素、蓖麻毒蛋白、蛇毒蛋白或相思子毒蛋白等。蓖麻毒蛋白和相思子毒蛋白都是具有高度毒性的毒蛋白，极微小的剂量即可使人死亡。然而，当它们被制成"药物导弹"后，可大大减少用药剂量，而且有极强的定向性，可用于肝癌等恶性肿瘤的治疗。

学习主题 3　免疫诊断试剂

 问题 1　认识免疫诊断试剂

ELISA 的原理和实践

免疫诊断是通过特异性免疫应答反应，设计一系列测定抗原、抗体、免疫细胞及其分泌的细胞因子的实验操作，来诊断各种疾病、测定免疫状态的一类方法，特点是：特异性强、准确度高，几乎没有交叉反应，无假阳性；灵敏，能测出微量反应物质和轻微的异常变化，有利于早期诊断和排除可疑病例；简便、快速、安全。常用的有酶免疫分析（EIA）法、化学发光法等。

免疫诊断试剂则是通过这些特异性免疫应答反应实现生物学诊断的一类试剂的统称，在诊断试剂盒中的品种最多。根据诊断类别，可分为传染性疾病、内分泌、肿瘤、药物检测、血型鉴定等；从结果判断方法上又可分为 EIA、胶体金、化学发光、同位素等不同类型的试剂。典型的免疫诊断试剂有：

ELISA 试剂　指用于酶联免疫吸附试验（ELISA）反应的成套检测试剂产品（简称试剂盒）。在 EIA 法中，将具有催化活性的酶，用化学方法和抗体（或抗原）结合起来，成为同时具有免疫学反应性和化学反应性的酶标记物，当其与待测的抗原或抗体结合后，酶的活性使底物降解而呈现出颜色反应，显示出该免疫学反应的存在。酶的活性、底物和显色反应之间呈一定的比例关系。显色越深，说明酶降解底物量越大，相应的抗原（或抗体）量也就越多。完成 EIA 法的试剂称为酶免疫诊断试剂，是应用酶标记技术来检测抗原-抗体反应的一种检测试剂产品。

在此基础上，如果先将已知的抗原或抗体吸附在固相载体上，除去液相中没有结合的游离成分，再加入酶标记的抗体或抗原，使酶标记的抗原-抗体反应在固相表面进行，此时，固定下来的酶量与样品中的被检物质的量相关；再通过加入酶反应底物显色，来判断样品中的物质含量，进行定性或定量分析，这称为 ELISA 反应。常用的操作有双抗体夹心法和间接法，前者用于检测大分子抗原，后者用于测定特异抗体。

ELISA 是基于抗原或抗体的固相化及抗原或抗体的酶标记检测方法，既能检测抗原，也能检测抗体，是酶免疫测定技术中应用最广的技术，近年来发展很快，已被广泛用于各种抗原和抗体的检测中。

免疫荧光诊断试剂　指能够进行免疫荧光诊断反应过程的试剂盒。这种诊断法采用免疫荧光技术或荧光抗体法，将血清抗体以化学方法与荧光素结合，保留其免疫特性，当带有荧光素的抗体与抗原结合后，在抗原部位会产生荧光抗体沉淀，在荧光显微镜下观察，可以看到发亮的荧光。荧光素可以用来标记抗体，也可以用来标记抗原，但由于抗原结构和理化性质的多样性，标记条件不易控制，所以多用来标记抗体，这种技术通常称为荧光抗体技术（FAT）。

免疫荧光诊断是一种快速、敏感的诊断方法，可以检查抗原也可以检查抗体，同时还可以对抗原、抗体进行组织或细胞内的定位，可用作临床检验，包括细菌、病毒和寄生虫的检验，以及自身免疫病的诊断等。

胶体金　又称金溶胶，是指分散相粒子直径在 1～150nm 之间的金颗粒分散系，呈橘红色至紫红色，多相不均匀溶胶体系，可作为标记物，通过特定的抗体固定在固相载体（如硝酸纤维素膜）上，当样本中的相应抗原与这些抗体发生特异性结合时，胶体金的聚集会产生颜色变化，从而实现快速检测。这种方法可用于免疫组织化学检验、细胞成像与跟踪等，具有操作简便、快速、成本低廉的优点，且不需要特殊仪器设备，非常适合现场快速检测和大规模筛查。

 问题 2　怎样制备 ELISA 试剂？

免疫酶标技术
ELISA 实验

ELISA 试剂的组成比较复杂，主要包括：固相的抗原或抗体、酶标记的抗原或抗体和与标记酶直接关联的酶反应底物。

固相载体　可作为 ELISA 载体的物质很多，如聚苯乙烯，价格低廉，可制成各种形式，有较强的吸附性，在测定过程中，可同时作为载体和反应容器，不参与 ELISA 反应，是最常用的载体物质。载体的形式主要有三种：小试管、小珠和微量反应板。其中，微量反应板（又称微孔板/酶标板）是最常用的载体形式。这是一种用于酶标记反应的聚苯乙烯小孔板，常见的有 64 孔、96 孔和 384 孔，其中 384 孔的每孔容积仅 0.01mL。板上的小孔可作为酶标记反应容器，同时进行大量标本的检测，通过加样、洗涤、保温、比色等步骤，在酶标仪上迅速读出结果，筛选通量高、分析速度快。此外，还有两种比较常见的载体材料：一是微孔滤膜，如硝酸纤维素膜、尼龙膜等；二是含铁磁性微粒，反应时固相微粒悬浮在溶液中，有液相反应速率，反应后可磁性分离，方便洗涤，但需配备特殊的仪器。

抗原和抗体　抗原和抗体的质量是 ELISA 操作能否成功的关键因素，要求所用抗原纯度高，抗体效价高、亲和力强。抗原有三个来源：天然抗原、重组抗原和合成多肽抗原。天然抗原取材于动物组织或体液、微生物培养物等，一般含有多种抗原成分，需经纯化，提取出特定的抗原成分后才可应用，也称提纯抗原；重组抗原和多肽抗原均为人工合成品，使用安全，纯度高，干扰物质少。抗体有多抗和单抗，多抗可捕获尽可能多的抗原，适合于高灵敏度的检测；单抗识别单一抗原表位，适用于高特异性检测。单抗含量较高时可先进行适当稀释。制备酶结合物用抗体的纯度要求较高，例如，经硫酸铵盐析纯化的 IgG 可进一步用分子筛色谱或亲和色谱法提纯。

免疫吸附剂　固相的抗原或抗体称为免疫吸附剂。将抗原或抗体固相化的过程称为包被。载体不同，包被方法也不相同。以聚苯乙烯 ELISA 板为例，通常是将抗原或抗体溶于缓冲液（常用 pH9.6 的碳酸盐缓冲液）中，加到 ELISA 板孔里，4℃下过夜，经清洗后即可应用。如果包被液中的蛋白质浓度过低，没有完全覆盖固相载体表面，其后加入的血清标本和酶结合物中的蛋白质也会部分吸附于固相载体表面，产生非特异性显色，此时可再用 1％～5％牛血清白蛋白包被一次来消除这种干扰，这一过程称为封闭。包被好的 ELISA 板可在低温下放置一段时间，不会失活。

酶和底物　ELISA 反应要求酶的纯度高、制备成的酶标记的抗体或抗原性质稳定。最好在受检标本中不存在与标记酶相同的酶。常用的酶为辣根过氧化物酶（HRP）、从牛肠黏膜或大肠埃希菌提取的碱性磷酸酶（AP）、葡萄糖氧化酶、β-半乳糖苷酶和脲酶等。

结合物　酶标记的抗原或抗体称为结合物。制备抗原酶结合物时，由于抗原的化学结构不同，可用不同的方法与酶结合，例如蛋白质抗原可参考抗体酶标记的方法。制备抗体酶结合物常用戊二醛交联法和过碘酸盐氧化法，前者可用于 HRP 和 AP 的交联，后者只用于 HRP 交联。

亲和素和生物素　亲和素是一种糖蛋白，可从蛋清中提取。一个亲和素分子可结合四个生物素分子。现在使用更多的是从链霉菌中提取的亲和素。亲和素与生物素的结合，虽不属免疫反应，但特异性强，亲和力大，两者一经结合就极为稳定。把亲和素和生物素与 ELISA 偶联起来，可大大提高 ELISA 的敏感度。

 问题 3　怎样制备免疫荧光诊断试剂?

免疫荧光诊断试剂包括：荧光素、荧光标记抗体。

荧光素　可产生荧光的物质很多，只有能产生明显的荧光并可作为染料使用的，才可用作免疫荧光素或荧光染料，常用的有：异硫氰酸荧光素（FITC），呈明亮的黄绿色荧光，应用最广泛；四乙基罗丹明（RIB 200），呈橘红色荧光；四甲基异硫氰酸罗丹明（TRITC），呈橙红色荧光。

某些化合物本身无荧光效应，经酶作用后可形成强荧光物质，如 4-甲基伞形酮-β-D-半乳糖苷，在 β-半乳糖苷酶的作用下分解成可发出荧光的 4-甲基伞形酮，激发光波长 360nm，发射光波长 450nm；某些 3 价稀土镧系元素如铕（Eu^{3+}）、铽（Tb^{3+}）、铈（Ce^{3+}）等的螯合物，经激发后也可发出特征荧光，其中 Eu^{3+} 的激发光波长范围宽、发射光波长范围窄、荧光衰变时间长，最适合分辨荧光免疫测定，应用最广。

荧光标记抗体　用于标记的抗体，应具有高特异性和高亲和力，所用抗血清中不应含有针对标本中正常组织的抗体。需经纯化、提取 IgG 后再作标记。用于标记的荧光素应符合以下要求：

① 具有能与蛋白质分子形成共价键的化学基团，与蛋白质结合后不易解离，而未结合的色素及其降解产物易于清除；

② 荧光效率高，与蛋白质结合后，仍能保持较高的荧光效率；

③ 荧光色泽与背景组织的色泽对比鲜明；

④ 与蛋白质结合后不影响蛋白质原有的生化与免疫性质；

⑤ 标记方法简单、安全无毒；

⑥ 与蛋白质的结合物稳定，易于保存。

以 FITC 标记为例，常用的标记方法有搅拌标记法和透析标记法两种。

搅拌标记法　先将待标记的蛋白质溶液用 0.5ml/L pH9.0 的碳酸盐缓冲液平衡，在磁力搅拌下逐滴加入 FITC 溶液，室温搅拌 4～6h 后离心，上清即为标记物，此法适用于标记体积较大，蛋白质含量较高的抗体溶液。

透析标记法　将待标记的蛋白质溶液装入透析袋中，置于含 FITC 的 0.01mol/L pH9.4 碳酸盐缓冲液中反应过夜，再用磷酸盐缓冲液（PBS）去除游离色素，低速离心后取上清，此法适用于标记样品量少，蛋白质含量低的抗体溶液。

标记完成后，还应对标记抗体进一步纯化以去除未结合的游离荧光素和过多结合荧光素的抗体。纯化方法可采用透析法或色谱分离法。

荧光抗体在使用前应对抗体效价及荧光素与蛋白质的结合比率进行鉴定。

 问题 4　怎样制备胶体金试剂？

胶体金的制备通常采用化学还原法，使用还原剂将氯金酸（$HAuCl_4$）还原成金纳米颗粒，常用的还原剂有白磷、抗坏血酸、柠檬酸钠、鞣酸等。制备过程中，通过控制还原剂的加入量和反应条件，可以制备出不同大小的金颗粒（表 6-2）。因静电作用形成一种稳定的、带负电的疏水胶体溶液，即为胶体金。在弱碱环境下，这些带负电荷的颗粒与蛋白质分子的正电荷基团形成牢固的非共价结合。很多蛋白质（如葡萄球菌 A 蛋白、免疫球蛋白、类毒素、糖蛋白、酶、抗生素、激素、牛血清白蛋白、多肽等）都可以与胶体金结合。这种结合是静电结合，不影响蛋白质的生物特性，这使得胶体金具有免疫学特性，成为免疫电镜技术中较为理想的免疫标记物。

表 6-2　几种典型粒径的胶体金

胶体金粒径 /nm	1%柠檬酸三钠 加入量/mL	胶体金特性	
		呈色	λ_{max}/nm
16.0	2.00	橙色	518
24.5	1.50	橙色	522
41.0	1.00	红色	525
71.5	0.70	紫色	535

优质的胶体金颗粒应为单分散性的球形，且形状不均一的粒子数应少于 5%。颗粒的大小和尺寸均一性是保持诊断产品能自由凝集及稳定储存的主要因素。

胶体金的制备简便、方法敏感特异、稳定性强，不需要放射性同位素或有潜在致癌物质的酶显色底物，也不需要荧光显微镜，能广泛地应用于各种液相免疫测定和固相免疫分析以及流式细胞术等，目前已经发展为一项重要的免疫标记技术，在药物检测、生物医学等许多领域有着越来越重要的应用。

 **课堂互动**

ELSIA 的反应本质其实是固相化的酶标记免疫反应。想一想：为什么 ELISA 既能检测抗原，又能检测抗体？

 技能拓展

ELISA 反应的标记酶

用于标记的酶需具有以下特性：高度的活性和敏感性；室温下稳定；反应产物易于显现；能商品化生产。如今，应用较多的有辣根过氧化物酶、碱性磷酸酶等。

辣根过氧化物酶　简称 HRP，是由无色酶蛋白和深棕色的铁卟啉构成的一种糖蛋白（含糖量 18%），广泛分布于植物中，在辣根中的含量最高。其分子量约 40 000，由近 300 个氨基酸组成，等电点 3～9，催化反应的最适 pH 值为 5 左右（因供氢体不同而稍有差异）。该酶溶于水和 50% 饱和度以下的硫酸铵溶液，酶蛋白和辅基的最大吸收光谱分别为 275nm 和 403nm。作用底物为过氧化氢，催化反应的供氢体有：邻苯二胺（OPD，产物为橙色，最大吸收值 490nm）、联大茴香胺（OD，产物为橘黄色，最大吸收值 400nm）、5-氨基水杨酸（5-AS，产物为深棕色，最大吸收值 449nm）、邻联甲苯胺（OT，产物为蓝色，最大吸收值 630nm）。

碱性磷酸酶　从小牛肠黏膜和大肠埃希菌中提取，由多个同工酶组成。底物种类很多，常用者为硝基苯磷酸盐，廉价无毒性。酶解产物呈黄色，可溶，最大吸收值 400nm。

 课后复习

1. 填空

（1）抗体的特异性取决于_____分子的决定簇，一个_____分子可以有很多的_____。

（2）制备单克隆抗体时，只有融合的杂交细胞才能在 HAT 选择培养基中正常生长。其中的 H 指的是_____、A 指的是_____、T 指的是_____。

（3）ELISA 是基于抗原或抗体的_____及抗原或抗体的_____检测方法，既能检测抗原，也能检测抗体，是_____测定技术中应用最广的技术。

2. 选择

（1）以下抗体可以称为单克隆抗体的是（　　　）。

A. 由同一个 B 细胞产生的、可以针对多种抗原表位

B. 由不同 B 细胞产生的、可以针对同一种抗原表位

C. 由同一个 B 细胞产生的、可以针对同一种抗原表位

D. 由不同 B 细胞产生的、可以针对多种抗原表位

（2）以下酶标板中，筛选通量更大，分析速度更快的是（　　）。

A. 48 孔   B. 64 孔   C. 96 孔   D. 384 孔

（3）制备胶体金的主要原料是（　　）。

A. 99.99 纯度金   B. 碎金颗粒   C. 氯金酸   D. 金化铯

3. 判断

（1）动物脾脏有不同的 B 细胞系，每个 B 细胞能合成多种抗体。

（2）商品 ELISA 试剂盒中应包含待包被的固相载体、酶结合物底物和洗涤液等。

（3）免疫荧光诊断法中，荧光素只能用来标记抗体。

（4）在弱碱环境下，胶体金带正电荷，可与蛋白质分子形成牢固的非共价结合。

4. 简述

（1）为什么制备单抗必须要用骨髓瘤细胞？常用的骨髓瘤细胞主要来自哪里？

（2）为什么培养融合细胞时需要用饲养细胞？

（3）为什么胶体金可以用来制备免疫诊断试剂？

项目4　实操训练

植物组织培养用培养基配制

一、目的

以 MS 培养基为例，学习植物组织常用培养基的组成、配制与灭菌方法，理解培养基的作用。

二、原理

完整植株具根、茎、叶等器官。离体培养材料缺乏完整植株的自养机能，需要以异养方式从外界获得各种养分。配制培养基的目的就是人为提供离体培养材料的营养源，以满足离体材料的生长发育。培养基的主要成分包括无机营养物、碳源、维生素、植物生长物质和有机附加物等，是提供植物生长发育所需各种养分的介质。在离体培养条件下，不同植物以及同种植物不同部位的组织细胞对营养要求不同。培养基对外植体愈伤组织的诱导和分化起着重要的调节作用。通过调节培养基成分，可以实现对组织培养物的脱分化和再分化等状态的调控、次生代谢产物的生产等。掌握培养基的配制方法是取得组织培养成功的关键环节之一。

MS 培养基有较高的无机盐和离子浓度，属于较稳定的平衡溶液，硝酸盐含量较其他培养基高，各营养成分的比例合适，可满足植物的营养和生理需要，广泛用于植物的器官、花药、细胞和原生质体培养，效果良好。有些培养基是由它演变而来的。

三、用品

1. 仪器与材料

电子天平、烧杯、量筒、三角瓶或培养瓶、移液管、药匙、玻棒、pH 试纸、洗耳球、牛皮纸、皮筋、高压灭菌锅、冰箱等。

2. 试剂

MS 培养基所需试剂见表 6-3。

表 6-3 MS 培养基配方

母液	化合物	基本配方量/mg	扩大倍数	称取量/mg	体积/mL	1L 培养基取量/mL
有机化合物母液	肌醇（IVA）	100	50	5000	500	10
	盐酸硫胺素（维生素 B_1）	0.1	50	5	500	10
	烟酸（维生素 B_5 或维生素 PP）	0.5	50	25	500	10
	甘氨酸	2	50	100	500	10
	盐酸吡哆醇（维生素 B_6）	0.5	50	25	500	10
铁盐母液	$FeSO_4 \cdot 7H_2O$	28.7	100	2870	1000	10
	EDTA-2Na	37.3		3730		
大量元素母液	NH_4NO_3	1650	10	16500	1000	100
	KNO_3	1900		19000		
	$CaCl_2 \cdot 2H_2O$	440		4400		
	$MgSO_4 \cdot 7H_2O$	370		3700		
	KH_2PO_4	170		1700		
微量元素母液	$MnSO_4 \cdot H_2O$	22.3	100	2230	1000	10
	$ZnSO_4 \cdot 7H_2O$	8.6		860		
	$CoCl_2 \cdot 6H_2O$	0.025		2.5		
	$CuSO_4 \cdot 5H_2O$	0.025		2.5		
	H_3BO_3	6.2		620		
	$Na_2MoO_4 \cdot 2H_2O$	0.25		25		
	KI	0.83		83		

植物激素：2,4-二氯苯氧乙酸（2,4-D）、萘乙酸（NAA）、吲哚乙酸（IAA）、吲哚丁酸（IBA）、6-苄基腺嘌呤（6-BA）、激动素（KT）、玉米素（ZT），95%乙醇、蒸馏水、1mol/L NaOH 溶液、1mol/L HCl 溶液、蔗糖、琼脂。

四、步骤

1. 培养基母液配制

依据表 6-3 配制。为减少每次配制称量药品的麻烦，以及减少极微量药品在每次称量时造成的误差，可事先配制母液。

大量元素母液 可配成 10 倍母液，用时每配 1000mL 培养基取 100mL 母液。

配制时应注意以下原则：分别称量，充分溶解，按顺序混合（Ca^{2+} 应最后加入，与 SO_4^{2-} 和 $H_2PO_4^-$ 错开，以免产生沉淀），混合时应同时缓慢搅拌。

微量元素母液 因含量低，一般配成 100～1000 倍，每 1000mL 培养基取 10mL 或 1mL。注意原则同大量元素母液的配制。

铁盐母液 必须单独配制，若与其他元素混合易造成沉淀。一般采用螯合铁，即硫酸亚铁与 EDTA 钠盐的混合物。一般扩大 100 倍或 200 倍，每 1000mL 培养基取 10mL 或 5mL，EDTA 钠盐需用温水溶解，然后与 $FeSO_4$ 液混合，在 75～80℃ 之间让其螯合 1 小时。使用螯合铁的目的：避免沉淀；缓慢不断地供应铁。

有机化合物母液　主要是维生素和氨基酸类物质，这类物质不能配成混合母液，一定要分别配成单独的母液，浓度为每 1mL 含 0.1mg、1.0mg、10.0mg，使用时根据需要量取。

2. 激素母液的配制

每种激素必须单独配成母液，其浓度为 0.1mg/mL、0.5mg/mL 或 1.0mg/mL，多数激素难溶于水，配法如下：

① IAA、IBA 先溶于少量乙醇，再加水定容至一定刻度；

② NAA 可溶于热水或少量乙醇中，再加水定容至一定刻度；

③ 2,4-D 不溶于水，可用 1mol/L 的 NaOH 溶液溶解后再定容；

④ KT、肌醇（IVA）和 6-BA 先溶于少量 1mol/L HCl 溶液中，再加水定容；

⑤ ZT 先溶于 95％乙醇，再加热水。

3. 母液标识与保存

将配制好的各母液分别倒入棕色瓶中，贴上标签。注明母液名称、浓度、配置日期。将各母液瓶放入冰箱内冷藏备用。

4. 配制培养基

配制过程见图 6-13。

① 先在烧杯中放入少量蒸馏水，按列表分别取以上母液倒入。

② 托盘天平称取 2％～3％蔗糖，倒入，搅拌溶解后，加蒸馏水用量筒定容至 1L。

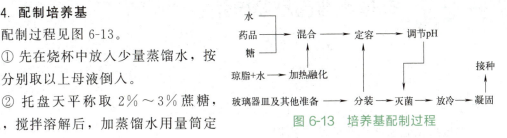

图 6-13　培养基配制过程

③ 按设计好的方案添加各种激素。激素用量很小，对组织培养植物的生长至关重要，所以最好用微量可调移液器吸取，减少误差。

④ 用精密试纸或酸度计调整 pH 至 5.7～5.8（最好使用酸度计），可配 1mol/L 的 HCl 溶液和 1mol/L 的 NaOH 溶液，用来调溶液 pH 值。

1mol/L HCl 溶液配制：用量筒量取 8.3mL HCl 配成 100mL 溶液。

1mol/L NaOH 溶液配制：称取 4g NaOH，配成 100mL 溶液。

⑤ 称取 0.6％～1.0％的琼脂粉，倒入配好的溶液中，放在电炉上加热至沸腾，至琼脂粉充分溶解后，分装入培养容器中。无盖的培养容器要用封口膜或牛皮纸封口，用皮筋或绳子扎紧。

⑥ 放入高压灭菌锅中灭菌，灭菌约 20 分钟后取出，平放在实验台上，待其冷却、凝固。

5. 标识与记录

将配制好的培养容器贴上标签。注明培养基名称、配制日期。及时记录。

6. 注意事项

应根据配方要求，按顺序量取各种母液和称取蔗糖，再加入琼脂粉，煮至溶解，加水定容，这是培养基配制的关键环节。同时，还应注意以下原则：

① 实验中所用的各种容器一定要洗净、烘干。

② 用电子天平称量药品时，应使用称量纸，对于腐蚀性药品，应将其放置在小烧杯中称量。

③ 各种母液应保存在2～4℃的冰箱中，以免变质、长霉。

④ 使用高压灭菌锅时，一定要正确操作，并提前检查其中的水是否合适。

五、思考

1. 结合实验操作，说明培养基配制的关键环节和注意事项。

2. 培养基的作用是什么？

3. 配制母液有哪些好处？

4. 填写实践报告及分析。

训练任务 2　植物细胞悬浮培养

一、目的

了解植物细胞悬浮培养的基本原理。

掌握植物细胞悬浮培养的方法和操作技术，做到无菌操作准确、规范、熟练，悬浮培养无杂菌污染。

二、原理

利用固体琼脂培养基对植物的离体组织进行培养的方法存在一些缺点，例如：植物愈伤组织在生长过程中的营养成分、植物组织产生的代谢物质，会呈现梯度分布；琼脂本身的一些不明物质成分，可能会对培养物产生影响，导致植物组织生长发育过程中代谢的改变。液体培养基可以克服这些缺点，植物离体细胞可悬浮于生物反应器中生长，生产周期短、提取简单、易规模化、不受外界环境干扰，而且产量高、化学稳定性好、化学特性突出。利用培养植物离体细胞生产有用的次生代谢物质，已有成功的先例。研究发现，离体培养条件下，植物细胞系的种类、培养条件、培养基组成、植物生长调节剂种类和浓度，对目的产物的产量有着很大的影响。

三、用品

1. 仪器与材料

镊子、解剖刀、酒精灯、棉球、烧杯、广口瓶、培养皿、超净工作台、震荡摇床、各种接种工具、手动吸管泵、尼龙网、移液管、洗耳球、漏斗、离心管、离心机。

2. 试剂

0.1％氯化汞溶液、75％乙醇、无菌水、胡萝卜块根、培养基母液、2,4-D、水解酪蛋白（CH）、蔗糖、琼脂。

四、步骤

1. 培养基配制

诱导胡萝卜愈伤组织培养基：MS、2,4-D 1.5mg/L、CH 500mg/L、3％蔗糖、0.7％琼脂，pH 5.8。

愈伤组织增殖培养基：MS、2,4-D 0.5mg/L、CH 500mg/L、3％蔗糖、0.7％琼脂，pH 5.8。

液体培养基：MS、2,4-D 1mg/L、3％蔗糖。

2. 胡萝卜营养根的消毒

① 将胡萝卜块根在自来水下冲洗干净，用小刀切去外围组织。将胡萝卜块根切段，每段厚约 0.5cm。

② 把胡萝卜块根段用无菌水漂洗干净，先用 75％乙醇溶液浸泡 30s，再用 0.1％氯化汞溶液浸泡 5～10min，在浸泡过程中用镊子搅拌，以使消毒充分。

③ 浸泡过的胡萝卜块根段用无菌水冲洗 3～5 次，洗去残留的氯化汞后切片。

3. 操作环境消毒

拆除三角瓶的捆扎线绳，用沾有 75％的乙醇的棉球擦拭三角瓶表面后，将培养基三角瓶整齐排列在接种台一侧，再用 75％乙醇擦洗接种台的操作表面。

4. 胡萝卜营养根切片

胡萝卜营养根由外向内依次分为皮层、形成层和中轴三部分。切片消毒前应除去皮层的最外层，减少营养根的带菌量。形成层的分生能力最强，是产生愈伤组织的主要部分，切片时应使每一个切片上都有形成层。具体操作方法如图 6-14 所示。

注意：消毒后的所有操作过程，都应在超净工作台上进行，操作所用的镊子、解剖刀和剪刀使用前插入 75％乙醇溶液中，使用时在酒精灯火焰上炽烧片刻，冷却后再切割。

胡萝卜截面图　　沿图中竖线切开　　沿图中竖线切片
沿横线切开　　　两边部分弃去　　　每片厚0.5～1mm

图 6-14　胡萝卜营养根切片具体操作方法

5. 形成诱导愈伤组织

打开封口膜，转动瓶口灼烧灭菌，同时长镊子也灼烧灭菌；将烧过的镊子轻触瓶内壁使其冷却（以免烫坏欲接种的切片）后，夹起胡萝卜切片，放入瓶内培养基表面，用镊子向下轻按，使切片部分进入培养基；将瓶口在火焰上转动灼烧后，用封口膜封口，同时做好标注。

注意：2,4-D 是诱导愈伤组织形成的重要调节因素，应设置一定的浓度梯度，确定最佳浓度。

6. 开始悬浮培养

① 在超净工作台上，从形成愈伤组织的培养瓶中，挑取质地松弛、生长旺盛的愈

伤组织、放入盛有 30mL 液体培养基的三角瓶中，用镊子轻轻捏碎愈伤组织。每瓶接入约 2g 重的愈伤组织，置于震荡摇床固定，在黑暗条件下或弱散射光下 100r/min 震荡培养。

　　② 将胡萝卜悬浮细胞培养物摇匀后，倒入或滴入较大孔径（如 $47\mu m$、$81\mu m$ 或更大）的尼龙网或不锈钢网漏斗中（如果网眼被细胞团堵塞，可用吸管反复吸吹），再用无菌培养基冲洗残留在网上的细胞团。重复该步骤。

　　③ 将滤过的细胞悬浮液，再用较细孔径（如 $31\mu m$、$26\mu m$）的尼龙网过滤，用吸管反复吸吹。

　　④ 将过滤后的细胞离心（50g，5min），收集后加入液体培养基进行培养（同步化）。

7. 维持悬浮培养物

　　培养后，要不断观察。培养物的继代培养与培养瓶内培养物的密度及细胞生长速度有关，当培养物密度较大时，应及时用无菌的吸管吸取部分培养物至新的 50mL 培养基中，继续培养。同时，及时淘汰一些大的组织团块和黄褐色的坏死组织。一般每隔 4～7d 就要继代一次。

五、思考

　　1. 研究植物细胞悬浮培养有什么意义？

　　2. 挑选植物愈伤组织进行悬浮培养，应注意哪些问题？

训练任务 3　人外周血淋巴细胞培养

一、目的

　　掌握人体微量血液体外培养、制备染色体标本的方法。

　　能配制培养基，进行熟练、规范的采血操作，能进行准确、规范的体外细胞培养操作。

二、原理

　　人外周血淋巴细胞，通常都处在 G_1 期（或 G_0 期），一般情况下不进行分裂，只有在异常情况下才能分裂。如在培养液中加入植物血凝素（PHA），这种淋巴细胞受到刺激可转化为淋巴母细胞，进入有丝分裂。短期培养后，经秋水仙素处理，低渗和固定，在体外即可得到大量的有丝分裂的生长活跃的细胞群体，终止分裂中期的淋巴细胞，人体的 1mL 外周血内一般含有 1×10^6～3×10^6 个淋巴细胞，足够染色体标本制备和分析之用。

　　秋水仙素处理时间过长，分裂细胞多，染色体短小；反之，则少而细长，都不宜观察形态及计数。故秋水仙素的浓度及处理时间要准确掌握。

三、用品

1. 仪器与材料

仪器：5mL 灭菌注射器、离心管、吸管、试管架、量筒、培养瓶、酒精灯、烧杯、载玻片、无菌棉签或棉球、镊子、天平、离心机、超净工作台、恒温培养箱、显微镜。

材料：人外周血淋巴细胞。

2. 试剂

2.5％碘酒、75％乙醇、3.5％碳酸氢钠溶液、KCl 溶液。

RPMI 1640 培养基（或 199 培养基）：含 20 种氨基酸、维生素、生物素、碳水化合物、无机物；

植物凝血素（PHA）：激活细胞分裂；

青霉素、链霉素：广谱抗生素；

小牛血清：促进细胞繁殖和维持 pH 值；

肝素：主要起抗凝血作用；

秋水仙碱：使细胞分裂停止在分裂中期；

固定液：使血清蛋白、核蛋白凝固；

吉姆萨（Giemsa）染色液：使染色体染色。

四、步骤

1. 培养准备

打开超净工作台的紫外灯及无菌室紫外灯，照射 0.5h 后，关闭无菌室紫外灯；洗净双手，穿上无菌衣，进入无菌室，关闭超净工作台紫外线灯。

用 75％乙醇擦洗手和各种试剂瓶，将 RPMI 1640 培养液、小牛血清、双抗（青霉素、链霉素）、PHA 等移入超净工作台上。

2. 配制培养液

配方：90％ RPMI 1640 培养基（或 199 培养基）、10％小牛血清、3％ PHA 0.1mL、2％肝素 10U/mL、双抗 100U/mL（选择），用 3.5％碳酸氢钠溶液调节后 pH 7.2～7.4，经 0.22μm 滤膜的过滤器过滤除菌。

3. 分装培养液

在无菌室内或超净工作台上，用移液管将培养液和其他各试剂分别装入 10mL 培养瓶中，每瓶 5mL 培养液，封口，置冷藏柜备用。

4. 采血

用 5mL 灭菌注射器吸取肝素（500U/mL）0.05mL 浸润管壁。用碘酒和 75％乙醇消毒皮肤，自肘静脉采血约 0.3mL，在酒精灯火焰旁，自橡皮塞扎入培养瓶内（内含有生长培养基 5mL），完成接种。每瓶约 0.5mL，轻轻摇动数次。

5. 培养

直立，置于 37℃±0.5℃恒温箱内培养，培养 66～72h。

6. 秋水仙碱处理

在培养物中加入 $40\mu g/mL$ 秋水仙碱 $0.05\sim0.1mL$，使最终浓度为 $0.4\sim0.8\mu g/mL$，静置于恒温箱中 $2\sim4h$ 后，终止培养。

7. 制备染色体

① 收集细胞　将培养物全部转入洁净离心管中，以 $1000r/min$ 离心 $8\sim10min$，弃上清液。

② 低渗处理　向刻度离心管中加入 $8mL$ $37℃$ 的 KCl 溶液，用滴管混匀后，置 $37℃$ 恒温水浴中低渗 $15\sim25min$。

注意：可用作低渗液的种类较多，如 $0.075mol/L$ 的 KCl 溶液、0.95% 的枸橼酸钠溶液，或直接用蒸馏水等。本实验选用 KCl 溶液为低渗液，需事先预恒温。

③ 预固定　甲醇：冰醋酸＝3：1。低渗后，加入 $0.5mL$ 固定液，轻轻混匀后，于 $1000r/min$ 离心 $8\sim10min$。

④ 一次固定　弃上清液，加入 $5mL$ 固定液，轻轻混匀，静置 $20min$。$1000r/min$ 离心，弃上清液。

⑤ 二次固定、三次固定　同步骤④。

⑥ 制悬液　弃上清液后，视细胞数量多少，加入适量固定液，制成细胞悬液。

⑦ 滴片　吸取细胞悬液，于 $10\sim20cm$ 的高度，滴在干燥洁净的载玻片上，轻轻吹散，晾干。

⑧ 染色　1：10 的 Giemsa 染色液染色 $5\sim10min$，用微细水流洗去多余染液，晾干。

⑨ 镜检　低倍镜下，寻找分散良好、染色适中的分裂相，油镜下观察染色体形态并计数。

8. 注意事项

接种的血样愈新鲜愈好，最好是在采血后 $24h$ 内进行培养，如果不能立刻培养，应置于 $4℃$ 存放，避免保存时间过久，影响细胞的活性。

培养的关键在于：采集的血样是否新鲜无菌，PHA 的效价，培养温度，培养液的无菌状态、营养成分和酸碱度。人外周血淋巴细胞培养最适温度为 $37℃\pm0.5℃$。培养液的最适 $pH7.2\sim7.4$。

制片过程中，如发现细胞膨胀不够大、细胞膜没有破裂、染色体聚集成团没有伸展时，可延长固定时间（如数小时，或过夜）。

五、思考

1. 秋水仙碱作用时间过长会有什么影响？
2. 影响外周血淋巴细胞培养的关键因素是什么？
3. 填写实践报告及分析。

模块七 基因工程技术制药

项目1 基因工程技术基础

 学习目标

【知识要求】 掌握 基因工程的基本原理
熟悉 基因工程的技术流程和 PCR 反应体系
了解 分子杂交技术

【能力要求】 理解 基因工程技术生产的原理与工艺路线
明白 基因工程技术的应用

【素质要求】 懂得 生物学、遗传学、分子生物学等相关知识和基本操作技能
能够 遵守科研伦理规范、法律法规，具备学习创新和团队合作能力

 技能要点

基因工程技术是按照人们的设计方案，在分子水平上对 DNA 进行操作，使之在重组细胞中表达新的遗传性状的技术，也称为重组 DNA 技术或分子克隆技术。利用基因工程技术，可以定向改造生物，并首先在医药开发领域得到广泛应用。

基因工程技术产物的制备主要是基于以下四个基本技术：获取基因、DNA 重组、构建工程菌和培养工程菌，涉及上下游两个阶段过程。基因工程技术的基础是分子生物学实验手段，包括 DNA 重组与克隆、基因表达与调控、转化子的克隆与培养、蛋白质的分离与纯化，特别是聚合酶链反应（PCR）与核酸分子杂交技术等。

课前引导

☆ 生活里，常常有各种谚语和金句。
☆ "种瓜得瓜，种豆得豆"，说明了哪种生物现象？
☆ "鸡窝里飞出了金凤凰"，这指的是什么？
☆ "基因是生命的密码，编织着我们的遗传信息，塑造着我们的个体特征和命运"，你如何理解这句话的含义？

DNA 简介

问题 1　什么是基因工程？

基因工程又称遗传工程或基因操作，是指按照事先的设计方案，在分子水平上对 DNA 进行操作，使之在重组细胞中表达新的遗传性状的技术，也称为重组 DNA 技术或分子克隆技术。通过 DNA 操作，可以在体外对各种不同生物的 DNA 进行重组，构成遗传物质的新组合，并使其在受体细胞内能够持续、稳定地繁殖，从而获得新的物种或新的物种性状。

基因工程的主要内容包括：获得目的基因；构建 DNA 重组体，DNA 重组体导入受体细胞，筛选、鉴定和分析重组体；大规模培养重组工程菌，分离、纯化表达产物。

基因工程技术的发展，得益于现代分子生物学实验方法的飞速进步，其技术手段主要包括梯度超速离心、电子显微镜技术、DNA 分子的切割与连接、核酸分子杂交、凝胶电泳、细胞转化、DNA 序列结构分析以及基因的人工合成、基因定点突变和 PCR 扩增等多种新技术、新方法。

基因工程的最大特点是分子水平上的操作和细胞水平的表达，其技术实质就是获得能够产生目的产物的外源基因并使其实现高效表达。

问题 2　怎样理解基因工程的技术流程？

基因工程主要步骤如图 7-1 所示。应用基因工程技术实现目的产物的制备目标，主要依赖于四个基本技术和两个阶段过程。

四个基本技术

① 获取基因　指获取可表达目的产物的目的基因（外源基因），可以用人工合成或者从生物基因组中经酶切消化和 PCR 扩增等方法，分离出带有目的基因的 DNA 片段。

② DNA 重组　指在细胞外，将外源基因与能够自我复制、具有选择标记的载体 DNA 分子进行拼接，形成新的完整的 DNA 重组体（即表达载体）。拼接时，应加入重组启动子、增强子、操作子、终止子等基因转录调控元件，强化外源基因的表达水平，最后筛选出合适的 DNA 重组体。

③ 构建工程菌　将 DNA 重组体转入适当的受体细胞（宿主菌）中，通过细胞内的自我复制，实现 DNA 重组体的增殖；再从大量的细胞繁殖群体中，筛选出获得了 DNA 重组体的受体细胞克隆并扩增繁殖；通过培养克隆株系，提取其重组质粒，分离出已经扩增的目的基因，再对其基因序列进行分析、测定，最后获得正确稳定表达的重

组细胞（重组子）。

④ 培养工程菌 应用发酵工程与生化工程原理，对工程菌（重组细胞）展开大规模培养，使之在新的遗传背景下实现高效的功能表达，大量表达（产生）所需要的目的基因产物；并对得到的表达产物进行提取、分离和纯化，再经过产品的检验、包装等制剂过程，得到最终产品。

实施以上四个基本技术，必须拥有四个必要条件：目的基因、工具酶、载体分子和受体细胞。

两个阶段过程

① 上游阶段 指 DNA 重组过程，在实验室完成，包括：分离筛选目的基因、选择合适的载体；构建包含外源基因（目的基因）的重组载体；选择合适的受体细胞，并转入重组载体；培养受体细胞以大量复制外源基因；分离已扩增的重组 DNA，分析、鉴定所转入的目的基因；将包含目的基因的重组载体导入合适的表达系统（宿主细胞），构建工程菌，研究制定适宜的表达条件使之能够正确、高效表达。

② 下游阶段 指工程菌的规模化培养、产品的分离纯化和质量控制，是将实验室成果产业化、商品化的过程，主要包括生产的放大工艺研究、工程菌大规模培养最佳参数的确立、新型适宜生物反应器的研制、高效分离介质及装置的开发、分离纯化工艺的优化控制、高纯度产品的制备技术、生物传感器等一系列仪器仪表的设计和制造、生产过程的计算机优化控制等。

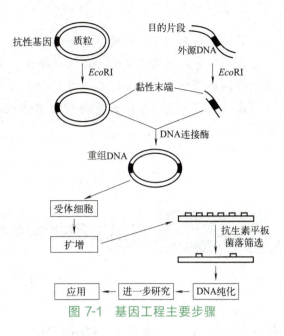

图 7-1 基因工程主要步骤

🔄 **课堂互动**

转基因玉米、转基因大豆、转基因棉花，这些已经上市的转基因产品引起了广泛的社会关注。想一想：为什么市场规定使用转基因大豆为原料加工的食用油必须有明确的商品标注？

 知识链接

吃转基因食品会不会把外源基因转移到人的基因组上？

乍一听来，"转基因"容易引起误解，会误以为外来基因在物种之间自由转移，可能会改变人的基因，影响后代。转基因的发生，需要特定的载体和条件。没有这些，外源基因就不能整合植物或动物细胞。以转基因玉米为例：需要先取出玉米的幼胚，将其与农杆菌一起培养，使农杆菌侵染幼胚细胞；外源基因通过农杆菌插入幼胚细胞的基因组里；再将幼胚细胞培育成植株。跟原始的基因组相比，新的植株基因组多了一个基因。

基因的物质本质是核酸。和所有食品相同，转基因食品中承载遗传信息的核酸，在进入人体后，被消化分解为各种核苷酸、磷酸、碱基等小分子。吃动植物，消化的是这些动植物的营养成分，不是所谓的基因，更不会将其遗传信息整合到人的基因组中，遗传给下一代。生物世界的进化史已经验证，生物进化不是通过简单的吃来实现的！

学习主题 2　基因工程技术的实施

问题 1　怎样获得目的基因？

目的基因指在基因工程的设计和操作中，被用于基因重组、改变受体细胞性状和获得预期表达产物的基因。这些基因主要来源于人、动植物的染色体，也包括原核生物的核酸物质，如质粒、病毒、线粒体和叶绿体的基因组，是基因工程能否成功的先决条件。获得目的基因的方法主要有化学合成法、构建基因文库法和酶促合成法。

化学合成法合成目的基因　对于已知的核苷酸序列，可以不依靠任何天然模板或引物，通过有机合成反应，将单核苷酸合成为 $3',5'$-磷酸二酯键连接的寡核苷酸或核酸大分子，包括三个基本过程：

① 末端保护　为保证合成定向进行，必须先用适当的保护基团，分别将脱氧核苷三磷酸（dNTP）两端进行保护；

② 缩合反应　使带有 $5'$-保护的 dNTP 与另一个带有 $3'$-保护的 dNTP 进行定向缩合反应，通过磷酸二酯键相互连接，生成两端均被保护的寡核苷酸分子；

③ 脱保护　dNTP 的两端可使用不同的保护基团，分别用酸或碱处理移除。一端脱保护的寡核苷酸分子，可以和另一端脱保护的 dNTP 进行新一轮的缩合反应。

dNTP 的缩合反应有磷酸二酯法、磷酸三酯法、亚磷酸三酯法，以及固相合成法。固相合成是目前最常用的方法。通过缩合反应，可以合成具有特定的序列结构和一定长度的寡核苷酸片段；再通过 DNA 连接酶的作用，按照设定的顺序通过共价键连接起来，最终合成所需的目的基因。现在已有核酸合成仪，能合成达到 20 个核苷酸左右的 DNA 链，再通过拼接，得到较长的片段。

这种方法适用于已知或设定序列的、分子量较小的目的基因的制备，如小分子活性多肽基因和引物的合成。其优点在于可根据需要来合成基因，并可以任意增加、减少或变更基因中的一个或几个核苷酸。目前，已有超过百种化学合成基因，包括胰岛素基因、干扰素基因、乳糖操纵基因、启动子调节序列等。

构建基因文库法分离目的基因　这是早期普遍使用的分离方法，适用于原核生物基因的分离。对于真核生物基因组，这种方法可获取真正的天然基因（兼有外显子和内含子）；对于控制基因表达活性的调控基因，或在信使核糖核酸（mRNA）中不存在的某种特定序列，只能通过构建基因文库从染色体基因组 DNA 中获得。

这种方法的一般过程是：先用限制性内切酶将某一种生物细胞的整个基因组 DNA 切割成大小合适的片段；分别将这些片段与适当的载体连接，转化到细菌中，再将这些宿主细胞培养克隆，当克隆数目多到足以把某种生物的全部基因都包含在内时，即一个克隆内的每个细胞的载体上都含有特定的基因组片段，这一组克隆 DNA 片段的集合体，就称为该生物的基因文库或基因组文库。完整的基因文库应该含有染色体基因组 DNA 的全部序列。分离目的基因时，可以从获得的基因文库中筛选，而不必重复地进行全部操作。

酶促合成法制取目的基因　即通过酶促反应来合成 DNA，又称基因的半合成方法，主要用于合成分子量较大而又不知其序列的基因。其基本过程是：先以 mRNA 为模板，在逆转录酶作用下合成其单链互补 DNA（cDNA）；再通过 DNA 聚合酶的作用，合成双链 cDNA；然后与适当载体结合，导入受体菌，扩增后即为 cDNA 文库。使用时，再采用适当方法从 cDNA 文库中筛选出目的基因。这是制取真核生物目的基因常用的方法，也被广泛用来制取多肽和蛋白质类生物药物的目的基因。

使用这种方法时应注意：

① 先合成末端之间有 10～14 个互补碱基的寡核苷酸片段；

② 将合成的寡核苷酸片段退火后，以重叠区作为引物，在 4 种 dNTP 存在的条件下，通过 DNA 聚合酶Ⅰ大片段（Klenow 酶）或反转录酶的作用，获得两条完整的互补双链；

③ 在合成基因的结构中，应包括克隆和表达所需要的全部信号 DNA 顺序，基因密码的阅读框架也应该同表达体系相适应；

④ 在基因合成和克隆时，必须考虑不同种类生物体的密码子差异性，应选择合适的密码子，以便获得高效表达。

 问题 2　实施基因工程需要哪些工具酶？

在基因的重组与分离过程中，首先必须获得将要重组和能够重组的 DNA 片段，这就涉及一系列相关的酶促反应。将目的基因（外源 DNA 片段）在体外连接到合适的载体 DNA 上，形成重新组合的 DNA（重组 DNA），同样需要特定的酶促反应。限制性核酸内切酶和 DNA 连接酶的发现使得这些操作成为可能。在此基础上，又相继发现了多种基因操作的工具酶。这些酶大多数来自微生物和噬菌体，有少数则来自动物和动物病毒。常用的工具酶如下。

限制性核酸内切酶　这是基因克隆过程中最常使用的断裂 DNA 的工具酶，能够识别双链 DNA 分子（dsDNA）中的特定核苷酸序列并将其切断，因此也常称为限制酶，有基因操作的"分子剪刀""分子手术刀"之称。这种酶还可以用来分解外来 DNA，保护自身 DNA，维持自身遗传信息的稳定。与之相配合的还有一种甲基化酶，能使细胞自身特定的核酸序列上的碱基甲基化，不被限制酶水解，而外来核酸没有被甲基化修饰，会被限制酶水解。

限制酶在切断 DNA 链时，依据识别位点的不同，能产生两种 DNA 片段末端：黏末端和平末端。而根据酶的组成、与修饰酶的活性关系、切断核酸的情况不同，限制酶又可分为：Ⅰ型、Ⅱ型和Ⅲ型。不同亚型的限制酶，酶切的识别位点不同。

DNA 连接酶　能在 DNA 片段的 $3'$-OH 和 $5'$-P 之间催化形成 $3',5'$-磷酸二酯键，将两个片段连接起来。该酶只能连接双链 DNA 的单链切口，不能催化两条单链 DNA 的连接，也不能封闭双链中因一个或多个核苷酸缺失所造成的缺口。

常用的酶有两种：T4 DNA 连接酶和大肠埃希菌 DNA 连接酶。

DNA 聚合酶　这是催化合成 DNA 的一类酶的总称。在基因工程操作中，常常需要以 DNA 或 RNA 作为模板合成新的 DNA 链。这些新链可用于 DNA 的标记、序列分析、重组，以及片段扩增等。该类酶能在模板存在的情况下，催化四种脱氧核苷酸与模板链的碱基互补配对，合成新的对应 DNA 链，但不能自行从头合成 DNA 链，必须有一个多核苷酸链作为引物。

常用的酶主要有：大肠埃希菌 DNA 聚合酶、T4 DNA 聚合酶、T7 DNA 聚合酶、Taq DNA 聚合酶，以及反转录酶等。

DNA 修饰酶　这是一类对切断或待合成的 DNA 片段末端进行修饰的酶，可在 DNA 片段的操作中起保护、选择性反应等作用。

例如：磷酸酶可以将 DNA 末端中的 $5'$-P 变成 $5'$-OH，可避免 DNA 重组时载体分子的自我连接，还可以与 T4 多核苷酸激酶连用，进行 DNA 的末端标记；T4 多核苷酸激酶（T4 激酶）可将 ATP 中的磷酸基转移到具有 $5'$-OH 的 DNA 或 RNA 分子上，用于 DNA 和 RNA 的 $5'$ 端标记，在核酸序列分析、DNA 或 RNA 指纹分析、分子杂交研究等方面有广泛的应用；末端脱氧核苷酸转移酶能逐个将脱氧核苷酸分子加到线性 DNA 分子的 $3'$-OH 末端，相当于在 DNA 分子末端加上了一个同聚物"尾巴"，可以在建立体外重组 DNA 分子时，通过特定的反应，将互补的同聚物尾巴相互连接，实现两种不同的 DNA 分子的连接。这种加尾方法是使 cDNA 插入载体中的常用方法之一。如果在反应系统中加入同位素标记的核苷酸，还可以得到带有 $3'$ 端标记的 DNA 分子；还可作用于 RNA 分子的 RNA 酶，用来除去 DNA 制备物中的 RNA。

蛋白酶 K　具有高活性的蛋白质水解能力，能使许多微生物和哺乳动物细胞中的核酸酶失活，主要用于 RNA 和高分子量 DNA 的提取纯化。

 问题 3　如何运输目的基因？

在实施基因工程的过程中，虽然各种工具酶的发现和应用解决了 DNA 体外重组的技术问题，但是外源 DNA 不具备自我复制的能力，必须通过运载工具，将所克隆的外源基因送进细胞中进行复制和表达。携带目的基因进入宿主细胞进行扩增和表达的工具称为载体。

载体实际上就是具有运载能力的 DNA 分子，依据功能不同，可分为用于在宿主细胞中克隆和扩增外源片段的克隆载体和用于在宿主细胞中获得外源基因表达产物的表达载体；按照来源不同，又可分为质粒载体、噬菌体载体、病毒载体、黏粒载体和人工染色体载体等。通常将载体结构分为三个基本部分。

复制子　一个载体至少拥有一个复制原点（复制的起始位置），能够自主复制，称为拷贝。拥有多个复制原点的载体称为多拷贝。多拷贝有利于大量表达外源基因，从而获得大量的基因表达产物。如果这些复制原点能适用于不同的细胞，这样的载体就可以在这些相应细胞内穿梭，进行基因的传递，这样的载体又称为穿梭载体。

克隆位点　载体的作用是将外源基因转移到细胞中，所以载体上有可供插入外源 DNA 的位点，这个位点叫克隆位点。克隆位点是限制酶识别的位点，可供外源 DNA 片段插入，同时不影响载体的自我复制。但不是载体上所有限制酶位点都能作为克隆位点。一个载体上至少应该有一个克隆位点。克隆位点具有唯一性，即在一个载体中只能有一个同一种限制酶的识别位点。

遗传标记基因　这是一种增加了识别标记、可以复制遗传的基因。对于宿主细胞来说，遗传标记基因赋予了其一种新的表型，使其具有可明显地区别于其他细胞的性状，达到鉴别和分离的目的。不同的标记基因可以适用于不同的细胞。当载体用于多种细胞时，一个载体就可以同时拥有多个标记基因。比如，植物载体就可能有 3～4 个标记基因。标记基因的种类很多，可大致划分为三类：抗性标记基因、营养标记基因和生化标记基因。

 问题 4　怎样实现重组基因的增殖？

基因工程的最终目的是使外源 DNA 得以增殖和表达。外源 DNA 的增殖和表达则必须借助活细胞。用于接受外源 DNA 的活细胞称为受体细胞。受体细胞是基因工程实施过程中不可缺少的条件。只有将携带目的基因的重组载体 DNA（DNA 重组体）引入适当的受体（宿主）细胞中，进行增殖并获得预期的表达，才能实现目的基因的克隆。将带有外源目的 DNA 的重组体导入适当的受体细胞中，通过繁殖细胞，可获得大量重组体 DNA 分子，此过程为扩增基因。接受了目的基因的受体细胞称为转化子。目的基因与原宿主细胞的基因组整合后，获得稳定的新性状表达，这样的转化子称为重组子。

被最早使用的受体细胞是大肠埃希菌细胞。现在，以酵母菌为代表的真菌、昆虫与哺乳动物等各种真核细胞、受精卵细胞都已经成为基因工程中的受体细胞。目前，以微生物作为受体细胞的应用最为广泛，也比较成熟。为了提高细胞的转化效率，保证产品的安全性，天然微生物必须经人工改造后，才能作为基因工程的受体细胞。现有的受体主要有大肠埃希菌、酵母菌、枯草杆菌等。

受体细胞的结构不同，转入目的基因的方法也不同。向细菌细胞转入重组 DNA 的方法主要有化学转化法、电击转化法等；向真核生物细胞中转移基因的方法主要有两类，一类需借助于载体，另一类是直接转化。可以采用前述的微生物发酵、动植物细胞培养等技术来培养、增殖。

问题 5　怎样筛选、鉴定和分析重组子？

在实际操作中，转化子虽然数量巨大，但真正含有重组 DNA 分子的只占有很小的比例。为了分离出含有外源 DNA 的宿主细胞，需要设计易于筛选重组子宿主的克隆方案并加以验证。

含目的基因重组体的筛选与鉴定　重组子可从 DNA、RNA 和蛋白质三个不同的水平进行筛选和鉴定。筛选的依据可以是载体、受体细胞和外源基因三者的不同遗传与分子生物学特性。载体的特性包括抗药性、营养缺陷型、显色反应、噬菌斑形成能力等，其方法简便、快速、直接，可以大规模筛选；也可根据基因的大小、核苷酸序列、基因表达产物的分子生物学特性，用酶切图谱分析法、分子杂交、核苷酸序列分析、免疫反应等来直接分析重组子中的质粒 DNA，这些方法虽然条件要求高，但灵敏度高、结果准确，不仅可以知道目的基因是否整合到载体中，还可以确定目的基因在宿主细胞中是否能正确表达。通常可根据具体情况，在初筛后确定是否还需要进一步细筛，以保证鉴定结果的可靠性。

重组 DNA 的序列分析　为确定所构建的重组 DNA 的结构，或者对基因的突变进行定位和鉴定，以便进一步改造并提高目的基因的表达水平，还需要对重组 DNA 中的局部区域（如插入片段）进行核苷酸序列的分析。

 问题 6　怎样实现目的基因在宿主细胞内的表达？

克隆的目的基因只有通过表达才能获得目的蛋白质。表达外源基因的宿主细胞称为表达系统，可分为原核、真核两大类。表达系统能否高效表达目的基因，是实现基因工程产物规模化制备的前提条件。表达系统的选择与目的基因的表达产量、表达产物的稳定性、产物活性和产物的分离纯化等相关。建立最佳的基因表达系统，是基因表达设计的关键。

原核表达系统　主要的受体菌有大肠埃希菌、枯草杆菌、链霉菌。其中应用最多的是大肠埃希菌，易于大规模培养，遗传背景清晰，基因表达调控的分子机理比较清楚，有多种适用的寄主菌株和载体系列。1978 年，人胰岛素基因首次在大肠埃希菌中得到表达，并于 1982 年实现了产业化生产。此后，又相继高效表达了生长激素、人干扰素等生物药物基因。

影响外源基因表达效率的因素很多，如外源基因的来源和性质、受体细胞的生理状态和培养条件等。一个高效表达体系是由目的基因、表达载体及其与宿主菌株的完美配合来实现的。在各种影响因素中，载体的特性对基因表达的影响最为关键。一般来说，将目的基因插入适当的大肠埃希菌质粒表达载体后，经过转化，获得的转化子可直接用于蛋白质表达。

在构建基因工程菌中，有时会发生遗传不稳定现象，主要表现在重组 DNA 分子结构和重组 DNA 分子在受体细胞中分配两个方面。在大肠埃希菌中高效表达外源基因时，通常采用以下策略：优化表达载体的构建，提高稀有密码子的表达频率，构建目的基因高效表达受体菌，提高外源基因表达产物的稳定性，以及优化工程菌的发酵过程。

真核细胞表达系统 克隆的目的基因必须插入适当的表达载体中，经过复制扩增后，才转染真核细胞，建立起真核细胞表达系统。常用的真核细胞表达系统主要有酵母菌、昆虫细胞和哺乳动物细胞。

① 酵母菌 是最成熟的真核生物表达系统，以酿酒酵母和巴斯德毕赤酵母的应用最多：基因组小，遗传背景清晰；表达调控机理清楚，基因操作相对简单；具有真核蛋白质翻译后加工系统；不含特异性的病毒、不产生内毒素，是安全的基因工程受体系统；繁殖迅速，大规模发酵的技术成熟、工艺简单、成本低廉；能将外源基因表达产物分泌至细胞外，易于分离纯化。已有许多真核基因在酵母中成功表达，如干扰素、乙肝表面抗原、人表皮生长因子、胰岛素基因等。

② 昆虫细胞 包括经典的杆状病毒表达系统和新发展的稳定表达系统，两种系统都可以高效表达目的蛋白质，常用的是 sf-9 和 sf-21 两种昆虫细胞株。昆虫细胞可以完成目的蛋白质翻译后的修饰加工，具有病毒快速繁殖特性，比原核表达系统更有优势。重组杆状病毒既可感染培养的昆虫细胞，又可感染昆虫的幼虫，且宿主范围狭窄，比哺乳动物细胞表达系统更安全、有效。

③ 哺乳动物细胞 属于高等真核生物细胞，其结构、功能和基因表达调控更加复杂，在表达高等真核基因、获得具有生物学功能的蛋白质或具有特异性催化功能的酶等方面，具有更大的优越性：能正确识别真核蛋白质的合成、加工和分泌信号，产生天然状态的或者加工修饰表达的蛋白质；能正确组装成多亚基蛋白质，所表达的蛋白质在结构、糖基化类型和方式上与天然蛋白质几乎相同；能表达有功能的膜蛋白，如细胞表面的受体或细胞外的激素和酶；能以悬浮培养、固定化培养等形式进行增殖，在无血清的培养基中实现高密度大规模的培养生产。目前，应用较广的是中国仓鼠卵巢（CHO）细胞表达系统，被认为是安全的基因工程受体细胞。

与大肠埃希菌相比，哺乳动物细胞的表达水平仍然比较低、获得高表达细胞株所需的时间较长、细胞大规模培养的成本较高，这导致哺乳动物细胞生产的蛋白质类药物的成本居高不下。

获得高效表达的哺乳动物细胞株，是当前基因工程药物研究和生产的瓶颈之一。提高哺乳动物基因在现有细胞系中表达效率的策略主要有：选择内源性强启动子来提高外源基因的表达效率；构建自主复制型载体以提高外源基因的表达量；将外源基因与选择标记基因的表达相结合以增强特定条件下的表达效率；根据表达载体和外源蛋白质的特性来改造宿主细胞的特性；采用增强细胞生长的营养、加入抗氧化剂延缓细胞凋亡、导入抗细胞凋亡基因到宿主细胞中等办法来抑制细胞凋亡、延长细胞周期等。

 问题 7 如何进行工程菌的培养与产物制备？

表达外源目的基因的工程菌/细胞（重组子）可以用微生物发酵或者动植物细胞培养等方法来大规模培养，生产所需的目的产物。然而，由于重组子表达产物中含有外源基因表达的蛋白质，这是原宿主细胞所没有的、相对独立于细胞正常生长所需的表达产物，导致其培养和发酵的工艺也有所区别。重组子发酵培养的目的是希望其外源基因能够高水平表达，以获得大量的外源基因产物，因此，培养设备和工艺条件等均以满足此目的为原则。

外源基因的高效表达，涉及宿主、载体和克隆基因三者之间的相互关系，且与环境条件密切相关。因此，必须对影响外源基因表达的因素进行仔细的研究、分析和优化，例如：不同宿主细胞、培养基、诱导时期、诱导时间、温度、初始 pH 以及无机离子等发酵条件对目的产物表达的影响，以及重组质粒在宿主菌中的稳定性等，探索适合于外源基因高效表达的一套培养和发酵工艺技术，为大规模的生产奠定基础。

课堂互动

想一想：限制性核酸内切酶除用作基因操作的工具酶之外，在细胞正常生理活动中还能发挥哪些作用？

技能拓展

基因工程载体的特性

基因工程载体的本质是 DNA，按照组成来源的不同可分为质粒载体、噬菌体载体、黏粒载体和人工染色体载体等，也可以按照功能作用的不同分为克隆载体和表达载体。

质粒载体　分子相对较小，以松弛型复制为主，有多克隆位点，可方便外源 DNA 插入，一般携带的是小片段外源 DNA；同时，还有插入失活筛选标志，便于平板筛选阳性重组子。常用质粒载体有两种：pBR322 载体和 pUC 载体。pBR322 载体的分子量较小，易于纯化，操作方便，同时具有两种抗生素抗性基因，有利于用作筛选子筛选的选择标记，拷贝数高（可达一千到三千个），便于重组体的纯化；pUC 质粒载体有更小的分子量和更高的拷贝数，可以用组织化学方法进行重组体检测。pUC8 质粒结构中具有来自大肠埃希菌乳糖（lac）操纵子的 lacZ 基因，所编码的 α-肽可以参加 α-肽互补作用，用 X-Gal 显色法实现对重组体转化子的鉴定。

噬菌体载体　噬菌体是一类细菌病毒的总称，因其高效、特异侵染细菌的特性，被开发为基因工程载体，主要有双链噬菌体（λ 噬菌体）和单链丝状噬菌体（M13、f1、fd 噬菌体）。野生型 λ 噬菌体经过改造，已经衍生出 100 多种克隆载体。目前，常用的主要有 λ 类噬菌体和 M13 噬菌体。依据载体与宿主基因组结合机制的不同，λ 噬菌体载体又可分为置换型载体和插入型载体。前者结构中有外源 DNA 插入的克隆位点，产生插入失活效应，适用于构建基因组 DNA 文库；后者结构中有可被插入的外源 DNA 所取代的片段，提高克隆外源 DNA 的能力，适用于构建 cDNA 文库。

黏粒载体　又称柯斯质粒，指一类含有 λ 噬菌体黏性末端（cos）序列的质粒载体，实际是质粒的衍生物，带有 λ 噬菌体载体的黏性末端，含有抗性标记和复制起始位点，能像质粒一样转化和增殖，并使其宿主获得抗药性。与 λ 噬菌体载体不同，外源片段克隆在黏粒载体中是以大肠埃希菌菌落的形式表现出来的，而不是噬菌斑。这样所得到的菌落的总和就构成了基因文库。

人工染色体载体 这是一类人工构建的特殊载体，是一种包含了丝状噬菌体大间隔区域的双链质粒，含有单链噬菌体包装序列、噬菌体复制子和质粒复制子、克隆位点、标记基因，同时具有噬菌体和质粒的特征，可在细菌的细胞中被诱导成单链DNA噬菌粒，像噬菌体或质粒一样复制。

学习主题 3　聚合酶链反应

 问题 1　什么是 PCR?

聚合酶链反应（PCR）是一种用于放大特定的 DNA 片段的分子生物学技术，可看作生物体外的特殊 DNA 复制。这种复制基于 DNA 的半保留复制机制，并成功运用了耐热 DNA 聚合酶。

DNA 的半保留复制是生物进化和传代的重要途径。双链 DNA 在多种酶的作用下可以变性解链成单链，然后在 DNA 聚合酶的参与下，根据碱基互补配对原则复制成同样的两分子拷贝。

在实验中发现，DNA 在高温时也可以发生变性解链，当温度降低后又可以复性成为双链。因此，通过温度的变化，就可以控制 DNA 的变性和复性，只需加入设计引物（DNA 聚合酶、dNTP），就可以完成特定基因的体外复制。

耐热 DNA 聚合酶——Taq 酶对于 PCR 的应用有里程碑的意义，该酶可以耐受 90℃以上的高温而不失活，不需要每个循环都加酶，这使 PCR 技术变得非常简捷，同时也大大降低了成本，使 PCR 技术得以大量应用，并逐步应用于临床。

 问题 2　PCR 的过程是怎样的?

PCR 过程由三个基本反应步骤构成：变性—退火—延伸。

变性　模板 DNA 经加热至 93℃左右，一定时间后，双链 DNA 解离成为单链 DNA。

退火　也称为复性，模板 DNA 经加热变性成单链后，温度降至 55℃左右，模板 DNA 的单链与引物的互补序列配对结合。

延伸　模板 DNA 单链-引物结合物在 Taq-DNA 聚合酶的作用下，以 dNTP 为反应原料、DNA单链的靶序列为模板，按碱基互补配对与半保留复制原理，合成一条新的、与模板DNA链互补的半保留复制链。

重复"变性—退火—延伸"的循环过程，就可获得更多的复制链，新链又可成为下次循环的模板。每完成一个循环需2～4min，2～3h就能将目的基因的量扩增放大几百万倍。

最初的PCR是类似于基因修复复制。现今，PCR技术进展非常迅猛，在生物科研和临床应用中得以广泛应用，已经成为生物学研究最重要的技术。

 问题3　PCR需要怎样的环境体系？

PCR需要有以下要素。

引物　为DNA片段（细胞内DNA复制的引物为一段RNA链），反应中有两条引物（5′端引物和3′端引物），这是PCR特异性的关键，PCR产物的特异性取决于引物与模板DNA互补的程度。理论上，只要知道任何一段模板DNA序列，就能按其设计互补的寡核苷酸链作引物，利用PCR就可将模板DNA在体外大量扩增。引物的设计应遵循以下原则：

① 长度　15～30bp（碱基对），过短会降低特异性，过长会引起引物间退火而影响扩增。常为20bp左右。

② 碱基量　鸟嘌呤＋胞嘧啶（G＋C）含量以40%～60%为宜，太少扩增效果不佳，过多易出现非特异条带；腺嘌呤（A）、胸腺嘧啶（T）、G、C最好随机分布，避免5个以上的嘌呤或嘧啶核苷酸的连续排列。

③ 碱基序列　避免内部出现二级结构，避免两条引物间的互补，避免3′端的序列互补，否则会形成引物二聚体，产生非特异的扩增条带。

④ 末端配对　引物3′端的碱基，特别是最末及倒数第二个碱基，应严格要求配对，以避免因末端碱基不配对而导致PCR失败。3′端为G、C或T时引发效率较高。引物5′端碱基可不与模板匹配。

⑤ 酶切位点　引物中应有合适的酶切位点，可添加与模板无关的序列（如限制性内切酶的识别位点，A、T、G起始密码子或启动子序列等），这些与原模板并不配对的非互补序列在后续的循环中被带到双链DNA中，使反应产物不仅含有目的序列，两侧又有限制酶切位点，有助于酶切分析或分子克隆。

⑥ 特异性　引物应与核酸序列数据库的其他序列无明显同源性。

⑦ 引物量　每条引物的浓度应为0.1～1.0μmol/L或10～100pmol/μL，以最低引物量产生所需要的结果为好，引物浓度偏高会引起错配和非特异性扩增，及增加引物之间形成二聚体的机会。引物设计通过计算机软件进行。业内引物设计软件多采用Oligo和Premier相互搭配，以Premier进行自动搜索，用Oligo进行分析评价，以此进行的引物设计的速度快、效果好、成功率高。目前常用的版本是Primer Premier 5、Primer Premier 6、Oligo6、Oligo 7。

酶 早期的 PCR 使用的是大肠埃希菌 DNA 聚合酶Ⅰ，后来从水生嗜热菌中分离得到 Taq DNA 聚合酶，实现了 PCR 过程的自动进行，因此 Taq DNA 聚合酶也成为最常见的 PCR 反应酶。目前使用的主要有两种：改造后的 Taq DNA 聚合酶和 Pfu DNA 聚合酶。前者具有良好的耐热性（最适催化温度 75～80℃，95℃ 0.5h 活性≥50%）、5′-3′聚合活性（较高的温度敏感性）、5′-3′外切酶活性、可以在产物 3′末端添加无模板核苷酸（产物可直接用于 TA 克隆，但也容易引起错配）；后者是 TaqDNA 聚合酶的修饰产物，常温下降低了 Taq DNA 聚合酶的活性，加热至变性温度又可释放酶活，扩增效率虽弱但有纠错功能，弥补了 Taq DNA 聚合酶的不足，有效提高目标基因的扩增成功率。

此外，还有热启动 Taq DNA 聚合酶、Bst DNA 聚合酶、Tth DNA 聚合酶、逆转录酶、蛋白酶 K、尿嘧啶-DNA 糖基化酶（UDG 酶）、解旋酶（helicase）等。

dNTP 是反应的原料，其质量与浓度和 PCR 扩增效率有密切关系，4 种 dNTP 的浓度应相等（等摩尔配制），一般为 $50～200\mu mol/L$（4 种 dNTP 的浓度不同时易引起错配）。dNTP 能与 Mg^{2+} 结合，降低游离的 Mg^{2+} 浓度。

模板 即扩增用的 DNA，可以是任何来源，但必须有较高的纯度，且浓度不能太高，以免产生抑制复制的现象。模板的取材可以是病毒、细菌、真菌等；也可以是细胞、血液、羊水细胞等；还可以是血斑、精斑、毛发等。

缓冲液 提供 PCR 合适的酸碱度与某些离子，包括四个有效成分：

① 缓冲剂 三羟甲基氨基甲烷（Tris）-HCl 缓冲液（$10～50mmol/L$，pH8.3～8.8）或 HEPES、MOPS 缓冲体系。

② 一价阳离子 多用 K^+，但也有使用铵离子的。缓冲液中的 KCl 有利于引物的退火。

③ 二价阳离子 即 Mg^{2+}。Mg^{2+} 对 PCR 扩增的特异性和产量有显著影响，多为 $1.5～2.0mmol/L$（$200\mu mol/L$ 的 dNTP 浓度时）。Mg^{2+} 浓度过高会降低反应特异性，出现非特异扩增；过低则会降低 Taq DNA 聚合酶活性，减少反应产物。市售 Taq DNA 聚合酶液均有添加 Mg^{2+}，一般不需调整。

④ 辅助成分 常见的有二甲基亚砜（DMSO）、甘油等。有报道加入小牛血清白蛋白（$100\mu g/L$）或吐温（Tween）20（$0.05\%～0.1\%$）或二硫苏糖醇（DTT，$5mmol/L$）等，可以保护 Taq DNA 聚合酶。

标准的 PCR 体系如表 7-1 所示。

表 7-1 标准的 PCR 体系

项目	指标	项目	指标
10 倍浓缩的扩增缓冲液	$10\mu L$	Taq DNA 聚合酶	$2.5\ \mu L$
4 种 dNTP 混合物	$200\mu L$	Mg^{2+}	$1.5mmol/L$
引物	$10～100\mu L$	加双或三蒸水	$100\ \mu L$
模板 DNA	$0.1～2.0\mu g$		

关于 DNA 分子的半保留复制，我们在一些相关课程中都有过接触。想一想：DNA 分子复制时必须有引物启动，所谓的"上游引物"和"下游引物"指的是什么？

 技能拓展

PCR 反应的拓展类型

多重 PCR 在一次反应中加入多种引物，同时扩增一份 DNA 样品中不同基因位点的不同序列。设计引物时使产物序列的长短不同，有固定的大小。根据不同长短的序列，检测是否有某些基因片段的缺失与突变。一些多重 PCR 可以用特异性探针做 DNA 杂交，以确定 PCR 是否成功。

筑巢 PCR 先用一对外侧引物扩增获得一些大片段，再以大片段为模板用第二套内侧引物扩增。通常先用外侧引物扩增若干周期后，再加入内侧引物，增加扩增效率。由于必须与 4 种引物结合才能获得阳性结果，所以需用同位素探针检测。筑巢 PCR 的特异性很强，常用于检测淋巴细胞白血病的免疫球蛋白基因重排、慢性粒细胞白血病的 Bcr/Abl 基因和急性早幼粒细胞白血病的 $PML/RAR\alpha$ 基因。

双温 PCR 标准 PCR 需要 3 步温度程序，而双温 PCR 仅需执行 2 步温度程序，因为只要有足够的超量 dNTP 和退火引物，Taq DNA 聚合酶就可以在温度升降过程中使引物延伸。如果仅仅合成 35～100bp 左右的序列，引物退火温度的要求范围可以高于或者低于理论值 5～10℃，对引物浓度和 Taq DNA 聚合酶的影响也比较小。合并退火与延伸温度，可能比用严格的温度程序更能提高反应速度和特异性。一般情况下，双温 PCR 常用的温度是 94～95℃和 46～47℃。

反向 PCR PCR 可以扩增位于两引物之间的 DNA 片段，但反向 PCR 可以扩增已知序列区间以外的序列，可用于探索邻接已知序列的其他染色体序列。

学习主题 4 分子杂交

❓ 问题 1 什么是分子杂交？

这是确定单链核酸碱基序列的一类技术，是定性或定量检测特异 RNA 或 DNA 序列片段的有效工具，其技术基础是核酸分子的碱基互补原则。通过碱基配对，呈解离状态的两条单链核酸可以结合成双螺旋片段。这时，如果加入了异源的 DNA 或 RNA

（单链），且异源的 DNA 或 RNA 之间的某些区域有互补的碱基序列，则在复性时就有可能形成杂交的核酸分子。也就是说，分子杂交可以在 DNA 与 DNA、RNA 与 RNA 或 DNA 与 RNA 之间进行，形成 DNA-DNA、RNA-RNA 或 RNA-DNA 等不同类型的杂交分子。

例如，可将具有一定已知顺序的某基因的 DNA 片段，加上放射性核素标记，构成核酸探针，将它通过分子杂交与缺陷的基因结合，通过探针的放射性信号，把缺陷的基因显示出来，借此可对许多遗传性疾病进行产前诊断；也有应用这一技术来诊断乙型肝炎，以及研究其他病毒性疾病和肿瘤基因（癌基因）结构等。

❓ 问题 2　什么是探针？

进行分子杂交技术时，需要一种预先分离纯化的、已知序列的 RNA 或 DNA 片段，作为检测工具去检测未知的核酸样品。这个片段一般为 30～50 个核苷酸长，可用化学方法合成，或者直接利用从特定细胞中提取的 mRNA。这种已知序列的 RNA 或 DNA 片段，称为探针。探针必须预先标记，以便检出杂交分子。根据核酸性质不同，可分为 DNA 探针、cDNA 探针、RNA 探针及寡核苷酸探针等；根据标记方法不同，可分为放射性探针和非放射性探针；此外，DNA 探针还有单链和双链之分。

DNA 探针　指长度在几百碱基对以上的双链 DNA 或单链 DNA，是最常用的核酸探针，包括细菌、病毒、原虫、真菌、动物和人类细胞的 DNA。这类探针多为某一基因的全部或部分序列，具有特异性，一般有两种制备方法：

基因克隆法　先建立包含基因组 DNA 全信息的基因文库，再从基因文库中选取某一基因片段，将其与克隆载体连接，进行克隆后经酶切获得。这是获取大量高纯度 DNA 探针的有效方法，但比较烦琐。

PCR 扩增法　利用基因编码蛋白质的特点，用目标蛋白质来设计探针，即首先分离纯化目标蛋白质，测定该目标蛋白质的氨基或羟基末端的部分氨基酸序列；根据这一序列合成一套寡核苷酸探针；再用此探针在 DNA 文库中筛选，阳性克隆即是目标蛋白质的编码基因。该方法更为简便快速。

cDNA 探针　cDNA 是指以 mRNA 为模板，按照碱基互补的原则，经逆转录酶催化合成的、与 mRNA 互补的 DNA 分子。cDNA 探针的优点是：不存在内含子和高度重复序列，是一种较理想的核酸探针，尤其适用于基因表达的检测，其制备已成为分子生物学实验室的常规实验。

RNA 探针　RNA 分子大多以单链形式存在，几乎不存在互补双链的竞争结合，所以 RNA 探针与靶序列的杂交效率较高，稳定性也高；另外 RNA 分子中不存在高度重复序列，会减少非特异性杂交，杂交后可用 RNA 酶将未杂交的探针分子水解去除，降低干扰。但 RNA 探针有易降解和标记方法复杂等缺点，限制了其应用的广泛性。

改变外源基因的插入方向或选用不同的 RNA 聚合酶，可以控制 RNA 的转录方向，即以哪条 DNA 链为模板转录 RNA。用这种方法可以得到同义 RNA 探针（与 mRNA 同序列）和反义 RNA 探针（与 mRNA 互补）。反义 RNA 又称 cRNA，除可用于反义核酸研究外，还可用于检测 mRNA 的表达水平。RNA 探针和靶序列均为单链，与 DNA-DNA 杂交相比，杂交效率高很多。

RNA 探针除可用于检测 DNA 和 mRNA 外，还用于研究基因表达时观察该基因的转录状况。在原核表达系统中，外源基因不仅进行正向转录，有时还存在反向转录（即生成反义 RNA），这种现象往往是外源基因表达不高的重要原因。另外，在真核系统，某些基因也存在反向转录，产生反义 RNA，参与自身表达的调控的情况。这种情况下，要准确测定正向和反向转录水平就不能用双链 DNA 探针，只能用 RNA 探针或单链 DNA 探针。

寡核苷酸探针　寡核苷酸指应用 DNA 合成仪人工合成的寡聚核苷酸片段。与前面的三种探针相比，寡核苷酸探针具有以下特点：可根据需要来合成相应的核酸序列，避免天然探针的缺点；探针长度一般为 10～50bp，序列简单，所以与等量核酸分子完全杂交的时间比其他探针短；可以识别靶序列中一个碱基的变化，尤其适合点突变的检测；一次可以大量合成，探针制备成本低。

设计寡核苷酸探针时，一般要求碱基中 G＋C 含量为 40％～60％，超出此范围则会增加非特异杂交成分；另外，分子内不应存在互补区，否则会出现抑制探针杂交的"发夹"状结构；还应该避免单一碱基的重复出现（不能多于 4 个，如—CCCCC—）。

 问题 3　探针是如何标记的？

为实现对探针分子的有效检测，必须将探针分子用一定的标记物进行标记。标记物可分为放射性同位素标记和非放射性标记两大类，标记方法则有多种。

一个理想的探针标记物应具有以下特性：灵敏度高；标记物与探针结合后，不影响杂交反应，尤其是杂交特异性、稳定性和熔解温度（T_m 值）；检测方法要灵敏、特异、稳定、简便；标记物对环境污染小，对人体无损伤，价格低廉；标记物对检测方法无干扰。

放射性同位素标记　这是最常用的标记方法，前述的免疫诊断试剂对此已有叙述。常用的有 ^{32}P、^3H、^{35}S、^{131}I、^{125}I 等。选择何种同位素作为标记物，除了考虑各种同位素的物理性质（表 7-2）外，还需考虑标记方法和检测手段的要求。

表 7-2　常用放射性同位素的物理性质

同位素	半衰期	100％纯度时的放射活性 /(Ci/mmol)	射线粒子的最大能量/(E_{max}/keV)	
			β	α
^{32}P	14.3 天	9120	1710	
^3H	12.4 年	29	18.5	
^{35}S	87.5 天	1490	169	
^{14}C	5730 年	62	156	
^{125}I	60 天	2400	34.6	35.4
^{131}I	8.0 天	16100	608	256

注：1Ci＝37GBq。

放射性同位素标记探针的方法有切口平移法、随机引物法、末端标记法和反转录标记法等。

① 切口平移法　这是一种快速、简便、成本相对较低的生产高比活性标记 DNA 的方法，可以制备序列特异的探针。当使用重组质粒探针时，可以对任何形式的双链 DNA 进行标记；通常，使用限制性核酸内切酶，将插入片段进行酶切和凝胶电泳纯化后，再进行切口平移标记。

② 随机引物法　使用寡核苷酸引物和大肠埃希菌 DNA 聚合酶 I 的 Klenow 片段，来标记 DNA 片段，可代替切口平移，产生均一的标记探针，标记核苷酸在 DNA 探针中的掺入率达 50% 以上。由于在反应过程中加入的 DNA 片段不被降解，在随机引物反应中加入的 DNA 可以非常少，DNA 片段的大小也不影响标记的结果，单链或双链 DNA 都可作为随机引物标记的模板。

③ 末端标记法　这是将 DNA 的末端（5' 或 3'）进行部分标记（不是全长标记）的方法，标记活性不高，标记物分布不均匀，一般很少作为分子杂交探针使用，主要用于 DNA 序列的测定。例如，在 3'-OH 端加上 dNTP，适用于基因库克隆序列的鉴定、基因组 DNA 样品的点突变检测和原位杂交；或者用 T4 多聚核苷酸激酶可将 γ-32P-ATP 的 γ-磷转移到游离的 5'—OH 端上，用于 DNA 序列测定。

④ 反转录标记法　用 RNA 的体外反转录来制备 RNA 标记，用于制备的商品化转录质粒应含有 SP6、T3 或 T7 RNA 聚合酶的 RNA 启动位点，这些启动位点与多克隆位点（MCS）相邻。

利用 PCR 反应，可标记高比活性的探针，这种方法有很高的特异性，可以在 1～2h 之内大量合成探针 DNA 片段，缺点是需要合成一对特异性 PCR 引物。使用从探针 DNA 上制备的小片段引物也能取得较好的标记效果。也可将标记的核苷酸掺入扩增的 DNA 片段中，标记率高、重复性好、简便快速、可大量制备。

非放射性标记　由于放射性同位素对环境的污染和对人体的损伤，限制了其应用，但却因此促进了非放射性标记探针的研发和应用。标记的方法可分为酶促反应标记法、化学修饰标记法。

① 酶促反应标记法　将标记物预先标记在单核苷酸（NTP 或 dNTP）分子上，然后采用前述的同位素标记的酶促反应将标记物掺入核酸探针分子中。这种标记法具有灵敏度高的优点，但标记过程较复杂、成本高，不适宜大规模制备。

② 化学修饰标记法　利用标记物分子上的活性基团与探针分子上的某些基团发生化学反应，将标记物直接结合到探针分子上，具有方法简单、成本低、标记方法较通用的特点，也是目前较为常用的标记方法。常用的非放射性标记物有生物素、地高辛、光敏生物素和荧光素等。

 问题 4　分子杂交都有哪些技术类型？

依据杂交中单链核酸所处的状态，分子杂交可分为三种类型：液相分子杂交、固相分子杂交和原位分子杂交。在液相和固相杂交方法中，杂交用的核酸都要求预先从细胞中分离出来，并进行纯化。

液相分子杂交 两种来源的核酸分子都处于溶液中，可以自由运动，其中有一种常是用同位素标记的。从复性动力学数据的分析可探知真核生物基因组结构的大致情况，如各类重复顺序的含量及分布情况等。

固相分子杂交 一种核酸分子被固定在不溶性的介质上，另一种核酸分子则处在溶液中，两种介质中的核酸分子可以自由接触。常用的介质有硝酸纤维素膜、琼脂和聚丙烯酰胺凝胶等。例如，先将待测的 DNA 用限制性内切酶切成片段，然后通过凝胶电泳把大小不同的片段分开，再把这些 DNA 片段吸印到硝酸纤维素膜上，并使吸附在膜上的 DNA 分子变性，然后和预先制备的 DNA 或 RNA 探针进行分子杂交，最后通过放射自显影技术，鉴别出和探针具有同源顺序的 DNA 片段。精确控制杂交及洗涤条件（如温度及盐浓度），在同源顺序中可检出仅一对的错配碱基。该技术已应用于遗传病（基因病）的临床诊断。也可以先将待测的 RNA 片段吸印在重氮苄氧甲基（DBM）纤维素膜或滤纸上，再和预先制备的 DNA 探针进行分子杂交。

原位分子杂交 从本质上看，这其实是固相杂交的另一种形式，杂交中的一种 DNA 处在未经抽提的染色体上，并在原来位置上被变性成单链，再和探针进行分子杂交。在原位杂交中所使用的探针必须用比活性高的同位素标记。杂交的结果可用放射自显影来显示，出现银粒的地方就是与探针互补的顺序所在的位置。

🔄 课堂互动

农作物杂交，往往能够带来抗病性和产量的增加。想一想：农作物杂交所带来的变化，从遗传机制上看，和分子杂交有无关系？

技能拓展

DNA 的切口平移标记法操作

双链 DNA 分子（线状、超螺旋及环状双链 DNA）在适量 DNA 聚合酶 I 的存在下，被随机切开若干个 $3'$-OH 末端切口；在大肠埃希菌 DNA 聚合酶的催化下，在该切口处逐个加上新的、至少一种为同位素标记的脱氧核苷酸（dNTP）；同时，大肠埃希菌 DNA 聚合酶 I 还具有 $5' \rightarrow 3'$ 核酸外切酶的活性，将切口 $5'$ 端核苷酸逐个切除。这样 $3'$ 端核苷酸的加入与 $5'$ 端核苷酸的去除同时进行，导致 DNA 链上切口沿着 $5' \rightarrow 3'$ 移动，称为切口平移（图7-2），其实质是用同位素标记的核苷酸取代原来 DNA 链中不带同位素的同种核苷酸。由于原来双链 DNA 是随机切口，所以生成的两条链都被同位素均匀

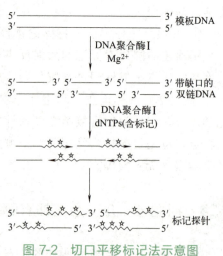

图 7-2 切口平移标记法示意图

标记上，使标记的 DNA 具有较高的放射比活性。切口平移标记的 DNA 探针能满足大多数杂交实验的要求。操作中应注意以下事项：

① 应使用 DNA 聚合酶全酶，不能用 Klenow 片段代替。

② DNA 聚合酶Ⅰ浓度要适当。浓度过大或过小，都会使形成的缺口数量不合适，使探针过长或过短，降低杂交反应的效率。一般以 1μgDNA 加入 5～20U 为宜。

③ 标记物应在 dNTP 的 α-磷酸位上。

④ 严格控制反应温度和时间。

⑤ 放射性同位素的比活度应至少在 800Ci/mmol 以上。

⑥ DNA 纯度要求较高，否则会影响 DNA 聚合酶活性。

 课后复习

1. **填空**

（1）基因工程是在分子水平上对_____进行操作，使之在_____中表达新的遗传性状的技术。

（2）接受了目的基因的受体菌称为_____，目的基因与原宿主基因组整合并获得新性状表达的受体菌称为_____。

（3）限制性核酸内切酶是一类对_____分子的_____进行修饰的工具酶。

（4）载体是具有运载能力的_____，用于在宿主细胞中克隆和扩增外源片段的载体称为_____，用于在宿主细胞中获得外源基因表达产物的载体称为_____。

（5）PCR 过程由三个基本反应步骤组成，分别是_____、_____和_____。

2. **选择**

（1）以下不是化学法合成目的基因的三个基本程序的是（　　）。

A. 核苷酸末端保护　　　　　　　　B. 磷酸二酯键的缩合反应

C. 寡核苷酸的脱保护反应　　　　　D. 已合成基因的 PCR 扩增

（2）以下工具酶能分别完成的功能是：磷酸酶（　　）；T4 激酶（　　）；末端脱氧核苷酸转移酶（　　）。

A. 将末端 $5'$-P 转换成 $5'$-OH　　　B. 将磷酸基转移到 $5'$-OH 的末端

C. 在 $3'$-OH 末端逐个添加 dNTP　　D. 在 $5'$-P 末端逐个切除 dNTP

（3）以下不是载体的基本结构的是（　　）。

A. 复制子　　　　　B. 启动子　　　　　C. 克隆位点　　　　　D. 遗传标记基因

（4）以下受体菌不属于原核表达系统的是（　　）。

A. 枯草杆菌　　　　B. 大肠埃希菌　　　C. 链霉菌　　　　　D. 霉菌

（5）制取真核生物目的基因时常使用（　　）方法。

A. 先构建基因文库　　　　　　　　B. 先制备 cDNA 文库

C. 先获取基因组文库　　　　　　　D. 克隆扩增重组 DNA

3. 判断

（1）DNA 聚合酶能在模板存在时催化合成与 mRNA 相同序列的新的 DNA 链。

（2）插入载体的目的基因可以是人工合成的。

（3）外源基因指的是可以向细胞外分泌表达产物的一类基因。

（4）耐热 DNA 聚合酶——Taq 酶可以耐受 90℃ 以上的高温，需要在每个循环中加入。

（5）由于细胞内 DNA 复制时的引物为 RNA 片段，所以 PCR 的引物为 RNA 片段。

4. 简述

（1）基因工程制药的四个基本技术和四个必要条件指的是什么？

（2）为什么说限制性内切酶是基因操作的"手术刀"？

项目2　基因工程药物制备

 学习目标

【知识要求】 掌握　基因工程药物的概念

熟悉　典型基因药物制备的工艺流程

了解　分子诊断技术的应用及典型的分子诊断试剂

【能力要求】 理解　基因工程药物制备技术的发展

明白　分子诊断技术原理

【素质要求】 懂得　生物学、遗传学、分子生物学等相关知识和基本操作技能

能够　遵守科研伦理与法律法规，具备安全操作意识和团队合作能力

 技能要点

基因工程技术极大地促进了制药技术的发展。利用基因工程技术制备的医药主要是蛋白和多肽类，包括：细胞因子、激素、活性蛋白和类毒素等。

重组人胰岛素、重组人生长激素和重组人干扰素是典型的基因药物，可以利用基因工程制药技术进行大规模制备，其共同的工艺要点是：通过 DNA 重组，将人胰岛素、人生长激素和人干扰素的表达基因导入相应的大肠埃希菌或酵母菌等宿主细胞中，构建出能稳定表达这类物质的基因工程菌，再对这些基因工程菌进行大规模培养，从培养液中分离制备出最终产品。这几种药物均已经上市，实现了规模化生产。

分子诊断的技术基础是分子生物学实验技术，包括基因重组与克隆、基因表达与调控、转化子的克隆与培养、蛋白质的分离与纯化，特别是聚合酶链反应（PCR）与核酸分子杂交技术。分子诊断试剂是完成分子诊断技术的试剂产品，又称为基因诊断试剂，在药品监督管理中被归为药品。

 课前引导

前段时间，为应对新型冠状病毒传染病的流行，有多种疫苗药物相继被开发出来。此外，在刑侦案例中，法医往往仅凭借一根毛发、一点血迹或皮屑，就能判定案件嫌疑人的生理或遗传信息。想一想：

☆ 同灭活疫苗和腺病毒疫苗相比，为什么说核酸疫苗是新型药物？

☆ 腺病毒载体疫苗能否算作基因工程药物？

☆ 法医判定的依据是什么？从机理上看，这和验血有什么不同？

学习主题 1　基因工程技术与药物开发

 问题 1　认识基因工程药物

基因工程药物，指的是一类利用重组 DNA 技术生产的多肽、蛋白质、酶、激素、疫苗、单克隆抗体和细胞生长因子等用于疾病诊断、治疗和预防的生理活性物质。

DNA 重组技术的迅猛发展，使得人们对生物活性物质的生产和控制胜过以往任何时候。利用基因工程技术，可以创造新产品，生产原先难以大量获得的产品，或者更有效地生产现有产品。制药工业是最先应用基因工程技术的产业领域。1976 年，美国成立了第一家基因工程公司；1982 年，欧洲批准了 DNA 重组的动物疫苗——抗球虫病疫苗，而美国和英国则批准生产和使用了第一个基因工程药物——重组人胰岛素；我国的第一个基因工程药物干扰素 α-1b 于 1989 年上市。通过基因工程技术，人们可以获得许多传统技术难以获得的珍贵药品，主要是医用活性蛋白质和多肽类。

基因工程药物可分为以下几类。

① 细胞因子类　如干扰素（IFN）、白细胞介素（IL）、集落刺激因子（CSF）、生长因子（GF）、趋化因子和肿瘤坏死因子等。

② 活性蛋白类　主要包括治疗心血管及血液疾病类的溶解血栓（如组织纤溶酶原激活剂、尿激酶原、链激酶、葡激酶等）、凝血因子、生长因子（如促红细胞生成素、血小板生成素、血管内皮生长因子等）和血红蛋白、白蛋白等血液制品，以及治疗和营养神经类的神经生长因子、脑源性神经生长因子、睫状神经生长因子、神经营养素 3、神经营养素 4 等。

③ 导向毒素类　按照作用对象不同，可简单分为：细胞因子类［如 IL-2 导向毒素、IL-4 导向毒素、表皮生长因子（EGF）导向毒素等］和单克隆抗体类。

④ 激素类　如胰岛素、生长激素、心钠素、人促肾上腺皮质激素等。

⑤ 可溶性细胞因子受体类　如白细胞介素 1 受体、白细胞介素 4 受体、TNF 受体、补体受体等。

事实上，现今的基因药物研究已经进入飞速发展的时代，基因工程药物的概念也远非仅仅表达某种药用功效的产品，还包括基因治疗、反义 RNA、基因诊断试剂等。基因工程为现代医药带来了新的内涵和经济效益，也为未来的医疗手段带来巨大的发展契机和希望。

 问题 2　为什么说基因工程对制药有促进作用？

基因工程技术的诞生和快速发展，为大量获取药用内源性生理活性物质提供了可能性，使药品研发途径发生了根本性转变，基因药物的生产成为其最优先应用的领域。

1973 年，人们首次将带有四环素抗性和链霉素抗性的两种大肠埃希菌质粒成功进行了重组，获得了携带双亲遗传信息的重组质粒。随后，又将具有青霉素抗性和红霉素抗性的金黄色葡萄球菌质粒和大肠埃希菌质粒进行了重组，得到了重组质粒，该质粒转化至大肠埃希菌后，产生了抗青霉素抗性和抗红霉素抗性的菌落。这是基因工程技术在制药领域中的首个应用实例。

基因工程技术对于药用内源性生理活性物质的制备有四重积极作用：

① 克服了原料获取的难题。许多有治疗潜力的内源性生理活性物质在体内自然状态下产生的量极微，如干扰素、白介素和集落刺激因子等，材料来源困难。基因工程技术可大量生产过去难以获得的生理活性蛋白质和多肽，为临床使用提供有效保障。

② 克服了产品安全性的问题。在过去，从一些天然生物来源中直接提取得到的产品会无形中导致一些疾病的传播。例如，血源性病毒——乙型/丙型肝炎病毒和 HIV 病毒，就是通过感染的血液制品传播。应用基因工程技术，可避免这一类问题的出现。

③ 为从不合适或危险来源的材料中的直接提取提供了新的方法。如制备催产素的传统方法是从孕妇的尿液中提取，显然这不是药物大量生产的合适来源。现在，通过基因工程方法生产的催产素已被批准上市。有一些生物药物是通过危险来源得到的，如获取蛇毒蛋白酶的传统方式是从蛇毒中提取，现在可以利用 *E. coli* 的重组菌进行生产。

④ 可以生产比天然蛋白质更具有临床应用价值的基因治疗蛋白质。使用定点诱变等技术，人们可以在一个蛋白质的氨基酸序列内合理地引入预定修改。这种变化可以很微小，如插入、缺失或改变单个氨基酸残基；也可以变化很大，比如改变或删除整个蛋白质的结构域，以改造和去除内源生理活性物质作为药物使用时所存在的不足之处，或者生成一个新的杂交蛋白质，从而扩大药物筛选来源。目前已经有一些此类的基因产品获得批准上市。表 7-3 列出了已上市的部分工程产品类型。

表 7-3　一些已上市的基因工程改造药物

产品	引入的改造	改造结果
速效胰岛素	修改氨基酸序列	生成速效胰岛素
缓效胰岛素	修改氨基酸序列	生成缓效胰岛素
修饰组织纤溶酶原激活剂（t-PA）	去除 t-PA 5 个天然结构域中的 3 个	生成快速溶栓（降解凝血块）剂
修饰凝血因子Ⅷ	天然因子Ⅷ的一个结构域的缺失	生成一种分子量更小的产品
嵌合/人源化抗体	用人抗体氨基酸序列置换大部分/全部鼠源氨基酸序列	大大降低或消除免疫原性

 问题 3　如何理解基因工程制药的发展？

基因工程技术诞生后，最先应用在医药领域并实现产业化。自 1982 年重组人胰岛素上市后，市场上已有几十种基因工程药物，用于治疗癌症、血液病、艾滋病、乙型肝炎、丙型肝炎、细菌感染、骨损伤、创伤、代谢病、外周神经病、侏儒症、心血管病、糖尿病、不孕症等疑难病。目前，微生物发酵、动物细胞培养是基因工程制药工业化制备的主要方法。应用转基因植物生产基因工程疫苗、将转基因动物乳腺作为生物反应器生产人用蛋白质药物，已成为热点研究。

一般认为，基因工程制药的发展经历了 3 个阶段：

细菌基因工程　把目的基因适当改建后，导入大肠埃希菌等基因工程菌中，通过原核生物来表达目的蛋白质。目前上市的基因工程药物绝大多数采用这种方法。由于工程菌本身是原核生物，使真核目的基因难于表达，或不具有生物活性，限制了该技术的发展。

细胞基因工程　在解决了外源基因的表达和修饰后，可以通过转基因动植物细胞来生产药用蛋白质。虽然哺乳动物细胞培养条件复杂、产量低、成本高，但生物反应器的优越性使得这类方法成为了生产药用蛋白质的主要方式，已经成为转基因动物研究最活跃的领域。

基因组药物开发　随着"人类基因组序列图"的完成，人们可以直接根据基因组研究成果，利用生物信息学分析、高通量基因表达与功能筛选和体内外药效研究等手段，将庞大的人类基因资源及其编码的蛋白质作为原材料，来进行新药的开发、筛选，有可能通过重组基因的表达，产生几乎所有的多肽和蛋白质，从而大幅度缩短研发时间，降低研制费用，使新药研究方法和制药工业的生产方式发生重大变革。

 问题 4　怎样看待新型药物的开发与技术路径？

近十几年来，已经有人胰岛素、人生长激素（somatropin）、干扰素（IFN）、乙肝疫苗、促红细胞生成素（EPO）、粒细胞-巨噬细胞集落刺激因子（GM-CSF）、组织型纤溶酶原激活物（t-PA）、白细胞介素-2（IL-2）及白细胞介素-11（IL-11）等基因工程药物应用于临床，降钙素基因相关肽（CGRP）、肿瘤坏死因子（TNF）、表皮生长因子（EGF）等数百种新药开发取得进展。其中，多肽与蛋白质类药物研究、新的给药剂型应用，已成为医药开发的重要领域。基因工程技术制药已经由风险产业变成以商业为动力、以市场为中心的产业领域。

小分子药物开发　实际应用中，基因工程药物受到一定限制。例如，口服应用时，受胃酸影响和消化酶的破坏，药效不稳定，体内半衰期短，生物利用度低，只能注射给药或局部用药。为克服这些缺陷，已开始改为合成这些天然蛋白质的较小活性片段，即所谓"多肽模拟"或"多肽结构域"合成，又叫"小分子结构药物设计"。这类药物可口服，有利于皮肤、黏膜给药，用于治疗免疫缺陷病、HIV 感染、变态反应性疾病、风湿性关节炎等，制造成本更低。

这种设计思想也应用于多糖类药物、核酸类药物和模拟酶的有关研究。小分子药物设计属于结构相关性药物设计，所设计的分子能替代原先天然活性蛋白质与特异靶相互作用。

细胞因子类药物开发　以蛋白质激素类为代表的一类药物，例如人胰岛素、胰高血糖素、人生长激素、降钙素、生长激素及促红细胞生成素（EPO）等。这些体内含量极少的多肽，因缺乏而引起多种疾病。应用基因工程技术扩大这类蛋白质的产量，可替代或补充体内的这类需求，被称为第一代基因工程药物。现在，人们可以根据内源性蛋白质的生理特点，获得其中的活性多肽，应用基因工程技术大量生产，主要以细胞生长调节因子为代表，如：粒细胞集落刺激因子（G-CSF），GM-CSF（粒细胞-巨噬细胞集落刺激因子），α-干扰素（α-IFN），γ-干扰素（γ-IFN）和 t-PA（组织型纤溶酶原激物）等，这被称为第二代基因工程药物。

蛋白质工程药物开发　蛋白质药物的开发已经不再局限于生化分离提取、重组 DNA 表达，而是多方面技术手段的广泛融合，来获得多种自然界不存在的新型蛋白质药物。

① 应用重组 DNA 技术表达人源化小型抗体　与非人源化抗体和完整抗体相比，人源化小型抗体药物，如 Fab 抗体（抗原结合片段）、单链抗体、单域抗体、分子识别抗体等，具有免疫原性弱、穿透力强、表达效率高的特点，正在成为靶向肿瘤治疗、自身免疫性疾病治疗、器官移植排斥治疗和艾滋病防治药物的研究热点之一。

② 应用蛋白质融合技术产生新型蛋白质　如：CD4 蛋白质（特异性检测 CD4 细胞，早期肿瘤预防辅助诊断）、PIXY321（一种由 GM-CSF 和 IL-3 分子的融合蛋白，用于放化疗辅助治疗，促进血小板恢复）、IL-2-PE4（IL-2 与绿脓杆菌外毒素的融合蛋白，用于白血病等肿瘤的靶向治疗）。

③ 应用蛋白质修饰技术　对表达产物进行修饰，是改善蛋白质药物药理作用的有效手段。例如，聚乙二醇（PEG）修饰能有效地改善多肽和蛋白质类药物的免疫原性，增加稳定性，延长体内半衰期，减少毒副作用等。目前，PEG-腺苷脱氨酶已投放市场，PEG-天冬酰胺酶已在临床使用，PEG-IL-2、PEG-SOD 部分处于临床研究阶段。

④ **应用转基因植物制备基因工程疫苗**　过去利用转基因植物生产基因工程疫苗，得到了迅速发展。这是将抗原基因导入植物，让其在植物中表达，人或动物摄入该植物或其中的抗原蛋白质后，产生对某抗原的免疫应答。所采用转基因的主要是烟草、马铃薯、番茄、香蕉等。

⑤ **应用转基因动物乳腺生产基因工程药物**　利用转基因动物的乳腺作为生物反应器，生产人用蛋白质药物，与微生物发酵、动物细胞培养等方法相比，生产成本大大降低，被称为是真正的"生物反应器"，成为近年的基因工程制药技术的研究热点。其基本方法是：将药用蛋白质基因连接到乳汁蛋白质基因的调节元件下游，然后将连接产物显微注射到哺乳动物受精卵或胚胎干细胞中，当转基因胚胎长成个体后，在泌乳期药用蛋白质基因表达，从动物的乳汁中，即可提取制备目的产物。

目前，已在动物乳汁中生产的人类蛋白质药物有：牛奶中的纤维蛋白原、人血清白蛋白、胶原蛋白、生育激素、乳铁蛋白、糖基转移酶、蛋白质 C 等，山羊奶中的抗凝血酶、生育激素、血清白蛋白、组织型纤溶酶原激活物、单克隆抗体，绵羊奶中的抗胰蛋白酶、凝血因子 IX、纤维蛋白原、蛋白质 C，猪奶中亦有蛋白质 C、凝血因子 IX、纤维蛋白原。

 **课堂互动**

近年来，基因工程技术飞速发展，引领着新型生物工程技术产品不断涌现。想一想：这些生物技术对你的生活可能会带来哪些影响？

知识链接

克隆技术与转基因动植物应用

1972年在英国诞生的克隆羊"多莉"，其基因组全都来自体细胞而非胚胎，是真正意义上的克隆。该技术为转基因动植物的应用开辟了广阔前景。例如：可以把转基因动物改造成为医用器官移植的供体，取代人体器官的直接移植；还可以把转基因动物开发成为活体培养罐，使动物像工厂一样根据设计的要求，生产出预期的生物产品，目前已有把人血清白蛋白的基因转入猪体内，从猪的乳汁中提取、纯化出人血清白蛋白的应用实例；国外已经利用转基因植物表达载体的高效表达，来生产包括人生长激素、细胞因子、单克隆抗体和疫苗等几十种药用蛋白质或多肽；此外还有使用重组植物病毒作载体，成功表达了150多种蛋白质、多肽，如在烟草、番茄和马铃薯中表达成功的乙型肝炎表面抗原，与来自患者血清中的天然蛋白质的物理性质非常相似。

学习主题2 典型基因工程药物制备

 问题1 怎样制备重组人胰岛素？

1982年，通过重组DNA技术生产的重组人胰岛素获得成功并应用于临床，这是第一个获准用于人体治疗的基因工程药物。现在，可以利用基因工程菌大规模发酵制备重组人胰岛素，主要使用两种宿主表达系统：大肠埃希菌和酵母菌。不同的宿主表达系统，获得表达产物的分离纯化技术有所不同。基本的技术路线：

① 粗制提取　包括吸附、超滤和包涵体的洗涤；

② 色谱分离　一般先用离子交换色谱，而后用分子筛色谱，最后用反相色谱处理；

③ 重结晶　去除色谱分离时加入的有机溶剂残留物及其他杂质，但不作为去除杂蛋白的手段。

大肠埃希菌表达系统制备法　作为一种原核表达系统，大肠埃希菌繁殖生长迅速、培养代谢易于控制，缺点是表达出的胰岛素没有生物活性，需要比较复杂的后处理过程。工艺流程如图7-3所示。根据获取外源基因的方法不同，用大肠埃希菌分泌产生人胰岛素主要有两条技术路线：

① 路线 1　先用化学方法分别合成 A 链和 B 链编码的 DNA 片段，将其分别与 β-半乳糖苷酶基因连接形成融合基因；转化获得高效表达的重组大肠埃希菌；经过重组子的发酵培养，分别获得 A 链和 B 链的融合蛋白；再用溴化氰（CNBr）处理融合蛋白，切除甲硫氨酸（Met）-肽键，使 A 链和 B 链与 β-半乳糖苷酶分开，释放出来；通过化学氧化作用，促进 A、B 链之间二硫键的形成，使两条链连接起来，折叠得到有活性的重组人胰岛素。该路线需要分别进行两条链的表达、培养，步骤多、收率低、成本高，胰岛素的活性受到限制。

② 路线 2　仿照胰岛素的天然合成过程，先生产胰岛素原，然后再酶解形成具有活性的重组人胰岛素。首先，分离纯化胰岛素原 mRNA，经反转录得到胰岛素原的基因后，在其 5′ 端加上甲硫氨酸密码子（ATG），与 β-半乳糖苷酶编码基因连接，得到重组质粒；将该质粒转化至大肠埃希菌中进行表达；经高密度发酵

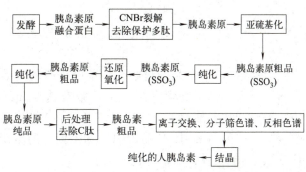

图 7-3　大肠埃希菌制备重组人胰岛素的工艺流程

后，获得胰岛素原融合蛋白；再通过 CNBr 裂解、体外酶切去掉保护多肽，得到胰岛素原；再将胰岛素原转变为稳定的 S-磺酸盐，经过分离纯化，得到 S-磺酸型人胰岛素原；经变性、复性和二硫键配对，折叠成天然构象的人胰岛素原；再去除 C 肽，得到结晶人胰岛素。这种方法仅需要一次发酵与纯化，便可得到活性胰岛素原，工艺流程简便，是主要的技术路线。

酵母菌表达系统制备法　酵母菌可以分泌单链的微小胰岛素原。微小胰岛素原是胰岛素 A 链、B 链的融合蛋白，连接 A 链、B 链的多肽，比胰岛素原的 C 肽短。发酵结束后离心去除酵母菌细胞，培养液经超滤澄清并浓缩，经离子交换柱吸附和沉淀去除大分子杂质，得到纯化的微小胰岛素原；再用胰蛋白酶和羧肽酶处理，得到胰岛素粗品；通过离子交换色谱、分子筛色谱、两次反相色谱去除连接肽和有关降解杂质，重结晶后得到纯度 97％以上的终产品（图 7-4）。该方法的优点是表达产物二硫键的结构与位置正确，不需要复性加工处理；缺点是表达量低，发酵时间长。

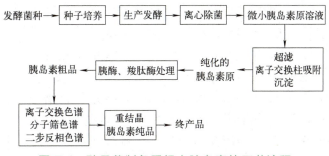

图 7-4　酵母菌制备重组人胰岛素的工艺流程

酵母培养基中含有必要的维生素、无机盐、纯的单糖或二糖（如葡萄糖和蔗糖）作为碳源和能源，最适发酵条件在 pH 5、温度 32℃左右。在发酵过程中要防止酵母的呼吸抑制作用发生，因此发酵中要分批加入碳源，并实时测定溶解氧和尾气中的 CO_2 量。

临床上，胰岛素可以在毫克级的剂量上长期重复使用，因此必须考虑在制备过程中未除尽异种蛋白质和自身降解产物潜在的危害性。通常，是用反相高效液相色谱法（RP-HPLC）分析胰岛素供试品和对照品，用 RP-HPLC 测定效价，用苯酚或间甲酚作为防腐剂（故制剂中应对其进行限量检查）；此外，脱苏氨酸胰岛素是胰岛素生产中易产生的降解产物，也属于杂质限定范畴。

 ## 问题 2　怎样制备重组人生长激素？

生长激素（GH）是动物脑垂体前叶外侧的特异分泌细胞分泌的一种促进生长的蛋白质激素。人基因组中含有两个生长激素基因 hGH-N 和 hGH-V。前者主要在垂体中表达，编码产物包括 22ku、20ku、17Ku 和 5ku 生长激素四种；后者在妊娠后半期的胎盘中表达，序列与 hGH-N 的编码产物不同。通常所说的人生长激素一般都是特指 22ku 生长激素。

1958 年，人生长激素提取成功并试用于儿童垂体性侏儒的治疗。1986 年，用基因工程技术在大肠埃希菌中表达的重组人生长激素获得成功，用于儿童垂体性侏儒的治疗，已经在许多国家广泛使用。

目前，90％以上的生长激素都采用分泌型表达技术。即通过基因重组，在生长激素的 N 端增加分泌信号肽序列，构建出高效分泌型重组大肠埃希菌，其分泌表达的重组生长激素与天然生长激素的结构完全一致，且可以直接分泌于菌体之外的培养液中，避免了重折叠，收率高，受菌体蛋白质污染少、纯度高、更加安全。大肠埃希菌表达重组人生长激素生产的工艺流程（图 7-5）所示：

菌种 → 种子培养 → 生产发酵 → 离心 → 粗提 → 色谱分离 → 生长激素

图 7-5　大肠埃希菌表达重组人生长激素生产的工艺流程

发酵　将基因工程大肠埃希菌的菌种接入种子培养，过夜培养后转入发酵；发酵时间一般为 37℃、pH7.0～7.5、溶解氧（DO）≥20％条件下培养 16～18h，培养过程中需要添加葡萄糖及微量元素。也有用哺乳动物细胞培养生产的重组人生长激素。

分离　将发酵菌体进行冻融破碎处理后，按一定比例，加入 4℃的由 10mmol/L Tris 和 1mmol/L EDTA 组成的缓冲溶液（pH 7.5）中，80r/min 下搅拌 1h，离心收集上清液；在上清液中加入硫酸铵至 45％的饱和浓度，4℃放置 2h，10000r/min 离心 30min，收集沉淀；将沉淀用 10mmol/L Tris 和 1mmoL/L EDTA 组成的缓冲溶液（pH 8.0）溶解，用 Sephadex G-25 脱盐。

纯化　采用 DEAE-Sepharose、Phenyl-Sepharose 进行色谱分离，然后再加入固体硫酸铵，使硫酸铵达到 45％的饱和浓度，沉淀 2h，离心弃上清液；将收集的沉淀溶解后，再用 Sephacryl S-11HR 及 DEAE-Sepharose 进行纯化，得到的半成品可以在 20℃下长期存放。

干扰素（IFN）是一类由多种细胞产生的一组蛋白质类细胞因子，有广泛的抗病毒、抗肿瘤和免疫调节活性。根据其来源、分子结构和抗原性的差异，可分为 α、β、γ、ω 等 4 个类型。α 型干扰素又依其结构的不同分为 α-1b、α-2a、α-2b 等亚型，其区别表现在个别氨基酸的差异上。

IFN 具有高度的种属特异性，通过与特殊的细胞表面受体结合而发挥生物学活性，能诱导特异性蛋白质产生，如蛋白激酶和 2'，5'-寡聚腺苷酸合成酶，通过自磷酸化作用，抑制细胞生长和病毒复制。此外还能增强巨噬细胞的吞噬活性、淋巴细胞对靶细胞的特殊细胞毒性，发挥免疫调节作用。目前，已经被正式批准用于临床的有重组人 IFN α-1b、α-2a、α-2b、β 和 γ。

IFN α-2b 是由 165 个氨基酸组成的单肽链蛋白质，来自正常细胞系，等电点在 5～6 之间，在 pH 2.5 的溶液中稳定，对热稳定，对各种蛋白酶敏感；比活性为 2×10^3 IU/mg。重组 IFN α-2b 的生产工艺可简述如下：

制备基因   根据 hIFN α-2b 一级结构和 pGAPZα A 的组成设计引物，通过 PCR 进行扩增；

构建重组质粒   用 Xho Ⅰ/Xba Ⅰ 分别酶切 huIFN α-2b/T 载体（T-vector）和 pGAPZα A，回收目标片段后按常规方法构建成分泌型酵母表达重组质粒；

转化酵母   以限制性核酸内切酶（Avr）Ⅱ 酶切载体呈线性化并转化酵母 *P. pastoris* SMD Ⅱ 68 和 GS Ⅱ 5（作为对照），经 YPD＋Zeocin 100 mg/L 平板筛选和 PCR 鉴定分析，确定阳性菌株；

SDS-PAGE 分析   构建干扰素酵母工程菌后，于 −80℃ 保存菌种；发酵前，接种至平板使菌种活化；挑取单菌落于液体 YPD＋Zeoein 100mg/L 培养基中，300r/min、30℃ 培养至 A_{600} 为 1.5，取 1mL 稀释至 100mL 同样的培养基中，振荡培养至 A_{600} 6～8，7000r/min、4℃ 离心 15min，取上清液，经硫酸铵盐析浓缩、透析，用无菌水 5mL 溶解后，以 12.5％ 的分离胶做十二烷基硫酸钠聚丙烯酰胺凝胶电泳（SDS-PAGE）分析。

纯化样品   将工程菌株接种于 YPD＋Zeocin 100mg/L 培养基中，发酵 72 小时，离心收集上清液，以乙酸调节 pH 4.0～5.0，用 CM-Sepharose 柱色谱收集 0.4mol/L NaCl 洗脱峰，加硫酸铵至 30％，离心取上清液，再以 Phenyl-Sepharose 柱色谱收集 0.1mol/L NaCl 洗脱峰，经 Sephacul S-200 柱色谱，获得纯度大于 99％ 的重组人干扰素（rhIFN）α-2b 原液，冷冻干燥得 rhIFN α-2b 纯品。

↻ 课堂互动

胰岛素是从胰岛素原分解而来的。想一想：为什么大肠埃希菌能用来大规模制备人胰岛素？

知识链接

胰岛素的结构与人工合成

胰岛素是由胰腺 B 细胞合成的一种多肽激素，含 17 种、51 个氨基酸，由 A、B 两条肽链组成，A 链有 11 种、21 个氨基酸，B 链有 15 种、30 个氨基酸，两链间通过四个半胱氨酸（Cys，A7 和 B7、A20 和 B19）形成两个二硫键而相互连接；此外，A 链中 A6 与 A11 也存在一个链内二硫键（图 7-6）。6 个胰岛素单体分子可形成六聚结晶体。在 A、B 链之间，有 31 个氨基酸可以在 B 细胞的高尔基体内被切下来，称为 C 肽。

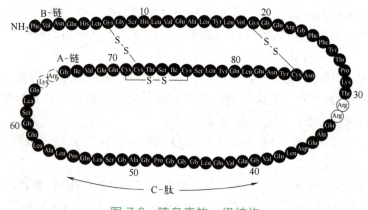

图 7-6　胰岛素的一级结构

胰岛素是机体内唯一能降低血糖的激素，也是唯一能同时促进糖原、脂肪、蛋白质合成的激素，可应用于糖尿病的治疗。胰岛素广泛存在于人和动物的胰脏中。猪、牛和人的胰岛素结构基本相似，仅在 A8、A10 和 B30 的氨基酸不同。在 1982 年以前，治疗用胰岛素均为从猪、牛等动物胰脏中提取，服用后常常产生副反应，且难以大规模制备。

1965 年 9 月 17 日，我国科学家历时近 7 年，在世界上第一个人工合成了具有完整生物活性的蛋白质——牛胰岛素，标志着人类在揭示生命本质的征途上实现了里程碑式的飞跃。

人工合成胰岛素，首先要把氨基酸按照一定的顺序连接起来，组成 A 链、B 链，然后再把 A、B 两条链连在一起。其全过程分三个阶段完成：

合成结晶　先把天然胰岛素拆成两条链，再把它们重新合成为胰岛素，重新合成的胰岛素是同原来活性相同、形状一样的结晶。

实现半合成　在合成了胰岛素的两条链后，用人工合成的 B 链同天然的 A 链相连接。

人工全合成　将半合成的 A 链与 B 链相结合，通过实验，证明了纯化的人工合成胰岛素确实具有和天然胰岛素完全相同的分子结构、生物活性、物化性质、结晶形状。

所谓分子诊断试剂，是指检测与疾病相关的各种结构蛋白质、酶、抗原、抗体和各种免疫活性分子，以及编码这些分子的基因的试剂产品，属于诊断试剂。这是一种学术上的统称，在药品监督管理的范畴里并无这种提法。

在药品监管中，诊断试剂分为体内诊断试剂和体外诊断试剂两大类，除结核菌素、布氏菌素、锡克试验毒素等皮内用的体内诊断试剂外，大部分为体外诊断试剂。体外诊断试剂实行分类管理：即体外生物诊断试剂按药品进行管理，体外化学及生化诊断试剂等其他类别的诊断试剂按医疗器械进行管理，体内诊断试剂则一律按药品管理。也就是说，体外生物诊断试剂属于药品，主要包括：血型、组织配型类试剂，微生物抗原、抗体及核酸检测类试剂，肿瘤标志物类试剂，免疫组化与人体组织细胞类试剂，人类基因检测类试剂，生物芯片类，变态反应诊断类试剂。

行业内广泛使用的分子诊断试剂，是指基于分子诊断学的原理工作的一类试剂。如前所述的免疫诊断试剂也属于体外诊断试剂，有些用于生化检测，有些用于生物监测。分子诊断试剂基本上涵盖了以上的各种类别。依据药品监管规则，这类试剂均属于药品管理。

早期的细胞学检查、20 世纪 50 年代发展的生化指标分析、60 年代兴起的免疫学诊断和 70 年代末诞生的分子诊断，分别被称为第一代、第二代、第三代和第四代诊断技术。前三代诊断技术的共同点都是以疾病的表型改变为依据来判断疾病，如细胞形态结构变化、生化代谢产物异常、特定蛋白质分子识别差异等，属于描述性诊断，不能满足临床对疾病早期诊断、早期治疗的需求。

随着分子生物学研究的不断深入，人们认识到大多数疾病的病因在于基因。研究人体内源性或外源性生物大分子和大分子体系的存在、结构与表达的变化，可以判断疾病基因的易感性、基因的结构异常或表达异常，为疾病的预防、预测、诊断和治疗提供信息和决策依据。检测基因的存在和结构异常主要是通过测定 DNA/RNA 来实现；检测基因的表达异常，则是在转录水平上检测 mRNA 的表达变化，再通过检测翻译水平上的蛋白质表达状况，反映出核酸的表达水平。这样，就可以疾病基因为探查对象，展开病因学诊断，其检测结果不仅具有描述性，更上升到了预测性，此为分子诊断。

分子诊断不仅可以对有表型改变出现的疾病作出准确诊断，还可以对疾病基因型的变异作出诊断，被广泛应用于产前早期诊断遗传性疾病、检出感染疾病潜伏期的病原微生物，以及预测和早期发现某些恶性肿瘤。目前，其研究范围已扩大到感染性疾病、多基因遗传病、疾病基因的易感性和耐药性检测等多个领域。显然，分子诊断技术的发展，是与分子生物学的发展相伴随的。分子生物学实验操作技术是分子诊断试剂的技术基础。

DNA 分子杂交　主要是利用 DNA 分子杂交的方法来进行遗传病的基因诊断，所能检测的遗传疾病种类也较少，属于分子诊断技术发展的第一阶段。标志性事件是 1978 年应用液相 DNA 分子杂交法成功进行了镰状细胞贫血症的基因诊断。

PCR 技术　1985 年发明的 PCR 技术，仅需要简单操作，就可以大量扩增靶 DNA 序列，突破了不易获得丰富靶 DNA 的瓶颈，推动分子诊断技术进入第二阶段。此后，以 PCR 技术为基础，相继衍生出了许多分子诊断方法，例如：限制性片断长度多态性（RFLP）分析、等位基因特异性 PCR（AS-PCR）、PCR 单链构象多态性分析（PCR-SSCP）等。随着定量 PCR 技术的出现，实时 PCR（real—time PCR）成为一种新型的可作定量分析的 PCR 技术，应用于对细胞中 DNA 和 RNA 的定量测定，不仅可以检测宿主存在的多种 DNA 和 RNA 病原体的载量，还可检测多基因遗传病细胞中 mRNA 的表达量。目前，由 PCR 技术衍生出相当数量的杂交半定量和定量试剂盒产品，可进行定性、定量检测，灵敏度高、特异性强、诊断窗口期短，广泛用于肝炎、性病、肺感染性疾病、优生优育、遗传病基因、肿瘤等的检测。

生物芯片技术　以生物芯片（biochip）技术为代表的高通量密集型技术的出现，标志着分子诊断方法进入第三阶段。根据芯片上固定的探针不同，生物芯片可分为基因芯片、蛋白质芯片和组织芯片等。传统的核酸印迹杂交，如 southern blod 和 northern blot 等方法存在技术复杂、自动化程度低、检测目的分子数量少、低通量等不足。

生物芯片技术可以将极其大量的探针同时固定于支持物上，能一次对大量的生物分子进行检测分析，并通过设计不同的探针阵列、使用特定的分析方法，使该技术具有多种不同的应用价值，如基因表达谱测定、突变检测、多态性分析、基因组文库作图及杂交测序等，具有样品处理能力强、用途广泛、自动化程度高等特点，现已成为整个分子生物学技术领域的热点。

蛋白质组学　1994 年以来，随着二维凝胶电泳等蛋白质分离纯化技术的不断完善、生物质谱技术及生物信息学的发展，出现了研究蛋白质组的一个新领域——蛋白质组学，很快成为寻找新的诊断标志物和新药物靶标的强力工具，大大促进了分子诊断技术和分子诊断试剂产品的发展。

 问题 3　认识通用 PCR 核心试剂盒

该试剂盒提供了简便、灵敏、完整的 PCR（或荧光 PCR）检测系统，用于普通 PCR 检测或实时荧光 PCR 检测，获得方便、灵敏、准确和可靠的检测结果。试剂盒包括经过优化的缓冲液、dNTP、Taq DNA 聚合酶混合物和 $MgCl_2$ 溶液，即时可用，使用时不需要再去混合试剂，可同时确保结果的一致性和可重复性，能够检测低拷贝的目的基因，检测范围可达 7 个数量级。

组成 通用 PCR 核心试剂混合物 $300\mu L$，$MgCl_2$ 溶液（25mmol/L）$220\mu L$。

配制 用于普通 PCR：通用 PCR 核心试剂混合物 $15\mu L$，25mmol/L 的 $MgCl_2$ 溶液 $3\sim10\mu L$（终浓度 $1.5\sim5.0$mmol/L），上游引物 $5\mu L$（终浓度 $50\sim900$nmol/L），下游引物 $5\mu L$（终浓度 $50\sim900$nmol/L），待检 DNA 样品 $10\sim100$ng，无菌去离子水 $10\sim17\mu L$，总体积 $50\mu L$。用于荧光 PCR：通用 PCR 核心试剂混合物 $15\mu L$，25mmol/L 的 $MgCl_2$ 溶液 $6\sim11\mu L$（终浓度 $3\sim5.5$mmol/L），上游引物 $5\mu L$（终浓度 $50\sim900$nmol/L），下游引物 $5\mu L$（终浓度 $50\sim900$nmol/L），探针 $5\mu L$（200nmol/L），待检 DNA 样品 $10\sim100$ng，无菌去离子水 $4\sim9\mu L$；总体积 $50\mu L$。

扩增 用于普通 PCR：95℃ 5min ⟶ 95℃ 30s ⟶ 55℃ 45s ⟶ 72℃ 1min；
30～40 个循环

用于荧光 PCR：95℃ 5min ⟶ 95℃ 30s ⟶ 60℃ 1min。
40～50 个循环

❓ 问题 4　了解荧光 PCR 乙型肝炎病毒定量诊断试剂盒

该试剂盒采用结合 Taqman 荧光探针的 PCR 反应技术，对血清中的乙型肝炎病毒（hepatitis B virus）的特异性 DNA 核酸片段进行定量的检测，对乙型肝炎病毒（HBV）的检测灵敏度为 500copy/mL（供研究使用）。

组成 核酸提取液：$600\mu L$，HBV PCR 反应液 $480\mu L$，混合酶 $40\mu L$，阴性对照（HBV）$10\mu L$，HBV 定量阳性对照 1 号 1.0×10^6copy/mL $10\mu L$，HBV 定量阳性对照 2 号 1.0×10^5copy/mL $10\mu L$，HBV 定量阳性对照 3 号 1.0×10^4copy/mL $10\mu L$。适用于 PE-5700、PE-7700、Light Cycler、FTC-2000 等荧光 PCR 仪。

标本处理和加样 血清标本（冻存，使用前室温融解，振荡混匀 10s）各取 $30\mu L$，加入 $30\mu L$ 核酸提取液，振荡混匀 10 秒，100℃沸水浴 10min，然后 12 000r/min 离心 5min，最后取上清作 PCR 扩增。处理后的样品应在 1h 内使用，或在 $-80℃\sim-20℃$ 保存（≤1 个月，不宜反复冻融）。定量阳性对照、阴性对照不用处理，可直接使用。

试剂准备 按样品数（样品数＝血清标本数＋对照品数＋定量阳性对照 3 个）n 取 HBV PCR 反应液 $n\times24\mu L$、混合酶 $n\times2\mu L$ 混于离心管中，旋涡振荡器上振荡混匀 10s，按每管 $26\mu L$ 分装于反应管中。将上述处理好的标本上清液和定量阳性对照 1 至 3 号（务必振荡混匀数秒）各取 $4\mu L$ 分别加入反应管中，混匀，低速离心数秒，立即进行 PCR 扩增反应。

扩增 使用 PE-5700、PE-7700、FTC-2000 荧光仪时，先在 37℃反应 2min，然后 93℃保温 5min，再按 93℃ 30s→60℃ 60s 循环 40 次；使用 Light Cycler 荧光仪时，先 37℃反应 2min，93℃保温 2min，再 93℃ 5s→60℃ 30s 循环 40 次，每循环的升降温速率为 20℃/s，在 60℃ 30s 处做荧光检测。

❓ 问题 5　了解人乳头瘤病毒荧光定量 PCR 检测试剂盒

采用结合 Taqman 荧光探针的 PCR 反应技术，对皮肤及黏膜上皮组织中的人乳头瘤病毒（HPV）6.11 型的特异性 DNA 核酸片段进行检测，从而判断人乳头瘤病毒 6.11 型核酸的存在。使用脱氧尿苷三磷酸（dUTP）和尿嘧啶 DNA 糖基化酶（UNG 酶），以防止扩增产物的污染。

组成　HPV PCR 缓冲液 $600\mu L$，Taq DNA 聚合酶 $64\mu L$，DNA 提取液 $2\times 0.8mL$，$MgCl_2$ 溶液 $100\mu L$，HPV 荧光探针 $100\mu L$，阴性对照 $100\mu L$，HPV 阳性校准品 1 号 2×10^6 copy/mL $30\mu L$，HPV 阳性校准品 2 号 2×10^5 copy/mL $30\mu L$，HPV 阳性校准品 3 号 2×10^4 copy/mL $30\mu L$。

操作时，应使用符合生物安全规范的负压操作台，适用于 Light Cycler、Rotor-Gene、PE-5700 等基于 Taqman 技术原理设计的自动荧光 PCR 仪。

标本采集和处理　将尿道、阴道、宫颈分泌物棉拭子放入有 1mL 注射用生理盐水的 1.5mL 离心管中，充分洗涤后挤干，弃去棉球，将浸出液在 12000r/min 下离心 15min，弃上清液。在沉淀中加入 $50\mu L$ DNA 提取液，吹打均匀后 100℃沸水浴 15min，12000r/min 离心 10min。

试剂准备　按样品数 n 取 HPV PCR 缓冲液 $(n+1)\times18\mu L$、$MgCl_2$ 溶液 $(n+1)\times3\mu L$、HPV 荧光探针 $(n+1)\times3\mu L$、Taq DNA 聚合酶 $(n+1)\times2\mu L$ 混于离心管中，旋涡振荡器上振荡混匀 10s，低速离心数秒，按每管 $26\mu L$ 分装。

加样　将样品处理上清液（冻存样品使用前应室温充分融化，振荡混匀数秒，13000r/min 离心 2min）和定量校准品（使用前应先离心，再充分振荡混匀）1～3 号各 $4\mu L$ 分别加入反应管中，混匀后置于自动荧光 PCR 仪上，立即进行 PCR 扩增反应。（Light Cycler 仪器：反应液配好后，分别取 $20\mu L$ 移入专用毛细管中，低速离心数秒后置入 Light Cycler 仪器中。）

扩增　使用 Light Cycler 时：预反应 50℃、1min、循环 1 次，预变性 94℃、2min、循环 1 次，变性 94℃、5s、循环 40 次，延伸 60℃、30s，升降温速率为 5℃/s，在 60℃ 时采集荧光信号；使用 PE-5700 时：预反应 50℃、1min、循环 1 次，预变性 94℃、2min、循环 1 次，变性 94℃、10s、循环 40 次，延伸 60℃、50s；使用 Rotor-Gene 时，预反应 50℃、1min、循环 1 次，预变性 94℃、2min、循环 1 次，变性 94℃、10s、循环 40 次，延伸 60℃、50s。

> 🔁 **课堂互动**
>
> 新型冠状病毒感染疫情期间，相信大家都有过核酸检测和抗原检测的经历。想一想：关于核酸检测和抗原检测，从专业角度上看，这两者有什么异同？

 技能拓展

实例：荧光基因探针 PCR 试剂盒

分析：PCR 方法自 1989 年开始运用于临床检验以来，以其简便、快速、灵敏的优势成为临床试验诊断学的技术热点，已应用于肝炎、肺部感染和性病等传染性疾病及遗传病、肿瘤、优生优育等领域，然而，PCR 临床应用还需要解决传统探针技术不能定量和污染所致的假阳性等问题。荧光基因探针 PCR（FQ-PCR）技术融汇基因扩增和 DNA 探针杂交技术的优点，直接探测 PCR 过程中荧光信号的变化，根据 PCR 反应动力学特点，获得核酸模板的准确基因探针结果。

评述：该技术整个过程均在完全封闭的状态下进行，无需冗长的 PCR 后处理电泳检测，解决了常规 PCR 产物污染导致的假阳性问题，是目前最先进的 PCR 技术，已经成为许多大型的制药企业和医疗机构进行药物疗效考核的首选手段。目前，FQ-PCR 检测试剂盒包括肝炎检测、性病检测、肺感染性疾病检测、优生优育检测、遗传病基因检测、肿瘤疾病检测等六大系列，共计四十多个品种。

 课后复习

1. 填空

（1）我国的第一个基因工程药物是 1989 年上市的_____。

（2）分子诊断不仅能准确诊断有_____改变出现的疾病，还能对疾病_____的变异作出诊断。

（3）根据_____的不同，生物芯片可分为基因芯片、蛋白质芯片和组织芯片等多种形式。

2. 选择

（1）以下蛋白质能促进造血细胞的增殖和分化的是（　　　）。

A. 表皮生长因子　　　B. 趋化因子　　　　C. 干细胞因子　　　D. 肝细胞生长因子

（2）应用重组大肠埃希菌分泌产生人胰岛素，以下描述是正确的是（　　　）。

A. 先通过表达系统分别转化得到两条单链的 β-半乳糖苷酶融合蛋白，再用胰蛋白酶和羧肽酶处理，得到有活性的重组人胰岛素

B. 先通过表达系统发酵获得胰岛素原的 β-半乳糖苷酶融合蛋白，再进行 CNBr 裂解、去除 C 肽后得到有活性的重组人胰岛素

C. 先通过表达系统制备出微小胰岛素原，再用胰蛋白酶和羧肽酶处理，去除 C 肽后得到有活性的重组人胰岛素

D. 直接通过表达系统制备出微小胰岛素原，再经过色谱纯化后得到有活性的重组人胰岛素

（3）从诊断技术的发展来看，可分为四代技术。其中被称为第三代诊断技术的是（　　　）。

A. 细胞学检查　　　B. 生化指标分析　　C. 免疫学诊断　　　D. 分子诊断

3. 判断

（1）学术上统称的分子诊断试剂，在药品监管体系中均属于体外诊断试剂的类别。

（2）根据芯片上固定的探针不同，生物芯片可分为基因芯片、蛋白质芯片和组织芯片等。

（3）重组人胰岛素在结构与功能上与天然人胰岛素略有微小差异。

4. 简述

为什么说分子诊断试剂属于药品？

项目3 实操训练

训练任务 **质粒的分离与纯化**

一、目的

掌握煮沸法、碱法提取质粒的基本操作。

熟悉质粒提取的基本方法。

了解质粒的基本特性。

二、原理

质粒是一种染色体外可稳定遗传的 DNA 分子，具有双链闭合环状结构，能够在细胞质中自主复制，保持其在子代细胞中的恒定数量，不妨碍细胞的存活，常作为外源基因重组的载体。

分离质粒有三个基本步骤：培养细菌使质粒扩增；收集和裂解细胞；分离和纯化质粒。质粒上的 DNA 呈共价闭合环状结构，与线性染色体的 DNA 存在着拓扑学差异：染色体的 DNA 双链结构容易被分开，切断成不同大小的线性片段；质粒的 DNA 链不会相互分开。当外界条件恢复正常时，线状染色体的 DNA 片段难以复性，与变性的蛋白质和细胞碎片缠绕在一起；质粒的 DNA 双链可迅速恢复原状，重新形成天然的超螺旋分子，以溶解状态存在于液相中。通过离心，可以将质粒 DNA 与染色体 DNA、不稳定的大分子 RNA、蛋白质-SDS 复合物等分离开。电泳时，质粒 DNA 比其他线性 DNA 的移动速度快。

在 EDTA 存在下，用溶菌酶破坏细菌细胞壁，同时经过 NaOH 和阴离子去污剂 SDS 处理，使细胞膜崩解，菌体充分裂解，同时细菌染色体 DNA 缠绕附着在细胞膜碎片上，离心时易被沉淀出来，而质粒 DNA 则留在上清液内，其中还含有可溶性蛋白、核糖核蛋白和少量染色体 DNA。加入蛋白质水解酶和核酸酶可以使它们分解，通过碱性酚（pH8.0）和氯仿-异戊醇混合液抽提，可以去除蛋白质等。异戊醇的作用是降低表面张力，减少抽提过程产生的泡沫，使离心后水层、变性蛋白质层和有机层维持稳定。含有质粒DNA的上清液可用乙醇或异戊醇沉淀，获得质粒DNA。

三、用品

1. 仪器与材料

微量取样器（20μL、200μL、1000μL）、台式高速离心机、恒温振荡摇床、高压灭菌锅、漩涡振荡器、电泳仪、琼脂糖平板电泳仪、恒温水浴锅、移液枪、pH试纸或酸度计、无菌牙签、eppendorf管、离心管架。

2. 试剂

① LB液体培养基　蛋白胨10g、酵母提取物5g、NaCl 10g，溶于800mL去离子水中，用NaOH调至pH 7.5，加去离子水至总体积1L，高压蒸汽灭菌20min。

② LB固体培养基　每升液体培养基中加12g琼脂粉，高压灭菌。

③ 氨苄西林母液　配成50mg/mL水溶液，−20℃保存备用。

④ 溶菌酶溶液　用10mmol/L Tris-HCl（pH8.0）溶液配制成10mg/mL，分装成小份（如1.5mL），保存于−20℃，每小份使用后需丢弃。

⑤ 3mol/L CH$_3$COONa（pH5.2）　50mL水中溶解40.81g CH$_3$COONa·3H$_2$O，用冰醋酸调pH至5.2，加水定容至100mL，分装后高压灭菌，储存于4℃冰箱。

⑥ 溶液Ⅰ　50mmol/L葡萄糖、25mmol/L Tris-HCl（pH8.0）、10mmol/L EDTA（pH8.0），可成批，分装成100mL/瓶，高压灭菌15min，储存于4℃冰箱。

⑦ 溶液Ⅱ　0.2mol/L NaOH（临用前用10mol/L NaOH母液稀释）、1%SDS。

⑧ 溶液Ⅲ　5mol/L CH$_3$COOK 60mL、冰醋酸11.5mL、H$_2$O 28.5mL，定容至100mL，并高压灭菌。溶液终浓度为：K$^+$ 3mol/L，CH$_3$COO$^-$ 5mol/L。

⑨ RNA酶A母液　将RNA酶A（RNase A）溶于10mmol/L Tris-HCl（pH7.5）、15mmol/L NaCl中，配成10mg/mL的溶液，于100℃下加热15min，使混有的DNA酶失活。冷却后用1.5mL eppendorf管分装成小份，保存于−20℃。

⑩ 酚　大多数市售液化酚是清凉、无色的，无需重蒸馏。应避免使用结晶酚（因含有可引起磷酸二酯键的断裂、导致RNA和DNA交联的醌等氧化物，必须用重蒸馏除去）。

⑪ 氯仿　按氯仿∶异戊醇＝24∶1（体积分数）加入异戊醇。氯仿可使蛋白质变性，有助于液相与有机相的分开；异戊醇可以消除抽提过程中出现的泡沫。按体积比＝1∶1混合上述饱和酚与氯仿，即得酚-氯仿（1∶1）。酚和氯仿均有很强的腐蚀性，操作时应戴手套。

⑫ TE缓冲液　10mmol/L Tris-HCl（pH8.0）、1mmol/L EDTA（pH8.0），高压灭菌后储存于4℃冰箱中。

⑬ STET　0.1mol/L NaCl、10mmol/L Tris-HCl（pH8.0）、10mmol/L EDTA（pH8.0）、5% TritonX-100。

⑭ STE 0.1mol/L NaCl、10mmol/L Tris-HCl（pH8.0）、1mmol/L EDTA（pH8.0）。

⑮ 菌株 含 pUC 的 *E.coli* DH5α 菌株或 JM 系列菌株。

四、步骤

1. 细菌培养和收集

将含有质粒 pUC 或 pBS 的 DH5α 菌种接在 LB 固体培养基［含 50μg/mL 单磷酸腺苷（AMP）］中，37℃培养 12～24h。用无菌牙签挑取单菌落接种到 5mL LB 液体培养基（含 50μg/mL AMP）中，37℃震荡培养约 12h 至对数生长后期。

2. 煮沸法

① 将 1.5mL 培养液倒入 eppendorf 管中，4℃下 12000r/min 离心 30s 后，弃上清液，将管倒置于纸巾上几分钟，使液体流尽。

② 将菌体沉淀悬浮于 120mL STET 溶液中，涡旋混匀后加入 10mL 新配制的溶菌酶溶液（10mg/mL），涡旋振荡 3s。

③ 将 eppendorf 管放入沸水浴中，50s 后立即取出，用微量离心机 4℃下 12000r/min 离心 10min。

④ 用无菌牙签从 eppendorf 管中去除细菌碎片。

⑤ 取 20mL 进行电泳检查。

注意：①对大肠埃希菌可从固体培养基上挑取单个菌落，直接进行煮沸法提取质粒 DNA。

② 添加溶菌酶应有一定限度。浓度高时，细菌裂解效果反而不好。有时，不用溶菌酶也能溶菌。

③ 提取的质粒 DNA 中会含有 RNA，但 RNA 并不干扰进一步的实验，如限制性内切酶消化、亚克隆及连接反应等。

3. 碱法

① 取 1.5mL 培养液倒入 1.5mL eppendorf 管中，4℃下 12000r/min 离心 30s 后，弃上清液，将管倒置于纸巾上几分钟，使液体流尽。

② 将菌体沉淀重悬浮于 100μL 溶液 I 中（需剧烈振荡），室温下放置 5～10min。

③ 加入新配制的溶液 II，盖紧管口，快速温和颠倒 eppendorf 管数次，以混匀内容物（千万不要振荡），冰浴 5min 后，再加入 150μL 预冷的溶液 III，盖紧管口，倒置离心管，温和振荡 10s，使沉淀混匀，冰浴中 5～10min，4℃下 12000r/min 离心 5～10min。

④ 上清液移入干净 eppendorf 管中，加入等体积的酚-氯仿（1∶1），振荡混匀，4℃下 12000r/min 离心 5min。

⑤ 将水相移入干净的 eppendorf 管中，再加入等体积的无水乙醇，振荡均匀后置于－20℃冰箱中 20min，然后在 4℃下 12000r/min 离心 10min。

⑥ 弃上清，将管口敞开倒置在纸巾上使所有液体流出，加入 1mL70％乙醇，洗沉淀 1 次，4℃下 12000r/min 离心 5～10min。

⑦ 吸除上清液，将管口倒置于纸巾上使液体流尽，真空干燥 10min 或室温干燥。

⑧ 将沉淀溶于 $20\mu L$ TE 缓冲液（pH8.0，含 $20\mu g/mL$ RNase A）中，储存于 $-20℃$ 冰箱中。

注意：

① 提取过程应尽量保持低温。

② 提取质粒 DNA 过程中除去蛋白质很重要，采用酚-氯仿去除蛋白质效果较单独用酚或氯仿好，要将蛋白质尽量除干净需要多次抽提。

③ 沉淀 DNA 通常使用冰乙醇，在低温条件下放置时间稍长可使 DNA 沉淀完全。沉淀 DNA 也可用异丙醇（一般使用等体积），且沉淀完全，速度快但常把盐沉淀下来，所以多数还是用乙醇。

五、思考

1. 如果实验中未提出质粒或质粒得率较低，应如何解决？
2. 如果提取的质粒纯度不高，应如何解决？
3. 填写实践报告及分析。

参 考 文 献

［1］　陈梁军，牛红军. 生物制药工艺技术［M］. 2版. 北京：中国医药科技出版社，2021.

［2］　李玉珍，赵丽. 生物化学［M］. 北京：化学工业出版社，2017.

［3］　郭勇. 生物制药技术［M］. 2版. 北京：中国轻工业出版社，2012.

［4］　郭葆玉. 生物技术制药［M］. 北京：清华大学出版社，2011.

［5］　马春雨. 浅析深层过滤技术在生物制药工艺中的运用［J］. 黑龙江科技信息，2017（1）：55.

［6］　王越. 生物制药技术在制药工艺中的应用分析［J］. 黑龙江科技信息，2017（1）：75.

［7］　谢典佑. 无细胞蛋白表达体系在生物制药工程中的应用［J］. 中国医药科学，2017（1）：45-47，100.

［8］　李峰. 真空冷冻干燥技术在生物制药方面的应用［J］. 化工管理，2017（6）：132.

［9］　姜威. 化学制药中的生物催化技术［J］. 黑龙江科技信息，2017（6）：90.

［10］　蒋恒波，张细和，蔡润发. 制药技术在生物制剂生产中的应用与优化［J］. 当代化工研究，2023（16）：98-100.